意象之美

意象阐释学的观念与方法

顾春芳 著

中国国际广播出版社

图书在版编目（CIP）数据

意象之美：意象阐释学的观念与方法/顾春芳著. —北京：中国国际广播出版社，2022.8
ISBN 978-7-5078-5192-2

Ⅰ.①意… Ⅱ.①顾… Ⅲ.①美学－中国－文集 Ⅳ.①B83-53

中国版本图书馆CIP数据核字（2022）第156420号

意象之美——意象阐释学的观念与方法

著　　者	顾春芳
责任编辑	屈明飞
校　　对	张　娜
版式设计	陈学兰
封面设计	赵冰波

出版发行	中国国际广播出版社有限公司　[010-89508207（传真）]
社　　址	北京市丰台区榴乡路88号石榴中心2号楼1701 邮编：100079
印　　刷	环球东方（北京）印务有限公司
开　　本	710×1000　1/16
字　　数	380千字
印　　张	31.5
版　　次	2022年10月 北京第一版
印　　次	2022年10月 第一次印刷
定　　价	92.00元

版权所有　盗版必究

前　言

美学或艺术学，都离不开对于"美是什么"这一问题的探讨。

对于"美是什么"的探讨在以往的美学研究中一般更侧重于理性的、抽象的思考和归纳，而忽视感性的、直觉的体验和想象。美和道一样，是无形的，是抽象的，它不是具体的实相，而是感觉对于外物的体验，心灵对于世界的映现，是心物相合的结果。由于心物不是恒定的，无论是心或是物都是变化着的，这就决定了美的映现并不是恒定的，而需要恰当的时机和必要的条件。美既不在心，也不在物，而是心物感应的结果。如王阳明论"岩中花树"：

> 先生游南镇。一友指岩中花树问曰："天下无心外之物。如此花树在深山中自开自落，于我心亦何相关？"先生曰："你未看此花时，此花与汝心同归于寂；你来看此花时，则此花颜色一时明白起来，便知此花不在你的心外。"

同样的事物对于不同人的意味是不一样的，就是同一事物在不同的时候对同一个人也是不一样的。诚如"闲云潭影日悠悠，物换星移几度秋"（王勃《秋日登洪府滕王阁饯别序》）这句诗体现的正是年年岁岁乃至每时每刻的变化，宇宙间没有恒常不变的事物；"江畔何人初见月？江月何年初照人？"（张若虚《春江花月夜》）这句诗中体现的是生命的倏忽易逝以及那不可挽回的时光，作为承载心灵的生命也不可能恒常不变。而恰恰在无常和多变中，心灵和外物在某一时刻的遭遇和互鉴，显现出了永恒的美。无论是"天下第一行书"《兰亭序》还是"孤篇盖全唐"的《春江花月夜》，都是美在艺术中的在场和呈现。

因此，我们可以说伟大的艺术可以照见美、确证美、表现美，让本来没有实相的美在可感的艺术中得以存现。也因此，我们可以说：艺术是美得以存现的精神化之客观物。美是艺术价值的永恒证词。没有任何一个事物可以完全等同于美，或者说没有一样事物是全美。美只是它自己，它既不是物也不是心，但是它可以在物也可以在心，它可以存现于物也可以存现于心，美通过心物相合向我们敞开其全部意义的同时，赋予人最充分人性化的生命体验。因为让美存现于心灵，是人性本能的追求。唯有在充分人性化的审美体验中，人才真正体验作为人的尊严和价值，才切实地感到自己不是低级的生命现象。

美存现和敞开的过程就是意象生成。美本身无形无象，但可以通过有形有象的事物，通过意象生成显示其自身。美通过心灵而得以显现，显现的具体形式就是心象，也就是意象。这就好比人的力量要显现，可以通过拳头，但我们不能说拳头就是力量，但没有拳头，力量就无从显现。力量之为力量，总要找到一个显现其自身的方式。对于美的理解和把握，仅仅依据知识性的、概念性的认知是有限的，仅仅依据理性和抽象的思维是无法把握的，无论是美的研究还是美的创造都离不开体验和亲证。"古人学问无遗力，少壮工夫老始成。纸上得来终觉浅，绝知此事要躬行。"（陆游《冬夜读书示子聿》）美学研究和美的创造也如此，都不能得来于纸上，而是躬行亲证的结果。

美学在其终极意义上是境界之学。美是觉悟心灵的创造，美学不应该仅仅是知识的研究。美学和其他学科不一样，它的意义不仅仅表现为研究美的知识、美的概念，美学的根本意义在于落实到人的修养和境界。美的体验与亲证验证着美学研究的真实与虚假，有意义与无意义；美学反过来也可以甄别美的创造的深刻与肤浅，有意义与无意义。贯通二者的基础是体验和亲证。没有体验和亲证的美学只能止步于知识而不能臻于智慧。

美的体验和创造离不开心灵，更离不开亲证的时机。托尔斯泰的《战争与和平》中有一个令人难忘的场面，安德烈公爵受了致命伤之后，仰面躺在奥斯特里兹的战场上，在死一样寂静的空气里，他望见了一片蓝天，于是便想："我以前怎么就没有发现天空竟是如此高远？"奥斯特里兹的天空还是那个天空，较之往常并没有根本性的变化，但是安德烈的心境变了。对于天空、美和生命意义的发现，这是一个亲证美的瞬间，是安德烈公爵真正意义上的重生。这是一个经过战争洗礼的心灵的顿悟，他领悟了现实世界神圣的美，他领悟了人生在世的全部意义。

因为美是心灵的创造，美需要体验和亲证。美感不是思维的结果，它是非概念性的，它直接源于审美经验中对于美和意义的体验。美感和审美是刹那间的感受，也就是王夫之说的"现成，一触即觉，不假思量计较。显现真实，乃彼之体性本自如此，显现无疑，不参虚妄"①。中国美学最根本的特点和意义就在于重视人的心灵的作用和精神的价值。在中国美学中,"心"是照亮美的光之源。唐代思想家柳宗元说:"美不自美,因人而彰。"(柳宗元《邕州柳中丞作马退山茅亭记》)唐代画家张璪说的"外师造化,中得心源"(柳宗元《历代名画记》卷十)。正是在这个空灵的"心"上,宇宙万化如其本然的得到显现和照亮。也正是在此意义上,宗白华先生说,"一切美的光是来自心灵的源泉:没有心灵的映射,是无所谓美的"②。

中国美学的这个特点,在历史上至少产生了两方面的重要影响:一方面是特别重视艺术活动与人生的紧密关系,特别重视心灵的创造和精神的内涵。另一方面是引导人们去追求心灵境界的提升,使自己越来越具有超越性的精神境界和胸襟气象。因此,强调美不脱离心灵的创造,这不是有些学者所说的唯心主义意象论,而是倡导将美的感悟和体验落实于日常,正视美和心灵的关系,并将之落实于现实人生。美是心灵的创造,强调美与日常生活和人格境界的关系,这正是中国美学的特色和贡献所在。当代"意象理论"的核心成果,在理论上最大的突破就是重视"心"的作用、重视精神的价值。这是对中国传统美学精神的继承。讨论美学的基本问题和前沿问题的新意都根基于此。③这里所说的"心"

---

① 王夫之.船山全书:第13卷[M].长沙:岳麓书社,1996:536.
② 宗白华.美学散步[M].上海:上海人民出版社,1981:70.
③ 叶朗教授提出的"美在意象"说是"意象理论"的当代重要的理论成果。"美在意象"说,立足于中国传统美学,在继承宗白华、朱光潜等人的中国现代美学基础上,充分吸收了西方现代美学的研究成果,在审视西方20世纪以来以西方哲学思维模式与美学研究的转向,即从主客二分的模式转向天人合一,从对美的本质的思考转向审美活动的研究,同时又对20世纪50年代以来中国美学研究进行了深入反思,特别是审视了主客二分的认识论模式所带来的理论缺陷,将"意象"作为美的本体范畴提出。(接下页)

前　言

并非被动的、反映论的"意识"或"主观",而是具有巨大能动作用的意义生发机制。"美在意象"理论体系阐释了美在意象,美(艺术)是心灵的创造、意象的生成,美育是心灵境界的提升,突出了审美与人生、审美与精神境界的提升和价值追求的密切联系。

在主客二分的思维中,美学一度成为追求普遍规律的学问。这种研究方法把美学引向了抽象的概念世界,使美学变得远离现实,苍白无趣。张世英先生认为哲学不应该以追求知识体系或外部事物的普遍规律为最终目标,他从现当代哲学的人文主义思潮以及一些后现代主义思想家的哲学中,看到了一种超越"在场的形而上学"的哲学,这种哲学强调把显现于当前的"在场"和隐蔽于背后的"不在场"结合为一个"无穷尽的整体"加以观照。这样一来,旧形而上学所崇尚的抽象性,才能被代之以人的现实性,纯理论性代之以实践性,哲学与人生才能紧密结合,变得生动活泼,富有诗意,从而引导人进入澄明之境。美学也应该超越"在场的形而上学",把显现于当前的"在场"和隐蔽的"不在场"结合为整体加以观照。唯其如此,才能超越"在场的有限性",从而在审美的超越中体悟到"无限的不在场",体悟到"天人合一"与"万有相通"。

美感不是分析的结果,而是超越主客对立的瞬间,也就是美感生

从"美在意象"这一核心命题出发,将意象生成作为审美活动的根本,围绕着审美活动、审美领域、审美范畴、审美人生,构建了以"意象"为本体的美学体系。"美在意象"说用中国美学和艺术精神来观照艺术的审美和创造,建构了艺术阐释的理论和方法,对于贯通各门类艺术,解决长期以来困扰各门类艺术美学的本体论研究提供了重要的思想和阐释的工具。"美在意象"理论将以往悬而未决的艺术本体论研究中"审美意象生成"的理论命题推向了一个新的历史阶段。不仅推动了中国当代美学理论的发展,还对于研究和阐释艺术审美创造具有观念和方法论的突出价值。

成的瞬间所激起的内心的惊异，惊异是对于美的创造性的体验与发现。只有超越主客二分的思维，才能将抽象的美学变为诗意的美学。超越主客关系，就是超越有限性。对于"人类的历史"和"整全的宇宙"的认识和把握，不能单单依靠外在的认识，需要运用想象，以现在视域和过去视域有机结合在一起的"大视域"来看待历史，要依靠内在的体验和想象，唯有体验和想象才能把握整全。当代美学要在更高的智慧上认识物我的关系，人与世界的关系，才能产生具有超越性的生命境界，这就是最高的审美意义之所在。

哲学和美学敞开真理和美的方式需要依赖语言，语言要完成对不可言说的言说则需要通过阐释。然而，真理和美在艺术中无须语言便可通过意象世界得以敞开，艺术可以更为直接、快速、准确地触摸和敞开真理与意义。作为艺术家心灵创造的结果，艺术完成的是对不可言说的最高的美和真的言说。艺术指向的真理在伽达默尔看来不是科学的真理而是存在的真理和意义的真理。审美意象的瞬间生成，不是一个认识的结果，逻辑思维的结果，这一过程犹如宇宙大爆炸，在瞬间示现出内在的理性和灿烂的感性，照亮了被遮蔽的历史和存在的真实，达到了情与理的高度融合，从而实现了最高的"真实"。这就是意象世界所要开启的真实之门，以及意象世界所要达到的真实之境。正如伽达默尔在揭示诗歌对真理的敞开时说：

> 诗的语言并不仅仅意味着这个 Einhausung 或"使我们在家"的过程，它还像一面镜子似的反映着这个过程。然而，在镜子中所呈现的并不是词语，也不是世上的这件事或那件事，确切地说是我们暂时身处其中的某种亲近或亲昵。这种身处和亲近在文学

语言，特别是在诗的语言中找到了永存。这并不是一种浪漫的理论，而是以下事实的直接描述，即语言使我们接近了世界，正是在这个世界中人类体验的某种特殊形式出现了：宗教消息是昭示着拯救，法律判断告诉我们社会中何为正误，诗的语言则是我们自己的存在的见证。[①]

审美意象呈现的是如其本然的本源性的真实。对于艺术意象的阐释是对于最高的美和真的言说，也就是关乎真理的言说。艺术是感性形式的"真理的呈现"，美学和艺术学是建立在阐释基础上的"意义的敞开"。"意象之美"不是一个认识的结果，而是在审美体验和艺术创造中瞬间生成的一个充满意蕴的美的灵境，它包含着内在的理性，也呈现出灿烂的感性。

因此，在笔者看来"意象理论"的当代拓展，最重要的是建立"意象阐释学"的观念和方法，从而贯通美学、阐释学和艺术，在"真理性"和"现代性"两个维度进一步拓展中国美学的当代研究。"意象阐释学"可以拓展想象并超越在场，拓展一种美学的研究方法，揭示在场的一切事物与现实世界的关联，建构起艺术的美学阐释，从而把抽象的美学变为诗意的美学。没有孤立的现在或孤立的过去，想象可以将不在场的事物和在场的事物，综合为一个共时性的整体，从而扩大思维所能把握的可能性的范围。这一方法教会我们不要用知识之眼，不要用概念之眼，而是要用意象去心通妙悟，去阐发艺术和美的真理性，从而实现伽达默尔所提出的"捍卫那种我们通过艺术作品而

---

① GADAMER H G. The relevance of the beautiful and other essays [M]. Cambridge: Cambridge University Press, 1986: 115.

获得的真理的经验,以反对那种被科学的真理概念弄得很狭窄的美学理论",并从此发展出"一种与我们整个诠释学经验相适应的认识和真理的概念"。①唯其如此,美学才能成为一种在艺术之镜里反映出来的真理的历史。

中国美学的意象理论如何继承?怎样创新?在笔者看来,中国美学的"意象理论"的当代发展,不仅仅要提倡美的知识论层面的研究,也要重视美的创造层面的体验和亲证。我认为"意象理论"的当代拓展,可以在方法论层面建构"意象阐释学"的观念和方法。将感性层面的体验和理性层面的思考,通过"意象阐释学"的方法运用于艺术经典的研究与阐释。"意象阐释学"借鉴阐释学的理论,吸收阐释学关于历史研究的方法,不满足于恢复事物过去的原貌,停留于对历史事件发生的时间、地点等事实性考证,不满足于对作者本人之意图、目的和动机的甄别,而在于依托经典艺术文本,通过考察"意象生成"的机制,进入艺术创造的深层,从而帮助我们有效地揭示和阐释艺术的美和意义,理解这种美和意义的历史性、真理性特征。一切艺术的创造都是人类精神的客观化,我们通过理解和解释精神性的客观化,来参透艺术的奥秘和艺术家的心灵。阐释的过程就是赋予"精神的客观化物"意义的过程,也就是我们常常说的"照亮"。因此"意象阐释学"对于构建经典艺术的"真理的历史"具有非常重要的意义。

"意象理论"的阐释、运用以及意义拓展,也必定要落实到人生境界,我以为这就是中国美学最根本的精神传统。也是中国美学的当代发展需要继续宗白华、朱光潜等前辈学者接着讲的学术追求和精神追

---

① 伽达默尔.真理与方法:哲学诠释学的基本特征(上)[M].洪汉鼎,译.上海:上海译文出版社,1999:126.

求。如何继承和弘扬中国传统美学的思想遗产和精神遗产，使其提供给当代世界美学以新的智慧和方法。"意象"这个中国美学的重要范畴在审美和艺术活动中不仅具有重要的理论价值，还具有方法论的重要意义。本书收入的《"意象生成"的艺术阐释学意义》就是力求思考意象如何作为理论工具来阐释艺术这个问题的。《意象之美》是继《意象生成》《呈现与阐释》之后的第三本从中国美学的视角，以意象理论作为方法进行艺术经典阐释的书。本书分为上下两个部分，第一部分"味象"从中国美学"意象"概念出发进一步思考艺术中的意象生成问题，第二部分"观艺"用"意象"的理论方法阐释文学、戏剧和电影的经典文本。

全球化时代有两个突出问题：人的物质追求和精神生活之间失去平衡，功利主义压倒一切。当代的美学应该回应这个时代的要求，更多地关注心灵世界与精神世界的问题，而这又正好引导我们回到中国的传统美学，引导我们继承中国美学特殊的精神和特殊的品格。

"意象理论"的当代推进可以解决西方哲学长期悬而未决的"感性观念"何以成立并可以进入艺术学领域的问题。对于美学和艺术学研究而言，审美意象是在传统与当代、艺术与美学、艺术审美和艺术哲学等多个维度和层面都具备深刻意义的美学范畴。"意象理论"必将为当代美学和艺术学的理论建构注入新的活力，也必将对全球化时代的世界美学和艺术学理论贡献中国智慧。

目录 CONTENTS

味 象

"意象生成"的艺术阐释学意义 …………………… 003

再论"美感的神圣性" …………………………… 031

宗白华美学思想的超然与在世 …………………… 045

论张世英的希望哲学 ……………………………… 072

舞台意象及其诗性蕴藉 …………………………… 099

作为诗艺本体的意象 ……………………………… 118

戏剧意象的美学特征 ……………………………… 136

戏剧意象之美与中国美学精神 …………………… 150

意境的美学意蕴 …………………………………… 175

论戏剧的诗性空间 ………………………………… 196

观 艺

梅兰芳艺术和中国美学精神……217

论梅兰芳的表演艺术和笔墨书画的关系……230

笔法与功法……249

论中国传统美育对梅兰芳艺术心灵的涵养……268

《红楼梦》的叙事美学和古典戏曲的关系新探……291

曲观红楼无声戏……317

宁国府"寿宴三戏"的命运意象……350

中国电影与中国美学精神……368

诗性电影的意象生成……388

理在情深处……411

中国戏曲电影的美学特性与影像创构……419

素面相对的镜语和澄怀观道的意象……439

《小城之春》的意象与蕴藉……447

溢出洞窟的妙音……466

后 记……486

味象

美

"意象生成"的艺术阐释学意义

艺术是感性形式的"真理的呈现",美学和艺术学是建立在阐释基础上的"意义的敞开"。无论是诗歌、绘画、音乐还是戏剧,真正的艺术都不是一个个孤立的形式和元素的凑合,更不是各种手段的机械拼凑和堆砌,而是浑然的意象生成。

"意象"在审美和艺术活动中不仅具有重要的理论价值,还具有方法论的重要意义。艺术的审美意象呈现了具有充盈的美感和意义的世界,也敞开了一个比生活表象更加深刻和本真的世界。《俄狄浦斯王》"杀父娶母"的命运意象;《神曲·天堂篇》中贝雅翠斯作为"天堂引路人"的意象[①];蒙娜丽莎那"神秘的微笑";《命运交响曲》中的"命运动机";还有庞德诗歌中的意象;梵高所绘的"农夫的鞋";抑或是

---

① 根据但丁本人所述,1274年,年仅9岁的但丁在坡提纳里家中的聚会上邂逅与他同龄的贝雅翠斯后对其一见钟情,二人再次相见乃是九年之后。而这仅有的两次见面则让但丁一生都深爱着她,哪怕他后来娶了另一个女人。在贝雅翠斯于1290年去世之后,但丁将对她的深情和思念都写进了诗歌中,其名作《新生》便是以她为灵感创作,他还在伟大的《神曲·天堂篇》中将贝雅翠斯化作前往天堂的领路人。

斯特林堡戏剧中的"吸血"意象；荒诞派戏剧《等待戈多》中"在不确定的时光中等待的意象"等，都体现出艺术对于审美意象的感悟和创造。审美意象体现的是心（身心存在）—艺（艺术创造）—道（精神境界）的贯穿统一。

叶朗的"美在意象"说是在传统和当代、理论和实践等多个维度上都具备深刻意义的美学体系。本文将从"艺术创造的核心是意象生成""'美在意象'对艺术创造的方法论意义""审美意象的瞬间生成和情理蕴藉"三个方面来论述叶朗"美在意象"说对于研究和阐释包括戏剧、电影、绘画和音乐在内的一切艺术审美活动和审美创造的意义与价值。

一、艺术创造的核心是意象生成

叶朗在《美学原理》中提出"艺术的本体是审美意象"[①]。

"美在意象"说立足于中国传统美学，在继承宗白华、朱光潜等人的中国现代美学基础上，充分吸收西方现代美学的研究成果，在审视西方 20 世纪以来以西方哲学思维模式与美学研究的转向，即从主客二分的模式转向天人合一，从对美的本质的思考转向审美活动的研究，同时又对 20 世纪 50 年代以来中国美学研究进行了深入反思，特别是审视了主客二分的认识论模式所带来的理论缺陷，将"意象"作为美的本体范畴提出。并从"美在意象"这一核心命题出发，将意象生成作为审美活动的根本，围绕着审美活动、审美领域、审美范畴、审美

---

① 叶朗.美学原理［M］.北京：北京大学出版社，2009：235.

人生，构建了以"意象"为本体的美学体系，不仅推动了中国当代美学理论的发展，还对于研究和阐释艺术审美创造具有观念和方法论的突出价值。

"美在意象"说对于贯通各门类艺术，解决长期以来困扰各门类艺术美学的本体论研究提供了重要的思想和阐释的工具。在"美在意象"说的理论框架中，叶朗提出"意象是美的本体，意象也是艺术的本体"[①]。"意象生成"是"美在意象"说的核心命题，而艺术创造的核心也是意象生成的问题。他提出在审美活动中，美和美感是同一的，美感是体验而不是认识，它的核心就是意象的生成。"美在意象"说援引郑板桥的画论，认为艺术创造的过程包括两个飞跃，第一是从"眼中之竹"到"胸中之竹"的飞跃，"这是审美意象的生成，是一个创造的过程"[②]；第二是从"胸中之竹"到"手中之竹"的飞跃，艺术家"进入了操作阶段，也就是运用技巧、工具和材料制成一个物理的存在，这仍然是审美意象的生成，仍然是一个充满活力的过程"[③]。他说：

> 意象生成统摄着一切：统摄着作为动机的心理意绪（"胸中勃勃，遂有画意"），统摄着作为题材的经验世界（"烟光、日影、露气""疏枝密叶"），统摄着作为媒介的物质载体（"磨墨展纸"），也统摄着艺术家和欣赏者的美感。离开意象生成来讨论艺术创造问题，就会不得要领。[④]

---

① 叶朗.美学原理［M］.北京：北京大学出版社，2009：237.
② 叶朗.美学原理［M］.北京：北京大学出版社，2009：238.
③ 叶朗.美学原理［M］.北京：北京大学出版社，2009：238.
④ 叶朗.美学原理［M］.北京：北京大学出版社，2009：248.

《美在意象》(《美学原理》)这本书中强调"意象"不是认识的结果，而是当下生成的结果。审美体验是在瞬间的直觉中创造一个意象世界，一个充满意蕴的完整的感性世界，从而显现或照亮一个本然的生活世界。叶朗认为"艺术与美是不可分的，从本体的意义上来说，艺术就是美"[①]。美学的研究，终究要指向一个中心，这就是审美意象。他说："艺术不是为人们提供一件有使用价值的器具，也不是用命题陈述的形式向人们提出有关世界的一种真理，而是向人们打开（呈现）一个完整的世界。而这就是意象。"[②]

　　"美在意象"理论将以往悬而未决的艺术本体论研究中"审美意象生成"的理论命题推向了一个新的历史阶段。艺术创造源于超越逻辑、概念的体验与想象，意象世界是艺术审美体验和想象的结晶，也是艺术审美创造的本源和终点。意象之于艺术，就犹如灵魂之于人，意象主宰并实现着艺术的韵味和灵性。那些在艺术家头脑中瞬间生成的意象，是艺术构思和创造的"燃点"，它作为最具引力的"审美之核"赋予艺术创造不息的能量。

　　在探讨"美在意象"说的方法论意义之前，我们有必要对"美在意象"理论体系的特征和内涵给予必要的归纳和介绍。

　　第一，"美在意象"说注重心的作用。中国传统美学和艺术学最突出的特点，在于重视心灵的创造作用，重视精神的价值和精神的追求。"美在意象"说继承中国传统美学的思想，强调"心"的作用，

[①] 叶朗在此提出艺术是美，但不等于艺术只有审美的层面，艺术是多层面的复合体，除了审美层面（本体层面），还有知识层面、技术层面、经济层面、政治层面等。而美学是仅限于研究艺术的审美层面。参见叶朗.美学原理[M].北京：北京大学出版社，2009：239.

[②] 叶朗.美学原理[M].北京：北京大学出版社，2009：238.

这一理论体系所讨论的美学基本问题和前沿问题的新意都根基于此。这里所说的"心"并非被动的、反映论的"意识"或"主观",而是指美感发生的具有巨大能动作用的意义生发机制。叶朗说:"离开了人的意识的生发机制,天地万物就没有意义,就不能成为美。"[①]强调心灵的作用就是指出艺术的审美和其他审美活动注重心灵对于当下直接的体验。

关于思维和体验的差异性,张世英在《哲学导论》中曾指出:"不能通过思维从世界之内体验人是'怎样是'('怎样存在')和怎样生活的。实际上,思维总是割裂世界的某一片断或某一事物与世界整体的联系,以考察这个片断或这个事物的本质和规律。"[②]张世英指出"主客二分"的思维模式是认识论的本质,它与美感的体验具有本质上的不同。审美体验是一种和生命、存在、精神密切相关的经验,这种经验具有把握对象的直接性和整体性,正是在审美体验的过程中,人与万物融为一个整体。因此,"美在意象"说强调离开了人心的照亮,就无所谓美或不美,审美体验是与生命、与人生紧密相连的直接经验,它是瞬间的直觉,并在这样的瞬间直觉中创造一个意象世界,从而显现一个本然的生活世界。"美在意象"说侧重于意义的生发机制,"突出强调了意义的丰富性对于审美活动的价值,其实质是恢复创造性的'心'在审美活动中的主导地位,提高心灵对于事物的承载能力和创造能力"[③]。

---

① 叶朗. 美学原理[M]. 北京:北京大学出版社,2009:72.
② 张世英. 哲学导论[M]. 北京:北京大学出版社,2008:21.
③ 叶朗. 中国美学在21世纪如何"接着讲"[M]//叶朗. 更高的精神追求:中国文化与中国美学的传承. 北京:中国文联出版社,2016:67;叶朗. 意象照亮人生:叶朗自选集[M]. 北京:首都师范大学出版社,2011:7.

第二，意象的一般规定就是情景交融。"情"与"景"的统一乃是审美意象的基本结构。但是这里说的"情"与"景"不能理解为外在的两个实体化的东西，而是"情"与"景"的一气流通。叶朗引用王夫之的话："情景名为二，而实不可离。神于诗者，妙合无垠。巧者则有情中景，景中情。"① 如果"情""景"二分，互相外在，互相隔离，就不可能产生审美意象。李白的"月夜"，杜甫的"秋色"，王维的"空山"，青藤的"枯荷"，八大山人的"游鱼"，倪瓒的"山水"都是情景交融的世界，这个情景交融的世界也包含了历史人生的丰富的体验。叶朗说"在中国传统美学看来，意象是美的本体，也是艺术的本体。中国传统美学给予意象的最一般的规定就是情景交融"②，"情和景是审美意象不可分离的因素"③。

意象世界是一个不同于外在物理世界的感性世界，是带有情感性质的有意蕴的世界，是以情感性质的形式去揭示本真的世界。叶朗说："意象世界显现的是人与万物一体的生活世界，在这个世界中，世界万物与人的生存和命运是不可分离的。这是最本原的世界，是原初的经验世界。因此，当意象世界在人的审美观照中涌现出来时，必然含有人的情感（情趣）。也就是说，意象世界是带有情感性质的世界。"④

离开主体的"情"，"景"就不能显现，就成了"虚景"；离开客体的"景"，"情"就不能产生，就成了"虚情"。只有"情""景"统一，所谓"情不虚情，情皆可景，景非虚景，景总含情"⑤，才能构成

---

① 王夫之.姜斋诗话笺注［M］.北京：人民文学出版社，1981：36.
② 叶朗.美学原理［M］.北京：北京大学出版社，2009：55.
③ 叶朗.美学原理［M］.北京：北京大学出版社，2009：237.
④ 叶朗.美学原理［M］.北京：北京大学出版社，2009：63.
⑤ 王夫之.古诗评选［M］.北京：文化艺术出版社，1997：216.

审美意象。美国"戏剧之父"奥尼尔在写完《进入黑夜的漫长旅程》的那一天，他的妻子觉得他仿佛老了十岁；汤显祖写到"赏春香还是旧罗裙"这一句的时候，家人寻他不见，原来他因思念早夭的女儿而独自饮泣于后花园；巴金写《家》的时候，仿佛和笔下的人物一同经历苦难和煎熬，一同在封建大家庭的重压下挣扎；歌德回忆《少年维特之烦恼》时说，这部小说好像是患睡行症者在梦中做成的；福楼拜写《包法利夫人》，写到爱玛自杀的时候，嘴巴里竟然好像尝出了砒霜的味道；拜伦《当我俩分别》（*When We Two Parted*）的原稿上留有诗人的泪迹。艺术家需要为情而造文，沥血求真美，忘我地贡献出生命的情思。

艺术审美和创造的核心是生成意象世界，意象世界的生成源自"情"与"景"的契合，就像苹果砸中牛顿，这一瞬间生成的过程是不可重复的，具有瞬间性、唯一性和真理性。美的意象世界照亮了一个有情趣的生活世界的本来面貌。"情景合一"的世界也就是胡塞尔所说的"生活世界"，也就是哈贝马斯所说的"具体生活的非对象性整体"，而不是主客二分模式中通过认识桥梁建立起来的统一体。"在本来如此的'意象'中，我们能够见到事物的本来样子。"[1]

第三，意象显现本源性的真实。叶朗参照王夫之"现量"的概念说明美感的性质，并通过"现量"的三个层次说明它是如何在审美活动中体现的。他认为"现量"有三层含义：一是"现在"。美感是当下直接的感兴，就是"现在"，"现在"是最真实的。只有超越主客二分，才有"现在"，而只有"现在"，才能照亮本真的存在。二是"现成"。

---

[1] 叶朗. 从"美在意象"谈美学基本理论的核心区如何具有中国色彩[J]. 文艺研究，2019（8）：5-9.

美感就是通过瞬间直觉而生成一个充满意蕴的完整的感性世界。三是"显现真实"。美感就是超越自我,照亮一个本真的生活世界。[1]叶朗认为王夫之的"现量"关于"如所存而显之"的思想非常具有现代意味,"现"就是"显现",也就是王阳明所说的"一时明白起来",也就是海德格尔所说的"美是无蔽的真理的一种现身方式"[2]"美属于真理的自行发生"[3]。

意象呈现本真,"照亮一个本然的生活世界"[4]。《二十四诗品》[5]所说"妙造自然"、荆浩《笔法记》所说"搜妙创真",指的是通过艺术的创造,显现真实的本来面貌。美感具有超逻辑、超理性的性质,审美活动通过体验来把握事物(生活)的活生生的整体。"它不是片面的、抽象的(真理),不是'比量',而是'现量',是'显现真实',是存在的'真'。"[6]审美直觉是刹那间的感受,也就是王夫之说的"一触即觉,不假思量计较"。"它关注的是事物的感性形式的存在,它在对客体外观的感性观照的即刻,迅速地领悟到某种内在的意蕴。"[7]以非实体性,非二元性的真我,不执着于彼此,不把我与世界对立起来,

---

[1] 叶朗.美学原理[M].北京:北京大学出版社,2009:90-91.
[2] 海德格尔.海德格尔选集:上[M].孙周兴,选编.上海:生活·读书·新知上海三联书店,1996:276.
[3] 海德格尔.海德格尔选集:上[M].孙周兴,选编.上海:生活·读书·新知上海三联书店,1996:302.
[4] 叶朗.美学原理[M].北京:北京大学出版社,2009:97-98.
[5] 《二十四诗品》(原名《二十四品》),以往普遍传为司空图所写。复旦大学陈尚君、汪涌豪在1994年提出《二十四诗品》并非司空图所作。据北京大学朱良志考证为元代著名学者、诗人虞集所撰写的《诗家一指》的一部分,也是这部流传并不广泛的诗学著作的核心部分。
[6] 叶朗.美学原理[M].北京:北京大学出版社,2009:95-96.
[7] 叶朗.美学原理[M].北京:北京大学出版社,2009:95-96.

从而见到万物皆如其本然。

关于意象与艺术真实之间的关系,叶朗认为"审美世界一方面显现一个真实的世界(生活世界),另一方面又是一个特定的人的世界,或一个特定的艺术家的世界,如莫扎特的世界,梵高的世界,李白的世界,梅兰芳的世界"①。

第四,"美在意象"说突出审美和人生的关系。"美在意象"理论突出了审美与人生、审美与精神境界提升和价值追求的密切关系。唯有以审美的眼光祛除现实功利目的的遮蔽,才能发现事物原本的美。艺术是无功利性的创造,艺术本身并没有直接的实用功利性,所以它才能最大程度地使主体获得精神的自由和精神的解放。审美活动之所以是意象创造活动,就是因为"它可以照亮人生,照亮人与万物一体的生活世界"②。因此,叶朗认为:"美学研究的内容,最后归结起来,就是引导人们去努力提升自己的人生境界,使自己具有一种光风霁月般的胸襟和气象,去追求一种更有意义、更有价值和更有情趣的人生。"③

无论是老子提出的"涤除玄鉴"、宗炳提出的"澄怀观道",还是庄子提出的"心斋"与"坐忘",中国美学一以贯之地强调审美活动发生时可"彻底排除利害观念、不仅要'离形''堕肢体',而且要'去知''黜聪明',要'外于心知'"④,并保持自己一个"无己""丧

---

① 叶朗."意象世界"与现象学[M]//叶朗.意象.北京:北京大学出版社,2013.
② 叶朗.中国美学在21世纪如何"接着讲"[M]//叶朗.更高的精神追求:中国文化与中国美学的传承.北京:中国文联出版社,2016:67;叶朗.意象照亮人生:叶朗自选集[M].北京:首都师范大学出版社,2011:7.
③ 叶朗.美学原理[M].北京:北京大学出版社,2009:24.
④ 叶朗.美学原理[M].北京:北京大学出版社,2009:103.

我"的空明心境，才能实现对"道"的观照，才能达到"高度自由"和"至美至乐"的境界。庄子所言"逍遥游"，如"乘天地之正，而御六气之辩，以游无穷"，如"乘云气，御飞龙，而游乎四海之外"，如"游心于物之初"，如"得至美而游乎至乐"等，都是指彻底摆脱功利欲念的精神境界。庄子的"心斋""坐忘"可看作超功利和超逻辑的审美心胸的真正发现，也是一个人活的审美自由的必要条件。

现在，我们简要总结叶朗的"美在意象"说关于审美意象的理论。第一，审美意象不是物理性的存在，也不是抽象的理念世界，而是一个完整的、充满意蕴的情景交融的感性世界。第二，审美意象不是一个既成的、实体化的存在，是在审美过程中不断生成的。意象生成不能离开审美活动，离开人的审美生发机制。第三，意象世界显现一个真实的世界，即人与万物一体的生活世界。不执着于彼此，不把我与他人、我与他物、我与世界对立起来，从而见到万物皆如其本然。意象世界"显现真实"，就是指照亮这个天人合一的本然状态，照亮这个世界的美和意义。第四，审美意象让心灵获得一种审美的愉悦，[1] 也就是王夫之说的"动人无际"的审美境界，杜夫海纳所说的"灿烂的感性"。[2]

意象生成，不是简单的表现，更非机械的模仿，意象生成是灵思，是妙悟，是超越表象以契入本真的神思妙造。它需要回归一种内在的、非功利的、虚静空明的心境，从而自由地观照意象之妙，融万趣于神思。艺术的创造、欣赏和领悟，美感的发生、体验和传达皆蕴含其中。

---

[1] 叶朗.美学原理[M].北京：北京大学出版社，2009：59.
[2] 叶朗.美学原理[M].北京：北京大学出版社，2009：59.

二、"美在意象"说对艺术创造的方法论意义

艺术创造的根本问题始终是审美意象生成的问题。

美的意象指引艺术。艺术家依靠其艺术直觉对审美对象的感悟，综合所有的艺术构成，造型、线条、色彩、声音等，从总体上把握核心意象的创造和呈现，使"胸中之竹"转变成"手中之竹"，这一转化的过程，需要艺术家借由"材"（媒介材料）、"法"（形式方法）、"技"（技术手段）将非实体性的意象呈现为可感的形式。在"美在意象"理论中，艺术品的这一内在结构被归纳为艺术作品的"材料层、形式层和意蕴层"[①]。"手中之竹"的完成是以"胸中之竹"为基础的，没有完满的审美意象，就产生不了完满的艺术形式，没有完满的审美意象，一定会导致艺术形式的支离破碎。唯有完整明晰的艺术意象的导引，一切媒介和手段才会凭借这一内核形成统一和谐的共振。

艺术的完整性端赖艺术"核心意象"的丰富和充实。在艺术中，意象有时单个出现，但更多时候出现的是意象群，但是对意象世界起主导作用的，对艺术最终呈现的完整性起至关重要的是核心意象。"核心意象"的丰富和充实可通于绘画中的"一画说"。石涛《画语录》中说的大法不是一笔一画，不是技法手段，乃是"众有之本，万象之根"，一片风景就是一个心灵的世界，它阐明了艺术是"我"表达"我"所体悟到的独特的意象世界。石涛说"至法无法"，真正的"法"不是僵化的"法""格""宗""派""体""例"，而是可以发展和助推

---

① 叶朗.美学原理［M］.北京：北京大学出版社，2009：59.

艺术家想象力和创造力的"法"。这个"法"就是激活传统的、既定的"成法",创化自由的、无限的"审美意象",这是艺术家的"我之为我,自有我在"的生命力和创造力所在。这与罗丹所说的"一个规定的线通贯着大宇宙而赋予了一切被创造物,它们在它里面运行着,而自觉着自由自在"是一样的道理。[①] 天才总是具有自己的"法",一切规则对他们是没有意义的,艺术的本质就源于自由的精神。

"美在意象"说对艺术审美和创造的方法论意义体现在以下几个方面。

其一,"美在意象"说注重心的作用,而心的作用在艺术中的重要性不可替代、无与伦比。艺术存在的意义和价值就在于,创造出一个有别于现实世界的意义空间。在这个意义的空间里,我们不是去观看无生命的物质的展览,而是进入一个精神性的领域,去体验生命情致和心灵境界的在场呈现。作为生命情致和心灵境界在场呈现的艺术,用属于自身的媒介和语言力求创造出美的意象世界。

审美意象令艺术焕发意义和光照,不同的心灵即便面对同一事物也会产生不同的意象世界。德国符号论美学家卡西尔认为,"艺术可以被定义为一种符号语言"[②],艺术创造需要一整套语言和符号,艺术的空间充满了符号。每一个艺术形象都可以说是一个有特定含义的符号或符号体系。由此,卡西尔把符号理解为由特殊抽象到普遍具体的一种形式。符号是观念性的、功能性的、意义性的存在,具有审美的价值。苏珊·朗格曾对艺术的本质做过如下定义:"艺术乃是人类情感符

---

① 宗白华.美学散步[M].上海:上海人民出版社,1981:287.
② 卡西尔.人论[M].甘阳,译.上海:上海译文出版社,1985:212.

号形式的创造。"① "一件艺术品就应该是一种不同于语言符号的特殊符号形式。"② 如果把"符号"作为"象"加以审视，那么其实符号学探讨的作为人类情感承载的符号和形式，就趋近审美意象的生成和呈现。

艺术意象呈现的是心灵化的时间和空间。不存在两种完全一样的审美体验，对绘画而言，同样的梅花、竹子、景色在不同的画家那里呈现的内心景致完全不同；对剧场艺术而言，一个文本对一个艺术家而言，只能产生一种最独特的整体意象，它最能体现这一位艺术家的心境，正所谓"一百个人心中有一百个哈姆雷特"。艺术是心灵世界的显现。宗白华先生在《论文艺的空灵与充实》一文中指出：

> 艺术家要模仿自然，并不是真去刻画那自然的表面形式，乃是直接去体会自然的精神，感觉那自然凭借物质以表现万相的过程，然后以自己的精神、理想情绪、感觉意志，贯注到物质里面制作万形，使物质而精神化。③

他认为："宇宙的图画是个大优美精神的表现……大自然中有一种不可思议的活力，推动无生界以入于有机界，从有机界以至于最高的生命、理性、情绪、感觉。这个活力是一切生命的源泉，也是一切'美'的源泉。"④ 宗白华先生认为"心物一致的艺术品"，才属于成功的创

---

① 朗格.艺术问题［M］.滕守尧，译.北京：中国社会科学出版社，1983：24.
② 朗格.艺术问题［M］.滕守尧，译.北京：中国社会科学出版社，1983：120.
③ 宗白华.宗白华全集：第1卷［M］.合肥：安徽教育出版社，1994：309.
④ 宗白华.宗白华全集：第1卷［M］.合肥：安徽教育出版社，1994：309.

造，才达到了主观与客观的统一。

  对中国艺术而言，演奏古琴并不仅仅是为了展示这一乐器的声音，古琴在琴人的眼中也不仅仅是一件乐器，琴是承载人的精神和灵魂世界的精神器皿，所以学习古琴不单是技巧的训练，更重要的是心的训练。比如演奏《梅花三弄》，梅花的音乐意象可以表现得明媚、艳丽，也可以表现得素静、质朴，这完全取决于演奏者的心境。有些琴师在演奏《梅花三弄》之前要去看大量的古画，尤其是看马远的《梅石溪凫图》《梅竹山雉》等，马远的梅花全是嶙峋遒劲的枝干，几乎没有花。这样的意象和音乐所要表现的卓尔不群的心灵境界是相通的。正如叶朗所言："陶潜的菊是陶潜的世界，林逋的梅是林逋的世界。这就像莫奈画的伦敦的雾是莫奈的世界，梵高的向日葵是梵高的世界一样。没有陶潜、林逋、莫奈、梵高，当然也就没有这些意象世界。"[①] 艺术是心灵最自由的极限运动，心灵的修养和境界的提升，贯穿所有的中国艺术。

  因此，意象的生成需要恢复"心"在审美活动中的主导地位。中国艺术精神所倡导的纯然的艺术体验，主体已经淡出，剩下的是心灵的境界，那是一种不关乎功利的体验与觉悟。由此，刻画出一种深刻的生命观照，这种观照来自一个自由的心灵对世界的映照。"一片风景就是一个心灵世界的呈现"[②]，正是在此意义上，叶朗说："艺术能照亮世界，照亮存在，显示作为宇宙的本体和生命的'道'，就因为艺术创造和呈现了一个完整的感性世界——审美意象。"[③]

[①] 叶朗.中国传统美学的现代意味[M]//叶朗.胸中之竹：走向现代之中国美学.合肥：安徽教育出版社，1998：17.
[②] 宗白华.美学散步[M].上海：上海人民出版社，1981：59.
[③] 叶朗.美学原理[M].北京：北京大学出版社，2009：238.

正是因为突出了"心"的作用，艺术在中国美学的视野中从来就不是单纯的技能，艺术与存在本身息息相关，与人生境界天然地互为表里。在充满生命体验的艺术创造和体验过程中，无论是创作者还是欣赏者，因为祛除了知识和功利的遮蔽而得以涤除心尘，继而复归一个本原的真实世界。达·芬奇的绘画旷世罕见，贝多芬的音乐个性鲜明，梵高的绘画独一无二，罗丹的雕塑独树一帜，所有伟大的艺术，促成其伟大的都是其不可重复的审美意象的独创性。审美意象的生成代表了人类最高的精神活动，张扬了人类最自由、最愉悦、最丰富的心灵世界。这一过程是"美的享受"，精力弥漫、超脱自在、万象在旁，一种无限的愉悦和升华。突破表象的羁绊，挣脱规则的束缚，透过秩序的网幕，摆脱功利的引诱，于混沌中看到光明，于有限中感受无限，于樊笼中照见自由，这真是逍遥自得的至乐之乐，也是"此中有真意，欲辩已忘言"的境界所在。在笔者发表于《中国文艺评论》的《当前美学和艺术学理论研究的几个问题——访美学家叶朗》一文中，曾引用叶朗的话：

> 中国美学的这个观念，在理论上最大的特点是重视心灵的创造作用，重视精神的价值和精神的追求。这个理论，在历史上至少产生了两方面的重要影响：一个影响是引导人们特别重视艺术活动与人生的紧密联系，特别重视心灵的创造和精神的内涵。一个影响是引导人们去追求心灵境界的提升，使自己有一种"光风霁月"般的胸襟和气象，从而去照亮一个更有意义、更有价值和更有情趣的人生。

所以，艺术不是简单地照搬或模仿几个外在符号。有些舞台作品采用的形式很新颖，却不能打动人心，原因就在于只抓住了"技"，而未触及"道"，是招数的展览和堆砌，触摸不到真正的审美意象，也表现不出深刻的意义世界。作为体现"道"的"意象世界"指向无限的想象，指向本质的真实，是有限与无限、虚与实、无与有的高度统一，并最终导向艺术家所要创造的艺术的完整性。这也是区分"艺匠"和"艺术家"的标尺。正如宗白华先生所说：

> 以宇宙人生的具体为对象，赏玩它的色相、秩序、节奏、和谐，借以窥见自我的最深心灵的反映；化实景而为虚景，创形象以为象征，使人类最高的心灵具体化、肉身化，这就是"艺术境界"。艺术境界主于美。所以一切美的光是来自心灵的源泉：没有心灵的映射，是无所谓美的。[①]

就京剧而言，京剧从诞生之初就具备兼容并包、承古开新的创化机能，行当程式是定法，板腔体、锣鼓经是定法，但是在掌握定法的基础上所要实现的却是自由的创造精神和艺术精神。唯有这样的创化，京剧才能不死，才能常新，才能永远创造出自由的、充满生命力和创造力的活的艺术。京剧的发展需要鲜活的创造精神。这种精神从哪里来？从人生的阅历和生命的境界里来，生命的境界越丰满浓郁，在生活悲壮的冲突里，越能显露出人生与世界的深度。因此，只有把握京剧艺术的美学本体，才能够全面展示京剧艺术审美的特质。"死学"是

---

① 宗白华.美学散步[M].上海：上海人民出版社，1981：70.

必要的，但关键是"活用"。坚守传统是必要的，但最后一定要善于创化。戏曲艺术最珍贵的不仅是功法技艺和唱腔要领，更是艺术思想和精神品格。唯其如此，传统艺术的发展才能在不伤害传统的前提下"立足传统、引用传统、激活传统"①。

"美在意象"理论也启示我们，在艺术中似乎处于对立状态的"写实"或者"写意"，其实没有必要将其对立起来。因为"写实"和"写意"只是方法手段，方法手段仅是"指月之指，登岸之筏"，那个完满的内在意象才是"月亮"，才是"彼岸"。技法、手段是可以模仿的，但意象与境界是无法模仿的。这就是中国艺术精神中最精妙的所在——不致力于对外在世界的陈述和模仿，而是注重内在生命的证会和体悟。

意象之真，意象之美，不应执着于造型的"写实"或"写意"之分，不应执着于手法和派别之界限，大实可达大虚，大虚可达大实。造型是面目，意象是灵魂；形式是末，意象是本，言写实、写意，言风格、手法，不如言"意象"，前者皆言其"面目"，"意象"则探其本，有意象，此四者随之具备。在艺术创造中，决定意象的是艺术家的审美直觉，他所服从的是最高的真和最永恒的美。所以伟大的艺术家不会重复自己的形式语言，他在意象的世界中源源不断、永不枯竭地创化出新的形式语言。形式和美只不过是艺术家目的之外的目的。

其二，艺术意象呈现的是如其本然的本源性的真实。"意象世界"呈现一个本真的世界。意象世界是"如所存在而显之"②"超越与复归

---

① 尚长荣.戏曲要死学而用活[N].中国文化报，2012-01-17（6）.
② 叶朗.美学原理[M].北京：北京大学出版社，2009：73.

的统一"[1]"真善美的统一"[2],体现了艺术家自由的心灵对世界的映照,体现了艺术家对于世界的整体性、本质性的把握。审美意象"一触即觉,不假思量计较;显现真实,乃彼之体性本自如此,显现无疑,不参虚妄"[3]。用禅宗的话来说,就是"庭前柏树子",在刹那间体会到永恒,感受到意义的全然的丰满,体验到无限整体的经验。意象之于艺术,是情和思的一致。张世英先生把俘获"真实"的审美意识称为"思致",即思想、认识在艺术家心中沉积日久而转化成的情感所直接携带的"理",也就是渗透于审美感兴中并能直接体现的"理"。基于"思致"和"意象"的艺术外部呈现的形象,不仅仅是模仿外物的表面的"真实",还达到了情与理的高度融合,从而实现了最高的"真实"。这就是意象世界所要开启的真实之门,以及意象世界所要达到的真实之境。

其三,艺术的全部奥秘和难度就在于领悟和把握"艺术意象的完整性"。中国美学讲"浑然""气韵生动"也是对于完整性和统一性的追求。意象正是实现艺术完整性,使之具备一以贯之的生命力和创造力的内在引力。罗丹说雕塑就是把多余的东西去掉,这句话揭示的是一切艺术的最高目标是保持其完整性。这对于东西方真正的艺术创造而言都是一样的。一切外在的表现形式或手段,是以最终表达和呈现艺术意象世界"最高的真实和最本质的意义"为目的的。就音乐而言,音乐的音响流在听觉中枢造成持续不断的遵循时间秩序的链式"痕迹"流。这种"痕迹"流的追求是高度的一致性和完整性,"任何不慎或差

---

[1] 叶朗.美学原理[M].北京:北京大学出版社,2009:78.
[2] 叶朗.美学原理[M].北京:北京大学出版社,2009:80.
[3] 王夫之.姜斋诗话笺注[M].北京:人民文学出版社,1981:36.

错都会在审美的记忆中留下'裂痕',从而破坏艺术的完整性"①。这种保持音乐的高度一致和完整性的核心意象,有些类似音乐中的"主导动机"②(特指含义的象征和隐喻),"既游离于乐曲各乐章主体结构之外,又构成整部乐曲不可分的部分,为各乐章穿针引线,使之连接为一个更加紧密的整体"③。

《哈姆雷特》恐怕是全世界导演排演最多的一出经典。托马斯·奥斯特玛雅(Thomas Ostermeier)导演的《哈姆雷特》在无数的演出版本中独树一帜。巨大而泥泞的黑土覆盖整个舞台,空间被营造成一方墓地,戏剧在墓地的葬礼中开始。悲剧的场景全都集中在这一个空间,凝结成这一个《哈姆雷特》的审美意象——"世界是在坟墓之上的癫狂和谎言"。在充满杀戮的坟墓上,哈姆雷特王子用泥土堵住自己的嘴,把真理埋在心底,他匍匐挣扎在谎言的泥泞中,把皇冠倒扣过来,把被遮蔽的真理擦亮。戏剧是诗,灿烂的感性和内在的理性的结合。伟大的导演把舞台画面演绎成深刻动人的诗篇。契诃夫的《樱桃园》以"樱桃园的毁灭"的戏剧意象来呈现一个急剧变化的时代,塑造一群站在世纪悬崖边的没落的贵族,展现"新的物质文明正以更文明或更不文明的方式蚕食乃至鲸吞着旧的精神家园"④。樱桃园毁灭的意象是对于转瞬即逝的美的一个深刻的隐喻,在世纪更迭、新旧交替

---

① 叶纯之,蒋一民.音乐美学导论[M].北京:北京大学出版社,1988:72.
② 叶纯之,蒋一民.音乐美学导论[M].北京:北京大学出版社,1988:143.
③ 标题音乐中的主导动机自不待言,其他如柏辽兹《幻想交响曲》中的"恋人"动机、穆索尔斯基《图画展览会》中的"漫步"动机、里姆斯基·柯萨科夫的《舍赫拉查达》中残暴的苏丹王及宰相之女舍赫拉查达讲故事的动机等。
④ 童道明.一只大雁飞过去了[M].成都:四川文艺出版社,2017:52.

的历史境遇中，每一代人注定要面对那些曾经属于他们的最美好的事物的消逝，遭遇个体和时代、过去和未来之间的碰撞。每一个时代必然要面对美的消逝与历史的必然进步之间的悖论。契诃夫冷眼看生死，他以冷峻的视角在宇宙的角度俯瞰人生百态，他认识到时间流逝和时代更替是自然的过程，本就是最平常的事情，同时又对那些无力跃出其精神牢笼的人给予同情和悲悯。易卜生的《野鸭》对"正直的谎言"做了深刻思索，"正直的谎言"可以使无能的人幻想，使野心勃勃的人把自己的快乐建筑在他人的苦难和毁灭之上。患有"极端猜疑症"的葛瑞格斯试图把雅尔玛从"谎言和发霉的婚姻"中拯救出来，结果害得他家破人亡。"野鸭"的意象揭示了"猎犬咬住了野鸭的脖子，把它从淤泥中拖出来，并且让它若无其事甚至高尚地活下去"的残酷意象。

艺术的核心意象凝结着动人的情感和深刻的哲理。一些伟大的作品，其真正的魅力和引力都在于把握了艺术的"核心意象"。最有名的就是海德格尔举梵高《农鞋》的例子用以阐明唯有艺术才能显示事物的真理。他说："在艺术作品中，存在者之真理已经自行置入作品中了。……一个存在者，一双农鞋，在作品走进了它的存在的光亮中。"[①] 所以，艺术意象不是一般意义上的造型和形式，它是在艺术的直觉和情感的质地上，从形而上的理性和哲思中提炼出的最准确的形式。它既可以直击事物的本质，又可以表达极为强烈的艺术情感。"意象"是艺术美的本体，东西方艺术家自觉不自觉地以意象的思维创构着属于自己的、独一无二的艺术风格。

---

① 海德格尔.林中路：修订本［M］.孙周兴，译.上海：上海译文出版社，2008：18.

其四，艺术意象力求创造出情景交融的诗性空间。艺术在场呈现的"诗性空间"，越来越成为当代艺术最具有重要价值的美学命题之一。[①]如何创造艺术的"诗性空间"已经不是一般意义上的艺术观念、艺术语言、艺术形式的问题。"诗性空间"的创造是触摸和通达艺术本质的最重要的美学问题，也成为艺术自我发展和自我超越的方向。

如果说塔科夫斯基用"雕刻时光"来阐明电影最本质的特性在于以蒙太奇的时空组合以实现"诗意时间"的创造，也就是把流动的、瞬逝的时间记录在胶片上（或数码记录），那么艺术创造最本质的特性在于"意象生成"，在于撕开现实的时空的帷幕，逃离速朽的必然命运，创造出一个迥异于现实的意象世界。侯孝贤的电影之美源于心灵世界的直接呈现。他的电影不是好莱坞式戏剧性冲突的思维，不是欧洲电影追求理念和形而上的思维，也不同于日本电影的影像特点，他意在呈现中国人的心灵世界，呈现中国人的美感体验，他是用中国人传统的水墨书画的心态在进行电影创作。侯孝贤追求的正是电影的心灵化的呈现。电影的故事、画面、形式和内容对他而言，都是一种心灵境界的显现。他的电影比较彻底地体现了这种中国美学精神的追求。

约翰·洛根的剧本《红色》表现了挣扎于艺术追求与金钱社会中

[①] "诗意"和"诗性"虽然在英语、德语、法语等西文中都用同一个词来表述，但两者的含义在具体的语境中是有区别的。"诗意"，涉及人对"诗"的美感认知，包括诗的意境、氛围所引发的美感体验等，"诗性"除了与"诗意"的交叠部分外，倾向于突破单一的审美愉悦，把艺术作为一种对存在的观照，对精神的言说，大大扩大、加深和刷新了对于诗，以及其他艺术的审美取向和根本意义的理解。本文对"诗性空间"的论述除了对戏剧艺术一般层面的空间美学的介绍之外，主要研究的是现当代戏剧借由"诗性空间"实现对世界和存在的本质化敞开和呈现，以及"诗性空间"的创构方式。

的美国现代画家罗斯科的精神困境。罗斯科把自己关在"黑暗的画室",画室的"黑暗"成为罗斯科内心极亮的光明,在那里他可以对话艺术史和思想史上的不朽灵魂,在那里有来自米开朗基罗、卡拉瓦乔、伦勃朗以来,人类良知、高贵、纯洁的内在之光。他说:"在生活中我只害怕一件事……总有一天黑色将吞噬了红色。"这句话所暗含着的强烈态度,就是对一个日益沉沦和堕落的现代社会的反抗。罗斯科生活的时代就是一个"上帝已死"的时代,一个工具理性甚嚣尘上的时代,一个娱乐至死的时代,谋杀、竞争、买卖、种族歧视、纸醉金迷、道德崩溃的乱象像一个"张着大嘴想要吞噬一切的黑色"别无选择地席卷而来,"黑暗的画室"外是一个更加残酷的人类的集中营和流放地。那是罗斯科最为恐惧的"黑色"所在,却也正是绝大多数现代"群盲"的"麻木"所在。罗斯科的画室既是历史真实存在过的空间,是此时此刻戏剧的演出空间,是观众欣赏绘画和戏剧艺术的审美空间,又是罗斯科的心理空间。这个舞台空间创造了一种时空交融、意境深远的具有意味的诗性空间和"灵的空间",成为充满魅力和意蕴的"在场呈现"的审美空间。

  包括戏剧在内的所有艺术,都力图创造出迥异于现实的意象世界和诗性空间。艺术家以诗性空间"控制"着正在消逝的时间,从而构成了艺术的永久魅力。在一个"诗性空间"里可以创造出看不见却又真实存在的"精神时间"。《庄子·知北游》曰:"人生天地之间,若白驹之过隙,忽然而已。"中国美学对时间的概念不是物理意义上的时间,不是物时,而是心时;不是物象,而是心象。对中国艺术而言,艺术家不能做世界的陈述者,而要做世界的发现者,必须要超然于现实的时空之外。

三、审美意象的瞬间生成和情理蕴藉

艺术的审美意象是如何产生的呢？审美意象是瞬间生成的。审美意象的生成源于诗性直觉[①]，指向诗性意义。艺术的创造就是教会我们，不要用知识之眼，要用意象之眼，心通妙悟。

诗性直觉是一种审美意识，它经过对原始直觉的超越，对主客关系的超越，又经过对思维和认识的超越，最终达到审美意识。因此，它具有超越性、独创性、愉悦性、非功利性的特点。也可以说，诗性直觉在艺术家的创作中指的是一种透过事物的表象创造审美意象的想象力。诗性直觉不是逻辑思维的结果，它不是主客二分的认识方法，它是主客合一的体悟世界的方法。它最接近于艺术的创造性本源——一种呈现在非概念性的感情直觉世界的，直接表达舞台艺术家审美经验中的美和意义的方法。诗性直觉作为一种审美意识，比之人的原始直觉更为高级。它既渗透着情，又包含着思，是情与思的高度融合。宗白华先生说：

> 这种微妙境界的实现，端赖艺术家平素的精神涵养，天机的培植，在活泼泼的心灵飞跃而又凝神寂照的体验中突然地成就。[②]

1867年维也纳还没有从战败的阴影中苏醒过来，约翰·施特劳

[①] 马利坦.艺术与诗中的创造性直觉[M].刘有元，罗选民，等译.北京：生活·读书·新知三联书店，1991：101-109.
[②] 宗白华.美学散步[M].上海：上海人民出版社，1981：73.

斯在德国诗人贝克的诗歌中获得灵感而产生了一个奇妙的乐思，他从一个简单的动机"1 3 5 ｜ 5 − −"引出长达32小节的旋律，最终完成《蓝色多瑙河》圆舞曲第一部分。正是贝克诗歌中"多瑙河的意象"使施特劳斯的头脑中瞬间生成音乐的核心意象，灵感来得这样快速和猝不及防，以至于音乐家在没有谱纸的情况下只能在衬衫袖子上匆匆记下了稍纵即逝的乐思。肖邦创作了《降D大调圆舞曲"小狗"》（Op.64/1），据传肖邦与乔治·桑喂养了一条小狗，某天小狗转着圈追逐着自己的尾巴，乔治·桑深感有趣，让肖邦把这一情景用音乐表现出来，于是就有了这首作品。李斯特在看到拉斐尔《圣母的婚礼》之后创作了《巡礼之年》（又名：《旅行岁月》）钢琴独奏组曲中第二组曲的《意大利游记》中的第一首《贞女的婚礼》。伦勃朗《夜巡》的意象给予音乐家马勒创作《第七交响曲》的灵感，这首交响曲中画面感较强的第二乐章《夜曲》A段（中庸的快板）就是受《夜巡》的整体意象而创作的。音乐的整体意象是作曲家和指挥家建构音乐"精神性圣殿"的"隐秘的内在灵魂"。艺术史上这样的例子举不胜举。

艺术的意象世界是一个不同于物理世界的感性世界，是以情感的形式去呈现本真的世界。审美意象的体验和创造不是思维的结果，是超越主客二分的纯然的艺术体验，是瞬间生成的。艺术意象的瞬间生成，犹如宇宙大爆炸，在瞬间示现出内在的理性和灿烂的感性，照亮了被遮蔽的历史和生命的真实。意象的瞬间生成，常常被艺术家称为"灵感"，它是一切伟大的艺术创作的本源。

对艺术意象的把握，只在此刻的生命体验中，是不可复制、不可保存、转瞬即逝的。这些转瞬即逝的审美意象因为艺术家的才能和创造而成为存现在我们眼前的永恒的美。瞬间生成的意象并不是具象和实体，舞台意象是至高的理性和感性的完美统一，它是艺术的起点和终点。朱光潜有一段话也很好地说明了意象的瞬间性特征：

> 在观赏的一刹那中，观赏者的意识只被一个完整而单纯的意象占住，微尘对于他便是大千；他忘记时光的飞驰，刹那对于他便是终古。①

苏联戏剧家布尔加科夫创作的《图尔宾一家的日子》，是苏联剧本荒时期诞生的一部逆潮流的"另类的戏剧"。它破天荒地表现了与苏维埃对立的白色阵营，刻画了乌克兰的旧贵族和军人，非但没有将这些人物作漫画式的丑化，反而寄予了深切的同情和悲悯。在一片红色戏剧的潮流中，《图尔宾一家的日子》塑造了一个反潮流的，关于历史真实记忆的剧本。

这出戏的灵感来自布尔加科夫的一个梦。他在自己的笔记中这样写道："有天晚上我做了个忧郁的梦，梦见了我出生的城市……梦中挂着无声的暴风雪，之后，出现了一架陈旧的钢琴，钢琴旁边人影幢幢，而这些人早已谢世。"② 就这样，布尔加科夫萌生了创作关于白卫军（简称白军）的一部小说。在后来的回忆中，他说某天晚上，他在阅读自己的作品时，在书桌上看到一个小匣子，小说中的人物在这个小匣子里活动起来，小匣子里的战马影影绰绰，马背上则是头戴毛皮

---

① 朱光潜.朱光潜美学文集：第1卷［M］.上海：上海文艺出版社，1982：17.

② 布尔加科夫.逃亡：布尔加科夫剧作集［M］.周湘鲁，陈世雄，译.杭州：浙江文艺出版社，2017：22.

高帽的骑兵，高空悬着一轮明月，远处的村庄闪烁着红色的灯光。小匣子里发出的声音，那咚咚的琴声，他都清清楚楚听到了。他希望永远看见这小匣子里的图像，所以马上创作了这个剧本，以便保留梦中所示现的一切。

布尔加科夫因为一个梦和他在小匣子里面看到的景象而瞬间生成了戏剧的整体意象——"风暴中正在缓缓沉没的巨轮"。这一戏剧意象真实地呈现了沙俄所代表的历史力量的终结，所有的旧贵族和效忠于沙皇的军队都将被抛出历史舞台，图尔宾一家正是被内战抛进旋涡的白军阵营的贵族知识分子家庭，他们的命运如风暴中的一艘行将沉没的船。而剧中那些仓皇出逃的乌克兰高层在布尔加科夫的笔下，是以"逃窜的蟑螂"的舞台意象出现的。

诗性直觉是戏剧作者超越事物的表象，把握审美本质的最有价值的创造思维。唯有依靠诗性直觉才能超越逻辑、概念、说教的思维方式，从而创造一个注重生命体验的意象世界。艺术创造不是一种逻辑的推理和研判，而是一种诗意的生命感悟和体验。意象世界的生成是一个复杂的审美创造过程，这个过程表达了艺术家全部的学识修养、生命感悟和美感体验。

艺术真正需要的不是对空洞之美的膜拜，而是能够唤起意象之美的直觉与创造力、能够实现境界之美的胸襟气象。在艺术创造中，意象生成总是以诗性直觉的方式开始发挥作用，直觉的创造是自由的创造，它不服膺于作为外在强制性的"美的典范"，而是倾向于在体验中触摸到的真实。诗性直觉过去是、今天是，并且永远是创新最可靠的力量，是艺术家最可贵的艺术特质。艺术的革新和拯救向来出自创造性的诗性直觉，它是艺术生命的起点和终点。后人的作品之所以不同于前人，艺术之所以不再沦为表象真实的摹本，不再成为展示技巧和堆砌符号的场所，其神圣和高贵皆源于自由心灵的创造。

结语

叶朗的"美在意象"说虽然立足于美学本体论的研究，然而其意义突破了美学本身，他所指出的"情感与形式的融合""美的形式呈现人心灵深处的情感"等问题，对于我们思考当下艺术学和美学所关注的热点问题，对于中国当代美学和艺术学的研究有着突破性的理论创新。以"意象、感兴、人生境界"的框架建构起来的"美在意象"理论体系，清晰地阐释了美在意象，美（艺术）是心灵的创造、意象的生成，美育是心灵境界的提升，突出了审美与人生、审美与精神境界的提升和价值追求的密切联系。

"美在意象"说沿着中国美学当代发展的主航道，沿着朱光潜、宗白华、冯友兰等前辈学者所开创的学术道路，避开不必要甚至无意义的纠缠，拨开了主客二分的认识论的迷雾，对美学和艺术的关键命题和基本概念进行了深入的理论思考，以贯通古今中西的广阔的学术视野和自觉的学术使命感，完成了中国美学生存论意义上的复归，为中国当代美学和艺术学的理论研究做出了卓越贡献。

"美在意象"理论一方面要从中国古代哲学和美学中汲取智慧，另一方面清晰地辨析了西方当代哲学和美学的思潮，并致力于东西方美学和艺术学的融通。这一理论体系把人放在核心位置，注重个体的精神价值，追求艺术、审美和人生境界的统一。由此呈现出"美在意象"这一概念和命题的强大包孕性，以及对于美学和艺术学理论基本问题的阐释能力，对于艺术的审美和创造具有方法论意义。

"美在意象"说指出艺术的欣赏和审美活动的核心是意象生成。意象统摄着作为动机的心理意绪，统摄着作为题材的经验世界，统摄着作为媒介的物质载体，也统摄着艺术家和欣赏者的美感。因此，我们不能离开意象生成来讨论艺术创造。伟大的艺术都是永恒的诗篇，它在有限的条件下表达了无限丰富的意涵，在有限的艺术空间内追寻无限的"意义"，这是艺术追求的目标，也是古往今来的艺术家的自觉追求。

再论"美感的神圣性"[①]

张世英先生在《境界与文化——成人之道》一书中提出了"美感的神圣性"这一美学观点。他说:"中国传统的万物一体的境界,还缺乏基督教那种令人敬畏的宗教情感,我认为我们未尝不可以从西方的基督教里吸取一点宗教情怀,对传统的万物一体作出新的诠释,把它当作我们民族的'上帝'而生死以之地加以崇拜,这个'上帝'不在超验的彼岸,而就在此岸,就在我们的心中。这样,我们所讲的'万物一体'的境界之美,就不仅具有超功利性和愉悦性,而且具有神圣性。""具有神圣性的'万物一体'的境界是人生终极关怀之所在,是最高价值之所在,是美的根源。"[②]

张世英先生的"美感的神圣性"的思考和归纳,对于我们今天从事美学研究和美育工作都有极为重要的启示意义。"美感的神圣性"所在,就是"万物一体"的境界,"万物一体"的境界表明人生的意义不

[①] 此文与北京大学叶朗教授合作撰写,经同意收入该书。原题为《人生终极意义的神圣体验》,发表于《北京大学学报(哲学社会科学版)》2015年第3期。
[②] 张世英.境界与文化:成人之道[M].北京:人民出版社,2007:244-245.

在彼岸而在此岸,这种对人生终极意义的体验就是带有神圣性的体验。这一思想向我们指出:"万物一体"的境界是人生的终极关怀所在;"万物一体"的境界是人生的最高价值所在;"万物一体"的境界是美的根源,也是美的神圣性所在。

一、深厚的中西方哲学美学的积淀

"美感的神圣性"这一命题,有着深厚的中西方哲学美学的积淀。

第一,"美感的神圣性"的命题,吸收了西方古典哲学美学中关于"美与心灵""美与精神信仰"相联系的思想,吸收了古希腊以来柏拉图的"理念之美"、普罗提诺的"艺术之美体现神性"等思想,并且沿着"美"在它的最高实现上是一种超越个体的"境界之美"的思想道路,肯定了"美"具有显示心灵、光辉和活力的特点。它也吸收了中世纪基督教美学中的道德内涵,即审美不应该只是个体的享受和精神的超越,而应当具有道德意义上的人格之美。基督教美学认为美是上帝光辉的显现。而中世纪的美学家和思想家也都认为"美之为美在于美的事物显示了上帝的光辉",神圣之美应该超越一般感性形象和外在形式,超越世俗世界和现实功利,应该具备更深层的意蕴,能够显示出人生的最高价值与意义。

第二,"美感的神圣性"的命题,也吸收借鉴了西方哲学和美学史上康德、席勒、尼采以及海德格尔等人的思想,那就是美的终极性体验必然在超越现实世界的苦难中实现,人生终极价值和意义的实现在"此岸"而不在"彼岸"。"美感的神圣性"的命题是要把美的意义最终实现于现实世界,这一思想试图证明实现人生最终极的意义不再需要通过世俗和神性的贯通而获得,不再基于宗教或神性而得到阐释。一方面艺术承担救赎的使命成为可能，另一方面美的意义和独立地位得到了前所未有的肯定。康德认为美具有解放的作用，审美可以把人从各种功利束缚中解放出来。席勒继承和发展了康德的思想，他进一步认为只有"审美的人"才是"自由的人""完全的人"。到了法兰克福学派，他们把艺术的救赎与反对"异化""单向度的人"以及人的自我解放的承诺更加紧密地关联起来。海德格尔更是倡导人回到具体的生活世界，"诗意地栖居"在大地，回到一种"本真状态"，达到"澄明之境"，从而得到万物一体的审美享受。他认为："美是作为无蔽的真理的一种现身方式。"[①] 在我们这个生活世界中充满了意义和美，这些意义和美向我们显示了存在的本来面貌。这些思想强调了美的独立地位。这些思想也启示我们："美感的神圣性"可以在超越现实苦难世界的过程中，在一个去除功利欲求的心灵里得以实现，它的实现在我们生活的世界，不必臣服于上帝的足下。通向天国的道路也不必仰赖上帝，而完全仰赖人类自己。

第三，"美感的神圣性"的命题还有着中国儒道两家关于"万物一体"的传统哲学美学思想的深厚基础。就儒家美学而言，神圣的体验包含一种极高的人生智慧，所谓"大而化之之谓圣，圣而不可知之之谓神"。这种神圣体验并不是在人类之上想象一位人格神或终极的彼岸世界，而是体现"仁者以天地万物为一体"的精神境界。中国传统美学中"天人合一"的思想，就体现出这样一种至高的精神境界。人不是卑微的存在，而是宇宙大化的参与者，因此，人在自然、社会和自我世界的实现上升到"天"的高度，孟子所谓"万物皆备于我矣。反身而诚，乐莫大焉"，就指向这一种高度和境界。王阳明说"无人心则

[①] 海德格尔.海德格尔选集：上[M].孙周兴,选编.上海：生活·读书·新知上海三联书店，1996：276.

无天地万物，无天地万物则无人心，人心与天地万物'一气流通'"，也正是指向天人合一的境界。中国美学中"民胞物与"的思想，体现的是在至高的精神境界的光照下对"万物一体"的真理的领悟和体验。

"美感的神圣性"的命题体现了对中西方美学思想最深层以及最核心的内涵的把握。"美感的神圣性"向我们揭示了对于至高的美的领悟和体验，是自由心灵的一种超越和飞升。这种自由心灵的超越和飞升因其在人生意义上的终极的实现闪耀着"神性的光辉"。它启示我们，对至高的美的领悟不应该停留在表面的、肤浅的耳目之娱，而应该追求崇高神圣的精神体验和灵魂超越，在万物一体、天人合一的境界中，感受那种崇高神圣的体验。

二、"美感的神圣性"是一种崇高的精神境界

"美感的神圣性"，或者说"神圣之美"，区别于其他的美感形态，它是一种崇高的精神境界，一种"万物一体"的觉解。

美感有一般意义上的超功利性、愉悦性等特点，但并非所有的美感都有神圣性。美有低层次和高层次之分，美的神圣性体验是一种高层次的美。"美感的神圣性"，不是一般的追求耳目之娱和声色之美。美感的神圣性体验区别于其他美感体验的根本在于，它是人类至高的精神追求，它与生命意义的终极体验联系在一起。美感在其最高层次上，也就是在对宇宙无限整体的美的感受这个层次上，具有神圣性。这个层次的美感，是与宇宙神交，是一种庄严感、神秘感和神圣感，是一种谦卑感和敬畏感，是一种灵魂的狂喜。这是最深层的美感，也是最高的美感。康德把那种出于责任的动机而服从道德律的意志称为

"神圣意志"。这种最深层的美感可以唤起一种道德感,唤起"神圣意志",唤起一种"完全的善",从而令"美感的神圣"包含了伦理的因素和要求,"神圣"的内涵也就得到了更深一层的拓展。它一方面是审美上的"崇高的美",另一方面具有伦理意义上"完全的善",还具备生命意义上的"全然的自由"。

产生"美感的神圣性"的体验可能来自不同的方面,有来自宗教的神圣体验,有来自艺术的神圣体验,有来自科学的神圣体验,有来自自然景观的神圣体验,有来自日常生活的神圣体验,这些来自不同方面的神圣性体验有一些共同点:其一,这些体验都指向一种终极的生命意义的领悟,都指向一种喜悦、平静、美好、超脱的精神状态,都指向一种超越个体生命有限存在和有限意义的心灵自由境界。达到这种心灵境界,人不再感到孤独,不再感觉被抛弃,生命的短暂和有限不再构成对人的精神的威胁或者重压,因为人寻找到了那个永恒存在的生命之源,人融入了那个永恒存在的生命之源。在那里,他感到万物一体,天人合一。其二,在神圣性的体验中包含着对"永恒之光"的发现。这种"永恒之光"不是物理意义上的光,这种光是内在的心灵之光,是一种绝对价值和终极价值的体现。这种精神之光、心灵之光放射出来,照亮了一个原本平凡的世界,照亮了一片风景,照亮了一泓清泉,照亮了一个生灵,照亮了一段音乐,照亮了一首诗歌,照亮了霞光万道的清晨,照亮了落日余晖中的归帆,照亮了一个平凡世界的全部意义,照亮了通往这个意义世界的人生道路。这种精神之光、心灵之光,向我们呈现出一个最终极的美好的精神归宿。这是"美感的神圣性"所在。

所以,神圣性的美感体验是一种崇高的精神境界,它的核心是对"万物一体"智慧的领悟。"万物一体"的觉解是个体生命在现实世界中生发神圣性美感体验的基础，又是实现"天人合一"精神境界的终点。中国哲学不讲"上帝"，而讲"圣人"，"上帝"是外在的人格神，而"圣人"只是心灵的最高境界，也就是"天人合一"的境界，冯友兰称之为"天地境界"。人和动物不同，人能意识到自己的有限性，因而人会产生对一种最完满的无限性的敬畏、仰望与崇拜的感情。万物一体是每个个别的人最终极的根源。人若能够运用灵明之性，回到"万物一体"的怀抱，实现"天人合一"的境界，就能在有限的人生中与无限融合为一。"天人合一"的境界是中国哲学讲的"安身立命"之所在，也就是人生的终极关怀之所在，是人生的最高价值所在。"万物一体"的觉解是美的根源，也是美的神圣性所在。

三、"美感的神圣性"在日常生活的体验中

"美感的神圣性"的体验离不开日常生活，就在于日常生活之中，这里包含着人与自然万物、与社会生活以及人与自己的最平常的相处。美的神圣性体验作为高层次的美感体验，并不意味着脱离现实世界而追求在宗教彼岸的世界，它可以落实于现实人生。

神圣性的美感体验是超越现实功利的一种精神体验，这种精神体验不可能在一个沉溺于现实世俗利益的心灵中获得，但这种精神体验并不能离开现实世界，也不能拒绝和逃避现实世界。所以，"美感的神圣性"体验虽然超乎功利，但并非完全脱离现实、不问世事的人生体验，而是由"万物一体"的智慧的觉解，最后落实于"民胞物与"的人文关怀和精神境界。张世英先生提出以对"万物一体"的崇敬和敬畏之情建立一种无神论的宗教，目的也是要在现实世界中（而非在超

验的彼岸）寻找人生的终极价值。

无论是海德格尔所提出的"诗意的栖居"，复归"本真状态"，还是中国古人所说的一气运化、生生不息的"自然"，其根本都是倡导人应该从抽象的概念回到历史的、具体的现实世界中来，也就是回到"生活世界"中来。"天地有大美而不言"，人与万物同属一个大生命世界，天地万物都包含有活泼泼的生命和生意，这种生命和生意本身彰显了一个大美无言的万物一体的境界。同时这个世界也是一个充满意味和情趣的世界。这是一个本原的世界。人们习惯用主客二分的思维模式看待世界，用功利得失的心态对待万物，因此一个本来如是的"生活世界"的美的光芒被遮蔽了。超越主客二分的思维，超越功利实用的目的，就可以使人心恢复到一种"本真状态"，回到"天人合一"的境界。与西方基督宗教式的神圣体验不同，中国美学思想所倡导的神圣体验源自人与世界万物一体的最本原的存在。老子在《道德经》第二十五章提出"域中有四大，而人居其一焉"；孟子于《孟子·告子上》标举人性乃"天之所与我者"；张载提出"因诚至明，故天人合一"；程颢论天人关系时说"天人本无二，不必言合"；禅宗所谓"砍柴、担水、做饭，无非是道"。这些思想的核心都是天人合一，都倡导人在日常生活中体验并实现人生的全部意义。

日常生活的神圣之美的体验可以源于自然万物。无意中打开窗户看到远山的落日，金灿灿的暮色，太阳即将下山，大地一片宁静，从清晨到夜晚，光呈现着壮观的宇宙戏剧；或者是和孩子漫步海边，童真的脸上沉思的表情，听到亘古不变的涛声，人与自然奇妙的对话；或者是注视山间下的一泓清泉，一个小虫在水面耕耘出的圈圈涟漪，所有这些无不可以触动着灵魂的神圣感觉。这些瞬间的体验提示我们原来上帝的国度真切地存在在我们脚下的土地,神圣的体验不在天国,而在生活的本身。人、生灵、万事万物的身上都体现宇宙的神性,体现着宇宙的生意,体现着宇宙的"大全"。松尾芭蕉俳说:"当我细细看,呵,一棵荠花,开在篱墙边。"用功利的目光审视,这一朵荠花何其渺小,何其卑微,就如同用功利的目光审视人类,那可贵的、灿烂的生命之光一定被尊贵和卑贱的权衡审视遮蔽。以功利之心、世俗之眼看世界,看不见那篱墙边荠花的灿烂,看不见在那偶然和短暂的生命之中的永恒的意义的显现,也看不见包含在自然和现实景象之下的神圣的奇迹。只有恢复自然之眼和澄明之心,才能回到一个万物一体的世界,以物观物,从而看到世界万物的无限意趣,获得一种庄严的、神圣性的美感体验。

　　日常生活中的衣食住行、婚丧嫁娶、送往迎来,如果以审美的眼光去观照,这些生活现象的本身处处充满丰富的意味和情趣。正如法国哲学家阿多(Pierre Hadot)所说:"不再把世界看作我们行动的简单的框架,而是在世界之中看待它,通过世界看待它本身。这种态度既具有一种存在的价值,也具有一种理论的价值,还有明天的一些时刻的无限价值,人们带着感恩接纳这些时刻,如同一种不期而遇的机遇。但他也可以让人认真地对待在生命中的每个时刻。做惯常的事,但并不如惯常一样,相反,仿佛第一次这样做,同时,在这种行动中,发现所蕴含的一切意味。"① 中国传统文化素来注重在日常生活中营造美的氛围,喝酒要行酒令,穿衣要熏香,春天赏花,夏日观荷,秋日赏月,冬日踏雪,日常行为都要有一套礼仪规矩,过节也要有与节日

---

① 阿多.作为生活方式的哲学[M].姜丹丹,译.上海:上海译文出版社,2014:194.

相配的活动和仪式。历代的文学艺术作品都向我们揭示出中华民族的先人早就创造出了一种充满情趣和精致的生活，琴棋书画、喝茶品香、抚琴挂画无不是这种充满情趣和精致生活的所在。中华文化中还有非常丰富的民俗风情，这种民俗风情包含着人生、历史的内涵，包含着百姓的生活追求和精神面貌，当这种民俗文化完全超越日常生活而成为纯粹审美的活动时就成为节庆和狂欢活动。

总之，"美感的神圣性"不离现实世界，不离生活日用。"美感的神圣性"体验、"天人合一"的境界并非宗教的"人格神"、柏拉图的"理念"世界或人类历史上其他种种彼岸世界的信仰的替代物。提出"美感的神圣性"的命题不是为了禁锢人的心灵，恰恰在于解放人的心灵，让解放的心灵真正体验"万物一体""民胞物与"的智慧和思想，把高远的精神追求，落实在现实世界，落实在日常生活，落实在一个充满矛盾和苦难的世界，落实在对待万事万物的关系之中，也就是把高悬在天边的神圣性接到脚踏实地的大地和人间。

有了"万物一体""天人合一"的精神追求，从表面上看，世界还是一样的世界，生活还是一样的生活，但是意义不一样了，气象不一样了，因为高远的心灵境界为平淡的世界和人生注入了一种神圣性。

四、精神境界的不断超越和提升

"美感的神圣性"的体验就存在于现实人生之中，存在于日常生活之中，但这种体验只有在精神境界的不断超越和提升中才有可能实现。"美感的神圣性"的命题体现出一种至高的人生追求，一种崇高的人生境界，它远远高出一般的审美体验，它的产生需要一种心灵的提升。

所以,"美感的神圣性"的命题并不是一个静态的命题,它是一种心灵的导向,精神的导向,它向人们揭示了一个心灵世界不断上升的道路。

前面说过,美感有不同的层次。较为常见的是一个具体事物或一个具体场景所触发的美感,如:一树海棠的美感,一片草地的美感,"竹喧归浣女,莲动下渔舟"的美感,"舞低杨柳楼心月,歌尽桃花扇底风"的美感,等等。比这高一层是对整个人生的感受,我们称之为人生感、历史感,如:"问君能有几多愁,恰似一江春水向东流",又如,"流光容易把人抛,红了樱桃,绿了芭蕉",等等。《红楼梦》里的贾宝玉,由春天的一棵大杏树,"花褪残红青杏小""绿叶成荫子满枝",引发他对人生的某种哲理性的领悟,从而发出深沉的感叹。这是人生感。林黛玉的《葬花词》,"天尽头,何处有香丘?"也是一种人生感。最高一层,是对宇宙无限整体("万物一体"的境界)和绝对美的感受,我们称之为宇宙感,也就是爱因斯坦说的宇宙宗教情感(惊奇、赞赏、崇拜、敬畏、狂喜),这是对个体生命的有限存在和有限意义的超越,通过观照绝对无限的存在、"最终极的美""最灿烂的美",个体生命的意义和永恒存在的意义合为一体,从而达到一种绝对的升华。这是"万物一体""天人合一"的神圣境界,也就是古代儒家说的"仁者"的境界,冯友兰说的"天地境界"。

美感的这几种不同的层次,并不是互相隔绝的,它们都是在现实人生中引发的,因而它们是互相连通的。这种连通,取决于人生经验、文化教养和心灵境界的提升。人们在日常生活中对于具体事物的美感,可以上升到"万物一体""天人合一"的境界,上升到儒家说的"仁者"的境界。美国盲聋女作家、教育家海伦·凯勒说过,如果给她三天时间,这三天她可以用眼睛看到世界,她会怎么度过这三天?她要把所有亲爱的朋友叫到身边来，长时间看他们的脸，看他们脸上显示的内心的美；她要长时间看一个婴儿的脸，捕捉那热切的、天真无邪的美；她要到树林中长时间漫步，使自己陶醉在自然世界的美之中；她要一早起来看日出，"怀着敬畏看太阳用来唤醒沉睡的地球的、用光构成的万千宏伟景象"；她要去大都会博物馆，去看拉斐尔、达·芬奇、伦勃朗、柯罗的绘画，探视这些伟大的艺术作品表现的人类的心灵；她要站到纽约的热闹街口，"只是看人"，看行人脸上的微笑，看川流不息的色彩的万花筒。海伦·凯勒说的这些都是日常生活中很普通、很平常的美感，但是其中蕴含着一种人生神圣价值的追求，她超越自我，与世界、与各种"非我"的东西融合，这是一种"万物一体""天人合一"的神圣感。这种神圣感，出自海伦·凯勒那至善至美的心灵世界。托尔斯泰把这种对平凡世界的神圣体验写进了《战争与和平》。安德烈公爵受了致命伤之后，仰面躺在奥斯特里兹的战场上，在死一样寂静的空气里，他望见了一片蓝天，便想："我以前怎么就没有发现天空竟是如此高远？"这是一个经过战争洗礼的心灵的顿悟，他领悟了现实世界神圣的美，他领悟了人生在世的全部意义。

"美感的神圣性"作为高层次的生命体验，是精神世界提升的结果。这一境界的获得源于一种生命意义的深刻领悟，一种洞察宇宙生命本质和真相的智慧。这种精神体验，无法得之于知识化、理论化的传授。知识和理论只能起到导引的作用。这一境界的获得只能在觉悟的心灵世界中产生和存在，只能源于对人生永恒的困惑和苦难的不断地自我超越。它是除宗教之外的，人类对苦难的世俗世界的内在超越的方式，这种超越的实现是人生最终极的意义实现。这种人生终极意义的实现可以通过对于生活本身的阐释，对于美和艺术的解释、传播和领悟，把人的精神持续地导向一种觉悟的喜悦，从而使"美感的神圣性"在现实世界的实现成为一种可能。

五、讨论"美感的神圣性"的意义

我们今天讨论"美感的神圣性"的意义何在呢？就是张世英先生说的，我们要赋予人生以神圣性。基督教的美指向上帝，我们的美指向人生。美除了应讲究感性形象和形式之外，还应该具有更深层的内蕴。这内蕴根本在于显示人生最高的意义和价值。我们非常赞同张世英先生的这种见解。日常生活的万事万物之中包含着无限的生机和美，现实人生中存在着一种绝对价值和神圣价值，而每一个人与这个"无限的生机和美""绝对价值和神圣价值"正是一个不可分离的整体。

这种绝对价值和神圣价值的实现不在别处，就存在于我们这个短暂的、有限的人生之中，存在于一朵花、一叶草、一片动人无际的风景之中，存在于有情的众生之中，存在于对于个体生命的有限存在和有限意义的超越之中，存在于自我心灵的解放之中。历史上许多大科学家、大哲学家、大艺术家都坚持在现实生活中寻找人生的终极价值，追求美的神圣性。科学家追求美的神圣性，杨振宁先生讲得最好。杨振宁先生说，研究物理学的人从牛顿的运动方程、麦克斯韦方程、爱因斯坦狭义与广义相对论方程、狄拉克方程、海森堡方程等，这些"造物者的诗篇"中可以获得一种美感，一种庄严感，一种神圣感，一种初窥宇宙奥秘的畏惧感，他们可以从中感受到哥特式教堂想要体现的那种崇高美、灵魂美、宗教美、最终极的美。我们不是研究物理学的，但是我们从爱因斯坦的讲话和文章中，也会感觉到一种来自宇宙高处、深处的神圣性，有如巴赫的管风琴系列作品发出的雄伟的声音。追求美感的神圣性的艺术家，贝多芬是一个伟大的代表。《第九交响曲》就是心灵的彻悟，《欢乐颂》是超越了生命的本体，超越了此岸世界和彼岸世界的终极的欢乐。贝多芬的音乐启示我们，在经历了命运的磨难之后，抬起眼睛，朝着天空，歌颂生命，放下心灵的负担，了解生命的意义，了解我们生存于这个世界的意义。

"美感的神圣性"的思想，指向人生的根本意义问题，体现了一种深刻的智慧和对于崇高的人生境界的向往。这一思想在东西方哲学和美学史上有着一以贯之的思考。今天，这一思想的提出也给予我们一种深刻的启示和精神的光照。那就是：人作为一种偶然的、短暂的存在，在向生之意义的寻找过程中，在寻找精神家园的过程中，不断从苦难的尘世和精神的沼泽中突围出来，从对神与上帝的臣服、膜拜、赞美中渐渐苏醒，面向现实人生寻找人生的崇高价值和绝对意义。每个人的生命都是极为偶然的、有限的、短暂的存在，正是"美感的神圣性"体验让我们从偶然的、有限的、短暂的存在中领悟生命的尊贵、不朽和意义，从平凡的、渺小的事物中窥见宇宙的秘密和永恒的归途。人生的最高价值和终极意义就在于对"万物一体"的智慧和境界的领悟，在于对一个充满苦难的"有涯"人生的超越，这种超越，在精神上的实现不再是对宗教彼岸世界的憧憬，而是在现实世界中寻找一种人生的终极意义和绝对意义，获得精神的自由和灵魂的重生。

一个有着高远的精神追求的人，必然相信世界上有一种神圣的、绝对的价值存在。他们追求人生的这种神圣的价值，并且在自己灵魂深处分享这种神圣性。正是这种信念和追求，使他们生发出无限的生命力和创造力，生发出对宇宙人生无限的爱。在当代中国寻求这种具有精神性、神圣性的美，需要有一大批具有文化责任感的学者、科学家、艺术家立足于本民族的文化积累，做出能够反映我们的时代精神的创造。

宗白华美学思想的超然与在世

近代以来，我们许多美学理论都是从西方引进的。当代美学基本理论在吸收和融合西方学术成果的同时，如何体现中国精神和中国特色，如何体现"中华文化有独一无二的理念、智慧、气度、神韵"。这个问题在西方哲学和美学强势传入的历史情境中，变得更为迫切。在中国美学的百年历程中，宗白华先生富于哲理情思的诗性直觉和美学建构的方式；他对宇宙、人生的自我觉醒式的探索追求；他对中国艺术和中国美学精神的接引和光大；他对中西方比较诗学的研究方法的引入；他那富有智慧、灵性和人情味的文风，以及审美生活化的美学思考与实践……无不对中国现当代美学的研究与发展产生了深远的影响。从宗白华先生心灵世界内在超越的方式和他一生致力于艺术学和美学研究的意义这两个维度来加以研究，不但能够对当前中国美学和艺术学的研究有所启示，而且能够发现其人生和美学在西方哲学和美学强势传入的历史情境中的重要价值和当代意义。

伟大的思想家、艺术家、诗人或第一流的大学者，其治学、创造和人生都有一个统一的核心，那就是以思想、学术或艺术作为解开人生困惑的法门,用他们的生花之笔,幻现层层世界、幕幕人生,启示生命的真相与意义。宗白华个体生命的自我觉解和超越性的领悟发端于生命的大困惑,在早期文章《说人生观》(1919)中,他写道:

> 世俗众生,昏蒙愚暗,心为形役,识为情牵,茫昧以生,朦胧以死,不审生之所从来,死之所自往,人生职任,究竟为何,斯亦已耳。明哲之士,智越常流,感生世之哀乐,惊宇宙之神奇,莫不憬然而觉,遽然而省,思穷宇宙之奥,探人生之源,求得一宇宙观,以解万象变化之因,立一人生观,以定人生行为之的。[①]

无论是《萧彭浩哲学大意》和《康德唯心哲学大意》等文中对于宇宙之道、时空之谜的哲学思考;《哲学杂述》中对宇宙之物理的七大问题的关切[②];《科学的唯物宇宙观》中对唯物论的基本观念的辨析;《形上学——中西哲学之比较》中对中西哲学的异同、道、数、几何学、卦象等具体问题的深究;《孔子形上学》中对"道"之精神,"道"与"仁"的关系,荀子的天道观等问题的阐述,还是在《论格物》中对朱熹学说的思考……都呈现着宗白华对于形而上问题的思考重心,这些问题也是古来一切大哲学家、大思想家殚精竭虑以求解答的大问题。

研究一个人的思想,不能离开其个体的理想和具体的历史文化。

[①] 宗白华.宗白华全集:第1卷[M].合肥:安徽教育出版社,2008:17.
[②] 宗白华根据杜博雷孟氏的《穷理之止境》《宇宙七大谜》二书而列出的穷宇宙之物理的七大问题:一、质与力之本体;二、动之缘起;三、感觉之缘起;四、意志自由问题;五、生命之缘起;六、宇宙之秩序;七、人类之思想及语言。

具体的历史文化与理想之间的冲突往往赋予个体内在精神超越的动能，这种超越动能可以使个体在困境中生出智慧力量和勇猛精神。就宗白华而言，这一解脱和超越的方式在他的人生中呈现三个层面的支撑：第一是个体时时处处、持之以恒对生命真相的体察，对宇宙大道的感悟，对人生意义的寻觅；第二是围绕在他思想上空的圣贤和巨人的哲学与精神（比如老子、孔子、康德、叔本华、歌德与莎士比亚等大哲先贤）；第三是生命经由痛苦而又漫长的跋涉，最终实现与自然和艺术的融合。尤其在心灵提升的次第中，自然和艺术被宗白华赋予了至高无上的价值和意义，他最终体认并终身践行美作为内在的信仰。他认为对于自然和艺术的美的体验是感通宇宙大道的出发点和皈依处，也是人类体验生命和宇宙人生的最理想的方式，更是养成健全人格和审美心灵的必由之路。宗白华最终超越的方式不是通过出世，而是借由在形上层面的领悟，从而生发出安然从容的在世情怀，并产生对整个人类世界的同情与关怀。

本文围绕四个方面进一步探讨宗白华美学思想的超然和在世。第一，生命的自我觉解和超越性的领悟，以及由此带来的超然的宇宙观念；第二，在宗白华那里，心灵、自然和艺术是如何实现统一的；第三，宗白华如何超越古今中西、古典和现代、新和旧的对立，从而获得澄明的宇宙观、人生观和艺术观，继而发现中国美学的现代意义，接引并光大中国美学的传统气脉，并最终创立独具中国色彩的现代美学思想体系；第四，宗白华生命的终极体悟和在世意义落实，这也是他超然的审美心灵和美学思考的最终面向。这四个方面大致构成宗白华基于审美的大觉智慧，构成他面向现实人生，探索此在意义和审美超越的成就。

一、"自足与超然"：从宇宙观到艺术境界

宗白华的美学思想始自对生命的困惑，这一困惑大而言之就是人生有限和宇宙无限之间的矛盾，小而言之就是个体理想与生逢乱世的历史境遇的矛盾。他认为："生命是要发扬，前进，但也要收缩，循轨。一部生命的历史就是生活形式的创造与破坏。生命在永恒的变化之中，形式也在永恒的变化之中，所以一切无常，一切无住，我们的心，我们的情，也息息生灭，逝同流水。向之所欣，俯仰之间，已成陈迹。这是人生真正的悲剧，这悲剧的源泉就是这追求不已的自心。"[①] 人生总是渴望一种永恒，但是宇宙万物，皆不可能有一刻的停留，实际的人生总是飘堕在滚滚流转的时间之海，所以："欲罢不能，欲留不许，这是一个何等的重负，何等的悲哀烦恼！"[②] 这"息息生灭，逝同流水"的感慨背后，是宗白华对人生终极意义的追问，也是他内在超越的人生境界的开端。

对人生终极意义的醒觉和追问，构成了宗白华美学思想中对宇宙人生永无止境的、自我觉醒式探索的主线。他早年之所以推崇并研究歌德，原因在于他体验到歌德与其自身相同的精神困境，以及歌德的一生从精神困境中超拔出来的全部过程所蕴含的启示意义。他认为歌德生活中一切矛盾之最后的矛盾，他的生活与人格实现了莱布尼茨的宇宙论，[③] 他认为歌德的生活与人格就是一个宇宙的精神原子的呈现，

---

① 宗白华.宗白华全集：第2卷［M］.合肥：安徽教育出版社，1994：9.
② 宗白华.艺境［M］.北京：北京大学出版社，1987：43.
③ 莱布尼茨的宇宙论认为宇宙作为活跃着无数精神原子的大整体，每一个精神原子都是一个独立的小宇宙，顺着内在的定律永恒不息的活动发展，同时如同一面镜子反映着大宇宙生命的全体。

而歌德给予人类的启示正是在于"如何从生活的无尽流动中获得谐和的形式,但又不要让僵固的形式阻碍生命前进的发展"[①]。这即是石涛所说的"于墨海中立定精神,笔锋下决出生活,尺幅上换去毛骨,混沌里放出光明"[②]。在他看来,歌德作为时代精神最伟大的代表,其人格与生活,极尽了人类的可能性,宗白华认为他的诗歌和创造是一个超脱的心灵欣赏人生真相的真实显现。所以,研究歌德的宗白华也是在研究他自己,歌德的艺术人生是宗白华心灵成长的实验室。他在《我和诗》(1923)一文中提出"拿叔本华的眼睛看世界,拿歌德的精神做人"[③]。可见歌德在其精神构成中的重要性。

对于生命真相的体察,对于宇宙大道的感悟,对于人生意义的寻觅,构成了宗白华内在灵魂的神圣旋律,这一旋律和那些围绕在他思想上空的圣贤和巨人的哲学和精神,共同构成了宗白华个体精神超越的复调,也构成了他胸罗宇宙、思接千古的生命仪式。[④] 他的美学思想最终呈现出智慧和觉解、心胸的旷达和艺术心灵的超然,这也正是他精神世界的自足与超然的显现。

由这精神世界的自足和超然决定了宗白华超凡脱俗的艺术境界。宗白华认为美感的养成在于能空,不沾滞于物象,物象方能得以孤立绝缘,自成境界。他说艺术的境界"既使心灵和宇宙净化,又使心灵和宇宙深化,使人在超脱的胸襟里体会到宇宙的深境"[⑤]。唯有精神从

---

① 宗白华. 艺境 [M]. 北京:北京大学出版社,1989:44.
② 道济. 石涛画语录 [M]. 北京:人民美术出版社,1959:7.
③ 宗白华. 宗白华全集:第2卷 [M]. 合肥:安徽教育出版社,2008:151.
④ 宗白华对老子、孔子、周易、佛学、康德、叔本华、歌德与莎士比亚一一做过深入研究。
⑤ 宗白华. 美学散步 [M]. 上海:上海人民出版社,1981:72.

日常中超拔出来，从现实的功利世界超脱出来，才能够发现一个日日崭新的、前所未有的世界。这种境界体现在谢灵运那里，就是"罗曾崖于户里，列镜澜于窗前"；体现在道璨那里，就是"天地一东篱，万古一重九"；体现在陶渊明那里就是"采菊东篱下，悠然见南山"……中国艺术中的虚实、大小、时空、空灵与充实等问题，莫不体现了中国哲学的这一根本精神。

　　宗白华先生认为艺术心灵的诞生，"在人生忘我的一刹那，即美学上所谓'静照'，'静照'的起点在于空诸一切，心无挂碍，和世务暂时绝缘"①。这就是"万物静观皆自得"的境界，这一境界源于人心超越于现实藩篱的觉解，在此觉心中静观万象，万象在此一时就犹如在光明莹洁的镜中显现，显现出它的本然、充实、自由。宗白华说："这意境是艺术家的独创，是从他最深的'心源'和'造化'接触时突然的领悟和震动中诞生的。"②这样的审美体验正如王羲之所云："在山阴道上行，如在镜中游。"唯有空明寂照的觉心，才能照见万境，容纳万境，才能灵气往来。宗白华认为："灵气往来是物象呈现着灵魂生命的时候，是美感诞生的时候。"③艺术家在作品里与天地精神往来，同时传达着天地精神，它们"透过鸿蒙之理，堪留百代之奇"。艺术家正是要透过"秩序的网幕"和"表象的藩篱"，使"鸿蒙之理"放光，宗白华所说的"鸿蒙之理"也可视为天地精神和宇宙至理，也就是老庄所言的道。在宗白华那里，审美理想、审美价值始终是与唯美的人生态度联系在一起的，不为将来或过去而放弃现在的

---

① 宗白华. 美学散步 [M]. 上海：上海人民出版社，1981：21.
② 宗白华. 美学散步 [M]. 上海：上海人民出版社，1981：66.
③ 宗白华. 美学散步 [M]. 上海：上海人民出版社，1981：21.

价值创造和体验。

审美的意境以宇宙为对象，从而使人类的最高的心灵感性化、具体化，这个精神提升的过程指向最根本的自由精神。在解释汉末魏晋六朝，作为中国政治上最混乱、社会最痛苦的时代，何以成为思想和精神史上极为自由解放，极为富于智慧和热情的时代时，宗白华强调超越性的、放达的宇宙观念决定了超然的生活态度和艺术境界。魏晋名士以狷狂来反抗乡愿的社会，反抗那桎梏性灵的礼教和士大夫阶层的庸俗，即向着自己的真性情、真血性里探求人生的意义和纯正的道德，唯其如此，才可生发出对天地万物的宇宙大爱和民胞物与的一往情深。嵇康临刑东市，神气不变，索琴弹之，奏《广陵散》，其殉道的一刻何其从容。这种人格的潇洒和优美，规定了中国历史上一种绝对的人格高度，在宗白华看来，这是个体超越精神世界的最高成就，也是宇宙间最伟大的艺术。

在宗白华看来："晋人以虚灵的胸襟，玄学的意味体会自然，乃能表里澄澈，一片空明，建立最高的晶莹的美的意境！"[1]在此意义上，宗白华认为晋人的精神是最哲学的，因为它是最解放的、最自由的。不仅自身酷爱自由而且推己及物，在精神上追求真自由、真解放，才能把自我的"胸襟像一朵花似的展开，接受宇宙和人生的全景，了解它的意义，体会它的深沉的境地"[2]。正因如此，可以使人超然于死生祸福之外，生出一种镇定的大无畏精神来。美之极也即是雄之极，王羲之的书法、谢灵运的诗歌、谢安的风度、阮籍的佯狂，如此伟岸和自由的人格敢于用鲜血来灌溉道德的新生命，其坦荡谆至、洒脱超然

---

[1] 宗白华.美学散步[M].上海：上海人民出版社，1981：179.
[2] 宗白华.美学散步[M].上海：上海人民出版社，1981：183.

照亮了中国的人文与历史。正是在此意义上，我们发现宗白华内在超然的实质是千百年来中国文化与审美心理的潜沉。

二、"自然与艺术"：生命精神的物质表现

在宗白华的美学世界里，自然和艺术是感通宇宙大道的出发点和皈依处，也是人类体验生命和宇宙人生的理想方式。在他看来，中国哲学强调"生命本身"体悟道的节奏，唯有合"道"的心灵才能赋予"艺"深度和灵魂，在这个心灵提升的次第中，自然和艺术一方面是心灵合道的最佳途径，另一方面也是合道之心的最终呈现，因而被赋予了至高无上的价值和意义。因此，中国哲学的境界与中国艺术的境界是相通的。他认为自然是个大艺术家，艺术也是个小自然，艺术创造的过程是物质的精神化，自然创造的过程是精神的物质化，二者同为真善美的灵魂和肉体的协调，是心物一致的艺术品。

宗白华认为自然的内容就是一种生命精神的物质表现。[1]他热爱大自然，他说自己常在自然中流连忘返，自然是他最亲切和智慧的老师。在《诗》这首诗中，他写道：

啊，诗从何处寻？
在细雨下，点碎落花声！

---

[1] 原文是："艺术家要模仿自然，并不是真去刻画那自然的表面形式，乃是直接去体会自然的精神，感觉那自然凭借物质以表现万相的过程，然后以自己的精神、理想情绪、感觉意志，贯注到物质里面制作万形，使物质而精神化。"参见：宗白华.宗白华全集：第1卷[M].合肥：安徽教育出版社，1994：309.

宗白华美学思想的超然与在世

在微风里,飘来流水音!
在蓝空天末,摇摇欲坠的
孤星![1]

宗白华对诗歌的感受直接来自倾听自然。那流云中夜的背影,远寺的钟声,青山额上笼罩的愁云;那清冷的蓝光的清晨,莹然万里的星流,或是泻落在怀里的一朵小花;那海洋中的云,伟大的夜与春天的光,还有照见海天的未来的曙色;两岸的青山碧树,松间的秋星明月,银白的雪,深黄的叶;抑或是园中那一朵憔悴的花,月落时,心花梦中的蝴蝶;也或许是月夜的海上,四面天海的金光……在他看来自然是永恒的诗篇,"风声、水声、松声、涛声,都是诗歌的乐谱,花草的精神,水月的颜色,都是诗意、诗境的范本"[2]。他认为养成诗人健全人格的必由之路,首先是要在自然中活动,观察自然的现象,感觉自然的呼吸,窥测自然的神秘,听自然的音调,观自然的图画。在他看来,建立和自然的关系也是养成健全人格和审美心灵的前提。

在《我与诗》中,宗白华谈及童年时对山水风景发乎自然的酷爱,他把天空的白云和桥畔的垂柳想象成最亲密的伴侣,喜欢独自一人坐在水边,看天上白云的变化,罗曼蒂克的遥远的情思引导着他在森林里、在落日的晚霞里、在远寺的钟声里,任由无名的、隔世的思念,鼓荡着不安的心绪。他喜欢云,喜欢月夜和清晨晓露里的海,狂风怒涛的海,他认为海是世界和生命的象征。在浙东的小城里,那如梦的

---

[1] 宗白华.美学散步[M].上海:上海人民出版社,1981:12.
[2] 宗白华.宗白华全集:流云诗集[M].合肥:安徽教育出版社,2008:363-410;宗白华.艺境[M].北京:北京大学出版社,1987:371-440.

山色，初春的朝气，浅蓝深黛、湖光峦影的笼罩，这种无与伦比的快乐令他和自然结成了一个永不能分离的整体。在与自然合一的心境里，他写下了这样的一段话：

> 青春的心初次沐浴到爱的情绪，仿佛一朵白莲在晓露里缓缓地展开，迎着初升的太阳，无声地颤栗地开放着，一声惊喜的微呼，心上已抹上胭脂的颜色。纯真的刻骨的爱和自然的深静的美，在我的生命情绪中结成一个长期的微渺的音奏，伴着月下的凝思，黄昏的远想。[1]

自然之外，宗白华美学思考的主要对象是艺术。在科学、道德和艺术三种认知世界的方式中，宗白华推崇艺术直觉化的认知方式，以感性直观的方式洞察世界本质是他美学思想的特点。他在中国艺术的研究中投入了大量的时间和精力，目的就是验证自己的心灵，同时深参中国艺术所包含的美学精神。无论是书法、绘画、音乐还是戏曲，对宗白华而言，或观想、或揣摩、或浸润、或研习，无不是为了在艺术的世界里感悟至真至美的心灵，验证美的胸襟，从而探求艺术的真谛和人生的意义。在《美从何处寻》这篇文章里，宗白华说："诗和春，都是美的化身，一是艺术的美，一是自然的美。我们都是从目观耳听的世界里寻得她的踪迹。"[2]宗白华先生认为晋人正是向外发现了自然以及自然背后的宇宙精神，向内发现了心灵感通大道的深情，才能迸发出无限的想象力和创造力。陶渊明、谢灵运等人的山水诗如此

---

[1] 宗白华.美学散步[M].上海：上海人民出版社，1981：281.
[2] 宗白华.美学散步[M].上海：上海人民出版社，1981：12.

富有情致,源于对自然忘我地融入,新鲜的发现。

  心灵、自然和艺术在宗白华的美学思想中是浑然一体的,人的心灵是连接自然和艺术的纽带,而将三者统一到一起的是不可言说的大美,美的现身方式在他那里就是诗和诗性思维。基于此,宗白华强调自然和艺术作为化育人心的一种社会实践的可能,他认为罗丹深明其中的道理,罗丹的雕像从形象里面发展表现出的是生命精神,不讲求外表形式的光华美满,而追求每一条曲线、每一块平面蕴含着活泼泼的生意。这一点与中国艺术精神何其相似。他认为罗丹这样的大艺术家深知自然中的万物变化,无不是一个深沉浓挚的大精神……也就是宇宙活力的表现。"这个自然的活力凭借着物质,表现出花,表现出光,表现出云树山水,以至于鸢飞鱼跃,美人英雄。所谓自然的内容,就是一种生命精神的物质表现而已。"[1]

  宗白华认为中国艺术的意义和追求,"并不是真去刻画那自然的表面形式,乃是直接去体会自然的精神,感觉那自然凭借物质以表现万相的过程,然后以自己的精神、理想情绪、感觉意志,灌注到物质里面制作万形,使物质精神化"[2]。在他看来,一切艺术当以造化为师。而"哲学家诗人"(Philosopher-poet),都善于从诗的眼光来看待生命,从生命的视角来看待诗(艺术),将诗与生命、艺术与人生看作一体化的境界。

三、超越对立:澄明的人生观和艺术观

  形上的觉解带给宗白华的是超然的宇宙观念,由此决定了他超然

---

[1] 宗白华.艺境[M].北京:北京大学出版社,1987:26.
[2] 宗白华.艺境[M].北京:北京大学出版社,1987:231.

的人生态度和艺术直觉的灵明，也使他具备了开放性的、睿智的理论视野。在其学术世界，没有中西方壁垒分明的分别之见，早年他就认为叔本华的哲思"颇近于东方大哲之思想"[1]，在他看来康德的哲学"已到佛家最精深的境界"[2]，这个思想在他《萧彭浩哲学大意》和《康德唯心哲学大意》二文中可见。他也没有所谓思想"新"和"旧"的分别之见，他认为："学术上本只有真妄问题，无所谓新旧问题。我们只崇拜真理，崇拜进化，不崇拜世俗所谓新……世人所谓新，不见得就是'进化'，世人所谓'旧'，也不见得就是退化（因人类进化史中也有堕落不如旧的时候）。"[3]这也可视为宗白华哲学与文化思考的一种超然姿态。

正因为宗白华的观念超越了古典和现代，新和旧的对立，他才能自觉和自如地对中西方艺术和艺术思想加以比较和融通，他才更加善于发现并切入美学研究的核心问题，也更加善于发现中国美学的现代意义，并且在中西比较研究中发现中华美学精神的不可替代的价值。他之所以超越文化中心主义，自觉探究不同文化的差异和优势，以旷达无欲的心态体察众艺之奥理，目的是寻找回中国艺术失落的价值，从而找回中国文化的自信。

以绘画为例，宗白华认为中西方绘画形态的不同，源于其背后的哲学观念以及对于世界人生理想的根本不同。首先，宗白华认为中国绘画不同于西方绘画的根本在于表现最深心灵的方式不同。古代希腊人的心灵所反映的是一个和谐的、秩序井然的宇宙，人体是这大宇宙

---

[1] 宗白华.宗白华全集：第1卷[M].合肥：安徽教育出版社，2008：5.
[2] 宗白华.宗白华全集：第1卷[M].合肥：安徽教育出版社，2008：101.
[3] 宗白华.宗白华全集：第1卷[M].合肥：安徽教育出版社，2008：103.

中的小宇宙，它的和谐与秩序无不是这宇宙精神的反映，所以希腊艺术家雕刻人体石像，以想象的神作为摹本，以和谐作为美的最高要求。然而对于未知的无穷空间，西方文化随后呈现的是追寻、控制、无止境的探索，哥特式的教堂高耸入云，体现的是人生向着"无尽的世界"做无尽的努力的宇宙观念；伦勃朗的画像所揭示的每一个心灵活跃的面貌，背负着苍茫谷底的空间；歌德的浮士德永不停息地前进和追求，都是向着无尽的宇宙做无止境的奋勉的心灵的符号。

而中国绘画不是个体意志对有限外在世界的崇拜模仿，也不是对"无尽的世界"做无尽的挣扎与追求，它所表现的精神是心灵与这无限的自然，无限的太空的浑然融化，饮吸无穷于自我之中。宗白华说："中国人对'道'的体验，是'于空寂处见流行，于流行处见空寂'，唯道集虚，体用不二，这构成中国人的生命情调和艺术真境的实相。"[①]至于山水画如倪云林的一丘一壑，简之又简，譬如为道，损之又损，画幅中潜存着深深的静寂。这是中国人的空间审美意识，在寂静观照中返回深心的节奏，以合乎宇宙永恒的韵律。"所得着的是一片空明中金刚不灭的精粹。它表现着无限的寂静，也同时表示着是自然最深最后的结构，有如柏拉图的观念，纵然天地毁灭，此山此水的观念是毁灭不动的。"[②]他认为中国画里的花鸟、虫鱼，也都像是沉落遗忘于宇宙浩渺的太空中的生灵，由一点生机而扩展至无限意境的旷邈幽深，这是中国艺术的哲学精神。

宗白华指出了中西方艺术观念背后的哲学理念的差异，西方绘画从固定的角度观察，以油画明暗、透视的技法表现有限的世界的图景，

---

① 宗白华.美学散步[M].上海：上海人民出版社，1981：70.
② 宗白华.美学散步[M].上海：上海人民出版社，1981：123.

中国画则以水墨创造一个浑茫的太空和无边的宇宙。中西方艺术的"真实"观念有着本质的差异。西方传统绘画以透视法和色彩作为表现的基本手段，其对于光影实际变化的观察和体现，往往呈现了一种科学和数学的态度，西方传统绘画的"真"的观念，指的是对外在事物真实的描摹和再现。中国绘画为了表达万物的动态，刻画真实的生命和气韵，主张离形得似、舍形而悦影，以虚实结合的方法来把握事物的本质。中国绘画艺术中"真"的精神指的是"生命里微妙的、难以捉摸的真。这里恰正是生命，是精神，是气韵，是动"[1]。

宗白华认为纸上的空白才是中国画真正的画底，西洋油画在全部涂抹的基底上以透视法模仿幻现的真实图景，呈现的是非常有限的现实世界，而中国画的空白，并非真空，是宇宙灵气往来、生命流动之处，"这无画处的空白正是老、庄宇宙观中的'虚无'。它是万象的源泉，万动的根本"[2]。世界万象皆从这空虚中来，向空虚中去，生生不已的创造力就蕴含其中。在艺术所呈现的这个浑茫和无限的世界里，艺术家将自我心灵的特性融化在笔墨之间，寄托在坐忘于山水之间的人与万物。他认为中国艺术的意义和追求，"并不真去刻画那自然的表面形式，乃是直接去体会自然的精神，感觉那自然凭借物质以表现万相的过程，然后以自己的精神、理想情绪、感觉意志，灌注到物质里面制作万形，使物质而精神化"[3]。

由此，他认为中国画的背后实则是心灵向着更加无限的宇宙做永不停息的超越，在无限的意义上与自然合一，而表现这无限宇宙的方

---

[1] 宗白华.美学散步[M].上海：上海人民出版社，1981：234.
[2] 宗白华.美学散步[M].上海：上海人民出版社，1981：124.
[3] 宗白华.美学散步[M].上海：上海人民出版社，1981：231.

式却是落实于一花一草,一树一亭,千江寒意凝聚于一叶小舟,明媚春色寄托在数点桃花,无限生机孕育在两三水鸟。宗白华说:"中国人不是像浮士德'追求'着'无限',乃是在一丘一壑,一花一鸟中发现了无限,表现了无限,所以他的态度是悠然意远而又怡然自足的。他是超脱的,但又不是出世的,他的画是讲求空灵的,但又是极其写实的。他以气韵生动为理想,但又要充满着静气。一言蔽之,他是最超越自然而又最切近自然,是世界最心灵化的艺术,而同时是自然本身。"①

他认为艺术家在作品里与天地精神往来的同时,传达着天地精神,唯有精神从世俗中超拔出来,从现实的功利世界超脱出来,才能够发现一个日日崭新的、前所未有的世界。他认为中国艺术的核心精神就是在艺术的世界里寻找至真至美的心灵,验证美的胸襟,从而探求艺术的真谛和人生的意义。

对于中西方艺术和艺术思想的融合与未来的前景,一方面,宗白华认为以透视法为观察方法的油画艺术和以浑茫太空无限宇宙为境界追求的笔墨绘画,因其背后的宇宙观、哲学观的根本差异,由此生成的艺术观念和艺术方法很难兼容。他认为清代的郎世宁、现代的陶冷月融合中西绘画的实践并不理想。另一方面,他又认为中西方艺术在某些艺术家那里呈现出相同的精神旨趣,虽然中西方绘画的媒介和形式不同,中国画论所指出的韵律生动、笔墨虚实、阴阳明暗的问题,在西方艺术中也有类似的表达,他指出罗丹的雕塑是从形象里面发展表现出精神生命,"使物质而精神化的了"②。所以一味追求中西方艺术

---

① 宗白华.美学散步[M].上海:上海人民出版社,1981:125.
② 宗白华.美学散步[M].上海:上海人民出版社,1981:235.

外在形式的融合只是一般的小技，唯有洞见中西方艺术深层的真谛才是高明的见地，才能真正贯通中西艺术精神，探索殊途同归的艺理。

正是因为宗白华超然的宇宙观和艺术直觉的灵明，决定了他美学和艺术思想的高度和深度，也决定了他美学理论的诗性品格。他认为中国艺术和传统美学具有独立的精神意义，而"将来的世界美学自当不拘于一时一地的艺术表现，而综合全世界古今的艺术理想，融会贯通，求美学上最普遍的原理，而不轻忽各个个性的特殊风格。因为美与美术的源泉是人类最深心灵与他的环境世界接触相感时的波动。各个美术有它特殊的宇宙观与人生情绪为最深基础。中国的艺术与美学理论也自有它伟大独立的精神意义"[①]。

学术界曾有人说，宗白华先生的影响仅限于对中国古代艺术的解释，而入不了美学基本理论的领域。这种说法显示了对宗白华美学思想还缺乏全面深入的了解。他的美学理论在对我们构建具有中国色彩的美学基本理论和美学体系有极为重要的意义。可以说，正是由于宗白华的精神超然和文化自信，才创造出他个人对于中国古典美学形态的接引和光大的独特方式，这种方式就是他强调体验和直觉的"诗思合一"的美学形态。

宗白华早年研究叔本华和康德的美学文章都用文言文写成，后来改用白话，他德语和英语都很好，作为深通外语和西方哲学的学者，他可以模仿而始终没有模仿西方哲学美学的思维模式，在寻找中国美学的理论形态和主体性时，他有意识地坚守了"诗思合一"的经验和思维方式，令他的文心与文风呈现出一种独特的中国现代美学的审美

---

① 宗白华.美学散步[M].上海：上海人民出版社，1981：122.

表达。他那与世无争、心无挂碍、风轻云淡的"散步美学"呈现出一种超越于时代历史的高贵的气质、反思的精神与理论的美感。他的美学理论和艺术思想处处闪现出天才的直觉和真理的光芒。他擅长以诗的直觉，以及意味隽永的意象，传达灵动活泼的思绪和妙悟。读他的文字，如读诗，如观画，又像是在与他的心灵做温存的对话，令人流连忘返，欲罢不能，这不能不说是一种至高的人文修养和美学理论的境界。

我以为，宗白华的艺术和美学思想是一种延续中国古典美学精神传统的中国现代诗性美学。宗白华是诗人，他的美学研究，以诗歌直觉的方式领悟万事万物的内在深意，以伟大的艺术作为阐释心灵与宇宙大道相合相契的至深之理的载体。宗白华的一生，既是作为诗人在体验人生现实和宇宙至理，也是作为哲学家在创作诗歌和关注人生，他是一位用诗的直觉和体验来呈现美学思想的东方哲学家。他作为诗人的气质和超尘拔俗的艺术感，他个人的诗歌和艺术创作实践，他过人的艺术鉴赏与批评才能，皆为一般学者所难以企及。他一边用哲学美学的方式阐释诗的经验，同时用诗性的形式和语言深化哲学美学的思考。因而，他的美学思想中洋溢着充沛的诗情和无限的诗境，他的诗歌中又蕴含着明彻的体悟和深刻的哲理。在宗白华的美学思想中，"诗与思"是浑然一体的，他的美学思想处处呈现出诗性哲学美学的品格。

宗白华美学思想和理论形态最显著的特征在于注重对内在情感和审美体验的直觉把握。这种理论思考和把握事物的方式显现了一种当下即悟的智慧和利落，往往是单刀直入，给人以醍醐灌顶之感。这种方式不同于通常意义上讲究逻辑分析的哲学思维，他更加强调直觉、体验和会意在美学思考中的重要性。关于这种直觉，他在给郭沫若写的一封信中这样说道："刚刚做了一篇《新诗略谈》，全是我直觉中的见解……我反对直觉，而我自己实在是个直觉家，可笑……我向来读的是哲学科学的书，对文学诗词纯然当作消闲解闷的书，然对于他们发生的直觉感想独多，也很奇怪，此所谓中国人遗传的文学脑筋了。不过我平生的深心中的快乐还是在此！"[①]他认为自己的思想是"直觉中的见解"，这是中国传统美感方式和美学思考的一种潜移默化的承继，并且他自己为这样一种感受世界的方式而感到愉悦。

无论是对宇宙人生的哲理情思，对艺术作品的深入洞见，还是对生命活力的倾慕赞美，他所运用的语言透散出凝练、简洁、优美典雅的文风以及深刻、涵泳的内在气质和韵味，这对当代许多美学学者产生了深刻的影响。他以绘画为主，旁涉众艺，写出了一系列堪称经典的画论。他的画论不是艰深晦涩的理论分析，他深知美是无法解释也无从分析的，美只能被体验和感悟，语言之于美是"指月"，语言不是月亮，"美"才是月亮。他特别善于用凝练和优美的语言阐释艺术的深意以及异常深奥的哲理，让人有所悟，有所通，有所得，使人学思开阔，受益匪浅，这是在阅读西方哲学美学理论时所没有的一种审美体验。

宗白华创造性地继承并发展了中国美学诗性的表达方式，这种方式不是枯燥的、乏味的、机械的，这种美学思想的语言和表述形态，其本身就充溢着涵泳蕴藉的中国艺术精神。他是用生命体验和美学理

[①] 宗白华.艺境[M].北京：北京大学出版社，1989：17.

论来歌唱和写诗的人,也是一位用诗的直觉和体验来呈现美学思想的东方哲学家。他的美学思想延续了中国美学的气脉和神韵。

四、"从无限回归有限":终极体悟和意义落实

如前文所说,宗白华在哲学层面上形而上的超越,由超越带来的艺术直觉的灵明、理论视野的开阔,对自然、心灵、艺术的明彻大觉,对中国艺术精神和现代意义的肯定,以及美学和艺术思想的高度和深度,所有这些都关乎他"从无限回归有限",关乎他从生命的终极体悟到在世的意义落实,也即宗白华一生艺术和美学思想的最终面向。

在《说人生观》一文的"超然观"中,宗白华曾写下这样一段话:

> 超世入世派,实超然观行为之正宗。超世而不入世者,非真能超然观者也。真超然观者,无可而无不可,无为而无不为,绝非遁世,趋于寂灭,亦非热中,堕于激进,时时救众生而以为未尝救众生,为而不恃,功成而不居,进谋世界之福,而同时知罪福皆空,故能永久进行,不因功成而色喜,不为事败而丧志,大勇猛,大无畏,其思想之高尚,精神之坚强,宗旨之正大,行为之稳健,实可为今后世界少年,永以为人生行为之标准者也。[①]

这段话可以充分看出宗白华积极在世的人生姿态,他认为超世而不入世,并非真正意义上的超脱,真正超然的心灵,无可而无不可,

---

① 宗白华.宗白华全集:第1卷[M].合肥:安徽教育出版社,2008:25.

无为而无不为，并且拥有救众生于水火的正大宗旨、高尚思想和刚毅精神。

自青年时代起，宗白华的思想就强调个体的超越性体验和醒觉，强调个体生命有为的精进姿态，同时也强调现实人生本身的意义。正是这样的精神，显示了宗白华美学对于中国传统美学思想的继承，以及对于中国文化哲学的人文主义传统的延续，同时又使他的美学研究成为中国人文主义现代思想体系中极为重要的构成。现代世界因高度物质化而丧失了哲学智慧，如何发现并阐释人生的价值，以不断提升生命的意义，从而达到拯救人的目的，成为中国乃至世界哲学所要解决的大问题。在 21 世纪的开篇，哲学美学与现实人生的关系，成为哲学美学回归现实的第一要义。

宗白华曾经追问"新的人生情绪是什么"？他认为首先就是对生命本身价值的肯定。人在经历中不断认识世界、认识自己，世界与人生最终趋于最高的和谐，这就是西方文艺复兴试图从神学的桎梏中解脱出来的根本追求。人文主义的精神传统就在于从对于上帝的信仰与拯救中超越出来，从一个虚幻的彼岸返回自己，从现实的生活和努力中寻找人生的意义。① 所以，在他看来，歌德的伟大并不在于从错误迷途走向真理，而是持续经历人生各式各样的形态，从沉沦到超越，其人生的每个阶段都足以成为人类深远的象征。人的一切学习与感悟，

---

① 西方人文主义精神传统所引发的启蒙思想和后来一系列的思想运动、社会运动，固然突出了人的自由和力量，将未来的钥匙交予人类自身。但是这把钥匙直到今天也没有为世界打开天堂之门，从某种角度而言把未来引入了另外一种迷惘和矛盾的境地。在现代社会，思想已经作为毁灭的另一种力量将世界改造得面目全非了。基于此，中国哲学和美学的精神之光、自然与人本意识才显得弥足珍贵。

都是为了迷途知返,都是为了获得生命本身价值的领悟。

宗白华对于歌德精神的肯定正是在于,歌德反思宗教作为实现救赎的唯一途径,同时也反抗启蒙运动的理智主义者,从理性的规范与指导出发而达到所谓的合理的生活的途径。他赞赏歌德质疑和反抗一切社会既定的规则和礼法,而热烈地崇拜生命的自然流露。"一切真实的,新鲜的,如火如荼的生命,未受理知文明矫揉造作的原版生活,对于他是世界上最可宝贵的东西。"① 因此,存在的意义,在宗白华看来,就是要在内在的自心中去领略,领略那最崇高深远的境界,在有限的个体心灵中领略全人类的苦难,将那个有限的、渺小的自我,扩大成为全人类的大我。在此意义上,宗白华认为歌德一生生活的意义与努力,就是从生活的无尽流动中获得和谐的形式,让活泼泼的生命从僵固的形式中超越出来,从而得到充分的发展,而他一生的创作就是这个"经历的供状"。

第一,回归现实生活并不意味着坠入功利化、世俗化的泥淖,而是创造一种审美的、超越性的审美人生。"艺术创造的目的是一个优美高尚的艺术品,我们人生的目的是一个优美高尚的艺术品似的人生。"② 宗白华认为中国人于有限中见到无限,又于无限中回归有限,它的一去不是一往不返,而是回旋往复的。他认为晋人唯美的人生态度表现于两点,"一是把玩'现在',在刹那的现量的生活里求极量的丰富和充实,不为着将来或过去而放弃现在价值的体味和创造。二则美的价值是寄于过程的本身,不在于外在的目的,所谓'无所为而为

---

① 宗白华.艺境[M].北京:北京大学出版社,1987:40.
② 宗白华.宗白华全集:第1卷[M].合肥:安徽教育出版社,2008:207-208.

之'的态度"①。艺术正是心灵有限向往无限,又从无限回到有限,并赋予物质精神化的审美过程。他认为哲人、诗人、画家对于这世界是"体尽无穷",而这就是证入生命的无穷节奏。

宗白华认为中国人的哲学中没有向着无限空间做无限制的追求,而是强调从无边世界回到自己,回到我们的"宇"。在哲学上的认识表现在诗歌中就是"枕上见千里,窗中窥万室",表现在绘画上就是"反身而诚,万物皆备于我","心往不返,目及无穷",也就是沈括所说的"以大观小"。晋宋人欣赏自然和山水,有"目送归鸿,手挥五弦"的人生意趣和玄远境界,正是这样一种超然玄远的意趣和境界拉开了中国山水画的帷幕。

第二,他的哲学思考和美学研究是民族和时代精神的彰显。《唐人诗歌中所表现的民族精神》一文,写于1935年国难当头之际,对唐人诗歌的思索实则是对民族精神的思索,他对于盛唐诗歌的盛赞以及对于晚唐诗歌的批评,主要基于诗歌背后的心灵,他要赞美和推崇的是盛唐诗人的豪情壮志和朗阔胸襟。因为在他看来,文学艺术就是一个民族的表征,是一切社会活动留在纸上的影子。艺术和时代的关系就在于艺术可以作为保管民族精神的高贵器皿,同时激发民族精神,使之永远蓬勃不至消弭。所以宗白华的美学精神是超越的,但绝不是消极和避世的。

他在《中国青年的奋斗生活和创造生活》中曾经提出未来中国物质文明、精神文明和社会文化如何建设的问题。他认为物质文明的建设要取法西欧;精神文明的建设一方面发扬伟大庄严的精神,另一方

---

① 宗白华.美学散步[M].上海:上海人民出版社,1981:187-188.

面渗合东西菁华，创化出更高尚灿烂的新精神文化；至于社会文化他主张从教育入手渐进国民道德智识的程度。①对于少年中国的梦想，对于年轻中国的向往，是宗白华美学思想中富有激情的人文之梦。类似的情怀和思考在《我的创造少年中国的办法》《"实验主义"与"科学的生活"》《学者的态度和精神》《新文学底源泉》《艺术与中国社会》等关于家国社会的文章中显得格外突出。

第三，宗白华认为每一个有限的存在，就蕴含着无限和无尽，每一段生活里潜伏着生命的整个永久。他说："晋人的文学艺术都浸润着这新鲜活泼的'静照在忘求'和'适我无非新'的哲学精神。大诗人陶渊明的'日暮天无云，春风扇微和'，'即事多所欣，良辰入奇怀'，写出这丰厚的心灵'触着每秒光阴都成了黄金'。"②他指出，小事物中包含的大宇宙，一花一世界，一沙一天国。"每一刹那都须消逝，每一刹那即是无尽，即是永久。我们懂得了这个意思，我们任何一种生活都可以过，因为我们可以由自己给予它深沉永久的意义。"③他看到了在如梦如幻、流变无常的象征背后，潜伏着生命与宇宙永久生存的意义，人生的形式是生活在流动进展中每一阶段的综合组织，它包含过去的一切，构成了犹如音乐一样的和谐。④正如张世英所说："每个人都是宇宙整体意义的展示口，每个人的思想、言行最终都是由宇宙整体决定的，都是它的显示。"⑤

---

① 宗白华.宗白华全集：第1卷［M］.合肥：安徽教育出版社，2008：100-104.
② 宗白华.美学散步［M］.上海：上海人民出版社，1981：184.
③ 宗白华.艺境［M］.北京：北京大学出版社，1987：47.
④ 宗白华.艺境［M］.北京：北京大学出版社，1987：47.
⑤ 张世英.哲学导论［M］.北京：北京大学出版社，2002：98.

宗白华在《美从何处寻》中，引用了某尼悟道的诗："尽日寻春不见春，芒鞋踏遍陇头云，归来笑拈梅花嗅，春在枝头已十分。"他认为寻春的比丘尼不应"道在迩而求诸远"，"道不远人"，然而由于比丘尼的慧力不够，尽日寻春的她并不能觉察和体悟，原来春天不必去远寻，整个宇宙中处处弥漫着盎然的春意；在她远足之时，她所出发的地方梅花已经盛开在枝头，当她蓦然回首，才发现春天不在远方就在此处。所以说："如果你在自己的心中找不到美，那么，你就没有地方可以发现美的踪迹。"① 踏遍陇头云是苦闷的，失望的，是终归寻不到春天的，王羲之在《兰亭序》中说："仰观宇宙之大，俯察品类之盛，所以游目骋怀足以极视听之娱，信可乐也！"这是东晋大书法家寻找美的踪迹，他的书法传达了自然的美和精神的美。"中国人在一丘一壑、一花一鸟中发现了无限，表现了无限，所以他的态度是悠然意远而又怡然自足的，他是超脱的，但又不是出世的。"② 正是因为对于万物一体的领悟，使得我们的心灵生发出对世界万物无限的深情和爱。

第四，宗白华认为一切的美的体验和感悟，必须落实到人格。所以，在他看来道德的真精神在于人格的优美。一切的超越和体悟都要落实在新鲜活泼，自由自在的心灵领悟和人格气象之中。晋人的绝俗在宗白华看来证实标榜了自然与人格之美，晋人的美学是"人物的品藻"，自然和人格之美的奥妙同被魏晋人发现，熔铸于其自身人格中而熠熠生辉。晋人有澄怀观道的意趣，所谓"圣人含道应物，贤者澄怀味象"，表现在艺术上即是"群籁虽参差，适我无非新"，也就是自由自在的心灵对于宇宙万物自然的观照和映现，这一自由的心灵所触及

---

① 宗白华.美学散步[M].上海：上海人民出版社，1981：12.
② 宗白华.美学散步[M].上海：上海人民出版社，1981：125.

的理不再是机械陈腐的法理和逻辑,而是活泼的宇宙生机中所蕴含的至深的妙理。在宗白华看来,"'振衣千仞冈,濯足万里流!'晋人用这两句诗写下了他的千古风流和不朽的豪情"[1],他自己的身影又何尝不是如晋人般"振衣千仞冈,濯足万里流"那等洒脱。

至于艺术人格的典范,宗白华特别推崇张璪,在《艺境》的原序中他高度赞扬张璪的人格风度,他认为张璪的"外师造化,中得心源"这两句话"指示了我理解中国先民艺术的道路"[2]。因此,他认为晋人之美不单单体现在他们与自然的关系,不单单体现在他们在艺术上的造诣,也不单单体现在他们神情散朗的人格魅力,或是生活和人格上的自然取向和自由精神,这种自由的人生态度也不完全体现在把玩当下,而是落实在一种现实的人生态度和道德坐标,也就是哲学上所谓的生命情调和宇宙意识。这种生命情调和宇宙意识是晋人的"理",而这"理"并非枯涩腐朽的现实礼法,而是宇宙的至深的天理,也即是天道。[3] "诚者,天之道也;成之者,人之道也",宗白华强调道德的精神就在于诚,在于真性情,真血性,所谓赤子之心,一切的世俗意义上的礼法,只是真正的道德精神的外在显现。所以在宗白华看来晋人人格精神的意义就在于超脱僵化的道德体系,从而回归到"诚"的境

---

[1] 宗白华.宗白华全集:第2卷[M].合肥:安徽教育出版社,2008:284.
[2] 宗白华.艺境[M].北京:北京大学出版社,1987:3.
[3] 魏晋名士以狷狂来反抗乡愿的社会,孔子说,"乡愿,德之贼也",乡愿就是丧失了理的真精神和真意义的那一类人。然而,汉代以来为孔子所深恶痛绝的乡愿却支配并主宰着中国社会,把孔子至大至刚,极高明的中庸之道,扭曲为社会的庸俗主义,妥协主义、折衷主义和苟安主义。魏晋名士反抗礼教和士大夫阶层的庸俗,向自己的真性情真血性,发觉人生的真意义、真道德,并且不惜拿自己的生命地位名誉来冒犯统治阶级的奸雄,假借礼教以维持权位的恶势力。

界。宗白华指出孔子那种超然安适的精神,沐浴自然的美,推崇人格的高贵、崇尚和谐,热爱自然的生活态度,回响在王羲之的《兰亭序》中,回响在陶渊明的田园诗中。嵇康临刑,神气不变,奏《广陵散》,曲终曰:"袁孝尼尝请学此散,吾靳固不与,《广陵散》于今绝矣!"殉道时的嵇康是何等勇敢,从容而壮美。宗白华以晋人的人格再次肯定了道德的真精神,他认为"道德的真精神在于'仁',在于'恕',在于人格的优美"①。一切的美的体验和感悟,最终是要落实到人格。

结语

宗白华所说的生命形式向外扩张与向内收缩的生活原理,在他自己的美学思想中呈现为心灵世界的超然和在世。他反复强调中国人不是像浮士德一样追求无限,乃是在一丘一壑、一花一鸟中发现了无限。无论是他的《流云》小诗还是美学理论,都一以贯之地呈现着心灵世界超然物外的超脱和阔朗,但同时这种超越和阔朗又不是凌空蹈虚的,这种超脱和阔朗并不是出世消极的,而是积极地落实于具体的人生意义的追求的。

宗白华肯定艺术对现实世界的意义,同时阐释并发扬了中华民族的内在精神之光。他认为我们生活的世界并非已然完美的世界,"乃是向着美满方面战斗进化的世界!"他倡导审美的人生态度,倡导通过艺术不断发现和涵养心灵的自由与高尚,赋予人生的每一刻以深沉永久的意义。以此方式将哲学意义上的个体超越,落实到人格境界,落

---

① 宗白华.艺境[M].北京:北京大学出版社,1987:138.

实到现实人生的意义世界和价值世界之中，而他的这种美学精神也是中国美学的根本精神。宗白华倡导一种对待人生的审美的态度，倡导通过艺术不断发现和涵养心灵的自由与高尚，以此方式将哲学意义上的个体超越，落实在现实人生的意义世界和价值世界之中，而他的这种美学精神也是中国美学的根本精神。

这就是宗白华先生的超越和在世。我们认为，以"人本"为核心的美学研究的思想主旨，让宗白华的美学思想成为中国人文主义现代思想体系中极为重要的一个存在。他自觉自律地以西方美学为参照，建立了中国艺术和中国美学的独特的理论形式和思想体系。并且有意识地把中国美学和中国艺术论中的具体思想以及中国传统哲学观念中的生命意识，置于宇宙观和人生观大背景下，从而肯定了中国传统美学和艺术论的人文价值、世界意义和未来学意义。他以不同于西方美学的思维、观念和表达，继承和发扬了中国美学的基本精神和格调，体现出东西方文化的剧烈碰撞下鲜活而又自信的文化品格，为中国传统美学精神免于坠落奠定了纵深拓殖的基础。宗白华的美学精神和思想体系，对于当前美学如何继续研究发掘和继承传统的美学思想、建构具有中国特色的当代美学理论，具有典范的意义。

论张世英的希望哲学

当代中国哲学基本理论在吸收和融合西方学术成果的同时，如何体现中国精神和中国特色，并提升中国哲学在世界哲学史中的地位和影响力，这是哲学学科建设和中国哲学的一个根本问题。这个问题在21世纪全球化时代人类普遍的精神困境中变得更为迫切。

作为一位哲学家和哲学史家，张世英先生的学术视野贯通古今中西，他以"思与诗"融合的独特方式形成了鲜明的学术特色。他对人类心灵超越和精神境界的浓厚兴趣，对宇宙和人生的自我觉醒式的不懈追求，对中西方古典哲学、现当代哲学的比较研究和深入反思，以及他宏大而又缜密的哲学思维，勇于创新的哲学体系构建……无不对中国现当代哲学的研究与发展产生了深远的影响。他在《哲学导论》以及《希望哲学论要》中都提到他所主张的哲学，是一种突破固定的概念框架，超越现实、拓展未来的哲学，他称之为希望哲学。

研究一个人的思想，不能离开他本人的理想和具体的历史文化，因为具体的历史文化与理想之间的冲突往往赋予个体内在精神超越的动能。张世英先生的哲学研究先后受到贺麟、冯友兰、汤用彤的影响，特别是受到金岳霖哲学思想的影响，他早期致力于西方古典哲学的研究，①之后又转向了西方现当代哲学。②正是基于中西方哲学史研究的扎实功底，才能对西方哲学发展的脉络和问题形成准确的判断。张世英认为西方从中世纪到现当代，人权和人的自由本质的观念大体上经历了三个阶段：第一个阶段是人的个体性和自由本质受神权压制的阶段，直到文艺复兴把人权从神权的束缚下解放出来；第二个阶段是人的个体性和自由本质被置于超感性的、抽象的本质世界中，受制于旧形而

---

① 《论黑格尔的哲学》《论黑格尔的逻辑学》《论黑格尔的精神哲学》是张世英著名的黑格尔研究三部曲。《论黑格尔的精神哲学》之后，他的研究更加重视黑格尔哲学中人的精神发展、自由问题，并由黑格尔的精神现象学思考"中华精神现象学"的问题，为中国哲学的当代开拓做出了卓有特色的贡献。此外他还出版有《黑格尔〈小逻辑〉绎注》和《康德的〈纯粹理性批判〉》，为写《黑格尔〈小逻辑〉绎注》，他参照欧美学者的相关研究，几乎翻遍《黑格尔全集》。他对康德《纯粹理性批判》的解读，突破了国内学界认为康德限制知识，他的哲学是为了调和科学和信仰，维护宗教神学的看法，为阐释"个人主体性和自由"拓展了空间。他还翻译了德国著名哲学史家库诺·菲舍尔（Kuno Fischer，1824—1907）的《近代哲学史》（*Geschichte der Neuer Philosophie*）一书的部分篇章，定名为《青年黑格尔的哲学思想》（吉林人民出版社1983年版）。他还主编了《新黑格尔主义论著选辑》上下卷（商务印书馆1997年、2003年版）和《黑格尔辞典》（吉林人民出版社1991年版，后又在台湾重印），他本人撰稿约10万字。2006年担任《黑格尔全集》中译本的主编，是张世英为黑格尔哲学所做的最后一项重要的工作。

② 他在会通中西的研读中发现了尼采、海德格尔、伽达默尔等人的哲学思想，这些人的思想以批判西方传统"主体性哲学"为特点，强调生活在世界中的活生生的人，强调把个性从共性（普遍性）束缚下解放出来，把具体存在从抽象本质束缚下解放出来。张世英结合老庄，以及宋明道学，特别是王阳明的思想，找到了中西方当代哲学在"存在的意义上""人的解放和超越"等方面相互会通的可能性。并提出了他关于中西哲学的结合的一个公式："前主体—客体式的天人合一 → 主体客体二分或主体性原则 → 后主体—客体式的天人合一。"

上学的时代，康德、黑格尔的哲学就诞生于这个阶段；第三个阶段是黑格尔之后的西方现当代哲学，是人的个体性和自由本质逐渐从超验的抽象世界中解放出来并转向现实的生活世界的阶段，人不仅仅作为认识（知）主体的抽象的人，而且是成为知、情、意合而为一的具体的人，他认为现当代哲学研究由此进入了更符合人性的、体现人的自由本质的阶段。[①]

《论黑格尔的精神哲学》和《康德的〈纯粹理性批判〉》完成之后，张世英认为中国哲学不能再亦步亦趋地重走西方"主客二分"的道路，而应该尽快探索中国当代哲学对话世界哲学的新航路。他说："我的总体志向，是要探索追寻到一条哲学的新路子、新方向。"[②] 所以，他的研究重点从康德、黑格尔哲学转向了中西方哲学在现当代核心问题上的比较，力求从中发现中西方哲学各自的优势和局限，在此过程中他紧紧抓住"哲学的意义"（哲学何为）以及"哲学的道路"（哲学往何处去）两个根本性问题，把自己的哲学思考全部灌注于寻找中国哲学在当代哲学的世界版图中的独特价值和积极意义。这种独特价值和积极意义在很长时间内都是被漠视的，甚至被遮蔽的。这就是张世英先生后期哲学研究发生重大转向的出发点和立足点，他的后期哲学研究的抱负在于为中国哲学开拓出具备未来学意义的足够空间。

在我看来，张世英哲学生涯的自觉转向源于三个方面的原因：第一，他意识到在探究"关于人的主体性和自由本质的意义"的问题上，可以尽快缩短中西方哲学思考的历史差距。第二，他认识到黑格尔哲

---

① 张世英.归途：我的哲学生涯［M］.北京：人民出版社，2008：84.
② 张世英.归途：我的哲学生涯［M］.北京：人民出版社，2008：80.

学与现当代现象学的渊源关系，认识到黑格尔不仅是西方传统形而上学之集大成者，也是"他死后的西方现当代哲学的先驱"[①]。而他以往的黑格尔研究已经为自己后来要走的哲学道路奠定了坚实的基础。第三，他发现以海德格尔为代表的一些现当代西方哲学家的思想和中国传统哲学思想有着内在精神、哲学智慧上的关联度和相似性，他从中看到了中西方哲学融通的途径，也看到了这一学术空间拓展的可能性。

从《天人之际》开始，经过《进入澄明之境》《哲学导论》再到《境界与文化——成人之道》等著作，他的哲学研究始终聚焦于中西方现当代哲学的基本命题，以本体、审美、伦理和历史为四大支柱建构了他个人"万有相通"的哲学体系的大厦，这个哲学体系的大厦最终要解决的是人的精神层面的问题，也就是人的境界提升的问题。张世英认为："哲学的中心问题应该是对人的追问，而黑格尔的精神哲学，即他自己所称的'最高的学问'，正是关于人的哲学。"[②]在张世英看来，"一部中国近代思想史可以说就是向西方近代学习和召唤'主体性'的历史。只可惜我们的步伐走得太曲折、太缓慢了，直到20世纪80年代上半期才公开明确地提出和讨论主体性问题"[③]。

"希望哲学"正是产生在这一历史背景和学术背景下的，用以呈现张世英个人富有原创性的哲学思想和体系。张世英先生将自己的哲学称为"希望哲学"，我以为大有深意。本文主要讨论张世英的"希望哲学"，以及"希望哲学"在西方哲学和美学强势传入的历史语境中的重要价值和当代意义。

---

① 张世英.归途：我的哲学生涯[M].北京：人民出版社，2008：85.
② 张世英.哲学导论[M].北京：北京大学出版社，2008：83.
③ 张世英.归途：我的哲学生涯[M].北京：人民出版社，2008：98.

一、以诗意的哲学代替抽象的哲学

张世英在《哲学导论》[①]中提出"希望哲学"的概念。他说自己主张和强调的,"正是要突破固定的概念框架,超越现实,拓展未来,所以我想把这种哲学叫作希望哲学,以与猫头鹰哲学相区别"[②]。

那么,张世英先生所提出和倡导的"希望哲学"究竟是怎样一种哲学呢?他提出"希望哲学"的目的是什么呢?他想探讨的是:"人生的意义和真实性是否只在于现实性。"[③]"希望哲学"指出,唯有意义才能引领希望,张世英的希望是"希望世人不满足于和不屈从于当前在场的现实"[④]。在他看来,哲学的根本问题是引导意义和希望的问题,所以他的"希望哲学"关心的最终极的问题是人生意义,以及如何实现人生意义。

在主客二分的思维中,中国当代哲学一度成为追求普遍规律的学问。主客二分的思维模式认为哲学的最高任务就是"从感性中直接的东西上升到理解中的东西,从而以'永恒在场'的本质概念或同一性为万事万物的根底,这种哲学观点把人的注意力引向抽象的概念世界,

---

[①] 张世英在 2001 年在北大给本科新生开设《哲学导论》课程的讲稿,2001 年夏初到 2002 年大约八九个月的时间里,在《天人之际》(1995)和《进入澄明之境》(1999)两本书的基础上,结合新的讲课内容,张世英完成了《哲学导论》一书,由北京大学出版社以"北京市高等教育精品教材建设项目"的名义出版。

[②] 张世英.哲学导论[M].北京:北京大学出版社,2008:365.

[③] 张世英.哲学导论[M].北京:北京大学出版社,2008:365.

[④] 张世英.哲学导论[M].北京:北京大学出版社,2008:366.

使哲学本身变得远离现实，苍白乏味"①。张世英认为哲学不应该以追求知识体系或外部事物的普遍规律为最终目标，他从现当代哲学的人文主义思潮以及一些后现代主义思想家的哲学中，看到了一种超越"在场的形而上学"的哲学，这种哲学强调把显现于当前的"在场"和隐蔽于背后的"不在场"结合为一个"无穷尽的整体"加以观照。这样一来，旧形而上学所崇尚的抽象性，才能被代之以人的现实性，纯理论性代之以实践性，哲学与人生才能紧密结合，变得生动活泼，富有诗意，从而引导人进入澄明之境。②只有超越主客二分的思维，才能将抽象的哲学变为诗意的哲学。

张世英认为，传统哲学是缺乏审美意识的哲学，他认为"在这种形而上学家看来，个人的意识发展也好，整个人类思想的发展也好，都只不过是从原始的主客不分到主客关系的过程而已，他们似乎不知道有超主客关系的高一级的主客不分。旧形而上学哲学家所谓主客统一只是认识论上的统一，只是通过认识把两个彼此外在的东西（主体与客体）统一在一起，完全不同于超主客关系的有审美意识的'诗意的'境界"③。他早在尼采的哲学中看到了超主客关系的，具有审美意识的哲学，这种哲学摒弃主体的概念，摒弃"主体—客体"的公式；提倡超主客关系，以达到"酒神状态"；审美不再先行于哲学，而是哲学的目的，这样一来哲学就从"绝对理念""自在世界"回到了人的生活世界。审美意识（诗意）不是分析的结果，而是超越主客关系的、瞬间激起的惊异，惊异是创造性的发现。张世英认为，"哲学本质上应

---

① 张世英.归途：我的哲学生涯[M].北京：人民出版社，2008：99.
② 张世英.归途：我的哲学生涯[M].北京：人民出版社，2008：100.
③ 张世英.哲学导论[M].北京：北京大学出版社，2008：133.

该具有审美意识的惊异"[1],"惊异使世界敞亮"[2],惊异是哲学和审美意识(诗意)的灵魂。他认为,中世纪的哲学与美学遗忘了自柏拉图以来的"惊异",正如奥古斯丁所说:"创造或追求外界的美,是从这至美取得审美的法则,但没有采纳利用美的法则。这法则就在至美之中,但他们视而不见。"[3]在海德格尔那里,诗的惊异就是哲学的惊异,"海德格尔恢复了存在,恢复了惊异,从而也恢复了哲学的生气和美妙(Wonderful,令人惊异)"[4]。

张世英的哲学体系中,我认为有两个地方特别具有原创性,第一,他借用华严宗"一即一切,一切即一"的佛理[5]提出"天地万物都处于普遍的内在的联系之中……这种联系使得每一人、每一物甚至每一人的每一构成部分或每一物的每一构成部分都成为一个千丝万缕的联系、作用与影响的交叉点,此交叉点无广延性,类似几何学上的点,但它是真实的而非虚构的"[6]。他又用更加简练的话说:"任何一个人,和任何一个物一样,都是宇宙间无穷的相互关联(相互联系、相互作用、相互影响)的网络中的一个聚集点或交叉点。"[7]很少有哲学家能够用如此通透的话,把"万物一体"阐述得如此清楚,如此直观和形象。第二,他把过去、现在和未来,看作一个整体,确认不同时间上的相通性。在每一个现在中包含着过去,所有的现在又隐藏着未来。

---

[1] 张世英.哲学导论[M].北京:北京大学出版社,2008:134.
[2] 张世英.哲学导论[M].北京:北京大学出版社,2008:135.
[3] 奥古斯丁.忏悔录[M].周士良,译.北京:商务印书馆,1996:219.
[4] 张世英.哲学导论[M].北京:北京大学出版社,2008:134.
[5] 莱布尼茨也有"每一'单子'都是全宇宙的一面镜子"的思想,类似华严宗"一即一切,一切即一"的思想。
[6] 张世英.哲学导论[M].北京:北京大学出版社,2008:3.
[7] 张世英.哲学导论[M].北京:北京大学出版社,2008:69.

"古今虽不同而相通,二者原本'一体'"①,这一观点是他借鉴阐释学的理论诠释历史观的重要发现和总结。他吸收了阐释学关于历史研究的最高任务的观点,那就是不能只停留于恢复过去的原貌,停留于对历史事件发生的时间、地点等事实性考证,甚至也不在于对作者本人之意图、目的和动机的甄别,而在于理解历史事件的意义。解释历史传统的根本要义,就在于指向现在,让过去的已经确定了的东西生动起来,使远离我们的东西,化为贴近我们的东西,由此形成他个人的"通古今之变"的历史观点,并据此在他的哲学研究中对历史和传统做出了全新的解释。所以,在他看来,对于"人类的历史"和"整全的宇宙"的认识和把握,不能单单依靠外在的认识,需要运用想象,以现在视域和过去视域有机结合在一起的"大视域"来看待历史,要依靠内在的体验和想象,唯有体验和想象才能把握整全。

他认为哲学本质上应具备诗意(审美意识)的惊异,因此超越主客关系,达到人与物融合为一的境界或海德格尔所说的"此在与世界"的关系("在世"的境域),乃是个人意识发展的更高级的阶段。②人生在世的全过程就是从主客二分关系中不断超越,并最终超越主客二分,领悟一个更广大庄严的整全的宇宙(有限的在场和无限的不在场)。一个不能超越主客关系阶段的人,在张世英看来是根本没有诗意的人。

当代哲学要以更加整体的观念来看待个体生命和我们身处的世界,通过整体的观念来看待人和宇宙万物的关系。在更高的基础上回复到不分主客、人与世界融合为一的整体,也就是从宇宙整体的内部体验

---

① 张世英.哲学导论[M].北京:北京大学出版社,2008:37.
② 张世英.归途:我的哲学生涯[M].北京:人民出版社,2008:58.

到一种物我（包括人和己）两忘的境界，这就是最高的审美意义的价值所在，张世英的思想中，融入了中国哲学"民胞物与"的思想。① 也是他的哲学思想不同于抽象思维的、超越在场的、富有想象力的、诗意的把握世界的方式，他说："这里所体现的诗意境界也正是人生的最高意义和最深远的向往（希望）之所在。"②

二、在有限的时空中做无限的追求

真理的本质在于超越和自由。张世英说："人是有限的，又是无限的，可以说，人生就是有限者在无限中的追寻。"③ 他又说："希望就是超越有限、超越现实、人能作出希望，此乃人之不同于一般动物之处。"④ 人们在日常生活中习惯于按主客关系式看待周围事物，所以要想超越主客关系，达到审美意识的天人合一，就需要修养，也就是美的教育。按主客关系的模式看待周围事物，则事物都是有限的，一事物之外尚有别事物与之相对，我（主体）之外尚有物（客体）与之相对。超越主客关系就是进入天人合一的审美意识，人意识不到外物对自己的限制，一切有限性都已经被超越了。超越主客关系，就是超越有限性。

思维和想象是两种超越的途径，张世英先生的"希望哲学"赋予"想象"以前所未有的重要意义。《哲学导论》的第四章主要论述了"两

---

① 张世英.归途：我的哲学生涯［M］.北京：人民出版社，2008：38.
② 张世英.哲学导论［M］.北京：北京大学出版社，2008：366.
③ 张世英.哲学导论［M］.北京：北京大学出版社，2008：369.
④ 张世英.哲学导论［M］.北京：北京大学出版社，2008：36.

种超越的途径：思维与想象"。旧形而上学阶段按照"纵向超越之路"（通过认识、思维、超越主体—客体对立中的主体或自我，一步一步地达到主客统一的抽象概念王国），追求抽象永恒的本体世界或自在世界，并以之为当前事物之底，而通向这个"底"的途径就是"思维"。哲学的"横向超越之路"（超越主客对立中的自我或主体，通过想象，达到在场与不在场的融合为一的万物一体的境界），要求把在场的东西与不在场的东西、显现的东西与隐蔽的东西统合起来加以观照，以致天地万物之相通相融，这个途径就是"想象"。张世英反对把想象置于思维的下层，或把想象看成低一等级，他认为想象诞生于思维的极限处，正是基于想象，哲学才能对于真理问题、历史问题，在"有和无""古与今""大和小""显与隐""传统和现在"的问题上有新的认识。张世英肯定了"横向超越之路"，肯定了"想象"的意义和作用，正是"想象"赋予物以丰富的意义，让隐蔽的东西得以敞亮而显示事物的本然。

从抽象的哲学变为诗意的哲学尤其需要拓展想象并超越在场。没有孤立的现在或孤立的过去，在场的一切事物在其背后都隐藏着无穷无尽的与现实世界的关联。想象可以将不在场的事物和在场的事物，综合为一个共时性的整体，从而扩大思维所能把握的可能性的范围。张世英在《哲学导论》第三章提出了特别精彩的"无底之底"说，用以解释在场和不在场的关系，以及整体性的体验。"有底论"就是从现实具体事物到抽象永恒的本质、概念的超越，也就是从感性中个别的、变化着的、有差异的、表面现象的、具体的东西，追问到普遍的、不变的、同一的、本质性的、抽象的东西。关于"无底论"，他在《归途：我的哲学生涯》中也做了解释，他说："任何一事物都既有其出场（在场）的方面，又有其未出场（不在场）的方面，而显现于当前在场的方面总是以隐蔽于其背后的不在场的方面为根源或根底。这种根底不是抽象的同一性或普遍性概念，而是与在场方面同样具体的东西。……这种根底又是无穷无尽的，因为任何一件事物所植根于其中的因素是无穷无尽的，所以也可以说，这种根底是无底之底。"[1]

"无底论"就是从在场的现实事物推及不在场的事物。意识到"无底之底"，我们的思维才能不局限于"在场"，不局限于已有的固定的思维定式。张世英认为隐蔽在"在场"背后的"不在场"的东西是无穷尽的，"每一事物都埋藏于或淹没于无穷尽性之中"[2]。"有底论"实际上以抽象的"真无限"（超时间的完满的概念）概念为底，黑格尔认为"有底论"的"真无限"是一整体，但这个整体是抽象的，靠纯思维达到的抽象同一性。"无底论"的"坏无限"（时间之内的无穷进展）则不是靠思维而是靠想象达到现实的相通相融的一体性。张世英认为："哲学的'公开性'的彻底性在于从在场到不在场的超越始终不脱离时间和有限的现实。"[3] 他认为哲学的最高任务"不仅仅停留于达到同一性，而是要达到互不相同的万物之间的相通相融"[4]。在此基础上他提出"三突破"，即"真理观的突破"、"美学观的突破"以及"历史观的突破"。张世英的这一思想是对黑格尔"真无限"概念的扬弃，从而进一步突出不离世、不脱离时间和有限性的哲学思考，从而体悟到在场

---

[1] 张世英.归途：我的哲学生涯［M］.北京：人民出版社，2008：100.
[2] 张世英.哲学导论［M］.北京：北京大学出版社，2008：31.
[3] 张世英.哲学导论［M］.北京：北京大学出版社，2008：107.
[4] 张世英.归途：我的哲学生涯［M］.北京：人民出版社，2008：101.

的有限与不在场的无限是一体的。在我看来,"无底论"①关乎张世英晚年的哲学,即"超越主客、万有相通和万物一体的哲学思想"的总纲与枢机。

张世英先生认为超越之路不能脱离时间和有限性。他借鉴康德和胡塞尔关于"想象"的理论,特别是胡塞尔关于"时间性"(temporalitaet,过去、现在、未来融为一体)的思想,力求扭转传统哲学重思维、轻想象的观点,重新阐释了在场与不在场、过去与现在、传统与当下的关系。"想象"在张世英的"希望哲学"中被作为境界提升和超越的一种非常重要的方法,这个方法直接作用于真理性的把握。在他看来,想象并不违反逻辑,他认为"想象是超逻辑的——超理性的、超思维的"②。正是想象赋予"物"以意义,让遮蔽的意义得以敞亮,唯有这样哲学才能超越科学。他甚至认为"在当今结束旧传统形而上学的国际思潮面前,我以为哲学应该把想象放在思想工作的核心地位"③。

人的精神境界决定了人的超越性的层次。沉沦、痛苦或是超越,呈现了不同层次的人生,其背后有不同的人生追求和精神境界,低级趣味和诗意境界的人必然过着截然不同的生活。那么人如何超越有限呢?张世英先生说:"人只有以勇敢的态度面对现实和有限,这才是真正超越了现实和有限,才是真正从现实性和有限性的束缚中解放了出

---

① 与"无底论"相对的是"有底论",张世英把概念哲学和旧的形而上学以"理念""自在世界""绝对理念"作为根底的"纵向超越"理论称为"有底论",把欧陆人文主义思潮的哲学家要求回到具体的现实世界,从当前的在场事物超越到其背后未出场的东西称为"无底论"。
② 张世英.哲学导论[M].北京:北京大学出版社,2008:46.
③ 张世英.哲学导论[M].北京:北京大学出版社,2008:47.

来，这也就是一种人与万物为一的最高境界。"①

张世英指出在"无底论"的思想结构中，境界就是无穷的客观关联的内在化，现实的人都是一个具有由客观的社会历史性和主观的创造性两者相交织而成的境界的人，人就是在这样的境界中生活着、实践着，人的生活姿态和行动风格都是他的境界的表现。②张世英以中国哲学所倡导的"境界"这一范畴对话西方晚近哲学中以胡塞尔为代表的哲学家提出的"生活世界"的概念，从而催生了中国当代哲学的"新枝"。在《哲学导论》第八章"境界与文化"中，通过对比卢梭"道德意识的同类感"和张载等人的"民胞物与"、王阳明的"一体之仁"，张世英提出了人生的四种境界：欲求境界（满足个人生存所必需的最低欲望）、求实境界（主客二分，追求外在的客观事物的规律，是一种科学追求）、道德境界（主客二分，以对万物一体相通的领悟作为精神追求的最高目标）、审美境界（天人合一，自然而然的境界）。这四种境界在实际人生中错综复杂，交杂相生，对于个体、民族和时代而言，张世英最希望倡导的是基于"万物一体""民胞物与"感悟的知行合一的人生境界，这个境界既是审美境界也是道德境界。

这样的人生中，一切有限性都已经被超越了，审美意识称为"物我两忘"或"忘我之境"。审美意识的超越，是有限的人生与宇宙万物一气流通、融合为一，从而超越了人生的有限性。人在这种一气流通中体验到永恒，就这个意义来说，人变成了无限的，即无限制的。审美意识的诸种特性都在于超越主客关系，这种"超越"并不脱离现实，不脱离时间和有限性，它是从有限的时空进入无限广阔的天地，从有

---

① 张世英.哲学导论［M］.北京：北京大学出版社，2008：370.
② 张世英.哲学导论［M］.北京：北京大学出版社，2008：73.

限性中体悟到无限性，体悟到"万有相通"。所以，"万有相通"的哲学其本质是人生境界之学。

三、以审美达到最高的自由

不自由是主客关系式的必然特征。因为"主—客"关系式是以主客彼此外在为前提，主体受客体的限制乃是主客关系式的核心。欲念中利害的计较给人以烦恼、痛苦，如能做到不"以物累形"，不"以心为形役"，那就到达了自由。在张世英看来，唯有超越主客关系式，才能从欲念、利害乃至整个认识领域里逻辑因果必然性的束缚下获得解放和自由，这就是他关乎自由的理论根据。唯有超越，才能获得真正的自由。

审美意识的根本特点就在于"超越性"。认识的结果只是关于必然性的知识，而审美意识则可以显示无限的可能性，这是一种不受限制的自由，一种最大的自由。他把人生之初原始的天人合一境界叫作"无我之境"，主客二分的自我意识叫作"有我之境"，超越主客二分的天人合一叫作"忘我之境"。按自由的观点来看，"无我之境"既然无自觉，也就无自由的意识可言；"有我之境"是不自由；而"忘我之境"则是审美意识，是自由。

张世英先生指出："审美意识给人以自由。"[1] 审美意识是超越性的，它能"激发人从有限的感性现实上升到无限的超感性的理性世界，从而达到一种超越有限的自由"[2]。审美意识具有直觉性、创造性、不

---

[1] 张世英. 哲学导论[M]. 北京：北京大学出版社，2008：125.
[2] 张世英. 超越有限[J]. 江海学刊，2000（2）：73-78.

计较利害和愉悦性等特点。张世英把审美意识中思与情相结合的特点，把俘获"真实"的审美意识称为"思致"，即思想、认识在艺术家心中沉积日久而转化成的情感所直接携带的"理"，也就是渗透于审美感兴中并能直接体现的"理"。他说："思属于认识。原始的直觉是直接性的东西，思是间接性的东西，思是对原始直觉的超越，而审美意识是更高一级的直接性，是对思的超越……超越不是抛弃，所以审美意识并不抛弃思，相反，它包含着思，渗透着思。可以说，真正的审美意识总是情与思的结合。"①

张世英这一思想对于阐释"艺术之美如何发生"具有特别重要的意义。艺术的创造其实要教会我们不要用知识之眼，不要用概念之眼，而是要用意象去心通妙悟，所以在审美当中很重要的一点就是直觉，诗性的直觉，它经过对于原始直觉的超越，对主客关系的超越，然后又经过了对于思维和认识的超越，最终在审美意识中确证它的价值。审美意识具有超越性和独创性，它带来直接的感觉就是愉悦性、超功利性。也可以说诗性直觉在艺术家的创作中指的是一种透过事物的表象来创造审美意象的想象力，对于观众来讲是透过艺术品来体验审美意象的想象力，无论是创造还是欣赏，都是超越逻辑思维的。诗性直觉和逻辑思维不同，它不是逻辑思维的结果，它是非概念性的，接近于艺术创造的本源，直接表达艺术家审美经验中对于美和意义的经验。

审美意识的创造性表现在意象生成，艺术意象呈现的是如其本然的本源性的真实。"意象世界"呈现一个本真的世界，体现了艺术家自由的心灵对世界的映照，体现了艺术家对于世界的整体性、本质性的

---

① 张世英.哲学导论［M］.北京：北京大学出版社，2008：121.

把握。基于"思致"和"意象"的艺术外部呈现的形象，不仅仅是模仿外物的表面的"真实"，还达到了情与理的高度融合，从而实现了最高的"真实"。这就是审美意识所要开启的真实之门，以及意象世界所要达到的自由之境。

审美意识所见到的总是全新的、独特的，张世英认为，"主客关系模式只能见到重复的、共同的东西，只有审美意识的人才能发现这一瞬间生成的奇珍"，如姜夔的《点绛唇》："数峰清苦，商略黄昏雨"，"清苦""商略"就是不能重复的，只能一次出现的奇珍，这是姜夔的创造。他认为一般人主要是按主客关系式看待周围事物，尽管人实际上都生活在天人合一之中，唯有少数人能独具慧眼和慧心，超越主客关系，创造性地见到和领略到审美的意境。[1] 审美意识是超越主客关系达到与周围事物交融合一境地的一种感受，这种感受在他看来就是人的生命的激荡，人因这种激荡，特别是这种激荡得到适当形式的表现和抒发而获致一种精神上的满足感，这种满足感就是所谓"美的享受"。[2] 在此境界中，人就超越了限制自己的外物，从而回到了自己的精神家园，这就是"物我两忘"或"忘我之境"。在此意义上，张世英先生认为审美意识的在世结构，就是人与世界的融合。

正是在此意义上，张世英指出审美意义上的自由高于道德意义上的自由。他认为："一个真正有审美意识的人，一个伟大的诗人，都是最真挚的人……审美意识使他们成为最高尚、最正直、最道德、最自由的人。光讲德育，不讲或不重美育，则很难教人达到超远洒脱、胸

---

[1] 张世英.哲学导论［M］.北京：北京大学出版社，2008：122-123.
[2] 张世英.哲学导论［M］.北京：北京大学出版社，2008：123.

次浩然的自由境界。"①美育不是教人知识，而是教人体验生活，体验人生的意义和价值，培养人在审美直观中把握整体的能力，培养超凡脱俗的高尚气质，这既是审美的培育，也是德性的培育。张世英的美育思想归结到一点就是教人超越主客关系，超越知识和欲望，超越人我之间、人与世界之间的隔阂和对立，回复到类似人生之初的天人合一的境界。对个体和时代而言，境界提升的过程必须经由漫长的、超越有限性的"痛苦和磨炼之路"。他说："把'天人合一''万物一体'理解为单纯的悠闲自在、清静无为的看法，是对超越的误解，这种所谓超越，实无可超越者、无可挣扎者，既无痛苦磨炼，也谈不上圣洁高远。"②他所提出的新的"万物一体"的思想，集真、善、美于一体，他说："人们经常谈论真、善、美的统一，究竟统一于什么？如何统一？我想万物一体应该是最好的答案。"③

后现代以来的艺术热衷于消解意义，传统的美在后现代艺术中基本销声匿迹了，"崇高的美"只能在古典艺术中寻觅。那么，为什么张世英先生把"崇高之美"置于美感体验的最高处？在《哲学导论》第十五章"审美价值的区分"中，张世英先生将美和艺术价值分了几个层次，"模仿"处于艺术价值的最低层次，具有初步的审美价值；"典型"具有较高的审美价值和诗意，比模仿更高一级；"意象"说，比起模仿性艺术和典型艺术来说，应居于艺术之最高峰。以在场显现不在场（显现隐蔽的东西）的艺术，这是最高意义的诗意境界。以"有尽"表现"无穷"的诗意境界，就是中国传统美学思想的基本观点。张世

---

① 张世英.哲学导论[M].北京：北京大学出版社，2008：126.
② 张世英.哲学导论[M].北京：北京大学出版社，2008：111.
③ 张世英.哲学导论[M].北京：北京大学出版社，2008：211.

英最推崇万物一体的崇高境界,这是超越有限的意识所追寻的无限的心灵的目标,他认为崇高是美的最高阶段,这个境界才是最高层次的美。单纯提高审美意识并不够,最重要的是提高诗意的境界,特别是崇高的诗意境界。崇高可以推动着有限者不断超越自身。所以张世英称"崇高是美的最高阶段","崇高是有限者对无限者的崇敬感,正是它推动着有限者不断超越自身"。他的"显隐说"与崇高的观念紧密相连,显现与隐蔽构成非封闭、流通着的万物一体的整体,是一种崇高的境界,而正是万物一体的崇高境界,才是超越有限的意识所追寻的目标。

孙月才教授曾说,他个人很欣赏张世英先生对崇高境界的推崇,景仰崇高是境界论之光,人们向往和追求的崇高美,不是杏花春雨、秦淮桨声,而是大江东去、泰山绝顶,是它们无尽的气势。景仰崇高就是景仰理想,景仰伟大的心灵。正是崇高激励人奋勇向上,勇于献身,勇于创新。所以,崇高的审美自由,是最高的自由。个人自由的实质,就是如何一步一步超越外在束缚,以崇高为目标提高精神境界的问题,如果每个人的精神境界都逐步得到了提高,也必将提升整个社会的自由度。马克思在《共产党宣言》中说:"更美好的世界,'将是这样一个联合体,在那里,每个人的自由发展是一切人的自由发展的条件'。可见,个人境界的提高,不仅仅是个人的问题,也关涉到整个社会的发展。"[1] 这段话向我们阐释了张世英先生将"崇高美"置于美感的最高层次的理由。

事实上,张世英的哲学虽然关注并借鉴了西方后现代哲学的一些

---

[1] 孙月才.张世英老师的哲学生涯[N].文汇报,2016-05-27.

思想，但是他推崇"崇高的美"的原因在于他反对意义的虚无，在后现代的语境下，他依然肯定艺术和美的意义和价值，避开了虚无主义的思想泥潭，延续了中国哲学致力于现世救赎的人文品格。人如何生活在这个世界上，如何存在于这个世界上，这是个人和世界的关系的问题，也就是哲学的根本问题。他的哲学回答了这些根本问题，他的哲学研究始终围绕人的超越和自由，以及如何超越和自由的问题，显示了一位当代哲学家的思想温度和人文精神。

四、美感的神圣性体验就在当下

张世英在《境界与文化——成人之道》[①]一书中提出了"美感的神圣性"这个美学观点。他说："中国传统的万物一体的境界，还缺乏基督教那种令人敬畏的宗教情感，我认为我们未尝不可以从西方的基督教里吸取一点宗教情怀，对传统的万物一体作出新的诠释，把它当作我们民族的'上帝'而生死以之地加以崇拜，这个'上帝'不在超验的彼岸，而就在此岸，就在我们的心中。这样，我们所讲的'万物一体'的境界之美，就不仅具有超功利性和愉悦性，而且具有神圣性。具有神圣性的'万物一体'的境界是人生终极关怀之所在，是最高价值之所在，是美的根源。"[②]

[①] 《境界与文化：成人之道》一书是张世英继《哲学导论》之后进一步从"社会存在"维度拓展自己哲学体系的一本重要著作。他从境界和文化两个层面讨论科学、道德、审美、宗教和哲学。同时论述了境界和文化之间的关系。

[②] 张世英.境界与文化：成人之道[M].北京：人民出版社，2007：244-245.

张世英认为对于自然和艺术的美的体验是感通宇宙大道的出发点和皈依处，也是人类体验生命和宇宙人生的最理想的方式，更是养成健全人格和审美心灵的必由之路。他关于"天人合一""万有相通"的思想借由在形而上层面的领悟，从而生发出安然从容的在世情怀，并由此产生对整个人类的同情与关怀。"天人合一"的境界是中国哲学讲的"安身立命"之所在，也就是人生的终极关怀之所在，是人生的最高价值所在。中国哲学不讲"上帝"，而讲"圣人"，"上帝"是外在的人格神，而"圣人"只是心灵的最高境界，也就是"天人合一"的境界，冯友兰称之为"天地境界"。

"万物一体"的觉解是个体生命在现实世界中生发神圣性美感体验的基础，又是实现"天人合一"精神境界的终点。人若能够运用灵明之性，回到"万物一体"的怀抱，实现"天人合一"的境界，就能在有限的人生中与无限融合为一。"万物一体"的觉解是美的根源，也是美的神圣性所在。因此，正是"万物一体"的智慧领悟，生发出美感的神圣性体验。

"美感的神圣性"这个观点是一个关乎中西方美学的重要问题，更是一个关乎如何在当代重新审视和发现美的本质意义和价值的关键问题。这个命题的提出对于今天的哲学和美学研究具有极为重要的启示意义。这一命题，吸收了西方古典哲学与美学中关于"美与心灵""美与精神信仰"的联系的思想，吸收了古希腊以来柏拉图的"理念之美"、普罗提诺的"艺术之美体现神性"等思想，并且沿着"美"在它的最高实现上是一种超越个体的"境界之美"的思想道路，肯定了"美"具有显示心灵、光辉和活力的特点。它也吸收了中世纪基督宗教美学中的道德内涵，即审美不应该只是个体的享受和精神的超越，而应当具有道德意义上的人格之美。神圣之美应该超越一般感性形象和外在形式，超越世俗世界和现实功利，应该具备更深层的意蕴，能够显示出人生的最高价值与意义。

康德认为美具有解放的作用，审美可以把人从各种功利束缚中解放出来。席勒继承和发展了康德的思想，他进一步认为只有"审美的人"才是"自由的人""完全的人"。到了法兰克福学派，把艺术的救赎与反对"异化"、"单向度的人"以及人的自我解放的承诺更加紧密地关联起来。海德格尔更是倡导人回到具体的生活世界，"诗意地栖居"在大地，回到一种"本真状态"，达到"澄明之境"，从而得到万物一体的审美享受。

神圣性的美感体验是超越现实功利的一种精神体验，但并非脱离现实、不问世事的人生体验。"美感的神圣性"的体验离不开日常生活，就在日常生活之中，这里包含着人与自然万物、与社会生活以及人与自己的最平常的相处。美感的神圣性体验作为高层次的美感体验，并不意味着脱离现实世界而追求在宗教彼岸的世界，它可以落实于现实人生。笔者在《美感的神圣性——北京大学"美感的神圣性"研讨会综述》一文中，曾引用张世英先生的一段话：

> 我们讲美的神圣性，决不是要脱离现实性，脱离现实的生活。例如饮茶，就可以有单纯的现实境界，又可以同时有诗意的审美境界。一个没有审美境界的人，饮茶就是解渴而已。一个有诗意的人，饮茶一方面解渴，一方面还能品出茶的诗意来。既有现实性，又有神圣性；既有了低级欲求的满足，又有了审美的享受。

实现人生最终极的意义不再需要通过世俗和神性的贯通而获得，不再基于宗教或神性而得到阐释。一方面使艺术承担救赎的使命成为可能，另一方面美的意义和独立地位得到了前所未有的肯定。"美感的神圣性"可以在超越现实苦难世界的过程中，在一个去除功利欲求的心灵里得以实现，它的实现在我们生活的世界，以"万物一体"的诗意境界为最终极的目标，来实现人生的最高价值。

其一，美的神圣性的体验指向一种终极的生命意义的领悟，指向一种喜悦、平静、美好、超脱的精神状态，指向一种超越个体生命有限存在和有限意义的心灵自由境界。达到这种心灵境界，人不再感到孤独，不再感觉被抛弃，生命的短暂和有限不再构成对人的精神的威胁或者重压，因为人寻找到了那个永恒存在的生命之源，人融入了那个永恒存在的生命之源。在那里，他感到万物一体，天人合一。

其二，在神圣性的体验中包含着对"永恒之光"的发现。这种"永恒之光"不是物理意义上的光，这种光是内在的心灵之光，是一种绝对价值和终极价值的体现。这种精神之光、心灵之光放射出来，照亮了一个原本平凡的世界，照亮了一片风景，照亮了一泓清泉，照亮一个生灵，照亮了一段音乐，照亮了一首诗歌，照亮了霞光万道的清晨，照亮了落日余晖中的归帆，照亮了一个平凡世界的全部意义，照亮了通往这个意义世界的人生道路。这种精神之光、心灵之光，向我们呈现出一个最终极的美好的精神归宿。这是"美感的神圣性"所在。日常生活的神圣之美的体验启示我们，不用追寻彼岸或上帝的国度，彼岸世界真切地存在于我们脚下的土地，神圣的体验不在天国，而在生活本身。人、一切生灵、万事万物都体现着宇宙的神性，体现着宇宙的生意，体现着宇宙的大全。

"美感的神圣性"不离现实世界，也不拒绝和逃避现实世界，这种体验源自超越现实功利的心境。由于人们习惯用主客二分的思维模式看待世界，用功利得失的心态对待万物，因此一个本来如是的"生活世界"的美的光芒被遮蔽了。中国美学思想所倡导的神圣体验源自人与世界万物一体的最本原的存在，源自超然物外的非功利的生命状态。孟子标举人性乃"天之所与我者"；张载提出："因诚至明，故天人合一"；程颢论天人关系时说："天人本无二，不必言合"；禅宗所谓"砍柴、担水、做饭，无非是道"，这些思想的核心都是倡导人在日常生活中体验并实现人生的全部意义。

所以，"美感的神圣性"的命题体现出一种至高的人生追求，一种崇高的人生境界，它远远高出一般的审美体验，它的产生需要一种心灵的提升。所以，"美感的神圣性"的命题并不是一个静态的命题，它是一种心灵的导向，精神的导向，它向人们揭示了一个心灵世界不断上升的道路。[①]

"美感的神圣性"的命题，指向人生的根本意义，体现了一种深刻的智慧和对于崇高的人生境界的向往。张世英先生借此所要传达的思想是，人生的最高价值和终极意义就在于对"万物一体"的智慧和境界的领悟，在于对一个充满苦难的"有涯"人生的超越，这种超越，在精神上的实现不再是对宗教彼岸世界的憧憬，而是在现实世界中寻找一种人生的终极意义和绝对意义，获得精神的自由和灵魂的重生。

---

① 叶朗.美学原理［M］.北京：北京大学出版社，2009：136.

结语

张世英先生的"希望哲学"体系呈现了"诗思一体"的总体气质。① 他的哲学研究启示我们唯有以扎实的哲学史研究为基础,在中西方哲学比较研究的开阔视野中,在人生的磨砺和超越性的感悟中,才能发现真正有价值的,关键性的哲学命题。正如他所说的:"如果没有这近20年的延误,我不会有这样的领会。"② 他本人围绕着"希望哲学"所建构的关于"万物一体、万有相通"的哲学思想就是具有原创性的一个当代哲学体系。孙月才先生在《希望哲学:生长"能思想的苇草"》中认为:张世英先生的《哲学导论》不只是哲学的"导论",而是张世英的希望哲学接续了熊十力、冯友兰等人的融通中西的哲学传统,提出了自己独创性的哲学体系。③

"希望哲学"既是诗意的哲学,是智慧的哲学,也是道德的哲学,正如他自己所说的:"人生的希望有大有小,有高有低,我以为人生最大最高的希望应是希望超越有限,达到无限,与万物为一,这种希望乃是一种崇高的向往,它既是审美的向往,也是'民胞物与'的道德向往。"④ 人的精神超越之路注定是充满艰难的,用张世英先生的话来说,"超越之路意味着痛苦和磨炼之路,但是这才是通向希望的唯一的道路"。

---

① 张世英.归途:我的哲学生涯[M].北京:人民出版社,2008:80.
② 张世英.归途:我的哲学生涯[M].北京:人民出版社,2008:83.
③ 孙月才.希望哲学:生长"能思想的苇草"[N].社会科学报,2003-05-29.
④ 张世英.哲学导论[M].北京:北京大学出版社,2008:370.

张世英的哲学是人生境界之学。他有一句话："心游天地外，意在有无间。"唯有这种境界的超然，才可超越功利心，回归万物一体的审美境界，才能以超越主客二分的眼光来看待世界这个客体，融入这个世界之中，从而看到一个不离现实世界的审美世界，既在现实世界中，身处各种各样的问题和矛盾，又能做到"心游天地外"。从一个"漂泊的异乡者"成为一个"返回故乡的人"，一个真正有家的人。通过艺术不断发现和涵养心灵的自由与高尚，以审美的态度对待现实人生，将哲学意义上的个体超越，落实在现实人生的意义世界和价值世界之中，张世英的哲学和美学精神接续着中国美学的根本精神。

除了引领生命层面的醒觉，张世英的哲学还立足于当下和未来的突出问题，他在《"万有相通"的哲学——我的〈哲学导论〉》一文开宗明义地指出撰写该书的初衷是在传统哲学的基础上思考当今哲学面临的迫切问题："当今的世界正处于普遍性、规律性和必然性知识日新月异，迅猛扩展的时代，我们以什么样的人生态度来面对这样的世界？我将如何不断更新自身以适应不断更新的世界？我们应当以什么样的境界来指导我们的行动？"[①] 他的"哲学何为之思"提出了"对话"原则，这是解决世界性问题的智慧。张世英在 2017 年 8 月 13—14 日召开的第二十四届世界哲学大会启动仪式暨"学以成人"国际学术研讨会上的致辞中指出未来世界的哲学前景，认为中西方需要用更加包容和发展的眼光去沟通、对话、融合，唯有西方式的"后主客"式的天人合一，与中国式的"后主客"式的天人合一的对话交融，才能迎来一个"对话交融的新天地"。未来的哲学"应该讲各种现象领域的哲

[①] 张世英. 归途：我的哲学生涯［M］. 北京：人民出版社，2008：113.

学：美的哲学、伦理道德的哲学、科学的哲学、历史的哲学、经济的哲学、政治的哲学……"①

张世英的"希望哲学"在当前的突出意义在于：在西方哲学和美学的强势语境中，在新的研究方法和研究资料层出不穷的情况下，他所坚守和发展的中国哲学的核心价值、基本精神和道路选择，呈现出中国当代哲学的人文品格，为中国当代哲学免于坠落奠定了纵深拓殖的基础。以"人本"为核心的哲学和美学研究的思想主旨，让张世英先生的哲学美学思想成为中国人文主义现代思想体系中极为重要的一个存在。他自觉参照中西方哲学各自的历史和历史成就，以扎实的哲学史学术背景为依托，兼容并蓄西方现当代哲学的成果，开拓了中国当代哲学独特的理论形式和思想体系。他富有创新精神的"万有相通"的哲学体系，确立了中国当代哲学的人文价值、世界意义和未来学意义。在危机重重的全球化时代，面对世界范围内的观念、文化和利益的冲突，他努力从中国古代的哲学中寻找智慧，以超越于中西方传统哲学的思维、观念和表达，继承和发扬了中国哲学的基本精神和生命格调，体现出中西方哲学思想剧烈碰撞下鲜活而又自信的文化品格。张世英先生的"希望哲学"的思想体系，对于当前中国哲学如何继续研究发掘和继承传统的哲学思想、建构具有中国特色的当代哲学理论具有典范意义。

正如张世英所言，《精神现象学》在序言的开端就指出，"哲学或真理本身不在于单纯的最终结论或结果，而在于'结果连同其成为结果的过程'，在于实现这一结果或目的的'现实的整体'，而这一过程

---

① 张世英.归途：我的哲学生涯［M］.北京：人民出版社，2008：113.

或整体就是实现'实体本质上即是主体'这一结论（结果、目的）的全部过程、全部体系"[①]。张世英的"希望哲学"的意义不仅仅在于最终呈现的结论，而且在于他前后四个阶段的持之以恒的哲学探索和思想超越，在于他的人生和哲学生涯的全部过程和全部体系。

[①] 张世英.归途：我的哲学生涯[M].北京：人民出版社，2008：86.

舞台意象及其诗性蕴藉

一、最高的真实和最本质的意义

戏剧是诗,是史诗和抒情诗的高度结合,故兼具史诗之叙事性和抒情诗之抒情性。它不全是实事的记录,更有着抒发情感的意义和价值,其本质上是诗的艺术。既是诗的艺术,诗艺的本体——"意象",自是戏剧美学所要关注的重要命题。关于"意象",美学家朱光潜在《谈美》这本书的"开场白"里指出:"美感的世界纯粹是意象世界。"[①]他强调审美对象不应当是"物",而是"物的形象",这个"物的形象"不同于物的"感觉形象"和"表象",而是"意象"。朱光潜明确指出,"意象就是美的本体",它是主客观的高度融合,它只存在于审美活动之中,它是人精神活动的产物。美学家叶朗这样论述:

---

① 中国现代美学史上贡献最大的朱光潜和宗白华这两位美学家,他们的美学思想,在不同程度上反映了西方美学从"主客二分"走向"天人合一"的思维模式,反映了中国近代以来寻求中西美学融合的趋势。另外,戏剧美学的研究也应该立足于中国文化,要有自己的立足点,这个立足点就是自己民族的文化和传统的美学。

中国传统美学认为，审美活动就是要在物理世界之外构建一个情景交融的意象世界，即所谓"山苍树秀，水活石润，于天地之外，别构一种灵奇"，所谓"一草一树，一丘一壑，皆灵想之独辟，总非人间所有"。这个意象世界就是审美对象，也就是我们平常所说的广义的美。[①]

戏剧的意象世界，可分为文本之意象世界和舞台之意象世界。本文所要着重探讨的是舞台的审美意象。

舞台的审美意象是指戏剧作者所创造的戏剧演出的整体审美意象。舞台意象的审美创造过程是一个较为复杂和系统的过程，其中包含了造型样式、角色形象、语言艺术、视觉画面、灯光色彩、音乐音响等不同门类艺术的综合性呈现。这个审美创造过程最终要完成的是：依据审美的直觉，融合各类艺术和舞台时空构作的方法，继而创造出一个充满本质力量和精神品格的意象世界和美感境界。

戏剧演出要创造的意象世界、价值世界和美感境界是一个独立的审美创造过程，这个过程表达了戏剧作者独立的人生思考和生命感悟。文学文本的完成，表明了文本的意象世界和价值世界的诞生，这个世界是独立的，属于文学范畴。文本的意象世界和价值世界在不同的舞台作者那里，可能产生不同的审美体验，不同的审美体验会孕育出新的意象世界和价值世界，这个世界也是独立的，属于舞台范畴。焦菊隐先生导演的《茶馆》中那个行将没落凋敝的晚清茶馆的喧闹与沧桑，黄佐临先生导演的《中国梦》中远行异域的青春心灵的彷徨和沉思，

---

① 叶朗.美学原理[M].北京：北京大学出版社，2009：55.

皆是舞台独立的意义世界和价值世界。这个独立的意象世界是一个完整而又充满意蕴的，能够给人以审美愉悦的感性世界。

从舞台意象所创造的意义世界的独立性来看，对文学文本的理解，是从作家的视域出发，对于历史或者历史中的文本的理解。这个被理解所开启的视域虽然不能完全割断与文本的意义世界的联系，但是它绝不是封闭的，而是可读的、开放的。也就是说，舞台作者最有价值的探索和寻找，并不是什么"写实"或"写意"的风格或手法，更不是对以往舞台上"写实"或"写意"的手法的复制和模仿，而是在文本所创造的意象世界中觅得最能体现舞台艺术家洞察历史和生命感悟的完整的舞台意象。一切外在的表现形式或手段，是以最终表达和呈现舞台意象世界"最高的真实和最本质的意义"为目的的。这一"最高的真实和最本质的意义"通过舞台意象得以表达和呈现是最为重要的。由于文本的意象世界和意义世界是敞开的，舞台意象的把握和实现采用什么样的方法，一百个人有一百种不同的方法，并不是"写实"或"写意"一言能蔽之的。因为一切方法和外在手段仅是"指月之指，登岸之筏"，那个意象才是"月亮"，才是"彼岸"。这就是王国维在赞叹辛稼轩词艺精妙时所说的："章法绝妙，且语语有境界，此能品而几于神者。然非有意为之，故后人不能学也。"[①] 技法、手段是刻意模仿的，但意象与境界是无法模仿的。舞台意象呈现一个美感的世界和意义的世界，同时也在戏剧演出中敞开和呈现一个有别于生活本身的、更加真实的世界和本质的世界。

舞台意象可以是最"实"的，而且是非"实"不可，就像《茶馆》，

---

① 王振铎.《人间词话》与《人间词》[M].郑州：河南人民出版社，1996：5-6.

"实"到叫人几乎身临其境，完全浸入晚清社会的三教九流之中。又如马致远之曲"枯藤老树昏鸦，小桥流水人家，古道西风瘦马。夕阳西下，断肠人在天涯"。十二种名词皆是自然世界的实物实景，其整体意象却氤氲着一种虚幻的人生感与宇宙感。这个舞台意象也可以是"虚"的，而且是非"虚"不行，就像《中国梦》，"虚"到取消布景，通过想象力的作用证实环境触摸心灵。有如韦应物之诗"万物自生听，太空恒寂寥。还从静中起，却向静中消"。如此虚极的"玄通之理"，却触摸到了最真实的至静至深的宇宙本质。故而，意象之真，意象之美，不应执着于"写实"或者"写意"之分别，不应执着于手法和派别之界限，大实可达大虚，大虚可达大实。意象是灵魂，形式是面目，意象是本，形式是末，执着于"实"或"虚"的形式，乃本末倒置。言写实、写意，言风格、手法，不如言"意象"，前者皆言其"面目"，"意象"为探其本，有意象，此四者随之具备。决定意象的是艺术家的审美直觉，他所服从的是最高的真和最永恒的美。所谓"一戏一格"的道理就在于此。

总之，舞台意象的审美体验和创造体现了艺术家对社会历史乃至宇宙人生的整体性、本质性的把握，是对现实世界的一种超越，从而实现了从有限到无限，从表象到本质的飞跃。审美意象可以照亮一个本然的生活世界，一个万物一体的世界，一个诗意盎然的世界，一个充满意味和情趣的世界，它可以创造出审美的最高境界，这就是"真"和"美"的统一。

二、舞台意象体现在"气韵"之中

那么，戏剧演出意象的美学特征、审美发生和意义旨归又是什么呢？我们说，演出意象有着完整性、真实性、瞬间性、多解性以及独一性的美学特征，其审美发生于舞台作者的诗性直觉，其意义的最终指向在于整体意象背后的本质显现和诗性蕴藉。

其一，演出意象应当体现演出的整体性美感。这个"整体性"，也就是我们常常说的"演出艺术的完整性"。演出艺术的完整性涉及演出空间的营造、灯光色彩的拿捏、剧情结构的重塑、主客叙事的选择、表演风格的确定、节奏场面的控制、舞台调度的驾驭、虚实关系的把握、强弱力度的调试、演出气氛的渲染以及动作细节的雕琢等一系列的工作。倘若创造过程中缺乏完整的演出意象的生成，结果一定会导致支离破碎的演出景象，如果心中有完整明晰的舞台意象的导引，一切视听的手段和艺术才会在戏剧的深处，凭借这种导引产生出一种内在的磁场和引力。《樱桃园》①的舞台艺术是和谐而又整体的。棉纱质地的布，浑然一色的土黄，犹如铺展的水墨卷轴。凋敝了花叶的几株樱桃树，似浅墨，镶嵌在一片混沌而又静穆的画面中。干枯的樱桃树"标本"似的站立着，包裹着土色调的麻布，钢琴、油画、书架、座钟、皮箱、椅子——一切都像从地底下发掘出来的若干世纪前的伤痕累累的陪葬器物。演出渲染了"风化"的整体舞台意象，风化了的记忆，风化了的贵族生活，风化了的旧时代的文化，风化了的人的躯体和精神。所有的造型、动作、画面全都统一于"风化"这个主要的审美意象之中，极其犀利地刻画了俄罗斯19世纪没落的贵族在新的文明之光中骤然风化崩溃的宿命。正是舞台审美意象的完整性凸显了林兆

---

① 《樱桃园》由俄罗斯伟大的剧作家契诃夫编剧，剧情讲述了没落的贵族朗涅夫斯卡娅因不断走向萧条和没落的生活所迫而不得已拍卖樱桃园的故事。该剧由林兆华导演，2004年在北兵马司剧场首演。

华的《樱桃园》的独特的意义和阐释。2015年6月德国邵宾纳剧院在天津大剧院演出的《哈姆雷特》，开场就是墓地的葬礼，当厚厚的泥土填埋了哈姆雷特父亲的棺材之后，整个演出空间被置于一大片泥泞的墓地之上，导演奥斯特玛雅把所有悲剧的场景全都集中在这一个空间，于是《哈姆雷特》在他的舞台阐释中，其所有的意义和蕴藉就被凸现出来，凝合成一个对整个人类的世界和现状具有本质性意义概括的"意象世界"，那就是"整个世界是在坟墓之上的癫狂和谎言"。因此舞台意象不仅仅是一般意义上的舞台造型和形式，它在艺术的直觉和情感的质地上，从形而上的理性和哲思中提炼出最准确的形式和画面，它既可以直击事物的真实和本质，又能够表达极为强烈的艺术情感。因此，舞台意象是至高的理性和感性的完美统一。

比如体现绘画大法的"一画说"，石涛所谓的这个大法不是一笔一画，不是技法手段，乃是"众有之本，万象之根"。他说：

太古无法，太朴不散；太朴一散，而法立矣。

法于何立？立于一画。一画者，众有之本，万象之根；见用于神，藏用于人，而世人不知。所以一画之法，乃自我立。立一画之法者，盖以无法生有法，以有法贯众法也。

夫画者，从于心者也。山川人物之秀错，鸟兽草木之性情，池榭楼台之矩度；未能深入其理，曲尽其态，终未得一画之洪规也。行远登高，悉起肤寸。此一画，收尽鸿濛之外，即亿万万之笔墨，未有不始于此，而终于此，惟听人之握取之耳。[①]

---

① 石涛.画语录［M］.南宁：广西人民出版社，2001：3.

石涛的"一画说"表明艺术家不能做成法的奴隶，强调不能违背心灵的自由。他所说的"吾道一以贯之"①，与罗丹所说的："一个规定的线通贯着大宇宙而赋予了一切被创造物，他们在它里面运行着，而自觉着自由自在"是一样的道理。"风化"的意象就是《樱桃园》贯通宇宙真相的那个"一"，"围猎"的意象就是《桑树坪纪事》照应生存真相的那个"一"，"坟墓上的癫狂和谎言"就是《哈姆雷特》直面21世纪人类生存世界的那个"一"。唯有"一"，才能到达"完整"，到达"圆融"，才能由这"一"幻化出众生之真、万象之美。

因此，演出意象的完整性不是照搬或者模仿几个艺术的外在符号，它体现在一气呵成，一气贯通的"气韵"②之中。按照中国古典美学的说法，"文以气为主"，这里的"气"是艺术家的"我之为我，自有我在"的生命力和创造力。舞台演出意象也应当具备一种生生不息的"气韵"。当统一的、一以贯之的生命力和创造力氤氲洋溢于整个作品的时候，我们就感受到作品的完整和圆融。完整的舞台艺术绝不是一个个孤立的形象和画面的凑合，也不是场面与场面的随意组接，更不是舞台手段的复杂堆砌，而是演出意象在诗性直觉中的本然呈现。有些舞台作品采用的形式也很新颖，但是不能打动人心，原因就在于只拿捏了"技"，而未曾触摸及"道"，是招数的展览和堆砌，触摸不到真正的审美意象。作为实现"道"的"意象世界"指向无限的想象，指向本质的真实，是有限与无限、虚与实、无与有的高度统一，并最终实现演出艺术的完整性。它也是区分"艺匠"和"艺术家"的标尺。

---

① 石涛.画语录[M].南宁：广西人民出版社，2001：4.
② 南朝谢赫在《古画品录》中提出的"气韵生动"的要求，指出绘画的意象必须通向作为宇宙本体和生命的"道"。

正如宗白华先生所说：

> 艺术家凭借他深静的心襟，发现宇宙间深沉的境地；他们在大自然里"偶遇枯槎顽石，勺水疏林，都能以深情冷眼，求其幽意所在"。黄子久每教人作深潭，以杂树渰之，其造境可想。所以艺术境界的显现，绝不是纯客观地机械地描摹自然，而以"心匠自得为高"。（米芾语）尤其是山川景物，烟云变灭，不可临摹，须凭胸臆的创构，才能把握全景。①

那些舞台图像支离破碎，并不完整的演出，往往充斥着各类象征或表意的符号，这里气势恢宏的场面，那里突如其来的宣泄，毫无节制的力度的张扬，不及其余的理念的嚣叫，透过演出的表象，我们感觉到的是主体内在心灵世界的躁动和浅薄，既缺乏深沉的抒情感，也缺乏深刻的哲学洞见，更缺乏在理性和感性的最高处那统摄一切的意象的体验和观照。艺术符号不等于艺术，未经审美意象所观照和区分的符号堆砌得越多，越会流于粗浅和平庸。在大师的作品中，我们永远能够感受到那个隐藏在意象世界背后的安静而又深刻的灵魂，画面的呈现浑然统一，情感的抒发不走极端，欢乐从不流于粗鄙的狂啸，哀怨也包含着洒脱的安宁，在涕泪和悲伤中仍保持了乐观和理性。正所谓"乐而不淫，哀而不伤"，有一种一以贯之的内在艺术气质和品格。艺术的境界，从来都能令人心灵净化，令人在超脱的胸襟里体味到宇宙的深境。

---

① 宗白华.美学散步［M］.上海：上海人民出版社，1981：127.

其二，演出意象具有真实性的特征。意象世界是开启"真实空间"的钥匙，意象世界开启了被遮蔽的真实的心理和思想空间，它所完成的，是对不可言说的深远的真实的一种言说。它一方面能够显示客观事物的外表情状，另一方面也能够显示事物的内在本质，其中既包含理，也洋溢着情。严羽曾说："诗有别材，非关书也；诗有别趣，非关理也。然非多读书，多穷理，则不能极其至。所谓不涉理路、不落言筌者，上也。"不涉理路，强调的是审美意象所显示的"理"并非逻辑思维的"理"。基于"思致"而成的演出意象，不仅仅是模仿外物的表面的"真实"，它达到了情与理的高度融合，从而实现了最高的"真实"。而这就是意象世界所要开启的真实之门和意象世界所要达到的真实之境。

意象世界的这种真实性，比之单纯的自然写实之真，是一种更为深刻意义下的真实。它是对不可言说的"真实"的言说，这种"真实的言说"与我们常说的"真实的模仿"是两回事情。《桑树坪纪事》的演出艺术之所以具有一种整体耐人寻味的、真实而又动人的内在诗意，在于其舞台意象创造了一个荒寒空寂的世界，一条蜿蜒的道路宛如太极，将一切世界的纷扰都纳入这循环往复的浑圆轮回之中。转台运动起来，一种沧桑寂寥的时空意识和生命意识呼之欲出……对于任何一位步入剧场的观众，哪怕不能通达舞台整体的意义所指，也会为这直观的意象冲击而体验到生命本质的真实。《三姐妹·等待戈多》创造的舞台意象纯朴、简洁，一弯浅水，一株矮树，两个喋喋不休的流浪汉和永远走不出去、怅惘而没有行动的三姐妹构成了整体舞台意象。没有行动的行动，永远跨不出去的百年孤独，道尽了生命在永恒的寂寥中的折腾和叹息，把观众带进了永恒寂寥的生命感的体验之中。这两种舞台意象均没有描摹生活，却触摸到了生命的最高真实，看似平静和淡然的外表下潜藏的是最真实的人生体验和最深刻的生命感悟。梅特林克的《群盲》，舞台上各种各样的盲人就像时代里不同身份的人们，他们在离开了神父后被滞留在寒冷的海岛森林而不可避免地堕入迷惘中。盲人是悲观的，这种悲观投射着时代的本质的深刻洞察与人们客观上的无能为力。经历了两次工业革命，宗教在科学之光的照耀下退位，资本显现它力量的同时也吞噬着人类，原有的理性建构的世界破灭了，浪漫主义的幻想也不能在链条和齿轮中咯吱作响的时代机器中生存。《群盲》以"孤岛上等待的盲人"作为整体舞台意象，通过盲人之间的无意义的对话反思了20世纪人类的整体性的盲目和群体性麻木，呈现了人类被迫暴露于世界本质和真正的生命意义的追问前，失去了找到方向的能力，也没有任何改变的方法的终极真相，这就是舞台意象的思致和力量。

其三，演出意象具有瞬间性的特征。戏剧艺术是"时空统一的艺术"，它的"时空统一性"的特征，体现为造型对于空间的占有，生命在情节中的流逝，动作在时间中的延展。演出的"时空统一性"特征决定了舞台意象既是时间中的空间，又是空间中的时间。可以说，舞台意象是编织在时间里的动态的图像。充满了意象的演出空间是审美的空间，其艺术之美不是流露在笔端，而是弥漫在舞台。其美的体验、美的创造均属于在演出审美空间里存在过的鲜活的生命，属于在演出审美空间中活动的演员和观众。故而，对于舞台演出意象美感的把握，只在大幕拉开与关闭的须臾之间，只在流逝的时间、逝去的生命里，它的美和意义只在此刻的生命体验中，它不可复制，不可保存，它转瞬即逝，这是任何其他艺术所不可比拟的。对于已经消失在时间和历史中的舞台演出，虽然可以通过演出的记录——文字、照片抑或是影像来加以追述，然而无论如何，这些记录已然和活的艺术相去甚远。演出空间中产生的意象和境界、美感和意蕴是任何现代科技手段所无法复制或重现的。

舞台动态的艺术作品呈现给观众的美，是不能作为实物收藏的，只能够短暂地存在特定的时空里。所以，只有绘画雕塑等艺术，能够作为艺术品加以收藏，谁都无法收藏一个演员和他的艺术，更无法收藏一出完整的舞台艺术。画家故去，其艺术品可以在美术馆展览；演员故去，他的艺术就不复存在；大幕关闭，完全一样的演出就无法复制了。这就是舞台意象的瞬间性和不可复制性。新版的《茶馆》与老版的《茶馆》就不能做到完全一样；今天的莎剧和伊丽莎白时期的莎剧也全然不同；同样的《哈姆雷特》，却有着千百种的舞台读解和演绎。

其四，演出意象具有多解性的特征。舞台意象具备隐喻的意味，其外在之境蕴含着内在深意。它是开放的、多解的，诱发观众对意象之美进行创造性的发现。莎士比亚的戏剧之所以经久不衰，原因就在于其文本的意义世界总是恒久地激发着后世艺术家的审美感知和自由创造，并且就同一种戏剧缔造了千万种不同的演出。有人说戈多①代表一种无形的希望，有人说戈多代表某种被追求的超验的事物，而贝克特则说了句俏皮话，戈多是什么连他自己都不知道。意象的所指往往是多义的、无限的，所以不定性也就是一种多义性，其美的内涵既不能确定，也无须确定。它是直接性和间接性、有限性与无限性、确定性与不确定性、单纯性和丰富性的统一，因而才能够具有隽永持久

---

① 贝克特荒诞派戏剧《等待戈多》中两个流浪汉在路边等待，却永远没有到来的那个人。

的美感。

所谓"诗无达志"体现的正是审美意象的多解性。正是这种多解性,才使演出艺术获得了美感的丰富性。意象之美可以使观众在幻想的空间自由驰骋,尽情地释放自我的情感。那种一览无遗,毫无回味的舞台说教往往与最高的美相去甚远。曾几何时,舞台作品寄希望于言说某一个道理,某一种抽象概念,甚至采用主题先行的做法,最终只能把艺术创作引入歧途。美学家叶朗说:

> 议论所包含的思想是确定的,有限的,往往"言未穷而意已先竭",很难引发读者无限的情思。所以,他(指王夫之)认为,如果要发议论,那就和诗的特性相违背,不如"废诗而著论辩"了。[1]

因此,不同题材、角度、叙事下的演出意象不应该也不可能产生单一的美,相同题材、角度和叙事也会因为不同的阐释而产生不同的意象世界。它可以在视觉感受和审美体验中产生沉郁之美、飘逸之美、崇高之美、冲淡之美、残酷之美、怪诞之美、阳刚之美、阴柔之美、空灵之美、错彩镂金之美以及出水芙蓉之美……意象所产生的美感形态的多样性,也即是达到了风格的多样性。

但是对于具体的文本而言,演出意象还具有独一性的特征。就像许多舞蹈家都演绎过斯特拉文斯基的《春之祭》,而唯有皮娜·鲍什[2]的舞台艺术为最佳。原因何在?唯有她把握了《春之祭》意象

---

[1] 叶朗. 中国美学史大纲[M]. 上海:上海人民出版社,1985:477.
[2] 皮娜·鲍什(Pina Bausch,1940—2009)是德国最著名的现代舞编导家,欧洲艺术界影响深远的"舞蹈剧场"的确立者。

的独一和不可替代性,把握了超越概念、超越逻辑的音乐的整体意象。意象的审美感受是独特的、不可重复的,不存在两个完全一样的审美体验,所谓"天籁之发,因于俄顷"就是这个道理。演出作者的美感、修养、境界的高下也完全可以从对整体意象的深刻领悟和把握而见出。审美意象是不能从表面加以描摹和复制的,这完全是"心源"的外化,一个文本对一个舞台作者而言,只能产生一种最恰当适宜的整体意象,最能体现其哲学深度和生命感悟的形态,这一形态最终放之舞台,就形成了某位艺术家的风格,它是独一的,很难为他人所模仿。即便可模仿,也只能模仿其"形",而无法模仿其"神"。正因如此,在演出意象的世界里,不应该有外在而僵化的"法""格""宗""派""体""例"过度地限制艺术家的想象力和创造力。天才总是具有自己的"法",一切规则对他们是没有意义的,胡伟民[①]所说的"无法无天""得意忘形"正是这样的创造精神。纵观20世纪90年代以来的不少舞台演出,动辄烟雾平台、舞蹈歌队、大型布景、转台艺术、铿锵音乐,这些几乎成为舞台艺术不可逾越的外在符号。悲剧演出喷射烟雾,大型诗剧必用转台,外国戏剧借用平台,气势渲染依靠歌队,场面烘托音乐大作,白领戏剧沙发加床,小品短剧春晚模式,有钱的拿钱堆舞台,没钱的拿人堆舞台……弄得千篇一律。起初是模仿生活,进而是模仿形式,真正绝妙的、浑然天成、独一无二、妙造自然的舞台创造还是少数。

我们所应珍视的是一种妙造自然的演出意象,这种境界是无法模仿的,对这种艺术境界的模仿,无异于"东施效颦",就像云林、青

---

① 新时期中国话剧著名导演,他提出过"无法无天、东张西望、得意忘形"的导演创作主张。

藤、白阳、八大山人的画,是心与宇宙妙合的结果。"妙"与"做"不同,"妙"出于自然,归于自然。"妙"不仅仅在于好看、漂亮、奇特和富有美感。"妙"不是一种拙劣的招数,它比"美"更胜一筹,"妙"超出了有限的物象,超出了事物的表象,是一种智慧,是一种难寻的艺术偶得。想要拥有这样的妙悟和手笔,单有娴熟的技巧是远不够的,还必须胸罗宇宙、思接千古,如王羲之所说的"仰观宇宙之大,俯察品类之盛",而后俯仰自得,洞察宇宙、历史、人生的真意。这也即是中国传统美学精神中所倡导的艺术品格。这样的"妙笔",我以为,非有宇宙观、人生观和审美观的圆融通达而不能及。舞台意象的获得不是简单的表现,更不是机械的模仿,而是以身心之气与自然之道的化合,一有俱有,一无俱无,这根本不是"写实说"或者"写意说"能够概括得了的,这是一种超越瞬间以感悟永恒,超越表象以体会本质的审美观照和审美创造。

唯有审美的心胸,方能发现审美的自然,方能创造审美的意象,方能到达艺术的妙境。中国美学所强调的艺术精神,其终极目标是生命的感悟,不是在"经验"的现实中认识美,而是在"超验"的世界里体会美。朱光潜说:"在名家书法中我们常见到'骨力'、'姿态'、'神韵'和'气魄'。我们说柳公权的字'劲拔',赵孟頫的字'秀媚',这都是把墨涂的痕迹看作有生气有性格的东西,都是把字在心中所引起的意象移到字的本身上面去。"[①] 所以,艺术的创造不是逻辑的、概念的,而是直觉的、感性的,不是用逻辑科学之眼,而是以诗性生命之眼观察世界。这正是庄子"天地与我并生,万物与我为一"的艺术精神。

---

① 朱光潜.谈美[M].桂林:漓江出版社,2011:22.

三、舞台意象的生成源于诗性直觉

戏剧要呈现的是生活的本质，舞台意象的创造凝聚了对于存在和表象的本质思索。这种思索不单是理性的，更是感性的，不纯粹停留于知性概念的思考，更是在情感体验中的感悟。正如叶燮说：

> 惟不可名言之理，不可施见之事，不可径达之情，则幽渺以为理，想象以为事，惝恍以为情，方为理至、事至、情至之语。此岂俗儒耳目心思界分中所有哉？则余之为此三语者，非腐也，非僻也，非锢也。得此意而通之，宁独学诗，无适而不可矣。①

可见诗有妙悟，非关理也。审美创造重涵泳悟理，不尚逻辑推论，戏剧演出意象的获得，不是概念的逻辑分析，不能采用逻辑推理的方式，其最终的意义不止于说明一个道理或表明一种哲理。哲学家张世英认为："一般人主要是按主客关系看待周围事物，唯有少数人能独具慧眼和慧心，超越主客关系，创造性地见到和领略到审美的意境。"② "木末芙蓉花，山中发红萼""山路原无雨，空翠湿人衣"③ "疏影横斜水清浅，暗香浮动月黄昏"④ 等诗句，描写山水花木，没有人，也绝看不出人的感情，更不用说思想。它显示出一种深刻的生命观照和

---

① 叶朗.中国美学史大纲[M].上海：上海人民出版社，1985：503.
② 张世英.哲学导论[M].北京：北京大学出版社，2008：122-123.
③ 王维诗作《辛夷坞》。
④ 林逋诗作《山园小梅》。

洞察，这种观照和洞察来自心灵对世界的映照。主体已经淡出，剩下的是心灵的境界，那是一种不关知识和功利的体验与觉悟，这就是中国艺术精神所倡导的纯然的艺术体验。演出意象的锤炼到了最妙处，当在可言不可言之间，可解不可解之间，言在此而意在彼，绝议论而穷思维，引人于冥漠恍惚之境，继而达到最高意义的真实。

那么，演出意象又是如何产生的呢？意象的生成源于诗性直觉，指向诗性意义。诗性直觉是一种审美意识，它经过对原始直觉的超越，又经过对思维和认识的超越，最终达到审美意识。因此，它具有超越性、独创性、愉悦性、非功利性的特点。也可以说，诗性直觉在舞台作者的创作中指的是一种透过事物的表象捕捉摄取到本质的想象力。它总体传达并体现了戏剧家的艺术才能与胸襟气度。

诗性直觉不是逻辑思维的结果，它不是主客二分的认识方法，它是主客融合的体悟世界的方法。它最接近于艺术的创造性本源——一种呈现在非概念性的感情直觉世界的，直接表达舞台艺术家主观意识之中的美和意义的方法。诗性直觉作为一种审美意识，比之人的原始直觉更为高级。它既渗透着情，又包含着思，是情与思的高度融合。

所以，诗性直觉首先源于一种超越，对于主客关系的超越。审美意识不是一种客观机械的对于外部世界的模仿，不是一种分析思辨或认识，审美意识归根结底是人与世界万物的交融。表现莎士比亚的戏剧世界，不用逐一去分析角色的出身、性格、缺陷、长相、声音，做过什么好事，办过什么坏事，最有可能怎样说话，如何办事。我们无法见证所有的历史，对角色的创造归根结底是今人与历史的一种对话，生命与生命的一种映照。焦菊隐先生说：

只表演或模拟你对于人物思想情感的一个概念，这个人物便很抽象，很一般化。不能把你理性地认识了的那个脚色的生活，在排练场上去感性地生活一次，而只集中力量作些概念的设想……那么，你在创造这个脚色的时候，就永远会被这个概念所纠缠，找不出任何具体的内心活动与外在反应来，只能时时刻刻在如何表演这个概念的急躁或者正义感上兜圈子。[1]

焦菊隐先生的这段话既反映了他对于西方表演理论的态度，对于主客二分的认识论思维方式的质疑，也呈现其深厚的中国传统美学的修养。在中国传统美学中，审美活动就是人与世界的交融，是"天人合一"。如王阳明所说："性是心之体，天是性之原。尽心即是尽性。'惟天下至诚，为能尽其性，知天地之化育。'存心者，心有未尽也。"[2] 中国美学根本不存在，也不探讨什么主体对客体的认识。中国美学认为，用主客体分离的思维考察事物，可以达到逻辑和概念的"真"，但不能真正体悟我与意象世界彼此交融的审美至境。

诗性直觉的超越性决定了其艺术的独创性。达·芬奇的绘画是旷世罕见的，贝多芬的音乐是个性鲜明的，梵高的绘画是独一无二的，罗丹的雕塑是独树一帜的，所有伟大的艺术，促成其伟大的都是它的不可重复的独创性。因为它代表着人类最高的精神活动，张扬了人类最自由、最愉悦、最丰富的心灵世界。它是"美的享受"，精力弥漫、超脱自在、万象在旁，一种无限的愉悦和升华。突破表象的羁绊，挣脱规则的束缚，透过秩序的网幕，摆脱功利的引诱，于混沌中看到光

---

[1] 焦菊隐.焦菊隐戏剧论文集[M].上海：上海文艺出版社，1979：87.
[2] 王阳明.传习录[M].长沙：岳麓书社，2004：13.

明，于有限中感受无限，于樊笼中照见自由，这真是逍遥自得的至乐之乐，也是"此中有真意，欲辨已忘言"的境界所在。

那么美是不是诗性直觉的唯一对象呢？并不如此。美是诗性意义的"目的之外的目的"。就戏剧而言，诗性意义以直觉的方式开始起作用，直觉的创造是自由的创造，这种自由的创造倾向于在体验中达到意象的真实。正因如此，舞台作者采用的舞台语汇，其价值在于寻找一种确切的表达本质真实的意象，正是这种指向本质真实的意象唤起观众的美感。所以，舞台艺术真正需要的是能够唤起意象之美的直觉与创造力，能够真正实现境界之美的胸襟气象。我们使用完美的音乐，无可挑剔的舞蹈、造型是为了创造一个有着恒久性的精神体验和生命体验的审美境界，唯有这种追求，方能使戏剧获得真正的美和美感。

诗性直觉今天是，已经是，且永远是可靠而创新的最初力量，是舞台作者具备的最可贵的艺术特质。不论是舞台创作、戏剧教育，还是戏剧美学研究，都不可重"技"而废"道"，"技"者"匠"也，"道"者"师"也。焦菊隐先生的"心象说"，徐晓钟先生的"形象种子"说，林兆华的"感觉"说其实质都突出了舞台艺术审美创造过程中对审美意象直觉把握的重要性。演出艺术是如此，艺术评论也应如此，我们的评论不应停留于就事论事、隔靴搔痒的层面，评论家更是需要有相当的审美境界和艺术直觉。唯其如此，评论才不至于"错捧"，不至于"滥杀"，才能真正唤起它自身的尊严和价值。

简言之，能够在观众的心灵中留下永恒印象的是那些妙悟自然造化，体现性灵至高境界的舞台意象。意象的创造、舞台的革新和艺术的拯救唯有出自创造性的诗性直觉，它是舞台生命的起点和终点。真正的艺术之所以不同于匠艺,艺术家之所以不同于技匠,舞台艺术之所以不再沦为表象真实的摹本,不再成为展示技巧和堆砌符号的场所,它的神圣和高贵皆源于这种自由的、有境界的审美和创造。

作为诗艺本体的意象

中国传统美学认为：美在意象。中国传统美学否定实体化的、外在于人的"美"。柳宗元说"美不自美，因人而彰"，就是说要成为审美对象，要成为"美"，必须要有人的审美活动，必须要有人的意识去"发现"它，"唤醒"它，"照亮"它，使它从"实在物"变成"意象"（中国美学认为，美就是向人们呈现一个完整的、有意蕴的感性世界）。中国传统美学否定一个实体化的、纯粹主观的"美"的存在。[①]

"意象"是中国传统美学的一个核心概念。这个词的源头最早可以追溯到《易传》，而第一次铸成这个词的是南北朝的刘勰。[②]刘勰之后，很多思想家、艺术家都对意象这一范畴进行过研究，逐渐形成了中国传统美学的"意象说"。

在中国传统美学看来，意象是美的本体，也是艺术的本体。中国传统美学给予"意象"最一般的规定是"情景交融"。"情"与"景"的统一乃是审美意象的基本结构。但是这里说的"情"与"景"不能

---

① 叶朗.美学原理[M].北京：北京大学出版社，2009：173.
② 叶朗.中国美学史大纲[M].上海：上海人民出版社，1985：70.

理解为外在的两个实体化的东西，而是"情"与"景"的一气流通。王夫之说："情景名为二，而实不可离。神于诗者，妙合无垠。巧者则有情中景，景中情，'如长安一片月'，自然是孤棲忆远之情；'影静千官里'，自然是喜达行在之情。情中景尤难曲写，如'诗成珠玉在挥毫'，写出才人翰墨淋漓、自心欣赏之景。"① 如果"情""景"二分，互相外在，互相隔离，就不可能产生审美意象。李白的"月夜"、杜甫的"秋色"、王维的"空山"、青藤的"枯荷"、八大山人的"游鱼"、倪瓒的"山水"都是情景交融的世界，这个情景交融的世界也包含了历史人生的丰富的体验。

王夫之以"现量"来论诗，说出了"意象"的呈现如其本然，并非逻辑思维的结果，艺术就在如其本然的"意象"中显现事物的本真。意象是一触即觉当下显现的，无须思考、不掺虚妄、真实本然的世界。用禅宗的话来说，就是"庭前柏树子"，在霎时之间体会到永恒，感受到意义的全然的丰满，体验到无限整体的经验。如朱光潜所说："在观赏的一刹那中，观赏者的意识只被一个完整而单纯的意象占住，微尘对于他便是大千；他忘记时光的飞驰，刹那对于他便是终古。"②

一、超形象、超形态的意象

意象与形象不同。形象通常指的是通过艺术概括所创造出来的承载一定思想内容的直观具体的象。形象有其现成性，是艺术创造的结

---

① 王夫之.姜斋诗话笺注［M］.北京：人民文学出版社，1981：36.
② 朱光潜.朱光潜全集：第1卷［M］.合肥：安徽教育出版社，1987：212-213.

果性呈现,而意象则是在审美活动中产生的,有着非现成性的特征。意象的生成超越主客二分的思维方式,也不是思维的结果。中国哲学美学强调觉悟的经验过程,从瞬间的表象体悟到永恒的道。

意象是瞬间生成的。意象的生成超越主客二分的思维方式,因此,意象的生成需要恢复"心"在审美活动中的主导地位。中国艺术精神所倡导的纯然的艺术体验,那是一种不关乎功利的体验与觉悟。由此,刻画出一种深刻的生命观照,这种观照来自一个自由的心灵对世界的映照。在契诃夫的戏剧世界里,没有一个全然的完人,也没有一个全然的坏人。他没有以好恶看待他笔下的任何一个人,按照事物和人性的本然,他写出了每个人物的可贵和渺小,写出了每个人的欢乐和苦恼,写出了最真实的人和人性,也写出了最真实的社会和历史。艺术家唯有在精神上追求真自由,才能把自我的胸襟全然敞开,接受宇宙和人生的全景。

审美意象是超形象、超形态的。今道友信认"意象不是形态,是浮游于形态和意义之间的姿态"[①]。这种浮游于形态和意义之间的"姿态",正是戏剧之"有意味的形式",正是戏剧所孜孜以求的艺术境界。依照叶朗的概括,审美意象的性质主要有四点。其一,它并不是一种物理的存在,也不是一个抽象的理念世界,而是一个完整的、充满意蕴的情景交融的感性世界。以情感性质的形式所揭示的世界的意义,就是审美意象的意蕴。其二,审美意象不是一个既成的、实体化的存在,无论是外在于人的实体化存在,还是纯粹主观的"心"中的实体化的存在,都是在审美过程中不断生成的。正如马祖道一所说的"凡所见色,皆是见心,心不自心,因色固有",柳宗元所说"美不自美,

---

[①] 今道友信.东方的美学[M].蒋寅,李心峰,刘海东,等译.北京:生活·读书·新知三联书店,1991:278.

因人而彰",意象的生成不能离开审美活动。离开人的审美生发机制,天地万物就没有意义,就不能成为美。其三,意象世界显现一个真实的世界,如海德格尔所说"美是无蔽的真理的现身方式"[①]。中国美学所说的意象世界"显现真实",就是指照亮这个天人合一的本然状态。由于人们习惯用主客二分的思维模式看待世界,这个本原的世界被遮蔽了,而"意象"重新照亮了这个世界的美和意义。以非实体性、非二元性的真我,不执着于彼此,不把我与他人、我与他物、我与世界对立起来,从而见到万物皆如其本然。其四,审美意象产生美感,也就是王夫之说的"动人无际"的审美境界,审美意象就是杜夫海纳所说的"灿烂的感性"。[②]

艺术的创造就是教会我们,不要用知识之眼,要用意象之眼,心通妙悟。一切艺术归根结底所要呈现的都是艺术家感觉世界的生机和灵动。如果用知识的标准去衡量艺术的话,许多伟大的艺术似乎都是与现实的逻辑相背离。但是如果我们用觉悟的心灵去观照,就会现出内在的不凡和高妙。

二、演出意象和审美直觉

演出意象是指舞台演出的作者在心中蕴蓄的未来演出的整体审美意象,这个整体的审美意象最终要以形式与视象在演出空间中呈现出

---

① 海德格尔所说的"真理"并非我们过去所说的事物的本质、规律,并非逻辑的"真",也并非尼采所反对的所谓"真正的世界"(柏拉图的"理念世界"或康德的"物自体"),而是历史的、具体的"生活世界",是人与万物一体的最本原的世界,是存在的真,是存在本来面貌的呈现。

② 叶朗.美学原理[M].北京:北京大学出版社,2009:59.

来，以创构一个审美的舞台空间。演出意象的审美创造过程是一个较为复杂和系统的过程，其中包含对造型样式、角色形象、语言艺术、视觉画面、灯光色彩、音乐音响等不同门类艺术的整体性考量。这一审美创造过程最终要完成的是：通过艺术的直觉综合各类艺术，继而创造出合乎整体性审美意象的舞台总体艺术。

舞台意象又是如何产生的呢？意象的生成源于诗性直觉，指向诗性意义。诗性直觉是一种审美意识，它经过对原始直觉的超越，又经过对思维和认识的超越，最终达到审美意识。因此，它具有超越性、独创性、愉悦性、非功利性的特点。也可以说，诗性直觉在舞台作者的创作中指的是一种透过事物的表象创造审美意象的想象力。它总体传达并体现了舞台艺术家的艺术才能与胸襟气度。

诗性直觉不是逻辑思维的结果，它不是主客二分的认识方法，它是主客合一的体悟世界的方法。它最接近于艺术的创造性本源——一种呈现在非概念性感情直觉世界的，直接表达舞台艺术家审美经验中美和意义的方法。对此，宗白华先生曾说：

> 这种微妙境界的实现，端赖艺术家平素的精神涵养，天机的培植，在活泼泼的心灵飞跃而又在凝神寂照的体验中突然地成就。[①]

元代大画家黄子久说：

> 终日只在荒山乱石，丛木深筱中坐，意态忽忽，人不测其为何。

---

① 宗白华.美学散步[M].上海：上海人民出版社，1981：73.

又每往泖中通海处,看急流轰浪,虽风雨骤至,水怪悲诧而不顾。

宋画家米友仁说:

画之老境,于世海中一毛发事泊然无着染。每静室僧趺,忘怀万虑,与碧虚寥廓同其流。

黄子久以狄阿理索斯(Dionysius)的热情深入宇宙的动象,米友仁却以阿波罗(Apollo)式的宁静涵映世界的广大精微,代表着艺术生活上两种最高精神形式。[1]

因此,审美意识不是客观机械地对于外部世界的模仿,不是一种逻辑的分析或反映论意义上的认识,审美意识源于诗性直觉,诗性直觉源于对主客关系的超越。我们若要表现莎士比亚的戏剧世界,对于莎士比亚生活的时代,作品完成的具体情境加以考察是必要的。但是,对于角色的把握光靠资料和文献的研究是不够的,演员为了塑造好角色有必要了解历史,但他的工作主要不是研究历史,他的工作和历史学者不一样,他研究历史为的是想象角色、体验角色和创造角色。而剧本中的人物是被作者创造出来的,世界上本来没有那样一个人。因此这一被虚构人物的出身、性格、缺陷、长相、声音,做过什么好事,办过什么坏事,最有可能怎样说话,如何办事,主要依靠的不是分析而是想象。演员创造角色归根结底是基于共情的想象和体验,并由此建构今人与历史的对话,生命与生命、心灵与心灵的相互映照。对此,

---

[1] 宗白华.美学散步[M].上海:上海人民出版社,1981:73.

焦菊隐先生说：

> 只表演或模拟你对于人物思想情感的一个概念，这个人物便很抽象，很一般化。不能把你理性地认识了的那个脚色的生活，在排练场上去感性地生活一次，而只集中力量作些概念的设想——从情绪出发去创造人物，你便会把力量集中于对人物做抽象的设想——比如把某个人物只设想是急躁的，某个人物只设想是富于正义感的——那么，你在创造这个脚色的时候，就永远会被这个概念所纠缠，找不出任何具体的内心活动与外在反应来，只能时时刻刻在如何表演这个概念的急躁或者正义感上兜圈子。这叫作"表演情绪"，或者"表演概念"。人物的情绪，只能随着他的思想活动和具体的反应才产生。情绪是要通过具体的思想与身体的行动，通过一连串的细节，才能表现得出来的。你自己在排练场上的"规定情境"中，如果不是在生活，你的思想上如果对于事物不起具体的反应，你如果不先去行动，却先要求发挥情绪，则你所发挥出来的，仅仅是一般化的"情绪"，所谓喜、怒、哀、乐，这种情绪，既不能区别性格，也不能区别特定的具体环境与遭遇。人物既没有个性反应和具体行动，那当然就一般化了。①

焦菊隐的这段话既反映了他对西方表演理论的态度，对主客二分认识论思维方式的质疑，也呈现出其深厚的中国传统美学修养。在中

---

① 焦菊隐. 焦菊隐戏剧论文集 [M]. 上海：上海文艺出版社，1979：87.

国传统美学中，审美活动就是人与世界的交融，是"天人合一"。如王阳明所说："可知充天塞地中间，只有这个灵明，人只为形体自间隔了。我的灵明，便是天地、鬼神的主宰。天没有我的灵明，谁去仰他高？地没有我的灵明，谁去俯他深？鬼神没有我的灵明，谁去辨他吉、凶、灾、祥？天地、鬼神、万物，离却我的灵明，便没有天地、鬼神、万物了；我的灵明，离却天地、鬼神、万物，亦没有我的灵明。如此，便是一气流通的，如何与他间隔得？"[1]中国美学的视野中万物和我不是分裂的，而是一体的。中国美学认为，用主客体分离的思维考察事物，可以达到逻辑和概念的"真"，但不能真正体悟我与意象世界彼此交融的审美至境。《坛经》说："外离相为禅，内不乱为定。外若著相，内心即乱；外若离相，心即不乱。本性自净自定。只为见境，思境即乱。若见诸境心不乱者，是真定也。"[2]唯有真定，方能妙悟；唯有妙悟，方能超越事物的表象，进入事物的核心，在导演艺术中呈现为对剧本所要照亮的那个最真实的生活世界的体悟和把握，从而找到演出的"整体意象"。

　　艺术创造不是一种逻辑的推理和研判，而是一种诗意的生命感悟和体验。意象世界的创构是一个复杂的审美创造过程，这个过程表达了舞台作者全部的学识修养、生命感悟和美感体验。文学文本的完成，表明了文本的意象世界和价值世界的诞生，这个世界是独立的，属于文学范畴。《奥赛罗》的整体意象是"毁灭一切的心灵风暴"，《麦克白》的整体意象是"欺骗性的欲望让灵魂迷失在荒野"，《海鸥》的整体意象是"自由的海鸥被射杀了"。还比如易卜生的《野鸭》，剧中人葛瑞格斯遗传了母亲的"极端猜疑症"，揭开一切掩藏在美好外表之下

---

[1] 王阳明.传习录注疏[M].上海：上海古籍出版社，2012：277-278.
[2] 尚荣.坛经[M].北京：中华书局，2013：94.

的谎言，这就是他自己人生信奉的"神圣的事业"。在得知自己的少年好友雅尔玛娶了自己家当年的女佣人，如今生活幸福的时候，他不是衷心为朋友祝福，而是发作了潜藏在心中的"正直病"。他认为雅尔玛生活在一个"谎言和发霉的婚姻"里，他认为好友的妻子当年和自己的父亲不干净，于是把这件捕风捉影的事情向雅尔玛和盘托出，造成了雅尔玛信念的崩溃和家庭的破裂，葛瑞格斯却深以为傲，看到别人受苦是他最高兴的，美其名曰"这是新生活的开始"。易卜生向我们揭示了《野鸭》的意象：一头猎犬咬住野鸭的脖子，企图把它从泥淖里拽出来，结果却咬死了它。

"妙悟"是一种对意义的直觉领悟，不涉及任何概念、判断和推理的逻辑思维形式。这一点禅宗美学揭示得异常准确而深刻。禅宗把"悟"作为体验的最高准则，禅宗号称"教外别传"，基本特征就是不诉诸知性的思辨，不去论证有无色空，不强调冥思枯坐，不倡导渐修苦练，而是重视在生活中直接领悟"自性"本身。在禅宗思想的影响下，严羽提出"别材""别趣"说，在中国美学史上有力地标举出了"妙悟"作为审美体验和超越的非逻辑性特征。他说："诗有别材，非关书也；诗有别趣，非关理也。然非多读书，多穷理，则不能极其至。所谓不涉理路、不落言筌者，上也。诗者，吟咏情性也。盛唐诸人惟在兴趣，羚羊挂角，无迹可求。故其妙处，透彻玲珑，不可凑泊，如空中之音，相中之色，水中之月，镜中之象，言有尽而意无穷。"[①] "不涉理路"的非逻辑活动，就是"悟"，与西方哲学所说的"直觉"是相通的。

---

① 何文焕. 历代诗话：下 [M]. 北京：中华书局，1981：688.

我们通常所说的艺术创造的"直觉"和"灵感"同这样的"妙悟"关系甚密。也唯有这样的超越才能不为表象的情感和色彩所左右，《金刚经》曰："凡所有相，皆是虚妄；若见诸相非相，即见如来。"只有超越虚妄的表象，才能触摸世界的真实，才能摆脱机械地复制模仿现实世界，摆脱表面的"写实"手法，摆脱任何既定规则的束缚，最后在"妙悟"的高度照亮一个本然的生活世界。

林兆华导演的《赵氏孤儿》在处理程婴和屠岸贾十六年后相见的这一场戏时，舞台上程婴和屠岸贾对坐无言，历史把重大的问题和抉择放在两人面前，这一刻是富有内在张力的时刻，在几乎凝固的空气中，导演通过什么形式来呈现这样的内在张力？林兆华的处理是在舞台上下起倾盆大雨，让大雨倾泻在两人身上，程婴和屠岸贾全身湿透、一动不动，犹如两座雕像。此时此刻，强者突然发现自己没有那么强大，弱者突然发现自己没有那么弱小；强者开始反思生命的意义，弱者进而确证生命的意义……此时无声胜有声，观众被感动了，他们从静默和骤雨中找到了终极的历史真实和生命答案，这一答案既属于角色也属于观众。这样的舞台"意象"是情感孕育的审美核心，情理交融，情景交融，因而呈现出最深的情，揭示出至深的理。

文本的意象世界和价值世界在不同的舞台作者那里，会产生截然不同的审美体验，所谓"美不自美，因人而彰"，舞台演出的作者在戏剧文本的意象世界中会涵养孕育出演出的意象世界和价值世界，这个世界也是独立的，属于舞台范畴。焦菊隐导演的《茶馆》中行将没落凋敝的晚清茶馆的喧闹与沧桑，黄佐临导演的《中国梦》中远行异域的青春心灵的彷徨和沉思，皆是舞台艺术所创造的意象世界和价值世界。这一舞台意象所照亮的是完整而又充满意蕴的、能够给人以审美愉悦的意象世界和意义世界。

《白卫军》是布尔加科夫的一出名剧,该剧根据作家本人的一部小说《图尔宾一家的日子》改编。19世纪经典文学的形象和母题规约了布尔加科夫对20世纪初那场历史剧变的接受与理解方式。演出第一幕刻画了"家的意象",乌克兰岌岌可危,红军兵临城下,贵族身份的图尔宾一家该何去何从;第二幕刻画了"空巢意象",盖特曼政府弃城而逃,白卫军群龙无首;第三幕刻画了"暴风雨意象",基督受洗节前夜,节日的喜庆拉开悲剧之幕,图尔宾家的长兄阿列克谢作为最后的哥萨克英雄,也没有力挽狂澜的能力。对于盖特曼政府和沙皇政府的终局他有着清醒的认识,在他看来正是由于盖特曼政府的软弱和幼稚断送了乌克兰。作为沙皇的军官,他们深知自己将会带领自己的军队去打一场失败的战役。最终他的选择是解散军队,而自己为这个必将到来的失败做出的选择,就是和整个沙皇的时代一同陨落。导演对剧本的理解并赋予《白卫军》的舞台意象就是——"一艘在暴风雨中缓缓沉没的巨轮"。依据这一总体意象,舞台空间造型被设计成一个倾斜的铁甲战舰的甲板,第一幕图尔宾一家何去何从,是去是留,是逃离这座城市,还是同这艘俄罗斯巨轮一起沉没,覆巢之下无完卵,他们的命运将会怎样?由此可见,审美意象是戏剧艺术创造的内在引力和美的本源。

从演出意象所创造的意义世界的独立性来看,对文学文本的理解,是从当下的视域出发,这个被理解所开启的视域,是充分开放的。也就是说,舞台作者最有价值的探索和寻找,"写实"或"写意"的风格或手法并不构成艺术最终的目的。艺术的目的在于寻找最具本质性地体现艺术家洞察历史和人生的完整的舞台意象。一切外在的表现形式或手段，是显现这个内在意象世界的客观化物。文本意义的阐释是无限的，历史、境遇、前见、风尚都是影响艺术风格的重要因素，但是最关键的是艺术家本人对于文本独一无二的见地和阐释，由这见地和阐释而生发的想象决定了独一无二的意象世界。艺术的创造从来不是表层符号的模仿，而是心灵化的觉解和超越性的表达。至于采用什么样的表达方法，一百个人有一百种不同的方法，并非"写实"或"写意"一言能蔽之。故而王国维又说："气格凡下者，终使人可憎。"①这就是中国艺术精神中最精妙的所在——不致力于对外在世界的陈述和模仿，而是注重内在生命的证会和体悟。

  决定意象的是艺术家的审美直觉，他所服从的是最高的真和最永恒的美。所谓"一戏一格"的道理就在于此。舞台造型可以是最"实"的，该"实"的非"实"不可。焦菊隐先生排演老舍的《茶馆》，舞台空间是写实的，"实"到叫人几乎身临其境。就像徐晓钟排演的《桑树坪纪事》，"虚"到取消布景，通过一个转台来呈现历史的沧桑巨变，呈现迈不出去的黄土地，以及黄土地上最原始的人与人之间的相互"围猎"。又如张若虚《春江花月夜》："空里流霜不觉飞，汀上白沙看不见。"如此虚极的"玄通之理"，却触摸到了最真实的、至静至深的宇宙本质。我们认为，意象之真，意象之美，不应执着于舞台造型的"写实"或"写意"之分，艺术是自由心灵的创造，不可能有两个完全一样的心灵，因此即便面对同一个文本也不可能有完全一致的阐释，当然也不可能有同样的形式和意蕴。对此王国维曾说："太白纯以气象胜。'西风残照，汉家陵阙'，寥寥八字，遂关千古登临之口。后

---

① 王国维.王国维词集［M］.上海：上海古籍出版社，2016：104.

世唯范文正之《渔家傲》，夏英公之《喜迁莺》，差足继武，然气象已不逮矣。"①

朱光潜在《诗论》中认为，"诗的境界"是直觉的产物，凝神观照之际，心中只有一个完整的孤立的意象，无比较，无分析，无旁涉，结果常致物我由两忘而同一，我的情趣与物的意态往复交流，不知不觉之中人情与物理互相渗透，这就是艺术审美的至境。

林兆华《樱桃园》的舞台空间造型，是得"意"（审美意象）的上乘之作。樱桃园的实体空间稳定不变，人就活动在犹如墓室的"废园"里。导演的思想就是透射进深厚墓层的光，照亮了"发霉的尘封的时代"，又层层揭开"麻质的裹尸布"，让观众怀着一份惊愕和好奇，参观了曾经在樱桃园里活生生的生命是怎样地活着、怎样地没落、怎样地风化和速朽。放一个枕头躺下，卧室的空间就出现了；吊杆上放下一个木制书柜，书房就呼之欲出；书柜居然会在女主人柳苞芙·安德列耶芙娜的面前自行倒塌。像被赋予了灵性，书柜的倒塌难道不是一种深刻的象喻吗？历史、记忆、文化、精神、寄托，在没落了的樱桃园主人面前无可挽回地倒塌，这是警示，抑或是启迪，既有哀叹，也有希望；掉落的时钟永远地定格在一个黑暗的钟点；简简单单往地上随便一放的咖啡，19世纪的贵族生活情调就立刻灵动了起来……这不是与中国戏曲的传统表现方式有着异曲同工之妙吗？这不正是突破有限时空的审美创造吗？

真正的艺术不是去陈述世界的表象，而是超越世界的表象，揭示隐藏在生活和历史表象之下的本质真实。没有心灵的高度就没有审美

---

① 王国维.王国维词集[M].上海：上海古籍出版社，2016：12.

的感悟,没有直觉的把握就突破不了生活的表象。高人见物亦深,浅人见物亦浅。这种灵妙的意境生成,得益于艺术家的胸襟、思想和精神涵养,得益于活泼泼的艺术心灵对宇宙万物凝神寂照的体验。艺术家凭借深静的心胸,照见宇宙间深沉的生命真相,在大自然的怀中偶遇枯碣顽石、勺水疏林,都能以深情冷眼,求其幽意所在。所以,中国传统美学中认为艺术境界的高低,绝不是简单地比较客观而又机械地描摹自然事物的真实逼真程度,而以"心匠自得为高",也就是"丘壑成于胸中,既寤发之于笔墨"①。

诗性直觉的超越性决定了其艺术的独创性。达·芬奇的绘画旷世罕见,贝多芬的音乐个性鲜明,梵高的绘画独一无二,罗丹的雕塑独树一帜,所有伟大的艺术,促成其伟大的都是它的不可重复的审美意象的独创性,因为它代表着人类最高的精神活动,张扬了人类最自由、最愉悦、最丰富的心灵世界。它是"美的享受",精力弥漫、超脱自在。突破表象的羁绊,挣脱规则的束缚,透过秩序的网幕,摆脱功利的引诱,于混沌中看到光明,于有限中感受无限,于樊笼中照见自由,这真是逍遥自得的至乐之乐,也是"此中有真意,欲辩已忘言"的境界所在。

三、意象是对最高真实的体验

意象世界不是一个逻辑的、概念的、说教的理念世界,而是一个注重生命体验的世界。舞台意象的创造凝聚和承载了舞台作者对存在

---

① 董逌.广川画跋[M].北京:中华书局,1985:5.

的本质思索。这种思索不单是理性的,更是感性的,不纯粹停留于知性层面的思考,更重视情感体验中的感悟。正如叶燮所说:"惟不可名言之理,不可施见之事,不可径达之情,则幽渺以为理,想象以为事,惝恍以为情,方为理至、事至、情至之语。"①

刘勰的《文心雕龙·情采》篇中指出"为情之文"和"为辞之文"的不同,他认为"为情"者要约而写真,"为辞"者淫丽而烦滥。② 二者的不同在于创作是否与作者的生命相关,是否有作者的真情投入。契诃夫写作《带小狗的女人》是到了两鬓染霜的年龄才真正迎来爱情后的喜悦和惆怅;肖邦怀着悲愤之情创作 C 小调革命练习曲,将乡愁化为了革命的信念;当代作家路遥写高加林的人生实则有自己坎坷的爱情和人生的影子。梁启超曾说:"笔锋要常带情感","为情而造文"是原创的起点、原点和终点。戏剧作为诗的艺术,需要艺术家忘我地沉浸于神圣的时刻。当然,我们也并非否定理性的意义,但世界的意义还有许多理性所无法抵达的地方,更何况那个至理往往蕴含在至情之中。

意象世界可以显现最高的"真实",而这个"真"就是存在的本来面貌,和胡塞尔所说的"生活世界"的思想有相通之处。它不是抽象的概念世界,而是原初的经验世界,是与人们的生命活动直接相关的本原世界,是万物一体的世界。在这一充满生命体验的审美境界里,因为祛除了知识和功利的遮蔽而得以明心见性,继而照亮了一个本原的真实世界。这就是对真实本质的领略,对人类精神家园的回归。

林兆华导演的《风月无边》中安放在舞台前方的是一池优游于水

---

① 叶朗.中国美学史大纲[M].上海:上海人民出版社,1985:503.
② 刘勰.文心雕龙[M].北京:中华书局,2012:347.

的鱼,令人不禁联想起庄子和惠施濠梁之游中的那一番对话和意境。舞台上,导演借游鱼之乐,象征李渔的游心自然、畅想自由的人生境界——他所力求接近的不正是当下即是云水,庙堂即是山林的艺术妙境吗?好一派与世无争的淡定从容,好一种"溶溶绿水浓如染,风送落花春几多。头白归来旧池馆,闲看鱼泳自沤波。"的洒脱自在和逍遥之境。

张世英说:"一般人主要是按主客关系看待周围事物,唯有少数人能独具慧眼和慧心,超越主客关系,创造性地见到和领略到审美的意境。"① 张世英所谓的一般人按照主客关系看待周围事物,主要是指人把自己囚禁在"樊笼"和"尘网"中,从而丧失了精神家园:

> 万物一体本是人生的家园,人本植根于万物一体之中。只是由于人执着于自我而不能超越自我,执着于当前在场的东西而不能超出其界限,人才不能投身于大全之中,从而丧失了自己的家园。②

"空山不见人,但闻人语响。"③ "荆溪白石出,天寒红叶稀。"④ "春潮带雨晚来急,野渡无人舟自横。"⑤ 在这些诗句中,对于空山、溪水、春潮和野渡描写,纯美静谧的自然,没有人的干扰,语言映现着自然,涤除了刻意的情绪和感怀,也没有刻意的思想,却刻画出诗人对生命深刻的体验和观照。这种体验和观照来自觉悟的自由心灵对世界的映

---

① 张世英.哲学导论[M].北京:北京大学出版社,2008:122-123.
② 张世英.哲学导论[M].北京:北京大学出版社,2008:337.
③ 王维诗作《鹿柴》。
④ 王维诗作《山中》。
⑤ 韦应物诗作《滁州西涧》。

照，如是观之，如是映现。主体已经淡出，剩下的是心灵的境界，那是一种不关知识和功利的体验与觉悟。这就是中国艺术精神所倡导的纯然的艺术体验。

戏剧的审美意象锤炼至最妙处，当在可言不可言之间，可解不可解之间，《原诗·至境》曰"言在此而意在彼，泯端倪而离形象，绝议论而穷思维，引人于冥漠恍惚之境"，继而达到最高意义的真实，这种真实触及了存在的真，是事物本来如是的呈现。唯有祛除功利的遮蔽，突破主客二分的对立，才能进入纯然的审美体验，才能发现触摸最高真实的意象；唯有无心，才会有获益，才能开创出戏剧的无限境界。

舞台艺术真正需要的不是对空洞之美的膜拜，而是需要能够唤起意象之美的直觉与创造力、能够实现境界之美的胸襟气象。美是诗性意义"目的之外的目的"。就戏剧而言，诗性意义以直觉的方式开始发挥作用，直觉的创造是自由的创造，它不服膺于作为一个指定的、履行指挥权和控制权的"美的典范"，而是倾向于在体验中触摸意象的真实。

正因如此，舞台作者采用的舞台语汇，其价值不在于外在的呈现方式有多美，而在于寻找准确的内在意象。尤其是在现当代舞台艺术中，传统意义上的美感已经不是目的。现当代戏剧舞台上往往充满了夸张的、残酷的、怪诞的、变形的造型画面，但是这种能够体现审美直觉的意象往往可以唤起美感。正如禅宗美学所说，"妍媸个别是俗谛，无美无丑是真见"。当今有些演出艺术的目的就是让舞台变得更美，因此不顾一切地动用了许多手段，错把美的符号、美的表象当成美本身，结果产生的不是"美"而是"媚"，不是高贵，而是恶俗、低俗和媚俗。

一切艺术归根结底所要呈现的都是艺术家感觉世界的生机和灵动。如果用知识的标准去衡量艺术的话，许多艺术似乎都是背离现实的。但是，艺术创造不是逻辑的推理和判断，而是诗意的生命感悟和体验。中国艺术早就突破了对世界逻辑和理性的认识，而进入审美的诗意的领悟。唐代诗人王维曾画有《袁安卧雪图》，描绘雪中芭蕉的景象。按照自然规律，芭蕉在冬天是会凋敝的，但是画家并非不懂生活常识，而是去形画意，画出雪中芭蕉，这种意象是艺术家美学思想的体现。宋代王希孟的《千里江山图》更是囊括了春夏秋冬四季的山水形态。在中国画中，还经常可以见到桃、李、杏、芙蓉、莲花共处一处，虽有违常理，但思致独特。

中国哲学重视生命，是一种生命哲学，它将宇宙和人生视为一大生命，一流动欢畅之大全体。人超越外在的物质世界，融入宇宙生命世界之中，伸展自己的性灵，是为中国哲学关注的中心。生命超越始终是中国哲学的核心。当西方古典戏剧把剧情的发展置于"三一律"的结构方法之下时，中国戏剧的时空观念却依然自由和开放，天上人间、千山万水，甚至阴阳两界、神仙鬼魂都能在红氍毹上自如地展现。四季颠倒，时光倒流，貌似荒诞，却是超越有限时间表象的审美体验和生命体验。

每一个时代都要求产生属于这一时代的独特的新艺术。舞台艺术也同样召唤着具有诗性直觉的现代舞台诗人。诗性直觉过去是、今天是并且永远是创新最可靠的力量，是舞台作者最可贵的艺术特质。艺术的革新和拯救向来出自创造性的诗性直觉，它是舞台生命的起点和终点。后人的作品之所以不同于前人，舞台艺术之所以不再沦为表象真实的摹本，不再成为展示技巧和堆砌符号的场所，其神圣和高贵皆源于自由心灵的创造。

戏剧意象的美学特征

演出意象具有完整性、真实性、瞬间性、多解性及独一性的美学特征，其审美发生于舞台作者的诗性直觉[①]，其意义旨归在于整体意象及其诗性蕴藉。

那么，演出意象的美学特征、审美发生和意义旨归又是什么呢？我们说，演出意象应当体现演出的整体性美感，它与演出艺术的完整性关系密切。这种完整性体现在一气贯通的"气韵"中。按照中国古典美学的说法，"文以气为主"，这里的"气"是指艺术家的生命力和创造力。

舞台演出意象也应当具备一种不息的"气韵"，统一的、一以贯之的生命力和创造力应当氤氲于整个舞台。完整的舞台艺术绝不是一个个孤立的形象和画面的凑合，也不是场面与场面的随意组接，更不是舞台手段的机械堆砌，而是整体演出意象在诗性直觉中的自然呈现，是艺术家身心之气与宇宙元气的自然化合。南朝谢赫在《古画品录》

---

① 马利坦.艺术与诗中的创造性直觉[M].刘有元，罗选民，等译.北京：生活·读书·新知三联书店，1991：101-109.

中提出的"气韵生动"的要求，其主旨在于指出绘画的意象必须通向宇宙本体和生命的"道"。舞台上一切有限的事物、具体的景象因艺术家的生命之气与宇宙本体之道的化合而指向虚空，指向无限，实现真正意义上的有限与无限、虚与实的高度统一，从而真正创造出舞台艺术的完整性，实现演出意象的完整性。

舞台作者依靠其艺术直觉对审美对象的感悟，综合所有的艺术构成，包括造型、声音、光影、结构、空间等。演出意象完整性的体现是一个从无到有、从心象到视象的过程，这一过程需要舞台艺术家的"技"与"艺"。但是，没有圆融的审美意象，就产生不了完满的艺术形式，没有完整的演出意象，一定会导致戏剧的支离破碎。如果心中有完整明晰的舞台意象的导引，一切视听的手段和艺术才会凭借这一内核形成内在的磁场和引力。

王国维说："一切景语皆情语也。"在戏剧中，空间本身是承载情感和情绪的重要载体。越剧《陆游与唐婉》中有一曲荡气回肠、催人泪下的《钗头凤》。导演杨小青在这场戏中采用了舞台全景式的梅花条屏，着重突出梅花的意象，提升了"零落成泥碾作尘，只有香如故"的意境。在第一场戏中，陆游见梅花飘落，伸手去接，唐婉也恰好伸手去接，如此心心相印、不着一语，却渲染出此时无声胜有声的爱的缠绵。幕落时，回到沈园的陆游见到物是人非，满园落英缤纷，却再也见不到那双抚弄落英的红酥手，实景的梅花与精神世界的梅花相互照应、内外统一，在总体空灵、写意的空间里，梅花条屏上下移动，与灯光、音乐形成了舞台演出的总体诗化意象。《钗头凤》和"故园的意象"深化了陆游孑然一身的悲凉心境。

演出意象的整体性就是意象所包含的丰富性和充实性，这种丰富和充实与绘画中的"一画说"相通。石涛《画语录》中说的大法不是一笔一画，不是技法手段，乃是"众有之本，万象之根"，一片风景就是一个心灵的世界，强调了艺术是"我"表达"我"所体悟到的独特的意象世界。

石涛说："立一画之法者，盖以无法生有法，以有法贯众法也。夫画者，从于心者也。山川人物之秀错，鸟兽草木之性情，池榭楼台之矩度，未能深入其理，曲尽其态，终未得一画之洪规也。"①石涛的"一画"是其画语录的核心，是绘画艺术的奥义所在，类似于"吾道一以贯之"的绘画心法，是艺术家创造的原动力。石涛的一画说表明造化和心源之间的关系：第一，一画是绘画的基本法则和根本大法；第二，强调超越既定法则的束缚，强调心灵的作用，即"夫画者从于心者也"，方能以无法生有法，以有法贯众法；第三，同时也要"曲尽其态"，将整个造化纳入心底，以有限抵达无限，以一画之有限收尽鸿蒙之无限。"一画"不是具体的笔画，而是成竹于胸的"心画"，是创造艺术的完整性的枢机所在，是创化出山川、鸟兽、草木、池榭楼台的矩度和洪规。一画在心象，有心象才能做到"取形用势，写生揣意，运情摹景"的自由自在，才能做到"人不见其画之成，画不违其心之用"。②

宗白华先生所说：

> 完满（或圆满）不外乎多样性中的统一，部分与整体的调和

---

① 王宏印.《画语录》注译与石涛画论研究［M］.北京：北京图书馆出版社，2007：5.
② 王宏印.《画语录》注译与石涛画论研究［M］.北京：北京图书馆出版社，2007：5.

戏剧意象的美学特征

完善。单个感觉不能构成和谐,所以美的本质是在它的形式里,即多样性中的统一里,但它有客观基础,即它反映着客观宇宙的完满性。①

审美意象可以瞬间呈现完满性。意象是本真的敞开,是对于不可言说的内在深意的显现,意象使不可言说的真实获得了表达。王夫之把意象"显现真实"称为"现量",他分析"僧敲月下门"诗句说:"若即景会心,则或推或敲,必居其一,因景因情,自然灵妙,何劳拟议哉?'长河落日圆',初无定景;'隔水问樵夫',初非想得。则禅家所谓现量也。"②"现量"是佛教用语,有"现量""比量""非量"的差别,用以表明心与境的关系。"现量"有"现成"之意,有显现真实之意。"现量"在王夫之的理论中是作为审美意象的基本性质出现的。"现量"通过"即景会心",不假思索便能感悟和把握事物的本真与情味,既显示客观事物的外表情状,也显示事物的内在本质,是情与理的高度融合。意象世界的真实比之单纯的自然写实之物,是一种更为深刻的真实。这就是意象世界所要开启的真实之门,以及意象世界所要达到的真实之境,它能够触摸到宇宙生命的本体。

是什么准确地传达了戏剧的内在意义,是什么给予观众强烈而又难忘的力量?约翰·沁孤的《骑马下海的人》用"向死而生的蹈海者"的审美意象书写了阿兰群岛渔民悲壮的历史。这部作品被誉为 20 世纪最优秀的独幕悲剧,在构思和结构上可见希腊悲剧的影

---

① 宗白华.美学散步[M].上海:上海人民出版社,1981:418.
② 王夫之.姜斋诗话笺注[M].戴鸿森,笺注.上海:上海古籍出版社,2012:53.

响，它歌颂人与大自然的不屈不挠的斗争，同时表现了生存的残酷性和人对命运的不可把握。梅特林克的《群盲》以"孤岛上等待的盲人"作为整体舞台意象，通过盲人之间的无意义对话，反思了信仰体系分崩离析之后，人类在世纪的悬崖边进退两难的处境。盲人失去了找到方向的能力，也没有任何改变的方法，这种绝望照应了人类整体性的处境和客观上的无能为力，这就是舞台意象的思致和力量。

美国"戏剧之父"尤金·奥尼尔的《天边外》，充满了象征色彩，天边外象征了神秘与美，象征着自由和梦想。哥哥安德鲁是务农的好手，他梦想经营农庄，弟弟罗伯特希望去外面的世界看看。就在罗伯特即将跟随舅舅出海之际，哥哥安德鲁所钟情的邻家女孩露丝向他表达了爱意。露丝的表白改变了罗伯特出海的想法，他决定留在农庄，而安德鲁则因为灰心而决意代替弟弟出海。多年之后兄弟再见，罗伯特经营农庄不利，积劳成疾，身患重病，他和露丝的婚姻也没有丝毫幸福可言；而安德鲁一度发了财，最后又因为一次投资而满盘皆输，兄弟俩都没有等来期望的幸福。最后一场戏写安德鲁回家后，试图拯救弟弟罗伯特，但已经无济于事。罗伯特最终死了，他在死亡到来之际依然向往着他的"天边外"。罗伯特终究没有去到梦想的天边外，而安德鲁却被驱逐出了他梦想的天边外。无论是此处，还是天边外，刚开始是一首充满生机的田园诗，随着剧情的推进，美丽的农场成了埋葬罗伯特的坟墓。"天边外"作为戏剧的核心意象触动了普遍的生命体验。理想在远方，现实在近旁，这个"天边外"既是作者奥尼尔心灵世界的"天边外"，他的苦难旅程终将抵达天空的那一片蔚蓝，也是每个人的心中的那个永远无法抵达的天边外。

中国传统美学认为画得像实物本身，只是达到一种表象的真实，是有限的、片面的、浅显的,所谓"妙合神解"就是对现实世界的超越,心灵穿透物质世界的表象,从而表现出对宇宙精神的领悟。《赵州禅师语录》中,有人问赵州禅师:"十二时中如何用心?"赵州说:"你被十二时使,老僧使得十二时,你问哪个时?"在禅宗的时间观念中,超然于现实空间之外,超脱于现实时间之外,就能回归生命之本,这才是真实的时间观,而不是沉溺于时空妄象之中的执迷不悟。艺术的意象与此相通。中国画论将绘画中呈现的超越现实时空的气质,称为对"时史"的超越。恽南田品董其昌的画时就说他"妙合神解,非时史所知",氤氲在水墨书画中灵秀劲逸的风致是拘囿于"时史"的心灵所无法理解和体味的。所以,中国艺术向来不重视对现实世界的模仿,对写实手法也不是特别看重,苏东坡甚至说:"论画以形似,见与儿童邻。"

在中国艺术家的眼中,真实世界是怎样的一个世界呢?在倪云林等人的画中,人们可以感受到青山不语、空亭无人、流水无声间悠远深寂甚至是莽原苍凉的境界。这固然可以将其理解为艺术家的独立高古的情怀,超然孑立的姿态,其实更重要的是一种超越的生命体验,体现了从物质世界的羁绊中突围和解放出来的觉解的个体心灵的写照。静寂和素淡的笔墨世界,没有太多情感的起伏,没有太浓烈色彩的喷薄,没有太突兀力量的张扬,隔绝了物质世界的喧闹,屏蔽了世俗情态的干扰,完成了对欲望挣扎的超越,进入一个与青山白云、飞鸟流萤同在的自在境地,进入了空山无人、水流花开的境地,也就是"采菊东篱下,悠然见南山""寒波澹澹起,白鸟悠悠下"的境界。这是中国艺术的生命感悟,也是中国艺术的美感特征,更是中国艺术的真实追求。

在张世英先生看来，审美意识具有直觉性、创造性、愉悦性、超功利性，他说："思属于认识。原始的直接性的东西，思是间接性的东西，思是对原始直觉的超趣，而审美意识是更高一级的直接性，是对思的超越。如前所述，超越不是抛弃，所以更重意识并不抛弃思，相反，它包含着思，渗透着思。可以说，真正的审美意识是情与思的结合。为了表达审美意识中思与情相结合的特点，我想把审美意识中的思称为'思致'。致者，意态或情态也；思而有致，这种思就不同于一般的概念思维或逻辑推理。"① 张世英所说的"思致"就是一种情与理达到合一状态的概念，他认为审美意识中的思就是这样的思，而非概念思维之思的本身。

演出意象是瞬间生成的。苏联戏剧家布尔加科夫的《图尔宾一家的日子》中，布尔加科夫因为一个梦和他在小匣子里面看到的景象而瞬间生成了戏剧的整体意象——风暴中正在缓缓沉没的巨轮。在一幕二场，叶莲娜说起了自己的一个梦，这个梦犹如命运的象喻，她说：

> 不！不！我的梦一向很准，似乎我们大家坐船去美国，在底舱起了风暴，风在呼啸，很冷很冷。浪大极了，而我们在底舱，水漫到了脚边，我们爬上了床板，主要是有老鼠，那么让人恶心，巨大的老鼠太可怕了，我被吓醒了。②

---

① 张世英.哲学导论［M］.北京：北京大学出版社，2008：121.
② 布尔加科夫.逃亡：布尔加科夫剧作集［M］.周湘鲁，陈世雄，译.杭州：浙江文艺出版社，2017：22.

戏剧意象的美学特征

在一幕一场的最后，主人公阿列克谢有一句台词：

而我们的房子就像艘船，好！到客人们那儿去吧。走，走吧。[①]

在这个剧本中，布尔加科夫意识到了沙俄所代表的历史力量的终结，所有的旧贵族和效忠于沙皇的军队都将被抛出历史舞台，剧中所展现的图尔宾一家正是被内战抛进旋涡的白军阵营的贵族知识分子家庭，他们的命运如风暴中的一艘行将沉没的船。而剧中那些仓皇出逃的乌克兰高层在布尔加科夫的笔下，是以"逃窜的蟑螂"的舞台意象出现的。

戏剧艺术是"时空统一的艺术"，体现在造型对空间的占有，生命在情节中的流逝，动作在时间中的延展。对戏剧意象的把握，只在此刻当下的生命体验中，是不可复制、不可保存、转瞬即逝的。这些转瞬即逝的审美意象因为作家的笔，因为舞台导演的创造而成为存现在我们眼前的永恒的美。戏剧意象的瞬间生成，犹如宇宙大爆炸，在瞬间示现出深刻的理性和灿烂的感性，照亮了被遮蔽的历史和生命的真实。意象的瞬间生成，常常被艺术家称为"灵感"，它是一切伟大艺术创作的本源。瞬间生成的意象并不是具象和实体，舞台意象是至高的理性和感性的完美统一，它是戏剧艺术的起点和终点。朱光潜有一段话也很好地说明了意象的瞬间性特征：

在观赏的一刹那中，观赏者的意识只被一个完整而单纯的意

---

① 布尔加科夫.逃亡：布尔加科夫剧作集［M］.周湘鲁，陈世雄，译.杭州：浙江文艺出版社，2017：20.

象占住，微尘对于他便是大千；他忘记时光的飞驰，刹那对于他便是终古。①

在中国美学看来，意象的瞬间包含着永恒。"今人不见古时月，今月曾经照古人。古人今人若流水，共看明月皆如此"（李白），"江畔何人初见月，江月何年初照人。人生代代无穷已，江月年年望相似。不知江月待何人，但见长江送流水"（张若虚），"古人无复洛城东，今人还对落花风。年年岁岁花相似，岁岁年年人不同"（刘希夷）……月还是那个月，在抬头望月的一瞬，人心和古往今来的历史融通一气，天地神人融通一气，瞬间即是永恒。可见，瞬间即永恒，并非逻辑层面上的分析和判断，而是诗人的心灵借由风月、江水、长亭、秋峦、天地的影像而获得了刹那间"无住"和"遁逃"的感悟，超越现实时空而步入永恒，万古和此刻合一，历史和现实合一，古人和今人合一，永恒和瞬间合一，今日之所见，就是昨日之所见，亦是明日之所见，所谓山川异域、风月同天，正是圆满智慧的觉照和呈现。悠然见南山的"南山"，并不是物质的山，而是美的至境，一个圆满无缺、永恒不变的超验的世界。

戏剧的意象世界指向无限的意蕴。它是开放的、多解的，能够诱发观众对意象世界的创造性发现。之所以一千个人的心中就有一千个哈姆雷特，原因就在于其哈姆雷特意象世界是永远无法穷尽的，不仅如此，莎士比亚的悲喜剧都可以超越具体的时代，而创构出千变万化的演出。再如梅特林克的《群盲》，有人说群盲代表着失去行动能力的人，有人说"群盲"代表某种绝望的人类，而"群盲"的意象则指向

---

① 朱光潜. 朱光潜美学文集：第1卷［M］. 上海：上海文艺出版社，1982：17.

宗教信仰失落之后，再没有一种信仰体系可以把迷惘的现代人带出危机重重的存在的黑森林。因为能够引领他们走出林子的神父已经死去，唯一看得见光明的婴儿不会说话，梅特林克笔下的"群盲"是充满危机感的现代人的精神肖像。意象是情与理的合一，其内涵不能由某个单一的意义来加以概括和限定。它是有限性与无限性、确定性与不确定性、单纯性与丰富性的统一，正因如此才能具备隽永持久的美感。

舞台的"空"能创造丰富的"有"，而所谓"无"，是无名，是无极，也就是无规定性，无限性。在老子看来，"道"是没有确定形象的，所谓"大象无形"就是这个道理。正是舞台上空的空间之"无形"给予了林兆华舞台艺术"有形"的想象力的空间，在空的空间里实现他的"一戏一格"，每一个戏都有属于自己的风格和形式，绝无雷同的形态。每一次创作都是一次涅槃和重生。现实的时空、历史的时空、心理的时空、思想的时空并不矛盾地重叠在一起，天马行空，随心所欲。林兆华在谈及《野人》的创作时曾说：

> 《野人》这个戏不用一件实的布景、道具，空空的舞台是个极自由的空间，背景似国画泼墨的味道。人体、光、表演组成动与静的景物及人物的心境变化，给人一种万物在虚空中流动的感觉。也就是说，人体造型构成的景物与表演是融为一体的。虚实、动静、有限无限的关系是值得研究的大课题。中国绘画对戏曲的空间意识是宝贵的财富。一瞬间我就闪过"静故了群动，空故纳万境"的话语。[1]

---

[1] 林兆华.杂乱的导演提纲[M]//林克欢.林兆华导演艺术.哈尔滨：北方文艺出版社，1992：282.

山、水、花、鸟，人们在审美活动中常常遇到的审美对象，从表面看对任何人都是一样的，其实并不如此。梁启超曾举例说："月上柳梢头，人约黄昏后"与"杜宇声声不忍闻，欲黄昏，雨打梨花深闭门"，同一黄昏也，而一为欢愁，一为愁惨，其境绝异；"桃花流水窅然去，别有天地非人间"与"人面不知何处去，桃花依旧笑春风"，同一桃花也，而一为清净，一为爱恋，其境绝异；"舳舻千里，旌旗蔽空，酾酒临江，横槊赋诗"与"浔阳江头夜送客，枫叶荻花秋瑟瑟。主人下马客在船，举酒欲饮无管弦"，同一江也，同一舟也，同一酒也，而一为雄壮，一为冷落，其境绝异。①

因此，美的意象可以有多解性，对同一部作品也可以产生不同的意象世界，这就可以理解为什么一百个人演哈姆雷特会有一百个不同的哈姆雷特。伟大的经典作品的演绎可以绵延不绝生发出新的舞台形式，其最根本的原因是经典文本的意象世界有多解性的特征。舞台上同一出戏的意象世界，也可以呈现多解性的特征。一百个人看同一出戏，会有一百种不同的感受，因为在一百个人的审美体验中，产生的意象世界是不相同的。这种不同当然与观众的学识修养、生活经验、社会处境、人生感悟和审美知觉等很多因素有关。

对演出意象的审美体验不可能产生单一的美感，但是对艺术家（舞台作者）的个体创造而言，"意象世界"绝不是模棱两可、似是而非的。相反，在审美直觉中出现的意象世界应该是清晰的、完整的，艺术家所要面对的创造，只是出于生命体验的意象，即"中得心源"的皈依。在这个意义上讲，每一部戏的审美意象对于观众来说呈现出

---

① 梁启超. 饮冰室合集：第6册[M]. 北京：中华书局，1989：45.

多解性，但在其生发过程中都应该追求其独一性。因此，演出意象还具有独一性的特征。

艺术呈现的是超越概念、超越逻辑的，对世界的整体性直觉的把握。意象的审美感受是独特的、不可重复的，不存在两种完全一样的审美体验，所谓"天籁之发，因于俄顷"就是这个道理。所以，审美意象是不能描摹和复制的。一个文本对一个舞台作者而言，只能产生一种最恰当的整体意象、最能体现此刻生命感悟的形态，这一形态最终放之舞台，就形成了某位艺术家的风格。从这个意义而言，艺术家独一性的追求和呈现，很难为他人所模仿。即便模仿，也只能模仿其"形"，而无法模仿其"神"。

《哈姆雷特》恐怕是全世界导演排演最多的一出悲剧。托马斯·奥斯特玛雅导演的《哈姆雷特》在无数演出版本中独树一帜。德国邵宾纳剧院演出的《哈姆雷特》舞台空间被整体营造成一方墓地，舞台被巨大而泥泞的一块黑土覆盖，戏剧在墓地的葬礼中开始。当厚厚的泥土填埋了哈姆雷特父亲的棺材之后，整个演出空间被置于一大片泥泞的墓地之上，导演奥斯特玛雅把所有悲剧的场景全都集中在这一个空间。许多步入剧场的观众不免诧异，全剧其他的场景该如何安排和转换，但是这种诧异很快被"舞台意象"的真实力量消解。"葬礼"的举行让每一位观众都意识到："每个人的脚下就是坟场。"于是，《哈姆雷特》在导演的舞台阐释中，其深刻的意义就被凸现出来，最终凝结成了这一个《哈姆雷特》的审美意象，那就是——"整个世界是在坟墓之上的癫狂和谎言"。紧接着，第二幕轨道上的车台推进覆盖了墓地，车台上进行着僭越者的婚礼和宴饮的狂欢。舞台意象有力地揭示出在谋杀、残酷、死亡、谎言的土地上日复一日地狂欢，丹麦王国的历史真相被掩埋进了厚重的泥土和坟墓。在充满杀戮的坟墓上，哈姆雷特王子用泥土堵住自己的嘴，把真理埋在心底，他匍匐挣扎在谎言的泥泞中，把皇冠倒扣过来，把被遮蔽的真理擦亮。戏剧是诗，灿烂的感性和深刻的理性的结合。伟大的导演把舞台画面演绎成深刻动人的诗篇！所以，舞台意象不是一般意义上的舞台造型和形式，它是在艺术的直觉和情感的质地上，从形而上的理性和哲思中提炼出的最准确的形式。它既可以直击事物的本质，又可以表达极为强烈的艺术情感。"意象"是戏剧美的本体，东西方的戏剧艺术家自觉不自觉地以意象的思维创构着属于自己的、独一无二的艺术风格。

　　舞台意象的世界里，那些以往的艺术成规，或者所谓的"法""格""宗""派"总是或多或少限制了艺术家的想象力和创造力。然而，艺术从本质上而言是不断寻找突破和革新的一种人类创造行为，真正的天才会创造属于自己的"法"，他可以在兼容并蓄中独创一格。中国话剧导演胡伟民用八个字总结自己的创作，那就是"无法无天""得意忘形"。胡伟民导演正是基于这样一种自由创造的精神，为新时期的中国话剧贡献了许多具有创新意义的舞台杰作。为了实现舞台总体意境的创造，朱端钧认为意象的"独一性"要与"完整性"结合起来考虑。他说：

　　　　独特性还需要和完整性相结合，因为演出形象总是一个完整的形象。导演进入作家的创作天地，感觉到了作品的风格体裁之后，对于将来的演出形象，就可以先胸有丘壑：何处为山，何处为水，何处置亭台楼阁，何处栽竹造林。有了一个大致的起、承、转、合之谱,就可以在上面经之营之,充分地闹你的独特性而不逾其矩了。①

外部的形式尚可模仿,内在的境界无从模仿,一切模仿无异于"东施效颦",就像倪云林、徐渭、陈淳、八大山人的画,是心与宇宙妙合的结果,而非一味模仿前人的结果。真正的艺术既要研习自然和前人,又不能拘泥于自然的真实和前人的方法,真正的艺术是从无到有、别开一番天地,是不可替代的巧思创化,而是继往开来、承古开新的结果。我们所珍视的应该是妙造自然的舞台审美意象,而不是表面形式与符号的搬用。唯有审美的心胸,方能发现美的本源,方能创造审美的意象,方能到达艺术的妙境。中国美学所强调的艺术精神的终极目标是对生命的感悟。所以,艺术的创造不是逻辑的、概念的,而是直觉的、感性的,不是用逻辑科学之眼,而是以诗性生命之眼观照世界。

纵观20世纪90年代的戏剧舞台,烟雾平台、舞蹈歌队、大型布景、各类转台几乎成为舞台艺术不可逾越的基本符号。舞台演出起初是模仿生活,进而是模仿既定的形式,自由的创造乏善可陈,真正浑然天成、独一无二、妙造自然的舞台创造极为罕见。需要强调的是,戏剧真正意义上的成熟永远不在于技术层面综合化的程度,而在于戏剧内在的艺术精神。这种艺术精神概括起来说就是戏剧艺术在价值层面和人文层面对全人类的影响和作用。中国话剧的原创问题,包含着戏剧观、戏剧史观、戏剧美学、剧场观念等诸多方面的问题,也暴露了在历史眼光、精神追求、审美修养以及艺术创造力等诸多方面的局限。

---

① 王复民.朱端钧的戏剧艺术[M].北京:中国戏剧出版社,1985:9.

戏剧意象之美与中国美学精神

艺术创造的根本问题始终是审美意象生成的问题。郑板桥说过一段非常著名的话：

> 江馆清秋，晨起看竹，烟光、日影、露气，皆浮动于疏枝密叶之间。胸中勃勃，遂有画意。其实胸中之竹，并不是眼中之竹也。因而磨墨展纸，落笔倏作变相，手中之竹又不是胸中之竹也。总之，意在笔先者，定则也；趣在法外者，化机也。独画云乎哉！[①]

郑板桥的这段话可以帮助我们了解艺术创造的完整过程。这个过程包含了从"眼中之竹"到"胸中之竹"，即审美意象的生成；从"胸中之竹"到"手中之竹"，即审美意象转化为美的形象的创造。叶朗说："'手中之竹'是'胸中之竹'的物化，但是'胸中之竹'并没有完全实现为'手中之竹'，而'手中之竹'又比'胸中之竹'多出了一

---

① 叶朗.美学原理[M].北京：北京大学出版社，2009：248.

些东西。"① 真正的审美不会是绝对的理性或绝对的感性，总是情和思的一致。审美意识中的"思"，并不是纯然理性的思考。张世英把此种"思"称为"思致"——在审美直觉中早已转化为感情的认识，是蕴含着理的情。意象的世界理应是形神兼备、情理交融的世界，既有情感也包含着理性，是情感和理性的高度融合。

一、焦菊隐和他的"心象说"

焦菊隐曾融会东西方表演理论，在其代表作《龙须沟》的排练中正式提出并运用了"心象"的概念，有时他也将"心象"称为"意象"。他说：

> 没有心象就没有形象；
> 先有心象才能够创造形象；
> 你要想生活于角色，首先要叫角色生活于自己；
> 这次演员的创作，要从外到内，再从内到外，先培植出一个心象来，再深入找其情感的基础；
> （演员）创造人物的初步过程，并不是一下子生活于角色，而应该是先要角色生活于你，然后你才能生活于角色。你必须先把你心中的那个人物的"心象"，培植发展起来，从胚芽到成形，从朦胧恍惚到有血有肉，从内心到外形，然后你才能生活于它。否则，你所生活的只是一个概念的幻想。②

---

① 叶朗. 美学原理［M］. 北京：北京大学出版社，2009：248.
② 焦菊隐. 焦菊隐文集：第3卷［M］. 北京：文化艺术出版社，1988：73.

早在20世纪40年代翻译《文艺·戏剧·生活》一书时，焦菊隐就已使用了"心象"概念，他说："是不是有的演员，自己相信是在遵循一个真正艺术的路线在表演，只是观众还没有够得上他的口味呢？……这在当时，自然，也是有的。斯坦尼斯拉夫斯基在这出洗礼就是这样。他把'最后一个罗马人'的心象，孕育为一个精明、火热而革命的人物，可是，观众却想在勃鲁托斯身上，看到一个莎士比亚所创造的'温文'逡巡的心象。"[1]

"心象"的理论基础源于生活，焦菊隐认为表演艺术应当强调"从生活出发"，"体验"的对象，不应该只是演员自己的感情或情绪记忆，而首先应该是"生活"，是剧中人物生存于其中的特定生活。片面地理解"体验自我"，一味地关注自我的内心感受，会使演员陷入毫无作为的状态。其"心象"学说包含的审美过程应当是：深入生活—产生和发展角色"心象"—创造角色形象和形成整体舞台艺术形象。"心象"的提出，源于焦菊隐对表演艺术中存在的形式主义倾向的思考，思考的主要问题是如何让演员真正生活于角色中。焦菊隐所提出的"心象"这个概念，自觉不自觉地体现了中国美学精神，他是迄今为止为数不多能够真正切入表演艺术的美学本质进行阐述的戏剧家。

关于"心象"的生成，焦菊隐说："创造人物的初步过程，并不是一下子生活于脚色，而应该是先要脚色生活于你，然后你才能生活于脚色。"意思是说，"心象"是需要培植和孕育的。

当你的脚色开始生活于你的时候，最初只是一点一滴的出现：

---

[1] 丹钦科.文艺·戏剧·生活[M].焦菊隐，译.北京：中国戏剧出版社，1982：221.

有时候是一只眼睛,有时候是一个手指,有时候只是他对于某事物的一刹那的反应,它不但不马上整个出现,就连这一点一滴的东西也绝不是按着顺序次第出现的。而且,这种出现还是恍惚迷离的:时而飘忽消逝,时而又闪耀出来。①

"心象"的培养,就是郑板桥所说的从"眼中之竹"到"胸中之竹"的审美意象生成的过程。在焦菊隐看来,物象好比"眼中之竹","眼中之竹"就是要演员直接观察生活、体验生活;而"意象"好比"胸中之竹","胸中之竹"不似"眼中之竹",它已经浸染上了艺术家独特的感受、理解和想象了。这"胸中之竹"就是通过对于生活的感受、理解和想象,在心中筛选提炼,最后凝结成角色的"心象",最后在排练和演出中,真实自然、游刃有余地创造出"手中之竹"。

为了培植和最终创造"心象",焦菊隐提出了各种具体方法。诸如让演员深入生活写日记,甚至设计了供演员填写的关于角色外部特征、生活习惯、使用道具的表格,以推动演员的想象,完成心象的培植和孕育。"心象"形成后,还有一个通过练习完成从"不稳定"到"稳定"的过程。他说:"通过练,要使演员心中有血有肉、有生命、有动态的'心象',变为有机的东西,要让它在演员身上活起来,也就是让这个'心象'的生命,附体于演员的身躯。"②

这个过程是"胸中之竹"到"手中之竹"的转化。"心象"从隐到显即审美意象从生成到完善,是不断发展的动态过程,最终还要在剧

---

① 焦菊隐.焦菊隐戏剧论文集[M].上海:上海文艺出版社,1979:82.
② 苏民,左莱,杜澄夫,等.焦菊隐导演学派[M].北京:文化艺术出版社,1985:37.

本提供的整体情境和内容中不断地修正和改善。"心象"最高层次的实现便是达到"忘记表演,自由地生活于脚色"[1],即焦菊隐所说的"运用自如,招之即来"的程度。这是真正的中国美学所讲的"游于艺"的审美境界。

焦菊隐的"心象"与狄德罗的"理想的范本"有本质区别。在焦菊隐看来,"表演"或"模拟"关于人物的一个概念会导致对审美创造的误解,是"一个错误的创造方法"[2]。他认为,表演艺术不着眼于对"逻辑的真实"的认识,表演艺术的想象不能被概念纠缠,他说:

> 只表演或模拟你对于人物思想情感的一个概念,这个人物便很抽象,很一般化。不能把你理性地认识了的那个脚色的生活,在排练场上去感性地生活一次,而只集中力量做些概念的设想……那么,你在创造这个脚色的时候,就永远会被这个概念所纠缠,找不出任何具体的内心活动与外在反应来,只能时时刻刻在如何表演这个概念的急躁或者正义感上兜圈子。[3]

焦菊隐的这段话既反映了他对"表现派"理论的态度,也呈现出其深厚的中国传统美学修养。在中国美学里,审美活动就是人与世界的交融,是"天人合一"。如王阳明所说,"无人心则无天地万物,无天地万物则无人心,人心与天地万物'一气流通',融为一体,不可'间隔'"。中国美学不探讨主体对客体的认识。中国美学认为,用主

---

[1] 焦菊隐.焦菊隐戏剧论文集[M].上海:上海文艺出版社,1979:82.
[2] 焦菊隐.焦菊隐戏剧论文集[M].上海:上海文艺出版社,1979:87.
[3] 焦菊隐.焦菊隐戏剧论文集[M].上海:上海文艺出版社,1979:87.

客体分离的思维考察事物，可以达到逻辑和概念的"真"，但不能真正体悟"我"与意象世界彼此交融的审美至境。焦菊隐所说的"自由地生活于脚色"，体现的正是演员与角色彼此交融、无所羁束、从容自由的审美境界。焦菊隐的美学思想，与主张"情感"的体验派也有不同。他认为，情绪是要的，但并不是表演艺术的出发点。"一个演员首先应该考虑他的人物的性格，根据这个性格，体验他在每一件事情的细节上所感受到的是什么，思想上所产生的反应是什么和意志上所要表现出的行动是什么。"①舞台情感是诗化了的艺术情感，它不是因生活的真实刺激而产生的，而是在假定的情境中、在具体感受或体验角色时，演员被唤醒了生活经验中的某些类似的记忆和情感才创造出来的。因而，除却洒同情之泪、发愤懑之情的原始情感之外，更重要的是依照舞台的法则、更高的真实和美的要求去完成角色的创造。反之，装模作样，摆出情绪情感的外在符号形式（除非为了实现特殊风格的演出要求），反而会破坏表演艺术的美感。阿甲曾说："将这种感情的幼苗在舞台幻觉的创造中培养起来的一种诗化的感情，它是美的，又要有几分真的。只强调表现则失真，只强调体验则失美。"②

焦菊隐曾对北京人民艺术剧院（简称北京人艺）的演员提出三条基本要求："深厚的生活基础，深刻的思想体验，鲜明的人物形象。"这一要求的核心是创造鲜明的形象。坚持从生活出发进入创造，重视排演中的体验生活和调动生活的积累，可使人物形象具有真实性的基础。同时，又要注意舞台表演和电影表演不同，需要有剧场的表现力，需要把握与观众的交流感应。要做到形象鲜明又有舞台表现力，就需

---

① 焦菊隐.焦菊隐戏剧论文集[M].上海：上海文艺出版社，1979：88.
② 上海文艺出版社.戏剧美学论集[M].上海：上海文艺出版社，1983：11.

要演员不断锤炼技艺。在焦菊隐的影响下，表演艺术的鲜明性、剧场性、技巧性，构成北京人艺表演的总体特征。

表演艺术归根结底是审美意象的创造。审美意象是情感和想象互相交融孕育而成的，其目的就是创造"情""理"交融、"形""神"兼备的角色形象。作为艺术创作基础的感情体验不能排斥理性的价值，同样，作为指导创作实践的理性分析更不能摒弃情感的意义，感性活动和理性活动、真情和范本不能分割。"美"和"真"应当是辩证统一的关系，表演艺术也应当是"体验与表现"的辩证统一，正所谓"情动于中而形于外"。情不动于中而形于外，在表演艺术创造过程中是无法想象的，也是不太可能的，演员仅依赖外部技巧的展示和堆砌来塑造角色，那不是艺术；反之，情动于中而必形于外，也是一种不可靠的言论，以为只要有了内心情感体验就自然会产生相应的外部形态和语言体现，也是虚妄不可信的，那就等于宣称表演不需要经过科学严格的训练，漠视表演技能可以在刻苦的训练中不断提升。

二、"形象种子"与"审美意象"

徐晓钟曾说在他的导演实践中，对于一个完整的演出，总要努力在哲理内涵上给予整体把握，这个哲理内涵的总体把握在导演学上称为演出的"形象种子"。[①] 罗丹的雕塑《马人》（又名《肯淘洛伊》）曾经给予徐晓钟以深刻的启示。罗丹在这个雕塑中塑造了一个下半身是马的人，几乎要陷入淤泥的"马人"向上腾跃，竭力地想从泥淖中挣

---

① 徐晓钟.向"表现美学"拓宽的导演艺术［M］.北京：中国戏剧出版社，1996：115.

脱出来，力争成为一个人。他说这个雕像自始至终激发着他的创作，他从中悟出导演艺术应该力求"把整个演出的'形象种子'，凝练成一个行动性的象征形象"①。关于"形象种子"这一概念最早可见于斯坦尼斯拉夫斯基的论著，他提出过"角色的形象种子""性格的种子"等表演意义上的概念。苏联戏剧专家古里也夫在《导演学引论》中论述导演构思中的"概括性的演出形象"时也运用了"种子"这个比喻。所谓"概括性的演出形象"的概念，总体上体现了一出戏的形象化的哲理提炼，同时对未来演出样式的风格、气氛、节奏和场面有着明确指示性的把握和设计。

徐晓钟曾说桑树坪是"历史的活化石"，他在把握《桑树坪纪事》的总体意象的时候就抓住了这一核心，他说："在这块'活化石'中凝固着黑暗而又漫长的中国封建社会及农民千年命运的踪迹，一方面是李金斗、金明、榆娃、彩芳这些忠厚农民和自然环境、和贫穷的艰苦卓绝的搏斗，另一方面是那闭锁、狭隘、保守、愚昧的封建落后的群体文化心理。桑树坪的先民用自己瘦骨嶙峋的脊背肩负着民族生存的发展的重压，为黄土高原的文明奠定了基础，而桑树坪人自己却仍留在闭锁、愚昧与贫穷的蛮荒之中。这块因封闭而留下的'活化石'可以提供人们领悟民族命运的内蕴。"②

徐晓钟借用"形象种子"这一源于表演艺术的美学术语，赋之以导演美学的内涵。"哲理的形象、形象化的哲理"就是"形象种子"③。

---

① 徐晓钟.向"表现美学"拓宽的导演艺术［M］.北京：中国戏剧出版社，1996：115.
② 林荫宇.徐晓钟导演艺术研究［M］.北京：中国戏剧出版社，1991：406.
③ 徐晓钟有时将其叫作演出的概括形象，综合形象或总体形象。

徐晓钟提出：

> 形象种子是一个演出的形象化的思想立意，它是概括思想立意的象征性形象，是生发整个演出的各种具体形象的种子。为了使综合艺术各因素、各部门统一于一个总的立意、总的形象，并且帮助演员获得正确的创作自我感觉，我习惯于在构思中确定一个演出的形象种子，它是一个被形象化的哲理，它能给予创作者们形象的暗示，又能用这种形象化的哲理去激发创作集体的创作热情。①

他说"形象种子"是一个蕴含诗意的形象的哲理，它在理念上，在形象上都应该是深刻的、鲜明的、有激发力的，而且有可能是多义性的。②"形象种子"从构思的最初阶段，就为舞台演出注入了象征的实质性内容和意义，为所有的形式和手段找到了作为依归的灵魂，为最终充满哲理蕴含和诗化意象的演出找到了可靠的美学支柱。

事实上，徐晓钟所说的"概括性的演出形象"就是中国美学所说的"意象"，所谓的"形象种子"，就是舞台形象尚未以实体性视象呈现之前，存在于舞台作者审美体验中的核心内容，其实质就是审美过程中的"舞台意象"。徐晓钟引用南宋朱熹"先言他物以引起所咏之词也"的思想，阐明了自己要借《桑树坪纪事》的故事来表达"五千年梦魂"的诗情。正是怀着这样的诗情他找到了舞台空间的造型形式：

---

① 徐晓钟.《培尔·金特》的导演构思［J］.戏剧学习，1983（4）.
② 徐晓钟.向"表现美学"拓宽的导演艺术［M］.北京：中国戏剧出版社，1996：115.

十四米直径的倾斜大圆盘展开了一个荒寒空寞的土塬，远处是傍坡而凿的窑洞和牲口棚；一条蜿蜒的道路如同太极的曲线，将一切世事的纷扰都纳入循环往复的浑圆之中；舞台的转动既可以进行场景的转换，又暗示了戏剧的主题，历史的进程犹如转台的行进，艰难而缓慢，而人的生存却总维持在最低的层次，生命的需要被降低为原始的食与性，人性被降低为兽性……"轮回"的象征意象迫使每一个步入剧场的观众，哪怕不明确象征的精神所指，也会为此直观的舞台意象而陷入思考。

徐晓钟把舞台"审美意象"的追求定义为"破除显示幻觉，创造诗化的意象"，《桑树坪纪事》大实大虚的处理，为的是实现"诗意的联想和意境的幻觉"[①]。导演为全剧确定的"形象种子"是"围猎"。"围猎"常常让人联想到原始社会人与自然斗争时残酷血腥的生存方式，是通过人对动物的猎杀以保存生存条件的行为。《桑树坪纪事》中的"围猎"概念已经远远超越原始人生存行为的范畴，既包含有人猎杀生灵的意义，也包含了人猎杀其同类的更为残酷的事实。这不禁使人联想到鲁迅先生在《狂人日记》中的"吃人"的哲学命题，为了维护生命在浅层次的繁衍，人不惜选择"吃人"来达到目的，不仅吃别人，还逐渐发展到吞噬自己的肉体、灵魂、道德和良知。

舞台意象的想象和创造体现了艺术家对世界的哲理性、整体性、本质性的把握，"围猎"的深刻哲理内涵不仅把握住了桑树坪和黄土地上农民的群体心理，更有价值的是，它触及了民族心理结构中的缺憾和愚昧。围绕着"围猎"的"形象种子"，"捉奸""强奸""宰牛"等

---

① 林荫宇.徐晓钟导演艺术研究［M］.北京：中国戏剧出版社，1991：413.

场面构成了桑树坪愚昧、惨痛和残酷的历史浮雕,那形形色色的桑树坪人,善良的、愚昧的、无辜的、无助的、无情的、强势的、弱小的抑或麻木的,都构成了这些浮雕上的历史群像。导演怀着深深的同情和悲悯塑造了这片古老黄土地上中华民族的子孙后代。《桑树坪纪事》的审美意象浸染着浓厚的哲理意义和诗性品格。

关于意象,徐晓钟自己认为:

> "诗化的意象",其特征是:不在舞台上创造现实生活的幻觉,而是通过某种象征形象的催化,在观众的心理联觉和艺术通感中创造再生的包含哲理的诗化形象;一个诗化形象的完整语汇,应该是一个哲理的形象并体现为一个形象的哲理。因此诗化的意象可能使观众同时获得哲理思索与审美鉴赏的两重激动。①

在此,徐晓钟指出了"舞台意象"的基本属性:第一,它不是具体的实体性的形象,它是心物感通的产物。他说"是一种体现自己主观意识的形象"②。第二,意象要通过高度凝练的象征形式来呈现。非幻觉的打牛场面采用民间舞狮的舞蹈形式来表现。第三,它包含着哲理思索(理性)和审美鉴赏(情感)的丰富性。他坚信"真正的表现原则和表现的美只存在于饱含哲理、饱含诗的激情和意境并找到美的形式的那些瞬间"③。

意象是灿烂的感性和深刻的理性融合生成的。徐晓钟的导演艺术

---

① 林荫宇.徐晓钟导演艺术研究[M].北京:中国戏剧出版社,1991:414.
② 林荫宇.徐晓钟导演艺术研究[M].北京:中国戏剧出版社,1991:414.
③ 林荫宇.徐晓钟导演艺术研究[M].北京:中国戏剧出版社,1991:415.

注重"情与理的结合",在激发观众贴近人物、关注人物的命运时,他采用"残酷"的因素去撞击观众的情感:估产队主任把一杯开水泼向李金斗的脸,把他当作牲口一样骑在胯下;福林野性大作,把青女踢打得在地上翻滚、号叫,直至割断她的发辫;李金斗牵着月娃去甘肃,对命运一无所知的月娃欢天喜地、蹦跳嬉戏……① 这些场面和舞台形式都包含着深沉的情感力量,特别是青女被疯子丈夫当众扯去裤子的一场戏。徐晓钟说:

> 我仿佛看见青女——这个想做母亲而不得的女人,精赤着那洁白如玉的身子——就这样躺在中华文明的发祥地黄土高原之上!我希望找到一个象征形象,一种象征形式来外化我心灵的震撼,物化我的这种历史深沉感。……在青女被按倒的地方,一座残缺的汉白玉的古代妇女雕像呈现在观众面前……我的感情要求彩芳——另一个被封建习惯戕害的妇女——徐徐站起走向石像,肃穆地把一条黄绫献上;我的心在呼唤:人们,面对着我们民族生生不息的本源——女人、大地、母亲,低下头来吧!②

《桑树坪纪事》给观众留下深刻印象的"有意味的形式"还有"麦客的跋涉"。导演为麦客提炼出一组具有深刻象征意蕴的舞台画面,是从民族生存和民族文化之间富于哲理性的冲突作为思考的起点的。黄土地作为中华民族的空间象征,孕育了这一民族独特的生存方式和文明形态,同时也铸就了特有的文化生态和文化冲突。勤劳善良和封建

---

① 林荫宇.徐晓钟导演艺术研究[M].北京:中国戏剧出版社,1991:412.
② 林荫宇.徐晓钟导演艺术研究[M].北京:中国戏剧出版社,1991:416.

愚昧深深地刻入了黄土地人的生活和心理中，文化的积淀越厚，民族的精神背负也就越重，导演为这一哲理思考创造了一个富有象征和诗意的意象——"离不了又迈不出的黄土地"。在一片抽象的黄土地上，在同样抽象的周而复始的轮回和更迭中，背负重物的麦客的总体形象，作为超越了特定身份的角色，他们的艰难跋涉正是整个民族艰难跋涉的历史象征，他们和几千年来生活在这片走不出去的黄土地上的先民一样，苦苦地追寻、艰难地跋涉、沉痛地长吟，虽然高大挺拔，但是悲苦哀怨，来时带着希望和力量，走时背负贫困和屈辱。在对"人与自然""人与土地""人与文化"严肃而又深刻的哲思中，导演找到了这一有意味的舞台意象。于是"黄土地"就成为有生命的思想和情感的载体，默默地观照着桑树坪人的生老病死，观照着他们的悲欢离合，观照着他们顽强的生命意志，也观照着他们愚昧残酷的人性弱点，观照着桑树坪人的熙熙攘攘，观照着青女和月娃的悲惨命运、彩芳婚姻抗争的失败、王志科的冤假错案、"豁子"的任人宰割，以及李金斗孤独凄凉的终局。

在《桑树坪纪事》中，徐晓钟实践了"歌队"这一形式手段，通过转台和歌队的运用，自然地取消了戏剧大幕的作用，使整出戏剧像音乐一样从舞台空间里自然地流淌出来，实现了演出艺术的整体感和流畅感，而且为诗性意义的呈现提供了精神性背景，使感性的表达和理性的思考相辅相成。歌队既作为理想观众关注着主人公的命运，又作为创作主体面向历史和现实。有张有弛、张弛有道，不仅有利于戏剧动作和情节有秩序地展开和延伸，而且很好地驾驭了观众的情绪和思考。例如，该剧第一章，榆娃遭毒打后，彩芳跑回来抚慰自己的恋人，学生娃赶来通知村主任李金斗要把榆娃送到公社学习班，彩芳和榆娃不得已分别，彩芳送榆娃上路……此刻，麦客组成的歌队在音乐声中走上转台，逆转台转动的方向，肩负无形的重物缓缓前进，彩芳将榆娃扶入歌队的行列，榆娃带着满身伤痕、背负无形的重压成为歌队的一员，在沉重的主题音乐的烘托之下，舞台的象征意义被升华和扩展了。

在《麦克白》的排演中，徐晓钟把全剧的"形象种子"确定为"巨人在血河中蹚涉并被卷没"，邓肯王的血、班柯的血、麦克白夫人永远洗不干净的手……舞动的猩红色的桌布幻化成血海，把那个流血的时代和人性的残酷全部渗入观众的感觉和想象之中。他把《培尔·金特》的"形象种子"确定为"大海中一只没有罗盘的破帆船"，培尔的灵魂在一次次地漂泊和出走中，经受真理与谎言的考验，经受善良和邪恶的争夺，经受恶性与良知的斗争，最后这只破船找到了心灵的永恒的皈依。徐晓钟导演把演出空间的"形象种子"（审美意象）看作他创作的出发点，有效地抓住了艺术创作可以依靠的本原力量，从而达到了艺术性和哲理性的高度统一。

"形象种子"的实质就是"舞台整体意象"，导演在整体意象的指引下，在舞台行动和舞台氛围的逐步深化和发展中，使"形象种子"萌发和抽生了哲理的枝叶，审美意象结出了诗性意义的果实。徐晓钟始终追求诗意和美，其"表现"手段，事实上知识采用了除写实手法之外的其他非写实的舞台处理手段。徐晓钟所提出的"表现"，无论其理论还是实践，无论其观念还是创作，有别于西方表现主义的"表现"，其观念和方法，更接近中国艺术精神。

因此，意象是戏剧美的本体。意象是将戏剧最终统一于诗的逻辑和写意的美学原则，戏剧艺术的全部秘密和难度就在于领悟和把握完整的演出意象。这个"完整性",就是我们常常说的"演出艺术的完整性"。一切外在的表现形式或手段,是以最终表达和呈现舞台意象世界的那个"最高的真实和最本质的意义"为目的的。

三、禅心与意象

自 2000 年《风月无边》始,林兆华的舞台作品中越来越强烈地渗透并发散出老庄哲学和禅宗美学的气息,其舞台意象的创造似有一种明确的禅宗美学的追求。他在《杂乱的导演提纲》《戏剧的生命力》《狗儿爷涅槃》等若干文章中谈道:

>……翻翻老、庄很有意思,养心悦目,要想求得自我内心平衡的"妙法",尽管它们的思想体系是唯心主义的,但它们的朴素辩证法却有着很大的参考价值……人到了"无为而无不为"的境地,就悟到了"道"。道是什么?只能神领不能言传,老子都说"道"是恍恍惚惚的东西,讲出来就不是"道"了。旧意新释,其实也可以认为是一种心灵感应,人们能够较自然地寻求自己内心节奏与宇宙内部的生命节奏的协调,就找到了平衡。[1]

《风月无边》里安放在舞台前方那一池优游于水的鱼,令人不禁联想起庄子和惠子濠梁之游中的那一番对话和意境。舞台上,导演借游鱼之乐,象征李笠翁的游心自然,所要接近的不正是当下即是云

---

[1] 林克欢. 林兆华导演艺术 [M]. 哈尔滨:北方文艺出版社,1992:293.

水、庙堂即是山林的艺术妙境吗。正如元代赵子昂《落花游鱼图》所题："溶溶绿水浓如染，风送落花春几多。头白归来旧池馆，闲看鱼泳自沤波。"好一派与世无争的淡定从容和的洒脱自在。2004年首演于北兵马司剧场的《樱桃园》的布景从天幕到四周悬挂着棉纱质地的布，背景是浑然一色的土黄，整体色调令人想起铺展开的水墨卷轴，又令人想起古代的墓葬。舞台上疏疏落落地立着几株凋敝了花叶的樱桃树，似用浅墨勾勒出，镶嵌在混沌而又古朴的画面中。干枯的没有枝叶的樱桃树像"标本"一样寂寥地树立在空间，犹如逝去的时间的雕塑。在一座象征性的庄园里，点缀着钢琴、油画、书架、座钟、皮箱、椅子等道具，同样也包裹着土色调的麻布。在浑茫的背景中，这座象征的庄园以及庄园里的一切陈设，都好像是从地底下发掘出来的若干世纪前伤痕累累的陪葬器物。林兆华的《樱桃园》的舞台阐释渲染了"风化"的整体舞台意象。风化了的记忆，风化了的贵族生活，风化了的旧时代的文化，风化了的人的躯体和精神。"风化"的核心意象统摄着舞台的造型、动作、画面、情境和气氛，这一情境和气氛极为深刻地表现了俄罗斯19世纪没落贵族在新的文明之光中骤然风化崩溃的宿命。倘若没有超功利的审美追求，没有对中国美学的相当修养，何来此冲淡清奇、洗练超逸的艺术妙思。

剧作家过士行曾在《林兆华导演方法之我见》一文中就林兆华心仪禅宗的事实给予了相当的关注，他指出，林兆华喜欢读《五灯会元》中的禅宗公案，《五灯会元》三卷本一直放在他的案头。过士行是继高行健之后，与林兆华合作最多的当代剧作家。他对林兆华导演观念和艺术思想的认识对佐证后者美学观念中明确的"禅心"有着重要的参考价值。

禅宗是中国的老庄思想和后来的印度大乘佛学相结合而成的一种思想，它是中华文化的重要组成部分，对中国艺术的成熟和发展有着深刻的影响。禅艺合流是中华文化史上一个源远流长的美学现象，它使中国艺术最终出现"诗书画禅"的美学格局，创造出一派幽深清远、平和冲淡的空灵诗境。禅宗的精髓是一元论，对于事物的观照尊崇统一，不效二元对立的哲学思考方法。即认为个体的生命应该融于宇宙万物，人应该从与世界对立的状态，从疏离于世界之外来看世界的逻辑的观察方式回到世界之中，回到生命本身的体验和感悟之中，达到"去物明心""明心见性"，在空明的心境中体验"我"与宇宙万物相融相生的状态，达到天人合一，万物同体，物我两忘的境界。

禅宗美学与中国艺术的境界、艺术作品的艺境有着本质的联系和直接的关系，因此，它揭示了一个被现实的"物"和"欲"，被知识和逻辑遮蔽的诗意世界。受禅宗美学思想所影响的艺术创作，常常呈现出寂淡清净的气韵风度，如唐代王维的诗，似元代倪瓒的画。林兆华曾一再表示他不喜欢剑拔弩张的舞台艺术情感表达，不欣赏豪迈张扬气势如虹的艺术格调。这与他悟"禅"体"道"的心境和追求是大有关系的。何名禅定？《坛经》"坐禅"讲："外离相为禅，内不乱为定。外若著相，内心即乱；外若离相，心即不乱。本性自净自定。只为见境，思境即乱。若见诸境心不乱者，是真定也。"[①] 唯有真定，方能妙悟，唯有妙悟，方能超越事物的表象，不为表象的情感和色彩所左右，体悟和把握事物的本然，从而找到演出的"整体意象"。

观《哈姆雷特》《大将军寇流兰》《赵氏孤儿》等几部悲剧或者历

---

① 尚荣.坛经［M］.北京：中华书局，2013：94.

史剧的创作，舞台所创造出的只是总体厚重沉郁的基调，几乎没有导演有意为之的豪气冲天、张力十足的大场面。《赵氏孤儿》中那潇潇迷离的秋雾，雾中独行于山崖前的白马，叩击红砖的马蹄声，触动着深重的孤独感和沧桑感，唤起了一种真实的悲剧感、历史感和宇宙感，所谓"不著一字，尽得风流"指的不就是这样的妙境吗？一切刻意而为的激烈冲突，戏剧性场面，强烈的节奏，夸张的色彩在他的作品中几乎不存在。林兆华的戏剧更多地立足历史性的审视，进而上升为对生命意义和人类共同的哲学命题的思索，其导演艺术有着清晰和坚定的中国传统美学的观念支撑和艺术追求。

如何来化解《赵氏孤儿》中政变和仇杀的积怨与矛盾？林兆华让十六年较量之后的程婴和屠岸贾对坐无言，在对峙和凝滞的舞台空气中，在观众试图苦思冥想帮助一对仇人寻找终极的人生答案的时候，舞台上一场突如其来的倾盆大雨，倾泻在两个人身上，程婴和屠岸贾一动不动，像两座雕像……此时无声胜有声，观众被感动了，他们从静默和骤雨中体会到了终极的历史真实和生命思考。这样的舞台"意象"是情感孕育的审美核心，情理交融，情景交融，因而发掘出最真的情和最深的理。没有直观的悲剧性场面的渲染，没有逼仄的历史残酷画面的描摹，杀戮只是点到为止，却能够唤起观众心灵深处一种深沉的悲悯和人生的思索。这种思索不再停留于儒家仁义忠诚的宣扬，而指向个体生命存在意义的沉思。《赵氏孤儿》的舞台意象触及了终极的历史省视和生命感悟，全然地呈现出了源于"禅心"的美学取向。

正是源于"禅心"的美学取向，任何有关"唯心"和"唯物"，"写实"和"写意"，"体验"和"表现"，"传统"和"形式"的矛盾或争论，林兆华都不会持执着心去看待，因为禅宗美学的终极体悟本就要去除一切有形的艺术知识的束缚和理论观念的遮蔽，他推崇并潜修这样一种美学思想，他说：

> 你想创造什么？你想怎样去创造？你去做就是了。什么写实、写意，唯心、唯物，什么荒诞、象征，还有什么后现代，后后现代，等等，都叫它们站立在我的周围等待新生儿的诞生——戏剧观是我创造的。艺术创造最生动的是你内心流动着的行云飘忽的感觉，这个戏是这个模样，另一个戏是另一个德行。爱情必须专一，戏剧要一夫多妻才行。我早想通了，还是少谈些教条，落得个自由自在地去排几个好戏，就开心得很。①

没有"执着心"的较劲和阻蔽，没有任何"主义"的囚禁和困惑，不寻找什么"派别"的归属，无宗无派、自由自在，感受自然和创造的快乐，体悟生命的道理，领会审美和觉悟所带来的愉悦，"采菊东篱下，悠然见南山"的艺术妙境也就随之而来了。正如他在《狗儿爷涅槃》一文中所说的：

> 艺术家创作的每部作品，都应该是一次涅槃。我迷恋禅宗的思维方式，更相信"顿悟"说，我们之所以搞不出大作品，可能与艺术的悟性太少有关。②

《樱桃园》的审美意象，就是一种禅心妙悟的结果。在舞台时空的

---

① 林兆华."狗窝"独白[J].读书，1998（7）：11-13.
② 林克欢.林兆华导演艺术[M].哈尔滨：北方文艺出版社，1992：292.

画卷上，俯仰自得，收放自如，挥洒着自由的妙造之笔。其实不少观点认为排演《樱桃园》一定要深入19世纪的俄罗斯的现实生活中去，忠实于19世纪贵族生活和人物举止的真实，才符合契诃夫的原著。这种所谓的"科学态度"有时候竟然超过了"审美体验"，把艺术家的创造工作变成了考古工作。林兆华排演的《樱桃园》因其"怪异"和"随意"也曾激怒过不少专家。但林兆华的坚持是，我不为契诃夫而排戏，我要借作品说我自己的话，表达我自己的思想。

《樱桃园》的舞台意象，可谓得"意"（事物本然）而忘"象"（实物之象）。实体空间稳定不变，人就活动在"废园"里。放一个枕头躺下，卧室的空间就出现了；吊杆上放下一个木制书柜，书房就呼之欲出了；书柜居然会在女主人柳苞芙·安德列耶芙娜的面前自行倒塌，像被赋予了灵性，它的倒塌难道不是一种深刻的象喻吗？历史、记忆、文化、精神、寄托在没落了的樱桃园主人面前的无可挽回的倒塌。导演的思想就是那透射进深厚的墓层的光，他照亮了那个"发霉的尘封的时代"，又层层地揭开"麻质的裹尸布"，让观众怀着一份惊愕和好奇，参观了那些曾经活在樱桃园里的，活生生的生命，是怎样地活着、怎样地没落、怎样地风化和速朽。是警示，抑或是启迪，既有着哀叹，也有着希望；掉落的时钟永远地定格在了那样一个黑暗的钟点；简简单单往地上随便一放的咖啡，充满咖啡香味的19世纪贵族的生活情调便灵动了起来……这不正是与中国戏曲传统表现方式有着异曲同工之妙吗？这不正是突破有限时空的审美创造吗？所以，真正的艺术不是去陈述世界的表象，而是超越世界之表象，揭示隐藏在生活和历史表象之下的生命实质。没有心灵的高度就没有这样审美的感悟，这种灵妙的意境所得，得益于艺术家的胸襟、思想和精神涵养，得益于活泼泼的艺术心灵对于世态万物凝神寂照的体验中顿悟的真实和体验。

艺术家凭借他的深静的心襟,发现宇宙间深沉的生命真相,在大自然的怀中"偶遇枯碣顽石、勺水疏林,都能以深情冷眼,求其幽意所在"。所以中国传统美学中认为艺术境界的高低,绝不是客观而又机械地描摹自然事物,而以"心匠自得为高"。林兆华认为:"舞台上出现过的戏剧,那已经是历史。重复前人,重复自己都是没有出息的。"[1]

这种妙造自然的舞台意象,绝非可以在技术层面加以模仿和套用,林兆华导演所谓"一戏一格"的艺术创新的本源就在于此。许多作品用的形式也很新颖,但是不能打动人心,原因就在于只拿捏了"技",而未曾触摸及"道",是招数的展览和堆砌,称不上真正的意象,也并非真正的艺术。《樱桃园》有许多"妙笔",大学生彼嘉从吊着的悬梯上探下身子,与剧中人物对话,你能说他们在哪个具体的空间里?但空间的真实感已经不重要。齐白石的虾游动在水中,有没有那个水,已经不重要,虾活了,水的感觉就氤氲开去。走廊、客厅,任由想象,重要的是彼嘉这个永不毕业的大学生对于现实的理解和未来的预见,在那样一个世纪里,他的思想对于习惯传统的人而言,无异于"痴人说梦"。他的灵魂和精神悬吊在空中,唯有在得到安妮雅的理解后他才能从高高的天上回到人间。这样的调度,在舞台空间上有形式感,韵律感,在造型意义上又有深刻的意味,直指思想的核心。彼嘉倒挂在空中悬梯,不光出于调度的考虑,还有思想的寄寓,理想主义悬空的状态,这是一种多么精彩的象喻!又是一种多么深刻的真实!

---

[1] 林兆华.戏剧的生命力[J].文艺研究,2001(3):76-83.

还是一种多么妙不可言的幽默!"妙"与"做"不同,"妙"出于自然,归于自然。"妙"不仅仅在于好看、漂亮、奇特和富有美感。在中国美学中,无论是道家还是释家,都不约而同追求"妙"之境界,作为体现不可思议的、只可意会不可言传的体验,妙包含"运自然之妙有"[①]的意涵。文学中形容事物之"妙"的词极为丰富,如"玄妙""神妙""微妙",也有"高妙"、"精妙"和"奇妙"等。"妙"的追求自然而然地影响了艺术的品味,那些如鬼斧神工一般不可多得的杰作被人们称为"妙品",更有所谓"妙篇""妙句""妙音""妙味""妙香"的说法。就连对那些超凡脱俗的人的形容中,亦有"妙容""妙相""妙人""妙心"等用语;而中国哲学中最为精深的思想常常被称为"妙理"、"妙义"、"妙旨"和"妙谛"。"妙"超出了有限的物象,超出了事物的表象,是一种智慧,是一种难寻的艺术偶得。

舞台意象的完整性不是照搬或者模仿几个艺术的外在符号,它体现在一气呵成,一气贯通的"气韵"[②]之中。宗白华先生认为:"气韵,就是宇宙中鼓动万物的'气'的节奏、和谐。绘画有气韵,就能给欣赏者一种音乐感。"[③]宗先生认为中国的山水画、建筑、园林、雕塑中无不追求气韵。按照中国古典美学(曹丕《典论·论文》)的说法,"文以气为主",这里的"气"是艺术家的"我之为我,自有我在"的生命力和创造力。舞台演出意象也应当具备一种生生不息的"气韵",这种气韵主宰着演出艺术的完整性,体现着艺术的真精神。气韵是不

---

① 孙绰诗作《游天台山赋》。
② 南朝谢赫在《古画品录》中提出的"气韵生动"的要求,指出绘画的意象必须通向作为宇宙本体和生命的"道"。
③ 宗白华.美学散步[M].上海:上海人民出版社,2005:12.

可模仿和复制的，当统一的、一以贯之的生命力和创造力氤氲洋溢于整个作品的时候，我们就感受到了作品的完整和圆融。气韵生动的舞台艺术，它带给我们的审美体验就不是一个个孤立的形象和画面的生硬凑合，也不是场面与场面的随意组接，更不是舞台手段的繁杂堆砌，而是舞台意象在诗性直觉中的直指心灵的自然呈现。

"禅宗美学"的体悟，在林兆华导演艺术体现的是"无"与"有"的统一，"有限"与"无限"的统一，"虚"与"实"的统一。"技"在林兆华的舞台艺术中，则展现为对于中国戏曲艺术手法的活用和化用。因由这样的"道"与"技"的结合，林兆华实现了无限的时空自由，也因此，要想概括他的导演风格比较困难，其舞台艺术很难找出千篇一律的形式和模式。《建筑大师》《三姐妹·等待戈多》《樱桃园》都是一景到底，有些舞台布景已然是独立的艺术作品，所有的演出空间随着演员的表演被一一证实，转换自然，随心所欲；《风月无边》中舞台空间是多重复合的；《赵氏孤儿》中皇宫、城楼、古道凭着演员那么一走，就完成了转换；人马鱼贯而过，就意味着时过境迁；放下一棵开花的树，就意味着岁月的流逝……"实景清而空景现，真境逼而神境生"无外乎这样的挥就。在空的空间里，场景紧随演员的表演而变化，移步换形，变幻万端，流转自如。公主托程婴将孤儿挟带救走，地点在公主府；韩厥一声喝令："慢！"场景已到城门；公主刚一转身，使女跪地通报，"公主服毒自尽了"；程婴举剑，韩厥中剑身死；与此同时，晋灵公、屠岸贾一行人已行至台中，在前一时空中，迭出另外一个时空，晋灵公震怒于"一个小小婴儿，居然飞出宫去"，场景已是宫中……两分多钟，死去三个（公主、使女、韩厥），场景三换，戏却不止不断，一气呵成。如果拘泥于实物实景，就不可能做到气韵生动，唯有虚实结合，才能实现这有限之中的无限，才能突破有限的形象，揭示事物的本质，造就气韵生动，神妙艺境。

舞台的"空"能创造丰富的"有"，所谓"无"，是无名，是无极，也就是无规定性，无限性。比如体现绘画大法的"一画说"，石涛所谓的这个大法不是一笔一画，不是技法手段，乃是"众有之本，万象之根"，一片风景就是一个心灵的世界，强调了艺术是我表达我所体悟到的那个独特的意象世界。这与罗丹所说的"一个规定的线通贯着大宇宙而赋予了一切被创造物，他们在它里面运行着，而自觉着自由自在"，是一样的道理。正是这"无形"才造就了林兆华的舞台艺术的"形"，即"一戏一格"，绝无雷同的形态。每一次创作都是一次涅槃。现实的时空、历史的时空、心理的时空、思想的时空并不矛盾地重叠在了一起，天马行空，随心所欲。林兆华在谈及《野人》的创作时曾说：

> 导演应该树立这样的观念，舞台上没有不能表现的东西。
> 我希望《野人》的演员不仅能演自己的角色，还能演人的意识流动，人的心境、情绪，演现实、回忆、想象与远古，又能演动物、植物、水灾、噪音，甚至布景、道具。这是一次全能戏剧的尝试，有说、有唱、有舞、有哑剧、有口技。有的同志讲这是话剧吗？我说这是戏剧。
> 有了这个想法，我感觉到了这个戏演出的总体样式，进入了一个比较自由的王国。[①]

---

① 林克欢.林兆华导演艺术[M].哈尔滨：北方文艺出版社，1992：280.

林兆华导演的艺术顿悟没有建立在"写实"或"写意"这两种所谓的派别之上，他着意的不是简单的表现，更不是机械的模仿，舞台艺术风格也不是写实和写意可以一言以蔽之的。这是一种禅宗美学的精神在艺术中的作用和实现。如他所说：

> 没感觉就没有艺术。这是我个人的经验，我靠感觉。读书可以丰富你，增加你的修养，但禅的悟性，是天才的发现；而禅的思维与艺术思维是相同的。我想艺术感觉是你总体修养的爆发。[1]

这不正是以老庄哲学为代表的中国美学的重心吗？只有审美的心胸，才能发现审美的自然，才能创造审美的意象。中国美学所强调的艺术精神其终极的目标不正是生命的感悟吗？不是在"经验的"现实中认识美，而是在"超验"的世界里体悟美。从这个意义上讲，林兆华主张禅宗美学，从"道""技""艺"三者而言，都不可简单归入"先锋派"艺术一类。

艺术的创造不是逻辑的，分析的、概念的，应该是直觉的、感性的、顿悟的，不是用逻辑科学之眼，而是以诗性生命之眼观察世界。中国的艺术理想境界就是"澄怀观道"，在拈花微笑的禅意中领略艺术创造和生命感悟最深的境地。"禅"是动中的极静，也是静中的极动，寂而常照，照而常寂，动静不二，直接源于对生命本原的探究和体悟，所以静穆的观照和飞跃的生命构成了禅的心灵状态。这就是林兆华舞台艺术所追求的"禅心"与"意象"。

---

[1] 林兆华. 戏剧的生命力 [J]. 文艺研究，2001（3）：76-84.

意境的美学意蕴

中国美学的意境说发源于老子，到了唐代，在禅宗思想的推动下，"意境"理论浮出水面。刘禹锡说"境生于象外"，"境"自然也是"象"，是一种在时空上趋于无限的"象"，是一种作为宇宙本体和生命的"道"的体现，是"象"和"象"外虚空的统一。所谓意境，就是超越具体、有限的物象、事物、场景进入无限的时空，这种象外之象所蕴含的人生感、历史感、宇宙感的意蕴，就是"意境"的特殊规定性。叶朗说：

> "意境"不是表现孤立的物象，而是表现虚实结合的"境"，也就是表现造化自然的气韵生动的图景，表现作为宇宙的本体和生命的道（气）。这就是"意境"的美学本质。①

"意境"和"意象"并非同一概念，叶朗在《中国美学史大纲》中

---

① 叶朗.中国美学史大纲[M].上海：上海人民出版社，1985：276.

指出，意境的内涵比意象丰富，意象的外延大于意境。并不是一切审美意象都是意境，只有取之象外，才能创造意境。王夫之在《唐诗评选》中有一段话可以看作对意象和意境区别的说明：

> 工部之工，在即物深致，无细不章。右丞之妙，在广摄四旁，圜中自显。如终南之阔大，则以"欲投人处宿，隔水问樵夫"显之；猎骑之轻速，则以"忽过""还归""回看""暮云"显之。皆所谓离钩三寸，鲅鲅金鳞，少陵未尝问津及此也。[①]

王夫之将王维和杜甫做比较，认为杜甫诗的特点是"即物深致，无细不章"，这是"工"，是取象，即一般的审美意象；而王维诗的特点是"广摄四旁，圜中自显"，这是"妙"，是取境，也就是取之象外，是意境。

意境是出于心灵对宇宙人生至深的体悟。我们仍以马致远的《天净沙·秋思》为例："枯藤老树昏鸦，小桥流水人家，古道西风瘦马。夕阳西下，断肠人在天涯。"前三句全是写景，最末一句哀叹，使整首诗笼罩上一片难以化解的哀愁寂寞、凄凉惆怅的氛围，形成了对整个人生的深深感叹。意境是由内心蓬勃无穷的灵感和气韵与人生、宇宙相互照应而生成的审美之境。如董其昌所说："诗以山川为境，山川亦以诗为境。"[②] 人的诗心映照着天地的诗心，宇宙万物，自然造化，都能为美的心灵吞吐容纳、卷舒取舍。意境是突破有限时空超越到无

[①] 王夫之.唐诗评选[M].保定：河北大学出版社，2008：98.
[②] 北京大学哲学系美学教研室编.中国美学史资料选编[M].北京：中华书局，1981：148.

限的宇宙时空中,寻找到一种更为永恒、空明的精神境界。

　　灵妙的意境,全部得益于艺术家的胸襟、思想和精神涵养,得益于活泼泼的艺术心灵对人生、宇宙凝神寂照的体验中突发的体验和感悟。艺术家凭借他深静的胸襟,发现宇宙间深沉的生命的真相。王国维说:"境非独谓景物也,喜怒哀乐,亦人心中之一境界,故能写真景物真感情者,谓之有境界,否则谓之无境界。"① 意境的创构首先与情感世界紧密相关,是情感与意象的高度圆融和契合。朱光潜说:"在艺术作品中人情和物理要融成一气,才能产生一个完整的境界。"② 意境给人的美感,往往表现为一种惆怅,在这种情感体验中,包含了对整个人生的感受。

　　不是任何作品都有意境,也不是任何意象都能创造意境,意境是意象中最富有形而上意味的一种类型。意境具有形而上的超越意蕴,它超越有限的时空进入无限的时空,有着极为深刻的人生感、历史感、宇宙感。

　　意境既有"实境",又有"虚境",是虚境和实境的统一。"实境"是构成画面的可视的空间,"虚境"是超以象外的无限世界。宋代范晞文说:"不以虚为虚,而以实为虚,化景物为情思,从首至尾,自然如行云流水,此其难也。"③ 宗白华进一步说,"以虚为虚,就是完全的虚无;以实为实,景物就是死的","化实为虚,就有无穷的意味,幽远的境界"。④ 八大山人在纸上画一条生动的鱼,别无一物,却令人感到满幅是水。中国画画一枝横出的树枝,枝头画一站立的小鸟,就能渲

---

① 王国维.人间词话[M].上海:上海古籍出版社,2009:3.
② 朱光潜.谈美[M].北京:北京大学出版社,2008:119.
③ 范晞文.对床夜语[M].北京:中华书局,1985:14.
④ 宗白华.美学散步[M].上海:上海人民出版社,1981:34.

染出广阔无垠、充满生机的大千世界,这即是以虚传实的"妙境"。宋代山水画家郭熙在《林泉高致》中有一段论述中国艺术的著名论述:"山欲高,尽出之则不高,烟霞锁其腰则高矣。水欲远,尽出之则不远,掩映断其派则远矣。山因藏其腰则高,水因断其湾则远。盖山尽出,不唯无秀拔之高,盖山尽出,不唯无秀拔之高,兼何异画碓嘴!水尽出不唯无盘折之远,兼何异画蚯蚓!"[①]意思是,画高山,如果光顾着画山的高,往往凸现不出山峦的高度;画流水,如果只盯住流水向有限的画面铺展开去,往往无法表现流水的深远。只需在山腰画一片缥缈的云雾挡住山体,山的高度和气势就会顺势而来;只需画一处树林挡住流水,水的远态就会自然显现出来。一"锁"一"掩",欲露还藏,虚实结合,方能创造出一个广袤无垠的造化世界。

意境带有深刻的哲理意蕴,充盈着意蕴无穷之美。意境创造的魅力就是要让作品有耐人回味的余地。所谓艺术作品的"韵味",就是超越具体物景的形而上的难于言说的美,也即司空图所谓的"不著一字,尽得风流",达到言有尽而意无穷的境地,真正实现"艺术的境界(意境),既使心灵和宇宙净化,又使心灵和宇宙深化,使人在超脱的胸襟里体味到宇宙的深境"[②]。意境是心境的折射,意境体现了人类最高的精神活动,艺术境界和哲理境界的产生都源自自由和充沛的心灵。杜甫的《夜听许十一诵诗爱而有作》形容最高境界的诗"精微穿溟涬,飞动摧霹雳",说的就是只有活跃的生命才能使静照中的"道"具象化、肉身化,从而创造出可以传达无边"精深"的意境来。所以艺术的意境一定体现着艺术家对整个人生、历史、宇宙的哲理性感受和领悟。

---

① 郭熙.林泉高致[M].济南:山东画报出版社,2010:56.
② 宗白华.美学与意境[M].北京:人民出版社,1987:223.

意境的实现需要发挥意象的作用。例如，马致远的《天净沙·秋思》之所以产生幽远的意境，是作者撷取了"枯藤""老树""昏鸦""小桥""流水""人家""古道""西风""瘦马""夕阳"等意象，并通过意象的组合达到了总体的诗意境界，开拓出一片令人联想的审美空间，使人产生对整个人生的一种哲理性感受。温庭筠《商山早行》："晨起动征铎，客行悲故乡。鸡声茅店月，人迹板桥霜。槲叶落山路，枳花明驿墙。因思杜陵梦，凫雁满回塘。"颔联写诗人在山村茅店宿夜，黎明时被鸡叫唤醒，犹见天边残月，板桥敷有寒霜，稀稀落落的脚印还留在上面，这一画面犹如天地间一幅充满荒寒的大画。李白《越中览古》"越王勾践破吴归，战士还家尽锦衣。宫女如花满春殿，只今惟有鹧鸪飞"中，前三句写"还家""锦衣""宫女""春殿"，诗人借昔日的繁华景象与今日鹧鸪乱飞的破败景象的对比，抒出了一番沧桑巨变的历史感喟，化出了人生如梦的意境。贺铸《青玉案》"试问闲愁都几许？一川烟草，满城风絮，梅子黄时雨"中，诗人以"一川烟草"、"满城风絮"及"梅子黄时雨"极言闲愁之多，无法排遣，以实写虚，化无形于有形，产生了忧伤而又动人的意境。

可见，意境的意蕴不是孤立的物象，而是表现虚实结合的"境"，也就是超越现实时空的关于整个宇宙人生的感悟，表现造化自然的气韵生动的图景，体现了作为宇宙本体的道包含着的形而上的哲理内容，因而充满着超越和解脱的精神性体验。

一、焦菊隐所言"诗自情"的内涵

戏剧怎样发展有着自己美学根基的戏剧，坚持丰富的深厚的民族美学和传统文化的创造，探索出有着鲜明民族美学特征的艺术，这是许多前辈戏剧家孜孜以求的问题。

焦菊隐被誉为是一位舞台诗人。他一生锲而不舍地将"话剧民族化"的探索作为人生和艺术的理想和方向。焦菊隐的导演艺术源于丹钦科和斯坦尼斯拉夫斯基的演剧体系，也受到契诃夫式的"内心现实主义"的影响。他在20世纪40年代的译文中首度提出了他的"心象"学说①，排演《龙须沟》又进一步丰富了"心象"学说②。结合意境的创构，他提出了"诗自情"的观点，体现了中国美学和艺术精神。

焦菊隐最初在排演郭沫若的历史剧时，被洋溢着的澎湃感情和丰盈的诗的意境感染。在他所想象和处理的历史剧的舞台画面中，将诗的意境注入话剧的舞台艺术中。焦菊隐对话剧民族化道路的求索，在对戏剧意象和戏剧意境的追求、完善和体现中找到了属于自己的艺术风格。

为了更好地吸收中国传统艺术的美学精神，为了找到戏曲与话剧之间可以相通的艺术规律，焦菊隐在《虎符》中做了开拓性的尝试。

第一，学习并化用戏曲艺术中精练、鲜明、富有表现力的程式、动作来"表现"人物的思想、感情、性格。剧中有一场戏，信陵君焦急地等待"虎符"时，侯生自怀中取出一个小包授之，告诉他这就是如姬夫人送来救赵的"虎符"。此时，信陵君一个意外的停顿，退后数步，两手一张，双手竟激动得微微颤抖。这个反应和大幅度的动作不是生活中的真实动作，它带有鲜明的戏曲程式的色彩，但是安排在这

---

① 丹钦科.文艺·戏剧·生活[M].焦菊隐，译.北京：中国戏剧出版社，1982：221.
② 焦菊隐.焦菊隐文集：第3卷[M].北京：文化艺术出版社，1988：73.

里，以一种极为强烈的方式表现出人物此时的内心状态。话剧借鉴戏曲艺术要自然，关于这一点焦菊隐在总结《虎符》导演艺术时说过这样一段话："话剧吸收传统的艺术手法，并不是把戏曲的'一招一式'生硬地搬到话剧表演中来。但是，为了能够有本领消化，却非从戏曲的'一招一式'学起不可，而且要学得多、学得透，要下苦功夫，要练功……才能根据人物性格的要求，得心应手地去运用，这才能达到'化'的程度。"①虽然《虎符》在化用程式动作的探索中尚未成熟，但在中国戏曲中大胆借鉴和寻觅新的表演创作方法，具有历史性的意义。

焦菊隐强调要用民族的美学观念和方法去表达民族的思想感情，他认为这是话剧民族化的重要标志之一。焦菊隐导演《茶馆》时，根据话剧的特点化用了戏曲的处理方法。茶馆的进门处，设置了一个高出茶座的平台，这个平台既有早年间老北京大茶馆门面的特点，又自然地形成人物上场时"亮相"的"九龙口"。一些主要人物上场时都在平台上停顿片刻，正好突出人物形象的"亮相"。例如，秦二爷和庞太监的上场就有着意渲染的"亮相"处理。秦二爷上场前，先是传来一阵清脆急促的走骡蹄声和铃声，宛如戏曲中衬托人物的上场锣鼓，秦二爷轻快地飘然而上，手持马鞭在大门里台阶上站定。导演刻画了壮志凌云的秦二爷意气轩昂的精神气度，通过人物上场的节奏和神态，把秦二爷这一新兴资本家的身份、地位及踌躇满志的性格形象化地刻画了出来。庞太监的上场则是另一个节奏，在传来轿车缓缓的停车声后，门外先响起了一片"庞老爷，您吉祥！""庞老爷，您顺

---

① 苏民，左莱，杜澄夫，等.焦菊隐导演学派［M］.北京：文化艺术出版社，1985：77.

心！""庞老爷，您好走！"的请安问候声，接着茶倌们闪身让道，茶馆里各色人等齐齐地注视着大门口，停顿片刻之后，庞太监才由一个小太监搀扶着颤颤巍巍地侧身而上，晃晃悠悠地走下来，转身又是一个类似亮相的停顿，观众随之看清了庞太监蜡黄脸、瘪瘪嘴、肿眼泡的畸形怪相。紧接着是封建顽固势力代表庞太监与新派财主秦二爷间一场笑里藏刀的唇枪舌剑。在这场针锋相对"舌战"的收尾处，导演在台词之外又加了一小段戏，二人充满敌意地对视着，表面上装得非常客气，但又流露出互不服气的情绪，此时对应地通过艺术夸张的语助词"哼哼！""哈哈！""哼哼！""哈哈！"进一步刻画了人物的内心感情，这里借用的是京剧《天霸拜山》中的程式，用以表现人物特定的内心状态和相互关系。焦菊隐在"秦庞斗嘴"中，有机自如地化用了中国戏曲的程式。

第二，学习掌握并化用中国戏曲中"化虚为实"的艺术手法。民族戏曲中的动作虚拟常以"无实物表演"唤起观众真实的联想，创造出艺术的真实。焦菊隐在《虎符》小结中明确谈到，他在排演《虎符》时有意识地吸取戏曲艺术的无实物表演形式，他非常赞赏戏曲重视调动观众想象力的艺术原则，戏曲的表演只要做到"心到、眼到、手到"，就能使观众产生联想，进而产生真实感。因此，尽管对在话剧里能否运用这一方法还存在不同意见，焦菊隐仍然坚持实验无实物的表演。焦菊隐把戏曲的虚拟化表演方法称为"无实物表演"，看作一种有独特真实感的表演方法。它在舞台上并不拘泥于细节、过程的真实，是以一种经过美化的虚拟的艺术表演，意在唤起观众丰富的联想，从而创造出舞台上的艺术真实。

第三，在历史剧的演出中借鉴戏曲，将生活化的语言升华为艺术的语言。在《虎符》的演出中，演员在台词表达上借鉴吸取了戏曲的韵白、京白、吟诵的语言方式。按照焦菊隐原来的想法，他要求演员念白吸取京白的读词方法，但又不应该像"京白"；他要求借鉴朗诵的方法，但又不能是"朗诵"。这就不能生搬硬用，而是要借鉴、消化、创新。由于时间和演员条件等方面的局限，《虎符》在处理台词上对戏剧语言艺术的探索尚未完成。焦菊隐所探求的舞台语言，是艺术化的语言。他想找到既是从生活真实中来又是经过艺术加工的，与夸张的舞台动作程式和谐一致的戏剧语言。这种语言应该是具有剧场表现力和艺术美的语言。[①]

第四，处理动作和节奏时借用音乐和锣鼓点。旨在有助于表现人物的思想感情，刻画人物的内心节奏，渲染舞台气氛。话剧里配音乐是常见的，但直接配戏曲的锣鼓点却是罕见的。《虎符》大胆地配了锣鼓点，虽然处于直接搬用阶段，还没有有机地融入话剧的形态中，但是焦菊隐的意图是清楚的，他认为话剧应当学习戏曲中的节奏处理，能够既形象又强烈地突出人物的内在心理。

此外，为了创造诗剧的意境之美，《虎符》的布景以写意取代了写实的手法，天幕、门、窗、回廊及烦琐的生活摆设一律被取消，舞台布景采用以少胜多、以一当十的置景方法，追求写意的舞台画面。一根耸立的红漆高柱，配合着舞台的光影和演员的表演，虚实结合表现出宏伟的宫殿。一弯小桥以及桥头的一株小树，月光映照着小桥，树影摇动，在月色和波光中，营造出了中国画的韵味和情致。焦菊隐所采用的舞台手法正是中国艺术传统中虚实结合、传神写照的艺术方法。

---

① 焦菊隐.焦菊隐论导演艺术［M］.北京：中国戏剧出版社，2005：540-552.

关于戏曲手法的化用,他说:

> 话剧要向戏曲学习的,不是它的单纯的形式,或某些单纯的手法,更重要的是要学习戏曲为什么运用那些形式和那些手法的精神和原则,掌握了这些精神和原则,并把它们在自己的基础上去运用,就可以大大丰富和发展自己的演剧方法。[①]

观众要看的是"戏",而非"一片生活",在舞台需要什么样的"真实"的问题上,焦菊隐认为是能够体现民族戏剧美学的"艺术真实"。他认为"艺术的真实"和"生活的真实",二者的区别在于艺术真实不是拘泥于生活表象,而要呈现生活真实的本质。那么,如何去呈现和突出真实生活的本质呢?他归纳为:形神兼备、虚实结合、多少相胜、动静相生,这四个方面的要求最终要体现的正是诗的意境,是中国美学的精神。焦菊隐在遗稿《论民族化(提纲)》[②]中有一段话谈到他所追求的戏剧的"诗意":

> 以深厚的生活为基础创造出舞台上的诗意……不直,不露,留有观众的想象、创造的余地。但关键又在于观众的懂。如齐白石画虾,画面上只有虾,而欣赏者"推"出有水。如果什么也看

---

① 焦菊隐.焦菊隐戏剧论文集[M].上海:上海文艺出版社,1979:329.
② 焦菊隐的《论民族化(提纲)》是从他遗留的散乱笔记中发现的,这份提纲共九条,涉及"欣赏与创造""形似和神似""托形传神""以少胜多""细节和整体""有限和无限""由动出静""会意与境界""规律与方法"等方面的内容。这份提纲大约写于1963年,最迟不会超过1964年1月,是研究焦菊隐先生美学思想体系的重要文献。

不见，如何"推"？又"推"到哪里去？这正是中国戏曲传统的特点，既喜闻乐见——懂，又留有"推"的余地。[1]

焦菊隐鉴于自己对"诗意"的理解、对诗的意境的创造，提出了"诗自情"的观点。他说：

> 创作者对事物产生深厚的感情、激荡的情绪，描绘出乎激情，刻画发自肺腑，诗意自然就会流露出来……作家自己先动情，读者才能动心。导演自己先动情，然后才能在舞台这种画布上，化出动人心魄的人物来。这就是诗意。[2]

1959年至1962年，焦菊隐排了六个剧目，其中最为突出的是两部郭沫若的新剧：历史剧《蔡文姬》和《武则天》。看过这两出戏的人，一般会从总体风格上留下这样的印象，前者"写意"的手法多，后者"写实"的手法多。同时，在多样性中又有统一的戏剧美学思想指导，即澎湃的激情，蕴含着诗的意境。焦菊隐排演郭沫若的戏，之所以获得了巨大的成功，正是因为作者在思想感情上与剧本作者产生了共鸣，在诗的意境上达到了会心。

焦菊隐不仅在导演郭沫若的历史剧中追求富有诗意的艺术处理，而且把诗的意境视为任何风格和体裁的剧目演出都不能缺少的因素，

---

[1] 苏民，左莱，杜澄夫，等.焦菊隐导演学派[M].北京：文化艺术出版社，1985：136.

[2] 苏民，左莱，杜澄夫，等.焦菊隐导演学派[M].北京：文化艺术出版社，1985：135.

列为"演出三要素"之一。他说,话剧"虽非诗体,却不可没有诗意。演出更不可一览无余,没有诗的意境"①。焦菊隐谈到舞台的诗意,提到"演出不可一览无余",就是要求"言有尽而意无穷",要求涵蕴深邃,达到传统美学的"诗外之诗""戏外之戏"的境界。《蔡文姬》与《武则天》追求的诗的意境,就是建筑在观众联想上的不尽之意,令人回味无穷。因此,尽管这两出戏的艺术风格、样式有很大差异,却都体现出民族戏剧美学的一致性。画家叶浅予看过《蔡文姬》之后,从一个熟谙宋画《文姬归汉图》的画家的角度,发出了"比宋画还美"的感喟,《蔡文姬》的创造水准和艺术水准由此可见。对诗性的感受和理解,对意境的把握和创造,确实与写实主义一览无余的创作方法区别甚大,其难度在于把握好艺术表现和观众认同之间的分寸,所谓"言外之意""戏外之戏""味外之旨"是在观众的鉴赏中得以完成的。

《蔡文姬》的舞台艺术,以虚实相生的艺术手法,突破了空间造型的局限性。舞台上的黑丝绒天幕,蔡邕墓地上残剥的墓石,朦胧而又惨淡的月光,月下文姬孤独的身影,有限的景象创造出无限的时空,渲染了"物是人非时过境迁"的沧桑之感。文姬出场的画面,焦菊隐从平稳的节奏开始,让四个胡婢陪同下的文姬在缓慢的音乐序曲中漫步走出,就在文姬缓步行进的过程中,空中传来几声悲怆的雁叫,文姬抬头"目迎归鸿",此时正值塞外初春,"鸿雁传书寄相思"的诗意扑面而来,文姬的思乡之情也尽在不言中。导演借孤鸿在无垠天际的悲鸣,揭示出人在宇宙天地间的飘荡和孤寂的生命困顿。随后,作为诗人的蔡文姬有感而发,脱口而出"东风应律兮暖气多",引出了《胡

---

① 焦菊隐.焦菊隐戏剧论文集[M].上海:上海文艺出版社,1979:12.

意境的美学意蕴

笳十八拍》第十二拍的伴唱,恰到好处地渲染了诗化的意境,又表现了中原才女诗性湍飞的生命状态。第七句"喜得生还兮逢圣君"和第八句"嗟别二子兮会无因"本是一个完整的句段,但是为了表现文姬猛然想起一双儿女的情思,导演在上下句之间加入了一段间奏式的过门,并在过门中远远传来了两个孩子呼唤妈妈的画外音。紧接着在"嗟别二子兮会无因"这第八句伴唱声中,文姬俯身抚摸着尚在襁褓中的幼女昭姬……满怀悲怨地"目迎归鸿",怅然若失地"遥望胡儿",黯然神伤地"亲抚幼女",天地的苍茫、命运的无常、胡笳十八拍的幽咽深沉,人性中至善至纯的大爱融合在这个情境中,触发了一种深刻的生命感和历史感,在音乐和伴唱的烘托中产生了高古幽远的意境。

"有戏则长,无戏则短",这是戏曲艺术的一条法则,焦菊隐深谙其中三昧。他善于发掘出"戏",并在舞台上淋漓尽致地演出来。作为《茶馆》中最为脍炙人口的"妙笔",三位老人的"自奠"是全剧最后一场戏,王利发、常四爷、秦仲义在特殊的时势和心境中最后一次相遇在老茶馆里。在醒目的"莫谈国事"标语下,备受磨难的三位老人一反常态,痛快地谈论着国事,控诉着不公正的世道。这又是一个十分奇特并有着哲理意味的戏剧场面,三位老人最后祭奠自己,纷纷扬扬飘落的白色纸钱,悲凉、苍劲、颤抖的呼吸声,不仅预示着他们即将与世诀别,也寓意着对一个黑暗旧时代的埋葬。在这场戏里,人物的体验很复杂,不但是对个人生活的回顾与总结,还包含着他们对于自身所经历的三个旧时代的回味和控诉,三位老人一生的坎坷,满腹的辛酸,都集中在这一刻。这场戏不是一般的忆旧,一般的告别,而是表现人看透了混乱世道之后的觉醒。他们回忆个人遭遇,已然没有了伤感;他们议论世态炎凉,也不再慷慨激昂。他们或娓娓叙谈,或自我解嘲，或畅然大笑，或语带讥诮，这是在生命尽头的一曲绝唱，浓缩着三人对一生所经历的艰难坎坷的复杂体验。悲怆的诀别，奇特的自奠，但是却没有悲切，没有眼泪，真是"欲说还休，欲说还休"。

戏的结尾，茶馆内光线暗淡，茶馆外气氛阴郁，三人绕着茶桌相随而行，凄厉地呼喊着出殡时杠夫的号子，用力向空中抛撒祭奠自己的纸钱。不知从何处传来送殡的阵阵哀乐声，这是生活中的音响，也印合着三个老人的心声——这一令人难忘的戏剧场面的营造，是浓缩了的人生，是凝固了的历史，达到了高度的艺术真实，由意境的渲染而产生了震撼人心的巨大力量。

1963年，焦菊隐在《关汉卿》的创作中把他对于话剧民族化的探索又推向一个新的高度，他在演出结构中运用了民族戏剧的"构成法"。焦菊隐所探索的"民族戏剧构成法"是什么呢？他自己解释说：

> 戏曲的独特的艺术方法的核心，就是它的构成法。戏曲构成法，是戏曲处理题材的基本方法。……程式是有形的，构成法是无形的。构成法支配着程式，它本身具有一定的无形的程式。这是使人物的外在行为和思想感情，都能具有形象化的一种艺术程式。这也是中国戏剧学派的一种独特的艺术程式。遵循戏曲构成法这种无形的程式，远远重要于恪守那些一招一式的有形程式。[1]

这是焦菊隐学习运用戏曲精神原则的进一步发展，是他通过戏曲有形的程式向无形的创作内在规律、向编剧和舞台整体结构奥秘的深

---

[1] 焦菊隐. 焦菊隐戏剧论文集［M］. 上海：上海文艺出版社，1979：271.

入探索。焦菊隐之所以毕生执着探索"民族戏曲构成法",主要是为了追求舞台艺术的直观性、抒情性和演出结构的整体性、连贯性。中国民族戏曲的审美特征,要求舞台形象易懂、易解。所谓"活现于氍毹之上",就是强调艺术的直观性、直感性。要求人物形象活灵活现、刻画得鲜明突出,使观众看得清楚。他给自己提出的一个为之奋斗的艺术理想是:"我想给话剧创造出一个自己的程式,使话剧的演出,也能和戏曲一样具有连贯性。"①

从焦菊隐的一系列著作《焦菊隐戏剧论文集》、《焦菊隐戏剧散论》和《焦菊隐文集》中可以看出,焦菊隐作为"学派"的理论已自成系统。他的理论思想走出了西方"模仿论"的束缚,拓展了现实主义的观念和形式,深挖并彰显了民族戏剧美学之魂。他认识到:"不能自然主义地照搬生活。在舞台上,应根据戏的需要,提炼集中,加以艺术处理。只要处理得当,观众就会觉得它是真的。……艺术真实源于生活真实,但并不等于生活的真实。"②中国的文化艺术有着深远的现实主义传统,又有着独特的民族心理构成,中国艺术和中国美学明确生活真实与艺术真实的区别,要求以形神兼备、虚实结合、多少相胜、动静相生的艺术方法,创造舞台上的戏剧真实。中国艺术和中国美学要求在深厚的生活基础上,在与观众的"会心"中,创造出舞台的诗意和诗境,在舞台审美意象中生发出带有哲理性的人生感和历史感,从而创造出具有无限意蕴的戏剧意境。

---

① 焦菊隐.焦菊隐戏剧论文集[M].上海:上海文艺出版社,1979:271.
② 蒋瑞,苏民,杜澄夫.《〈茶馆〉的舞台艺术》[M].北京:中国戏剧出版社,1983:207.

二、朱端钧《桃花扇》的意境创构

朱端钧出身书香门第，熟谙中国古代艺术理论和著名的文学经典。从历代诗词到诸家曲画，都有很深的艺术造诣。他富有高格与意境的舞台创作，全仰赖于他深厚的诗词古文修养和功力。他为人为艺追求"与人无忤，与世无争，随戏所至，游刃无痕"[1]的境界。谈到"意境"，他曾有一言："戏里有时要做点诗。"这句朴素的话集中体现了他的艺术追求，朱端钧的导演艺术源自诗性的追求。在他看来，"意境"是一种通过情与景的有机联系而造成的一种境界，它能引起人的联想、遐想和类似情感的体验。

朱端钧的导演艺术在理论和实践上追求"一个空灵的境界"。他导演莫里哀的《吝啬鬼》，在处理结尾场面时，他让阿巴贡吹熄所有的烛灯，当欢乐的人们渐渐散去，"风吹起了窗纱，狗吠声传来，阿巴贡像一条疲乏极了的但又饿得发慌的馋狗一样伏在地上，穿过舞台爬向通往花园黑洞似的门口，去和他失去的金子'团圆'去了"[2]。据说他在进行导演构思时，常常会低声吟咏，构想着他的诗的意境。胡导[3]说："只要看到演员行动起来，他的灵感便会应运而生，腾跃而起……只因这演员们在他自己梦幻过的戏剧意境中遨游驰骋，撷取着他们从中迸发出来的创造人物形象的动人因素，或者还会随着演员们回到'胸'中的'成竹'中来，把自己的幻境在排练场上丰富了，发

---

[1] 王复民. 朱端钧的戏剧艺术[M]. 北京：中国戏剧出版社，1985：80.
[2] 王复民. 朱端钧的戏剧艺术[M]. 北京：中国戏剧出版社，1985：298.
[3] 胡导（1915—2013），原名胡道祚，安徽泾县人，著名导演、戏剧教育家。

展了……"[①]

朱端钧的导演艺术总是从大处着眼、小处着手，总体上行云流水、浑然天成；处理上层次分明、脉络清晰；细节上苦心经营、工笔重彩、出奇制胜，绝不见刀痕斧迹。《桃花扇》一剧是"借侯李离合之情，写一代兴亡之感"的古典杰作，导演将戏剧整体的风格定在了"凄厉而明艳，苍凉而热情"的格调中，体现出深刻的人生感和历史感。第三场"辞院"写的是侯朝宗为了避祸，星夜投奔扬州史阁部，与香君依依惜别。导演为了达到"语不惊人死不休"的目的，特意将地点改在香君妆楼的楼下，在侯李惜别之后，香君转身扑向舞台后方正中的排窗，俯视窗下秦淮河上夜幕深深，她望着爱人的小舟缓缓驶来，恰在窗下行过，二人相泣而望，香君目送小舟远去；与此同时，导演处理了秦淮摇橹的画外音，烘托离别的悲愁气氛。这样的调度和音画构造渲染了"隔春波碧烟染窗，美人凭栏凝眺；君郎去越遥，肝肠似搅，泪点儿滴多少"的诗意境界。导演朱端钧还特意为这一场戏加写了歌词，让幕后出现女声的伴唱：

  人生聚散事难论，曲终烛残酒尚温。
  一朝烟波摇郎远，后会茫茫遥无凭。
  从此香君上楼台，雨打梨花掩重门。

在凄楚的歌声中，香君转身离窗，环视桌上的残羹剩酒，百感交集，再次转身冲向窗栏探首远望。可惜载着爱人的小舟已经远去，从

[①] 王复民.朱端钧的戏剧艺术［M］.北京：中国戏剧出版社，1985：301.

此后有情人天各一方，相会之日遥遥无期，只有秦淮河的烟波呜咽，见证着他们的爱情。在"从此香君上楼台"的歌声中，香君缓步登楼，在"雨打梨花掩重门"的歌声中，先闭二幕，再闭大幕。当大幕徐徐关闭的时刻，观众的期待、惋惜、沉重的心情久久萦绕于怀。《江城子》中描写了一种"十年生死两茫茫，不思量，自难忘。千里孤坟，无处话凄凉"的人生感、惆怅感油然而生。

"绝侯"一场更体现了朱端钧作为诗人导演的艺术功力。这一场写已经投靠了清廷的侯朝宗、柳敬亭和苏昆生来到葆真庵，见到阔别的李香君、卞玉京、郑妥娘等人。在这场重逢戏的开头，导演为香君对侯朝宗矢志不渝的爱和信任设置了一个高点，她不相信传言中侯朝宗投靠清廷的说法。当侯朝宗出现在她面前时，导演的舞台处理是：让含辛茹苦、日夜忍受谣言折磨的香君不顾一切地扑向日夜思慕的侯朝宗，侯朝宗见香君衣衫单薄，情深意重地脱下自己的披风替她披上，顺手摘下自己的风帽转身交给马夫，就在他转身的一刹那，一条长辫在香君面前晃过，眼前的侯朝宗一身清朝的箭衣马褂……香君怔住了，从吃惊到恍惚，从恍惚到失望……女声的伴唱又响了起来：

　　天塌地崩海啸沸，魂灵儿飞落。
　　霎时间晴天霹雳，非梦非幻。
　　前程历历，那心上人今日成冤孽。

在朱端钧亲自撰写的歌词的伴唱之下，香君踉踉跄跄在台右前侧退下场。导演安排了很大的调度和停顿，在长时间的尴尬和静默之后，目睹此情此景的众友人悲愤难平但又无可奈何，众人的眼光跟随着香君的舞台调度，横扫过整个观众席。这一横穿舞台的弧形调度之后，香君站在舞台左侧，导演让李香君极其淡漠地问道："侯公子，你作甚么来了？"没有强烈的谴责和质问，没有排山倒海似的控诉，她用自己对侯朝宗坚定不移的爱情和信任支撑起生命和意志，如今信任的支柱已经分崩离析，生命之火仿佛也已燃到了尽头。李香君的精神、生命、意志和希望刹那间被死亡笼罩，没有比这种结局更令人惆怅和心碎的了。那一件披风，那一个转身，那一个停顿，那一个长长的弧形的调度，那一种令人窒息的平静，体现出导演对人物心理的刻画到了炉火纯青的地步。紧接着，导演让香君铿锵有力地训斥了侯朝宗的变节和失信，香君忧愤地说："我死了，把我化成灰，倒在水里，也好洗净这骨头里的羞耻！"爱之愈甚，恨之愈深，导演让象征了香君清白性格的声音响彻云霄，在山泉和瀑布声中不断回响……羞愧难当的侯朝宗缓缓走出院门，又沿着短墙后面斜的平台上露出半截身子，缓步离去消逝。人群散去，只留下卞玉京陪伴着李香君，香君平静而安详地斜躺在竹椅上，静美无声，如同卞玉京奉在她足下的白色山茶花，如同那白茶花的凋零，不是一瓣瓣地谢落，而是一朵朵地坠落，死亡的山茶花依旧保持了盛开时完美的形状和姿态。导演用白色的山茶花为象征物，深刻地揭示了人物的"宁为玉碎不为瓦全"的节操，这是李香君冰清玉洁的人格化象征。朱端钧为香君之死再次创作了动人的诗歌：

> 问君何时入山深，刘郎重来恩怨分。
> 桃花流水宵然去，长留人间清白身。

大幕在女声抒情的伴唱声、一片汨汨泉水声和暮鼓声中徐徐合拢。

没有悲悲戚戚、哭哭啼啼，结尾荡气回肠，余音绕梁。导演处理"香君之死"正如孔尚任《桃花扇》传奇所书："疏疏密密，浓浓淡淡，鲜血乱蘸，不是杜鹃抛，是脸上桃花做红雨儿飞落，为贞烈人留照。"古人说："天籁自鸣，直抒己志，如风行水上，自然成文。"①《桃花扇》中晨钟暮鼓、莺声燕语、媚香楼前雨打芭蕉、鹦鹉学舌，秦淮河上船过水流、桨橹声声，以及瀑布流水、空谷回音……这一切都为了体现一种深刻的人生感和历史感，创造出舞台艺术动人无限的意境。

朱端钧在《舞台创作技法》九条中提出："举纲张目""承前启后""渲染与省略""弛张相间""虚实结合""履险涉奇""写景抒情""贯穿联系""转合归结"，这九方面的导演理论充分体现了方法论意义上的中国艺术的智慧。②他所追求的导演境界是行云流水，浑然天成。③他谈到三种导演：第一种导演，表现在舞台上的，是有许多标记显明，斧凿斑斑，俨然是导演在此；第二种导演，散漫松懈，无力控制，形成无导演状态；第三种导演，是与人无忤，与世无争，随戏所至，游刃无痕。含蓄的方法构成了朱端钧的导演风格。朱端钧在排练中很少出现指手画脚、耳提面命的方式，他的为人和艺术皆流露出淡雅含蓄之美。含蓄之美是中国美学的显著特征，具有含蓄之美的作品才有可能获得耐人寻味、意味隽永的感染力。他擅长"在素装淡墨、涓涓流水的调子中去创造诗一般的意境，揭示人物内心的巨大激情，故而长期以来形成了他的导演创作所具有的朴素淡雅、清新隽永、深

---

① 杜文澜.古谣谚［M］.北京：中华书局，1958：1.
② 朱端钧.排戏杂写［M］//王复民.朱端钧的戏剧艺术.北京：中国戏剧出版社，1985：34-56.
③ 朱端钧.舞台创作技法［J］.戏剧艺术，1979（1）：24-35.

湛含蓄、抒情细腻等独特的艺术风格"[①]。胡导认为朱端钧的创作境界是一个"意"和"灵"的境界。

中国戏剧是中国文化的一个重要组成部分，它无法摆脱中国人的思维方法、人生经验、哲理思考，它总是要受到民族文化和传统美学的深刻影响。中国戏剧比任何时候都应该坚守中国的文化和美学坐标。就话剧而言，其根本气质不只是使用中文对白的舞台剧，而是指不管在何种历史情境和时代土壤中，它自身都能够体现一种稳定的中国美学的精神坐标。中国话剧要在全球确立其应有的地位和价值，呈现其特有的气格和精神，也必须在美学层面重塑和实现自己的品格。

---

① 王复民.朱端钧的戏剧艺术［M］.北京：中国戏剧出版社，1985：154.

论戏剧的诗性空间

空间问题不仅是艺术学的问题，而且是建筑学、社会学、历史学、地理学、人类学的问题，也是哲学、科学的大问题。20世纪中叶以来，空间问题紧随时间问题成为主要的美学问题。在西方传统哲学所标举的所谓的"真正的世界"，即"理念世界"（与现实世界相对立）、"彼岸世界"（与世俗世界相对立）、"物自体"（与现象世界相对立）之后，胡塞尔提出了"生活世界"的概念，为的是跳出哲学虚构的所谓的"真正的世界"，从而回到一个"万物一体"的、鲜活的、诗意的、充满了意味和情趣的世界，也就是海德格尔所说的"在世之在"。

在这一现代哲学思潮中，时间和空间的二元对立日渐消解，对空间的理解产生了根本转变。时至今日，一切与造型有关的艺术，其空间观念、空间构成相对于传统的空间意识均发生了根本性转变。正如韦格纳所说："空间本身既是一种'产物'，是由不同范围的社会进程与人类干预形成的，又是一种'力量'，它要反过来影响、指引和限定人类在世界上的行为与方式的各种可能性。"①

一、重构时空的诗性空间

戏剧艺术是重要的文化形态,戏剧活动中包含着丰富的历史信息和文化内涵。戏剧所有的美流露在笔端,也呈现于舞台。戏剧之美存在于演员和观众共同流逝的时间里,充盈于生命和艺术的体验中,这是任何其他艺术都不可比拟的。对戏剧艺术美感的把握,永远与时间、生命联系在一起。

戏剧和其他艺术一样是通过自身独特的媒介和形式,通过系统化的审美完形来呈现人的精神世界,最终完成生命情致和审美意象的在场呈现。由舞台诗性空间所呈现的意象世界是一个有别于现象世界的美感世界。如何创造戏剧的"诗性空间"已经不是单纯的形式问题,它越来越成为当代戏剧最具有重要价值的美学命题之一。②

戏剧的叙事,本质上是以一种空间动态结构来表意的审美创造。空间的想象和选择直接影响演出画面的构成,影响戏剧意象的生成,

---

① 韦格纳.空间批评 A:批评的地理、空间、场所与文本性［M］//热奈特,哈琴,科恩,等.文学理论精粹读本.北京:中国人民大学出版社,2006:137.
② "诗意"和"诗性"虽然在英、德、法等西文中都用同一个词来表述,但两者的含义在具体的语境中是有区别的。"诗意",涉及人对"诗"的美感认知,包括诗的意境、氛围所引发的美感体验等,"诗性"除了与"诗意"的交叠部分外,倾向于突破单一的审美愉悦,把艺术作为一种对存在的观照,对精神的言说,大大扩大、加深和刷新了对于诗,以及其他艺术的审美取向和根本意义的理解。本文对"诗性空间"的论述除了对戏剧艺术一般层面的空间美学的介绍之外,主要研究的是现当代戏剧借由"诗性空间"实现对世界和存在的本质化敞开和呈现,以及"诗性空间"的创构方式。

也影响着舞台叙事的意义。因此，空间创构是舞台艺术的核心问题，它日益成为戏剧整体性美感呈现的关键要素，也日益成为戏剧自身发展和超越的维度。如果说塔科夫斯基用"雕刻时光"来阐明电影最本质的特性在于通过蒙太奇实现对一种"诗意时间"的创造，也就是把创造的、流动的、瞬逝的时间记录在胶片上（或数字影像），那么戏剧最本质的特性在于"重构空间"，通过重构不同层级的空间，创构出一个诗性的意象世界。

2015年年初，国家话剧院《红色》一剧，将1958年美国抽象派画家马克·罗斯科的画室呈现于舞台。画室外还特意安放了导引牌和围栏，以期走进剧场的观众有一种身临其境的参观体验。随着剧情的展开，游客慢慢成为见证并思考罗斯科命运的观众。画家罗斯科把自己关在"黑暗的画室"，在那里他一一对话艺术史和思想史上的不朽灵魂。米开朗基罗、卡拉瓦乔、伦勃朗及艺术家的高尚和良知成为照进黑暗的内在之光。罗斯科说："在生活中我只害怕一件事……总有一天黑色将吞噬了红色。"黑暗的物理空间和艺术的内在之光产生的对峙，暗含画家对一个日益沉沦和堕落的现代社会的反抗。罗斯科生活的时代就是一个"上帝已死"的时代，一个工具理性甚嚣尘上的时代，一个娱乐至死的时代。谋杀、竞争、商业、种族歧视、纸醉金迷、道德崩溃的乱象像一个"张着大嘴想要吞噬一切的黑色"。"黑暗的画室"之外是一个更加残酷的人类的集中营和流放地，那是罗斯科最为恐惧的"黑色"所在，也是绝大多数梅特林克所描述的"现代群盲"的"黑森林"。罗斯科的画室既是真实的历史空间，是戏剧演出的物理空间，是观众欣赏绘画和体验的审美空间，又是罗斯科的心理空间。舞台创造了一种意境深远、意味隽永的诗性空间。这一审美空间所呈现出的不仅是物理意义上的空间概念，也不仅是物理意义上的时间概念，它将时间历史、心理感受和理性批判统统寓于空间之中，创造出一个具有丰富意蕴的诗性空间。

"诗性空间"创造了看不见却又真实存在的"精神时间"。海德格尔指出审美应该返回到比"主—客"关系更本源的境域去思考关于存在的问题。那是一种万物一体的境界，在那里没有主客之分、物我之分，那是人生最终极的家园，人应该在那里"诗意地栖居"。庄子所谓的"坐忘""心斋"，也是为了到达一个真实本原的"诗性空间"。戏剧造就的"诗性空间"去蔽存真，通过审美意象将本真呈现出来，这是戏剧艺术创造的旨归。

舞台空间是控制流动时光的"诗性空间"。倘若沉溺在时间的妄象中，习惯于过去、现在、未来延伸的秩序，习惯于冬去春来的四季流变，沉湎于日月更迭、朝暮交替的生命过程，这是大多数人的时间体验，也是通常意义上，人被时间驱使和碾轧的人生宿命。时间通过运动着的先后承续的事物得以表现，艺术家以空间形象"控制"着正在消逝的时间，从而构成了戏剧艺术的永久魅力。观古今于须臾，抚四海于一瞬。这是中国美学对时空的体验方式。中国美学对时间的概念不是物理意义上的时间，不是物时，而是心时；不是物象，而是心象。

好的舞台空间不应是一幅画，而是一种想象；不应是一个立体的凝固的画面，而是可以指向一种诗性空间的构成。诗性空间可以让我们从有限的戏剧空间进入无限的精神空间。宗白华说："中国人对'道'的体验，是'于空寂处见流行，于流行处见空寂'，唯道集虚，体用不二，这构成中国人的生命情调和艺术意境的实相。"①

舞台的"空"能创造丰富的"有"，而所谓"无"，是无名，是无极，也就是无规定性，无限性。所谓"大象无形"就是这个道理。这与罗丹所说的"一个规定的线通贯着大宇宙而赋予了一切被创造物，它们在它里面运行着，而自觉着自由自在"是一样的道理。诗性空间可以让我们从有限的戏剧空间进入无限的精神空间，东西方戏剧莫不如此。《霸王别姬》不去表现楚汉垓下战争的惨烈，更不会突出千军万马决战时的真实景象，而着重刻画在人生的绝境处项羽和虞姬的生命情致和精神世界，这就是不住实相的中国艺术精神的美感取向，它所要指向的是一种生命的情调和本质化了的人生。

梅特林克的《群盲》，舞台上各种各样的盲人就像时代里不同身份的人们，他们在离开了神父后被滞留在寒冷的海岛森林而不可避免地堕入迷惘中。盲人是悲观的人类的高度象征，这种悲观投射着对时代本质的深刻洞察与人们客观上的无能为力。经历了两次工业革命，宗教在科学之光的照耀下退位，资本显现它力量的同时也吞噬着人类，原有的理性建构的世界破灭了，浪漫主义的幻想也不能在链条和齿轮咯吱作响的时代机器中生存。《群盲》以"孤岛上等待的盲人"作为整体舞台意象，通过盲人之间的无意义的对话反思20世纪人类整体性存在的盲目和孱弱，他们失去了寻找和行动的能力，没有任何改变存在和境遇的有效行动，这就是舞台意象的思致和力量，也就是诗性空间创构的审美追求。马丁·艾斯林（Martin Esslin）认为：

---

① 宗白华.宗白华全集：第2卷［M］.合肥：安徽教育出版社，1994：370.

舞台只是起了集中观众注意力的作用。此外它还能是别的什么呢？我们仅仅只要记住舞台给我们提供了最大数量的符号学系统，在台上产生出最复杂的相互作用；在台上同时发生的所有潜在密码的含义；由人再现出的人类表意符号；用姿势和表情，行动和静止再现出的指示式符号系统，大量的征兆性符号，所有复杂的服装符号学代码，绘画的符号系统；（具象的和抽象的，视光和色的编码形状而定）丰富的乐音符号学系统和自然音响效果，有意识或无意识感觉到的那种神秘的和梦幻的象征表示的象征系统，更使人高兴的是，还有最高度发展的符号学系统的全部影响，即语言中所有最丰富最复杂的形式的全部影响，这些由于配上声音的音色、音高、节奏和细腻的表现，比只听朗读原作或看印刷的原作更加丰富多彩。除此之外，语言已不只是一种日常散漫的会话形式，它还含有诗的形式、节奏、意象和表达力的全部情感陪音。①

二、作为超越有限和意义言说的空间

戏剧最本质的追求在于创造出重构时光的"诗性空间"。戏剧作为"生命和世界本质化在场呈现的艺术"，戏剧空间作为"承载历史文化高贵的精神器皿"，其空间创构的美感意义需要通过舞台意象来呈现。

"诗性空间"的意义在舞台意象中得以集中呈现。"诗性空间"的完整性意义既包含空间在外观视觉上的完整性，也包含空间内在叙事

---

① 艾思林.戏剧：现实 象征 隐喻[J].郑国良,译.戏剧艺术,1987（1）：147-153.

方面的完整性。今天，戏剧空间的概念已经不再是传统舞台美术设计理念中面向观众的布景构造，戏剧空间的观念已经大大扩展。灯光专家伊天夫在《戏剧空间的构图——试论灯光、画面对舞台信息的传递》一文中写道："今天，戏剧演出越来越强调其空间存在的完整性。这种完整性体现在视觉中的含义，就是作为戏剧元素的人物、布景、灯光、道具等构图元素，以符合构图所涉及的各种形式法则而形成的画面构图。"① 这里指出的是戏剧空间视觉层面的完整性。空间视觉完整性的创造不仅仅停留于静态的舞台空间的营造，而力求在舞台动态的结构中生成空间意象。在经历了20世纪现代主义的革新潮流之后，舞台艺术的观念越来越趋向于创造一个空间的场，将戏剧活动包围与占据的空间环境作为作品的整体构成加以考量，让空间本身参与、推动并实现作品意义的生成。

今天，空间造型的完整性已经不单停留在舞台外观的布景艺术和空间结构，还要兼顾演出视野之内一切视觉元素的统一性，包括灯光、服装、化妆、道具以及表演等在内，从而需要将原本分工不同的舞台美术的各个部门统一在一起，致力于产生具有完整性的空间视觉艺术。更重要的是，"让空间艺术自己言说思想和意义"的理想召唤着对"诗性空间"具有完整性设计和把握能力的艺术家，他是诗性空间和戏剧意象的作者，他的职能既不同于传统意义上的舞美设计师，也不同于传统意义上的舞台导演，他能够全面地把握整体审美空间的设计与创造，包括空间中人的一切行为和动作的意义生成，并处理好复杂的叙事构成，最终像一个雕塑家那样，把浮游在时空中的动态审美意象

---

① 蔡体良，韩生.演艺空间的疆界与形态［M］.上海：上海文艺出版社，2008：118.

"雕刻"出来。

2014年德国邵宾纳剧院在北京演出斯特林堡的戏剧《朱丽小姐》。这出戏的演出给予戏剧的叙事方式和舞台观念强烈的冲击，它突破了原有的舞台空间理念，创构出了一个多重叙事下的复合空间的形态。最突出的空间处理是将"角色行动展现的故事世界"、"现场采集的影像展现的心理世界"及"真实的影像采集的现实世界"三重空间并置于舞台空间里，从而把这部自然主义戏剧的理性品格，以及人的心灵和精神的挣扎更为本质地凸显了出来。演出从外部形式和手段上利用了多媒体技术，现场动用了六台摄像机，对舞台表演的三位主人公（有的角色由两个演员同台完成）进行即时拍摄，按照事先周密的调度、机位的部署，六台摄影机所采集的现场动态图像经过现场剪辑，现场投射在舞台上方的大银幕上，构成一部具有完整叙事序列和画面（包含丰富的景别、长短镜头变化）的电影。甚至影片的动效和音响也是现场制作的，在舞台右前区有两个拟音师当场用各种器物模拟出各种声音，堪称完美地同步配合影像画面。舞台上演员的调度和摄影机的调度，演员的表演和影像的采集也犹如"一个完美的钟表"里的缜密的零件，演出精确到每一个画面和每一处细节。观看《朱丽小姐》的观众不仅欣赏了一出舞台剧的完整演出，同时也体验了一部在现场即时制作的电影，还目击了舞台动态的表演和电影即兴的制作之间的张力，所有这一切完全敞开在观众的面前。

《朱丽小姐》的演出把戏剧叙事空间、影像叙事空间以及真实的影像制作空间叠合在一起，重构了一个奇特而又富有意味的审美空间。观众既享受到观看一出完整戏剧的快感，窥见戏剧如何呈现为电影的惊异，又体验了开放式制作过程的现场感和互动感。演出空间的创构最终所呈现的整体审美意义，全部指向斯特林堡在该剧中所要言说的关于人及其本质存在的深刻性，那就是——"日常人物在某种程度上本来就是抽象的"。影像通过女仆克里斯婷的视角，敞开了贵族小姐朱丽被男仆占有和背弃的过程，揭示了"在遗传的奴隶的灵魂里有了部分现代人的味道"。《朱丽小姐》的整体舞台意象的意义传达正是有赖于两位导演（舞台导演和影像导演）对整体"视觉空间"的设计和统筹。

审美空间的创构真正显示了戏剧艺术独有的，格外强大的对于其他艺术的统摄力。对电影而言，绝不可能在规定性的时间中创构出如此复杂而又多重的空间形态，多重套层叙事结构之下的复合空间形态显示了戏剧艺术独有的美学本质，启示了未来戏剧发展的延伸性和可能性。戏剧演出作为戏剧艺术的最终实现，无论呈现何种类型的空间形态：客观空间、符号空间、隐喻空间、象征空间或者是心理空间，戏剧之所以存在的根本意义就是创造出超越有限性的诗性空间，它是戏剧空间的存在意义，也是戏剧艺术的最高追求。

三、诗性空间的双重背景

现代"图—底"理论认为，人对事物形象的视觉把握是对其整体和特征的把握。人对事物形态的视觉认知，不仅与事物本身的形式有关，而且与它所处的背景有关。没有背景的衬托，形式的特征将无法显现，背景与形式特征的整体性显现关系密切。众所周知，雕塑家亨利·摩尔（Henry Spencer Moore）对空间观念的贡献巨大。摩尔的作品出现在自然景观中且与周围环境形成和谐的关系，雕塑就好像是自然的一部分，雕塑和自然共同创造出新的空间。他在自然中化育其作品，作品最后又回归自然。

"诗性空间"的环境和空间具有双重背景，一为"物质性背景"，一为"精神性背景"。"物质性背景"包含地理位置、自然环境、人文建筑等，也即摩尔所指的背景。"精神性背景"则更为重要，包含民风习俗、文化心理、审美情趣等。在信奉伊斯兰教的地区是不能上演一出奇迹剧的，正如不能在国庆典礼上演一出大悲剧，在喧闹的街道和闹市是不能表演昆曲的，这就是"空间构成"的精神性背景。此外，为了将戏剧形式完整、准确地衬托出来并展现在公众眼前，戏剧的内容、形式、主题等必须要在具体的空间环境中进行审美考量。古希腊悲剧不能放在中国的苏州园林里演出，正如昆曲不能放在古希腊的露天剧场中演出一样；评弹可以在小型茶室中演出，在上千人的剧场就不是特别合适。在不同的环境和背景中，戏剧的内容、形式和它所要创造的"诗性空间"是不一样的。

正是基于戏剧空间和具体背景的关系，许多经典的名剧出现在不同的地域就会产生不同的面貌。这种情况一方面是由于经典作品的意象世界有多解性的特征，另一方面就在于戏剧空间与具体背景的关系。18世纪元杂剧《赵氏孤儿》经由伏尔泰的改编在巴黎上演，就会因地制宜地转换成新的文化背景下的面貌，而在歌德的手中，这出元杂剧又被改编成剧本《埃尔帕诺》(*Elpenor*)，成为符合当时德国特定精神和道德取向的另一种呈现。莎剧的演出在不同的国家，不同地域的文化环境中，甚至在不同的语种演绎中，都因为一种精神性空间的转换而要进行相应的重构。2012年伦敦莎士比亚环球剧院举办了一个世界性的文化盛会——国际莎士比亚戏剧节。这次戏剧节在全世界范围内选择了37种语言分别排演莎士比亚的37个剧作，并于2012年4月23日至6月10日在环球剧院连续上演，中国国家话剧院的《理查三世》受邀参演。这出中国化了的莎剧被置于东方文化的浸润中，三星堆文化的符号、汉服基础上的服装改造、京剧表演的融入以及民族打击乐的贯穿，现代艺术家徐冰的"天书"作为布景的运用，无不令这出经典莎剧呈现出一种独特的文化气质和现代感。

在此，我们要提及中国戏曲剧场观念长期存在一个误区，一提到剧场就会联想到一个面对观众的舞台画框，没有舞台画框内的空间似乎就不能称为剧场。镜框式舞台似乎成了个大集装箱，话剧、歌剧、舞剧、戏曲包括昆曲全都可以装进去。其实，镜框式舞台的形成有西方戏剧特定的历史和美学成因，如果把中国戏曲尤其是昆曲这样高度写意、虚拟、诗意的艺术也放在这样一种需要写实要素填充的空间里，自然会产生一些排斥反应。不过当这种美感上的排斥反应成为习惯，我们也就停止去思考中国戏曲的演出空间需要一个什么样的精神性背景。中国戏曲应该拥有和自己美学品格相适应的理想剧院和演出环境，不能总是穿着一只并不合适的西方的"水晶鞋"。我们认为空间和环境的关系并不是单纯建筑学和物理性意义上的思考，更是关乎剧种美学本质的思考。

诗性空间从有限的物理空间扩展到人生乃至整个人类历史的空间，从三面墙体围绕的空间扩展到整个自然和社会的空间，从观众有限的目光所及的空间扩展到意识和想象所及的空间，诗性空间是宇宙、历史、人生的寄存空间，是人类存在及其全部历史的记忆沙盘，是从表象的生活进入本质的生活的全部意义。它从有限性向无限性的突破，从有形世界向无形世界的扩展，从可言说的世界向不可言说的世界的蔓延，所有这些决定了戏剧空间的诗性本质。

四、"诗性空间"承载历史文化内涵

戏剧空间总是承载着某个民族和某个时代的历史文化的总体面貌。正如莎士比亚的历史剧是英法百年战争的缩影，孔尚任的《桃花扇》承载着反清复明的志士理想一样，《茶馆》结尾三位老人"自奠"的场面，纷纷扬扬飘落的白色纸钱，是三位老人对自己的祭奠，也是同一个没有希望的世界做最后的诀别。那出殡时杠夫的喊号，送殡的阵阵哀乐声，这是沉痛的音响，是老人的心声，是沉淀了的记忆，是浓缩了的人生，是凝固了的历史，也是整个旧时代的呐喊——这一诗性空间的营造，由意境的渲染而达到了高度的艺术真实，产生了震撼人心的力量。

戏剧家焦菊隐说，话剧"虽非诗体，却不可没有诗意。演出更不可一览无余，没有诗的意境"[①]。他在遗稿《论民族化（提纲）》中有一段话谈到他所追求的戏剧的"诗意"正是体现了诗性空间的理想：

> 以深厚的生活为基础创造出舞台上的诗意……不直，不露，留有观众的想象、创造的余地。但关键又在于观众的懂。如齐白石画虾，画面上只有虾，而欣赏者"推"出有水。如果什么也看不见，如何"推"？又"推"到哪里去？这正是中国戏曲传统的特点，既喜闻乐见——懂，又留有"推"的余地。[②]

---

① 焦菊隐.焦菊隐戏剧论文集［M］.上海：上海文艺出版社，1979：12.
② 焦菊隐.论民族化（提纲）［J］.新文化史料，1996（2）：11.

2014年10月国家话剧院外国戏剧节上演的《仲夏夜之梦》（韩国旅行剧团）之所以引起强烈反响，就是因为它的空间创构和艺术内涵一方面符合中国观众对于东方传统艺术精神如何植入莎剧的想象，另一方面符合现代观众关于古典喜剧的现代想象。空荡荡的舞台，莎剧中的"森林"被象征性的东方"竹林"取代，乐队和演员共处一个舞台，时空的转换依赖演员的动作加以体现，演员的表演具有动漫形象的节奏感、造型感和幽默感。韩国导演梁正雄将最传统和最现代的空间想象叠合在一起，把韩国古典戏剧的时空表现手法和现代戏剧空间创构的理念融合在一起，并将之置于一个多元化取向的当代背景之中，获得了极大成功。把戏剧的空间作为承载历史文化的容器，在这个容器中实现着对于民族艺术和美学的根本诉求，这是韩国版的《仲夏夜之梦》赢得全世界观众的最根本的原因。

戏剧艺术除了具有造型和形式之外，最重要的是具有深刻的人类历史、精神和文化的内容和意蕴。西方式的诗意和东方式的诗意，两者之间存在诸多审美情趣上的不同，戏剧内容是不同民族、不同时代、不同文化背景下人类精神的集中反映，中国人精神的集中反映应该有对自身历史、文化、美学的自信、体悟、继承和发扬。中国戏剧所要创造的"诗性空间"，也应该集中体现中国美学和文化的自觉与自信。

戏剧艺术所要承载的文化意蕴，一方面要注意中国文化、东方文化和西方文化的共同性，另一方面要注意中国文化、东方文化与西方文化的差异性。吸收西方文化的精粹是必要的，但立足点应该是中国文化。中国人精神的集中反映应该有对自身历史、文化、美学的自信、体悟、继承和发扬。中国戏剧所要创造的"诗性空间"，应该集中体现中国美学和文化的自觉与自信。2014年俄罗斯大歌剧《战争与和平》在天津大剧院上演，普罗科菲耶夫的这出歌剧令中国观众受到极大震动。剧中俄罗斯贵族和知识分子对于爱、自由和高贵的追求，显示了俄罗斯民族内在的精神气象和文化品格。诗性空间不仅凝固了流动的时光、动态的历史、激变的人生，它包含着的形而上的哲理意蕴，超越现实时空的关于整个宇宙人生的感悟，充满着形而上的哲理的思考，充满着超越和解脱的精神性体验。

戏剧空间绝不仅仅是一个冰冷的物质空间，一个有限的艺术空间，它应当是各民族文化和精神海拔上的制高点。它创造并承载着凝固的精神建筑和时代雕像，时代的思想、脉动、气象都在戏剧的空间中得以显影。我们对于"诗性空间"的思考也不应局限于戏剧艺术的形式语言，它应该从形式语言拓展到历史、文化、美学和哲学，并从历史、文化、美学和哲学的思考中来观照戏剧的精神。

五、空间中的时间和时间中的空间

戏剧艺术中的空间性和时间性是相伴相随的。首先，戏剧艺术因兼具空间造型的美感与时间艺术流动的特征，是一种时空统一的艺术。演员的身体对于空间的占有，演员的表演对于故事情节的发展和推动、在时间中的延展，体现了戏剧艺术的时空统一性。表演艺术是演员的形体和造型编织在生命和时间里的活动的图像。活动着的演员，当他身处一个立体的空间中，无论是有着布景的舞台还是空荡荡的舞台，那些有节奏、有意味的动作与姿态，能够使演员的表演创造出音乐一样流动的美感。时间在他的动作和生命中一分一秒地流过，他的身体和动作既成为舞台空间的重要物质性构成,也成为舞台时间的重要精神性构成。此外,他的声音还能超越时空,创造一种想象的审美的时空。其次,"空间形象的暗示性"与"主体欣赏活动"相互作用,在戏剧中可以形成审美交互空间中的"时间的体验"。

在启蒙理性的推动下,西方戏剧的自反精神和重要蜕变在近三百年来主要体现在三个方面:第一,西方戏剧的演出观念从"综合空间"向"身体空间"的剧场观念演变。其方式就是去掉所有戏剧以外的手段和条件,直到最实质的构成得以呈现。最终戏剧呈现其最本质构成——观演关系,即演员的表演和观众的观看。第二,叙事上从"戏剧体戏剧"向"叙述体戏剧"的演变。"叙述体戏剧"的理论,希望在叙事上打破模仿现实生活、追求舞台幻觉的戏剧观念,通过"陌生化的效果",创造一种有别于"幻觉戏剧",可供观众理性思考的戏剧。第三,"身体空间"的观念演变成为"后戏剧剧场"的观念。这一观念最大的呼声就是要把"剧场艺术"从"文学"那里独立出来,甚至取缔文本。后戏剧剧场的观念,直接来源于后现代戏剧的追求,后现代戏剧追求非逻辑化、非线性、去文本、多元化、颠覆、解构、对阐释的反抗等风格。主要的代表人物有罗伯特·威尔逊、让·法布勒、埃纳施雷夫、皮娜·鲍什等人。

皮娜·鲍什的舞蹈剧场创造出语言文字无法表达的意蕴。她在其舞蹈的诗性空间中试图阐释和揭示人与人之间的深刻的联系,试图反思社会生活和人性种种,展现了纯洁的情感在混乱失序的世界被抑制和扼杀的现实,以及如何通过对精神理想的无限追求不断接近生命意义的核心。皮娜·鲍什的艺术向我们确证了戏剧的意义在于:戏剧如何通过身体所承载的精神向度,从永恒进入当下,又从当下进入永恒。

《穆勒咖啡馆》是皮娜·鲍什的作品。这部作品采用了英国作曲家亨利·普赛尔（Henry Purcell）的巴洛克风格的音乐。这个由六人参与表演的作品，既展现了皮娜·鲍什童年躲在父母的小餐馆的桌子下看到人生百态的记忆，又表现了她不断成熟的心灵对与人生的观察与理解。皮娜·鲍什在剧中扮演了一个幽魂般游走的神秘女子，她推门进入一家咖啡馆，在这个单调、灰暗、肮脏的房间里放满了咖啡桌椅。神秘的女子倚着墙壁，慢慢前行，仿佛行走于充满危险的悬崖之上。犹如一个混乱世界的边缘人，她倾尽全力走向混乱和危险的中心。一个男人不断为她移开前方的椅子，在充满障碍的空间里开辟出一条道路。之后，男人和女人的舞蹈交织在一起，他们试图寻求依靠和支持。在若即若离的纠葛中，没有传统意义上华丽的肢体动作，女舞者一次次地从男舞者的身上滑落、跌倒，一次次地挣扎、爬起……《穆勒咖啡馆》隐喻男女之间伤害和被伤害的重复，也隐喻着女性的艰难处境，阐释了皮娜对于两性关系的理解。踩着高跟鞋进入咖啡馆的红发女人，象征世俗社会的冷漠，她最终将舞者的沉痛和忧伤疏离在俗世之外。最后，白衣舞者穿越了舞台后方的旋转玻璃门，消失在黑暗中。《穆勒咖啡馆》始终笼罩着一层特有的、像梦一般沉重的忧伤。舞蹈展现了在现实和理想中都找不到出路的女性的真实处境。

在皮娜·鲍什的舞蹈剧场中，舞蹈不再是技术的展现和堆砌，而是对存在的体验、呈现和思考；戏剧不再是致力于描绘美丽的表象，而展现了现代人的精神困顿。皮娜·鲍什说："我拒绝以形态美为目的的舞蹈，有时候我根本就忘记了舞蹈本身，我有自己的方式。所以，我必须牺牲自己的舞蹈来发现一条道路。在其中，我们这个世界的问题可以在身体的流动中得以表达。"她的舞蹈和戏剧观念不着眼于"怎样去舞蹈？"而着眼于"为什么舞蹈？"她的舞台剧场是对一个个主题的实验，是一种种情感经验的表达。在皮娜·鲍什的舞蹈观念中，没有思想的身体是行尸走肉，演员不能允许自己把珍贵的生命浪费在毫无意义的娱乐和献媚中，更不能允许高尚的艺术撒谎，其艺术哲学的核心是"诚实"，诚实地面对自己的身体，袒露生命的真实体验。

戏剧创造的是控制流动的时光的"诗性空间"。"诗性空间"呈现出艺术家所控制着的正在消逝的时间，在一个"诗性空间"里可以创造出看不见却又真实存在的"精神时间"。现代剧场中充满了"物质"对于"精神"的挑战，娱人耳目的视听设备、强烈视觉冲击的高科技……作为戏剧最核心、最不可或缺的要素——演员（身体和精神）——被大大削弱，承载精神的身体被淡化和边缘化是个不争的事实。那么，戏剧究竟怎样创造出控制时光的"诗性空间"呢？对中国艺术而言，艺术家不能做世界的陈述者，而要做世界的发现者，他必须要超然于现实的时空之外。时间通过运动或者说先后承续的事物来表现，演出空间从有生命的动作的暗示性出发，经由欣赏者的精神活动来完成对"时间"的表达。艺术家以空间形象控制着正在消逝的时间，从而构成了艺术的永久魅力。

时空问题作为哲学、科学和艺术中的永恒之谜，它带给人类关于有限与无限的体验、人生的困境与超越的思考、生命的短暂和永恒的感悟，是选择皈依一种绝对的神秘的力量，还是把"超越"建立在"此岸世界""感性世界"，从而寻求"诗意的栖居"。艺术是一种将超越建立在此岸世界的智慧和力量，戏剧的诗性空间的创构正是人类追求"精神超越"和"诗意栖居"的在世呈现。艺术最根本的问题是对生命的此岸和彼岸问题的觉悟,是对世界的本质和生命的真相的终极体验和认知。如果这种终极性是不可言说的,艺术就是对这种不可言说的言说,而唯有这样的言说才能说是包含着真正的智慧和觉知的"诗意",才能创造一个浑然天成、意味无穷的"诗性空间"。

观艺

梅兰芳艺术和中国美学精神

"京剧的审美核心"是京剧艺术最关键的理论问题之一，从思想上弄清楚这个问题，从理论上讲清楚这个问题，也许就可以使京剧在未来的传承和发展中厘清观念。这个问题的实质和"梅派艺术传承发展"的话题是相通的，从某种意义上而言，把握住了京剧艺术的审美核心也就基本上把握住了梅兰芳艺术的内在精神，也就把握住了传承和发展的美学立足点。

在中国戏曲史上，作为京剧艺术的集大成者，梅兰芳的地位是特殊的，在中国戏曲的对外传播史上，梅兰芳的地位也是特殊的。梅兰芳的艺术造诣在每一个时期都各臻其妙，是有其内在的思想和美学源流可循的。总结梅兰芳及其艺术，笔者认为不能脱离的就是中华传统美学精神。

首先，作为京剧旦角艺术的集大成者，梅兰芳的表演艺术最突出的特点在于其典雅中正的美感气度和精神境界。

中国传统诗学、中国古典美学特别注重典雅中正、中道仁和的艺术格调。"典雅中和"是儒家哲学的"极高明而道中庸"的思想在美学思想中的反映，它一直是儒家美学所倡导的理想美的基本要求。这种审美取向反映在艺术上，就是要求情感的表达上不流于极端，美感气质上达到中道和谐。孔子在《论语·八佾》中评价《诗经》"乐而不淫，哀而不伤"，正是肯定艺术的中和之美。关于"中和"的美学思想朱熹在《诗集传序》中说，"淫者，乐之过而失其正者也；伤者，哀之过而害于和者也"，朱熹说的是过犹不及所带来的美感的损害。"乐而不淫，哀而不伤"的古典美学思想是"中和之美"的美学精神的集中体现，典雅中和也是传统艺术、古典美学所标举的至高的美感层次。我们看北魏雕塑、宋元山水画，无不感受到一种雍容大度和典雅中正之美，而梅兰芳的艺术在审美追求上与中国古典诗学、古典美学的传统和精神是高度一致的。

典雅中和的美感气质在梅兰芳艺术中的具体体现，可以在欧阳予倩对梅兰芳艺术的一段话中见出，他说："他（梅兰芳）的唱工力求切合人物的感情而不过分追求腔调的新奇，所以显得腔圆字正，明快大方；他的做工以细腻熨帖恰合身份见长；他的道白有他独特的风格；至于武工，不但步法严整，节奏准确，姿态优美，而且显得出有一种内在的含蓄——这就是说把原有的'把子'加以提炼，进一步成了美丽的舞蹈。同时他在这个基础上，从武戏里、从旦角的各种身段里选出素材，把它们组织起来，创造出了好几种的古典舞蹈，如《天女散花》《嫦娥奔月》《洛神》《西施》《霸王别姬》《太真外传》《麻姑献寿》等在舞蹈方面都有新的表现。这样就使京戏旦角的表演艺术更加丰富而有了发展。"[1]

---

[1] 欧阳予倩.真正的演员：美的创造者[M]//欧阳予倩戏剧论文集.上海：上海文艺出版社，1984：424-425.

梅兰芳艺术和中国美学精神

梅兰芳从小演习昆曲，对昆曲艺术格外钟爱，最早教授梅兰芳昆曲的老师中有乔蕙兰老先生，乔蕙兰是苏州人，名桂祺，号纫仙，一口吴侬软语、出言雅训，曾是清朝内廷戏班里有名的昆旦。昆曲的中正和雅之美可以说深刻地影响了梅兰芳的京剧旦角艺术。虽然20世纪二三十年代昆曲已经衰落，但是受这些老师的影响，梅兰芳认为昆曲里头的身段功法是几代艺术家心血和智慧的结晶，有京剧最值得借鉴的艺术精华。据梅兰芳自己回忆，他还格外钟爱俞派唱腔，他说："俞派的唱腔，有'啜、叠、擞、嚯、豁、撮'六个字的诀窍。讲究的是吞吐开阔，轻重抑扬，尤其重在随腔运气……俞腔的优点，是比较细腻生动，清晰悦耳。如果配上了优美的动作和表情，会有说不出的和谐和舒适。"① 除了唱腔得益于昆曲，做工方面梅兰芳也受益于昆曲。他说："这四十年来，我所演的昆乱两门，是都有过很大的转变的。有些是吸收了多方面的精华，自己又重新组织过了的。有的是根据唱词宾白的意义，逐渐修改出来的。总而言之，'百变不离其宗'，要在吻合剧情的主要原则下，紧紧地掌握到艺术上'美'的条件，尽量发挥个人自己的本能。"②

在唱腔的革新方面他比较重视陈彦衡③等人的艺术和美学思想。

---

① 梅兰芳.舞台生活四十年［M］.北京：中国戏剧出版社，1981：173-174.
② 梅兰芳.舞台生活四十年［M］.北京：中国戏剧出版社，1981：174.
③ 陈彦衡，四川宜宾人，著名琴师，对京剧生旦唱腔深有研究。与京剧表演艺术家谭鑫培、余叔岩、梅兰芳、言菊朋，琴师梅雨田等交往极深。曾为谭鑫培伴奏，令谭"敬佩不止"，与谭谈音韵，更使之折服。腕劲和指法胜人一筹，琴声婉转悠扬，极尽抑扬顿挫之能事，被誉为"临水笛韵""胡琴第一"，成为京城的"胡琴圣手"。余叔岩、言菊朋等都曾受其教益。陈彦衡也是谭鑫培、梅雨田的密友，与京剧名票友孙春山、林季鸿亦有交往，共同设计创造了不少新颖动听的唱腔。因此梅兰芳常向他求教。

陈彦衡认为"腔无所谓新旧，悦耳为上。歌唱音乐结构第一，如同作文、作诗、楔子、绘画，讲究布局、章法。所以繁简、单双要安排得当，工尺高低的衔接，要注意避免几个字：怪、乱、俗。戏是唱给别人听的，要让他们听得舒服，就要懂得'和为贵'的道理"[1]。陈彦衡本人自幼工书善画，他高深的艺术修养连谭鑫培这样的大师都敬佩不已，由他处理《刺汤》慢板的腔，梅兰芳认为绵密大方，如同写字绘画的得意之笔，可见其中正典雅的气度。梅兰芳说："和为贵的道理，也是值得深思的。有些炫奇取胜的唱腔，虽然收效于一时，但终归是站不住脚的，因为它本身是不协调的，同时，风格也是不高的。"[2]

从《舞台生活四十年》中梅兰芳谈声腔问题的文字来看，他基本认同陈彦衡的观点，那就是唱腔风格的把握除了悦耳之外，最重要的在于艺术品位的追求，这种追求的根本是以"和"为核心的和谐之美。在谈到《宇宙锋》的创作时，他说："中国的古典歌舞剧，和其他艺术形式一样，是有其美学基础的。忽略了这一点，就会失去了艺术上的光彩，不论剧中人是真疯或者假疯，在舞台上的一切动作，都要顾及姿态上的美。赵女在'三笑'以后，有一个身段，是双手把赵高胡子捧住，用兰花式的指法，假做抽出几根胡须，一面向外还有表情。这个身段和表情，虽说是带一点滑稽意味，可是一定要做得轻松，过于强调了，就会损害到美的条件。"[3]

《穆桂英挂帅》作为梅兰芳晚年最后一部经典之作，在穆桂英登场点将这一场中，曾经有人建议把《芦花河》中"进唐营"的腔安在

---

[1] 梅兰芳.舞台生活四十年[M].北京：中国戏剧出版社，1981：573.
[2] 梅兰芳.舞台生活四十年[M].北京：中国戏剧出版社，1981：582.
[3] 梅兰芳.舞台生活四十年[M].北京：中国戏剧出版社，1981：153.

"摆绣甲跨征鞍整顿乾坤"上,而梅兰芳认为这场戏还是要以凝重大方为主,不能过于花哨,这样才能真正表现出穆桂英的大将风度。所以他的舞台处理选择停鞭勒马之后,见杨宗保遂转入两句抒情的南梆子,从箭在弦上的紧张气氛中荡开一步转入抒情的青春回忆,大大开阔了场面的意境,这其实是古典诗歌的美感方式,用在此处把穆桂英性格中刚蓄于柔而柔蕴于刚,委婉其外而刚健其中的性格特点充分地展示了出来。这出戏的人物塑造和唱腔设计所呈现的"中和之美"是梅兰芳自觉的美学追求。

作为综合多元的戏剧形态,中国京剧最主要的美学气格就是雍容中道、文质彬彬、乐而不淫、哀而不伤,这种美学气格也承载了中国人普遍的精神气度,是中国人骨子里的民族特性。之所以大家认为梅兰芳的艺术足以代表中国传统古典艺术之美,也正是在于他典雅中和的艺术精神和中正仁和的人格特质。正是因为自觉追求这种和雅中正,才显示出梅兰芳高人一等的美学格调和涵养,也正是因为遵循中国古典美学的基本精神和审美格调,才成就了这位艺术大师。

其次,梅兰芳的艺术呈现了中国古典美学中诗画合一的审美追求。以景抒情、情景交融、诗画合一是中国诗词书画创作中经常使用的方法,也是中国艺术家追求的境界。画画要有诗人之笔,演戏也要有诗人之笔。晋代陆机云:"丹青之兴,比雅颂之述作,美大业之馨香,宣物莫大于言,存形莫善于画。"[1] 唐代张彦远坚持陆机的观点也认为:"记传所以叙其事,不能载其形;赋颂所以咏其美,不能备其像;图画之制,所以兼之也。"[2] 苏东坡题摩诘画《蓝田烟雨图》也说"诗中

---

[1] 引自唐代张彦远《历代名画记·叙画之源流》。
[2] 引自唐代张彦远《历代名画记·叙画之源流》。

有画""画中有诗"。他说:"诗画本一律,天工与清新。边鸾雀写生,赵昌花传神。何如此两幅,疏淡含精匀。谁言一点红,解寄无边春。"① 黄庭坚言:"李侯有句不肯吐,淡墨写作无声诗。"② 这些思想都体现了诗画一律的精神是中国文学艺术的美学传统。在戏剧中表现诗境,目的是要诗画相通,使表演的画面诗意盎然。在强调"情之追求"的抒情品格的同时,又能借景写情、寓情于景、情景交融,达到诗画合一的境界。

诗画合一的追求是梅兰芳艺术中非常重要的精神性构成,他的《天女散花》《洛神》《贵妃醉酒》无不与中国的水墨书画意境相通。

梅兰芳终其一生对诗画艺术保有浓厚的兴趣和修养。他的朋友中有不少诗人、画家和收藏家,陈师曾、金拱北、姚茫父、汪蔼士、陈半丁、齐白石都是梅兰芳交游甚密的艺术家,他也因此接触了不少古今山水人物的杰作。他先后跟随王梦白、齐白石学画,从王梦白的调色用墨,齐白石的下笔诀窍中深受启发,加之时常临摹画稿、画谱,从中领会设色、布局、章法的妙道,对于绘画艺术的领悟很好地融入了京剧艺术的技艺表现之中。

艺术是心灵世界的显现。中国美学格外注重心灵层面的表达,梅兰芳是用中国传统的水墨书画的心态在进行表演艺术的创作。他在谈论绘画对于表演的影响时说:"那一天齐老师(齐白石)给我画了几开册页,草虫鱼虾都有,在落笔的时候,还把一些心得和窍门讲给我听,我很得到益处。等到琴师来了,我就唱了一段《刺汤》,齐老师听完了

---

① 引自宋代文学家苏轼的组诗作品《书鄢陵王主簿所画折枝二首》。
② 引自宋代诗人黄庭坚创作的七言绝句《次韵子瞻子由题憩寂图二首》。

点头说:'你把雪艳娘满腔怨愤的心情唱出来了。'"[1]梅兰芳的舞台意象是一种心灵化的呈现,故事、画面、形式和内容对他而言,都是一种心灵世界的显现。诗画合一的境界正是戏曲表演对于艺术的心灵化呈现的至高追求。

对于演员而言,要在京剧表演中完全呈现中国艺术精神和美学品格特别需要两种最基本的修养,第一,是中国文化和中国艺术的深厚修养,第二,是要有纯粹精神性的追求,没有一种纯粹的精神追求是不可能到达这种艺术至境的。过去有人认为京剧的本体是行当程式、四功五法,然而,在梅兰芳看来,技术和程式不能脱离人的精神性的追求,没有人的体验加以浸润,它就仅仅是一种技术手段。对此梅兰芳曾说:

> 京剧的组织,角色登场,穿扮夸张,长胡子、厚底靴、勾脸谱、吊眉眼、贴片子、长水袖、宽大的服装……一举一动,都要跟着音乐节奏,作出舞蹈化身段,从规定的程式中表现剧中人的生活。时装戏一切都缩小了,于是缓慢的唱腔就不好安排,很自然地变成话多唱少。一些成套的锣鼓点、曲牌,使用起来,也显得生硬,甚至起"叫头"的锣鼓点都用不上,在大段对白进行中,有时只能停止打击乐。而演员离开音乐,手、眼、身、法、步和语气都要自己控制节奏,创造角色时,必须从现实生活中吸取各种类型人物的习惯语言、动作,加工组织成"有规则的自由动作",才能保持京剧的风格。这些问题,都是值得不懈地向前探索深思的。[2]

---

[1] 梅兰芳.舞台生活四十年[M].北京:中国戏剧出版社,1981:506.
[2] 梅兰芳.舞台生活四十年[M].北京:中国戏剧出版社,1981:569.

"诗画合一"的审美要求体现了对于诗的韵味和意象意境的审美追求,这是我国传统艺术的一个非常突出的特征。这一要求对各类艺术的创作都有着深远的影响。过去的京剧大家,琴棋书画样样精通,四书五经无所不读,有极高的知识和文化修养。梅兰芳研习书画,甚至一度痴迷而忘记了自己演员的身份。对艺术最高境界的追求,在于对艺术内在奥秘的自觉探索,唯有这种忘我地体验艺术内在奥秘的精神才能成就一流的大艺术家。艺术的呈现离不开人,人的修养襟怀、审美情趣会直接影响艺术的品格。不同修养襟怀、审美情趣的演员演出同一场戏,塑造同一个人物,其内在的气韵和格调有很大的区别。气韵和格调是京剧艺术的大演员,以及各个流派倾尽全力所要标举的精神境界,气韵和格调也是京剧之所以成为国粹的根本所在。正是这种美学精神的自觉追求才能使京剧艺术从"技"的层面上升到"道"的层面。

再次,梅兰芳在其对于人格之美和技艺之美的双重追求之中体现了"美善合一"的人文情怀。

艺术上梅兰芳善于博采众长,融汇百家,为人上他也是温柔敦厚、谦恭谨慎。《关于表演艺术的讲话》一文中他写道:"要知道,艺术是无止境的,好了还要更好,提高了还要更提高……凡是给我提意见的,不论口头也好,书面也好,我向来是先把它仔细研究一下,然后尽量接受,哪怕是只有部分对的,也使我得到帮助。总之,多给我提一次意见,就使我多一次钻研的机会,这不是照例的客套,完全是我的真心话!"[1]梅兰芳的温柔敦厚、谦虚平和的性格由此可见。梅兰芳的谦

---

[1] 梅兰芳. 关于表演艺术的讲话[N]. 文汇报, 1962-02-28.

虚好学有口皆碑，他善于倾听、善于反思、善于学习，他之所以能够集大成而创新旦角艺术，一方面有众多优秀的文人给他出谋划策，另一方面是他善于倾听各方意见并形成自己的理论见解，而他的理论见解大多来自他的中国传统艺术的深厚修养。

俞振飞先生曾回忆与梅兰芳合作《牡丹亭》"惊梦"一折中杜柳二人"合扇"的身段，他这样评价梅兰芳："这个地方的尺寸说起来并不复杂，但却是判断一个演员的功底和一场戏演出质量的一个标准，如果掌握得不好，只要在柳梦梅正向'小边'走来而尚未到达时早走了一步甚至半步，或者柳梦梅到了'小边'只是迟几秒钟再走去，都会使柳梦梅在台上发僵，这真是差之毫厘，失之千里。可是梅先生在这种地方，总是不疾不徐，跟对方配合得严丝密缝。而且他的步法看上去飘飘然似乎很快，却一点没有急促的感觉；一起一止都合着柳梦梅唱腔的节奏，但又不是机械地踩着板眼迈步。这份功力，真当得起'炉火纯青'四个字了。正因为他在《游园惊梦》中有那么多精彩之处，所以我敢大胆地说他所塑造的杜丽娘的形象，和汤显祖笔下的创造，同是我国戏曲史上不朽的杰作。"[①] 梅兰芳的《宇宙锋》《贵妃醉酒》《打渔杀家》《水斗》《断桥》《玉堂春》等传统戏，《生死恨》《穆桂英挂帅》等新戏中的一系列艺术形象，无不洋溢着美善仁爱的品格，无不体现着艺术家对人物情感、性格、气度、风貌充实而完美的把握，无不让我们体味到艺术家自身的情感力量和人格力量。

最典型的就是《宇宙锋》，这是梅兰芳本人最喜爱的一出戏，30岁之后梅兰芳对这出戏越唱越有兴趣。梅兰芳说："我一生所唱的戏里

---

① 王家熙，许寅，等.俞振飞艺术论集[M].上海：上海文艺出版社，1985：201-202.

边,《宇宙锋》是我功夫下得最深的一出。"①《宇宙锋》是贯穿在他不同阶段中的一个重要剧目,正是女主人公赵艳蓉坚决而又机智的抗争,体现了梅兰芳的审美旨趣和艺术人格。但是《宇宙锋》从上演之后一直算不上梅派戏剧中最上座的,每次贴演总是不太受欢迎,但是梅兰芳却坚持"不因为叫座成绩不够理想,就对它心灰意懒,放弃了不唱。还是继续研究。每次必定贴演几次"②。为什么梅兰芳如此钟情《宇宙锋》,几十年如一日不停地琢磨人物形象和性格心理的刻画与表现?《宇宙锋》历来被视为唱功见长的文戏,处理赵女装疯要做出三种表情,一是对哑奴暗示她的真面目,二是对赵高装疯的假面具,三是沉浸在自己的思索中进退两难的过程,由赵高来看赵女是真的疯了,由观众来看赵女是装疯,这些层次的变化都要在极短的时间中呈现出来;此外,赵女在唱大段反二黄之前还要处理三次假笑,难度极大。这出文戏倘若缺乏武功的底子是不可能做得合式的,梅兰芳正是看到了这个角色的难度以及其所包含的戏曲美学的综合要求,它表面上是喜剧实则蕴含了深刻的悲剧本质,其唱腔做工均需要演员具备极深的功夫和极高明的艺术修养。梅兰芳说:"这出'宇宙锋',我琢磨了有几十年,大家仿佛也认为在我的戏里这是比较成熟的一出,但是唱到今天,我还是不断地发现到我的缺点。"③从梅兰芳钻研《宇宙锋》这出难度极大的戏,也可以集中见出梅兰芳对京剧之美在形式和内容两方面的追求。

---

① 梅兰芳.舞台生活四十年[M]//梅兰芳全集:第1卷.石家庄:河北教育出版社,2001:150.
② 梅兰芳.舞台生活四十年[M].北京:中国戏剧出版社,1981:148.
③ 梅兰芳.舞台生活四十年[M].北京:中国戏剧出版社,1981:161.

日臻完善的技艺的追求还体现在梅兰芳和前辈大师的传承关系和创化精神。中国艺术所注重的，并不像希腊的静态雕刻一样，只是孤立的个人生命，而是注重全体生命之流所弥漫的灿烂神韵和畅然生机。对于梅兰芳及其艺术的美学源流的总结可以帮助我们看出他和前辈大师之间的传承关系，看出他的艺术和中国传统美学之间的关系，优秀的民族传统是历代艺术家赖以生存的文化土壤，如果我们连自己的传统和艺术精神都没有认识清楚，所谓的创新就是无源之水，无本之木。

技艺上的追求如此，人格上的追求也是如此。在梅兰芳心目中人格和技艺的完美典范就是谭鑫培和杨小楼，他甚至说："谭、杨的表演显示着中国戏曲表演体系，谭鑫培、杨小楼的名字就代表着中国戏曲。"[1] 他以张彦远在《历代名画记》中形容顾恺之技艺的一段话来赞许谭、杨的表演，"顾恺之之迹紧劲联绵，循环超忽，调格逸易，风趋电疾，意存笔先，画尽意在，所以全神气也"[2]。他认为谭鑫培、杨小楼的艺术精神就代表了中国戏曲的美学精神。他由衷敬佩杨小楼在国土沦丧，华北陷落之后作为艺人的人格和骨气，自日军占领北平之后宁可装病十年也不再登台。梅兰芳称其为"一代完人"，并终生效仿和追随这样的"完人"。

另外，梅兰芳是特别善于创化的，他创化的依据是中国美学，他创化的核心是中国艺术精神。有人认为"古典"就是僵化，就是守旧，其实不然。

傅雷在《什么是古典的？》一文支持中西方古典精神的一致性时说过这样一段话：

---

[1] 梅兰芳.舞台生活四十年[M].北京：中国戏剧出版社，1981：678.

[2] 引自唐代张彦远《历代名画记》卷二。

希腊艺术所追求而实现的是健全的感官享受，所以整个希腊精神所包含的是乐观主义，所爱好的是健康、自然、活泼、安闲、恬静、清明、典雅、中庸，秩序，包括孔子所谓"乐而不淫，哀而不伤"的一切属性。后世追求古典精神最成功的艺术家所达到的也就是这些境界。误解古典精神为古板、严厉、纯理智的人，实际是中了宗教与礼教的毒，无形中使古典主义变为一种清教徒主义，或是迂腐的学究气，即所谓的学院派。真正的古典精神是富有朝气的，像行云流水一般自由自在，像清冽的空气一样新鲜；学院派却是枯索的、僵化的、矫揉造作的、空洞无物、停滞不前，纯属形式主义的、死气沉沉、闭塞不堪的。分不清这种区别，对任何艺术的领会与欣赏都要入于歧途，更不必说表达和创作了。①

真正的古典精神是富有朝气的，像行云流水一般自由自在，像清冽的空气一样新鲜，它不是矫揉造作、空洞无物、死气沉沉、停滞不前，形式主义和僵化守旧的学院派。傅雷的这段话可以帮助我们更准确地认识古典艺术的实质和精神，可以帮助我们进一步认清中国传统美学的意义和价值。

梅兰芳之所以愿意接受齐如山等人的指导，不能说是中国戏曲演员在强势的西方话语面前失去自信，而应看成对中国戏曲走向现代化的一种自觉要求，应看成在"和谐"中求"创化"的创新精神。刘厚生先生在《梅兰芳同知识分子的结合》一文中曾指出，如果没有齐如山和吴震修，就不会有梅兰芳的主要代表作之一的《霸王别姬》；没有

---

① 傅雷.什么是古典的？[M]//叶朗.文章选读.北京：华文出版社，2012：147.

齐如山、李释戡等他的几位终身师友，就没有他青年时代的系列时装新戏和古装新戏；如果没有他的许多画家朋友，就没有他后来的名剧《天女散花》以及他对京剧服饰的一系列改革。正是因为文人的介入，特别是受到文人的审美取向的影响，才使得梅兰芳的艺术在不断雅化的同时，不断地提升着艺术的美感境界。为了最高的艺术理想抛弃歧见，对于包括书画艺术在内的其他艺术的研习和体悟，对于其他各流派的融合借鉴、取长补短，兼容并包的胸襟气度，流派合流的精神取向都呈现出梅兰芳中正仁和的艺术境界，这种境界也体现着京剧艺术深层的精神性构成。

因此，在我们思考梅兰芳艺术的审美价值和现代意义时，特别要注重包含在梅兰芳艺术中的中国美学精神，也只有将这种极为精深的艺术精神、生命姿态和高贵品格萃取出来，凸显出来，我们才能找到梅兰芳艺术的灵魂，找到京剧（不管是新剧还是旧剧）在当代的文化自信，并在京剧艺术的传承中维护它的经典品位。

论梅兰芳的表演艺术和笔墨书画的关系

梅兰芳是一位世界级的大艺术家。他在京剧表演艺术上博采众长、终得大成，在书画艺术方面也是转益多师、自成一家。他的艺术造诣在不同时期，不同领域都各臻其妙，京剧、昆曲、书画、诗文无不精通，研究梅兰芳及其艺术，不能不关注其各种技艺之间的相互关系，不能不关注其艺术中包含的中国古典美学精神。

如前所述，梅兰芳表演艺术的美学特征主要表现在三个方面。

第一，作为京剧旦角艺术的集大成者，其表演最突出的特点是典雅中正、中道仁和的美感气度，这既是梅兰芳的人格境界，也是他的艺术境界，是梅兰芳艺术的精神气韵和生命格调的彰显。

第二，梅兰芳的艺术呈现了中国古典美学中诗画合一的审美追求。画画要有诗人之笔，演戏也要有诗人之笔。以景抒情、情景交融、诗画合一是中国诗词书画艺术的根本精神，也是中国戏曲艺术追求的境界，而梅兰芳的艺术与此境界是相互融通的。

第三，梅兰芳的艺术呈现了"美善合一"的人文情怀。这种人文情怀体现在梅兰芳对于人格之美和技艺之美完美融合的追求之中。他把人格道德的意识渗入戏曲艺术的审美追求中——人生境界与艺术追求相辅相成,"尽善尽美"既是他所追求的艺术境界,也是他所追求的人生境界,同样也是中国艺术精神所标举的美感境界。

人们普遍认为梅兰芳的表演艺术是中国古典艺术美的代表,主要原因在于,梅派艺术和雅中正的美感气质,乐而不淫哀而不伤,极高明而道中庸的艺术品位。正是由于梅兰芳自觉追求和践行和雅中正的艺术品位和古典精神,才显示出他高人一等的美学旨趣,也正是由于他始终遵循中国古典美学的基本精神和审美格调,才成就了这位艺术大师。

除了京剧表演,梅兰芳还是一位书画艺术家。本文着重探讨的是梅兰芳的旦角艺术和他的笔墨书画创作之间的内在关系。为什么中国绘画的"笔墨"修养对梅兰芳而言如此重要?为什么在旦角表演的本技之外还要几十年如一日研习其他艺术?是什么决定了表演和绘画艺术品格与境界的高低?中国画的"笔墨"背后,中国戏曲的"功法"背后到底有什么奥理和深意?

一、梅兰芳的绘画与收藏呈现的共同美学旨趣

梅兰芳温柔敦厚、谦虚好学,曾经拜王梦白、汪蔼士、齐白石、陈师曾等大家学画,在绘画技能方面博采众长,转益多师,在书画收藏方面,他收藏了大量历代名家的书画作品。从梅兰芳纪念馆现有的藏品来看,无论是他本人的画作还是他对于历代名家、名师的收藏,都呈现出比较统一的审美旨趣和艺术倾向。

就梅兰芳收藏的历代书画来看，出自名家之笔的多达百位[①]。这些作品大致分为几类，第一类是清代以前的名家作品，例如金农，他是清代书画家，居扬州八怪之首，诗、书、画、印以及琴曲、鉴赏、收藏无所不通，其行书和隶书笔法高妙，尤擅画梅；改琦，曾宗法华嵒，画风近陈洪绶，喜用兰叶描，创立了仕女画新体格；梅清，一位集诗、书、画于一身的大家，他是石涛的老师，"得黄山之真情"，以画黄山著名，与石涛被誉为"黄山派"巨子；董邦达，与董源、董其昌并称"三董"，书、画，篆、隶皆得古法，山水取法"元四家"；与郑板桥齐名的蒋予检，善绘墨兰；真然，又称黄山樵子，山水有华曲遗意，画

---

① 梅兰芳收藏的书画作品大多出自名家，有金农、翟继昌、改琦、管念慈、陆恢、倪田、胡锡珪、宋瑞、东海散人、吴俊、王震、汪吉麟、陈衡恪、陈年、王云、吴湖帆、汪亚尘、徐悲鸿、溥心畲、丰子恺、云霖、张大千、彭昭义、刘子谷、沈容圃、苏廷煜、翁方纲、张赐宁、黄钺、汤贻汾、陈铣、王堃、真然、蒋予检、罗岸先、杨澂、颜岳、黄润、李青、恽水、骆琦兰、陆钢、司马钟、绿筠庵主、陈榕恩、伍德彝、金心兰、吴昌硕、林纾、顾景梅、陈继、齐白石、姚华、凌文渊、金城、汤涤、何香凝、周肇祥、王瑶卿、汪孔祈、简经纶、汪榕、孔小瑜、马晋、郑岳、许梦梅、溥佺、张悲鹭、都俞、陈少鹿、胡景瑗、方洺、商笙伯、刘男石、张宏、梅清、董邦达、袁江、王宸、董浩、钱杜、罗辰、汪昉、黄宾虹、罗复堪、溥雪斋、张厚载、黄君璧、翁绶琪、袁佩箴、张研农、徐志钧、梁瓶父、张养初、田边华、蒋衡、杨法、刘埔、梁同书、桂馥、爱新觉罗·永瑆、宋湘、李宗翰、禧恩、姚元之、黄培芳、许乃普、周尔墉、张穆、孙毓汶、赵之谦、马相伯、梅巧玲、赵尔巽、樊增祥、俞粟庐、陈宝琛、黄土陵、沈曾植、奭良、张謇、费念慈、陈夔龙、陈衍、朱孝臧、易顺鼎、郑孝胥、朱益藩、罗振玉、程颂万、赵世骏、吴昌绶、虞和德、宝熙、李准、郑家溎、爱新觉罗·溥侗、罗瘿公、狄葆贤、瞿启甲、梁启超、许世英、赵世基、曹典球、林长民、李宣龚、袁励准、刘崇杰、叶恭绰、陈陶遗、程潜、李烈钧、郭泽沄、杨天骥、寇遐、沈昆三、袁克义、郭沫若、朱英、尚小云、武福甫、郑闿达、陈文潞、陈少梅、吴壁城、许姬传、赵朴初等多达两百余位。

232

荷尤萧然出尘，有宋元之风，静穆之度，晚年善画兰竹；陈铣，清代嘉兴人，尤长梅作小品，下笔迈古有金石气，而在这历代名家的收藏中梅花和兰花的作品比较多见。第二类是近现代的名家名士的作品，比如梅兰芳的老师汪蔼士（汪吉麟）、王梦白（王云），包括与此二位先生过从甚密的陈师曾（陈衡恪）、陈半丁（陈年）、胡佩衡、于非闇、溥心畬等人，他们也间接地成为梅兰芳在绘画艺术上的师友，而吴昌硕、张大千、齐白石、黄宾虹、陈宝琛、郑孝胥、罗瘿公、姚华、林纾、梁启超等艺术家和名人的书画则是梅兰芳书画收藏的核心部分。

此外，梅兰芳还有一类特殊的收藏，那就是艺术家善书法笔墨者的作品，比如王瑶卿、俞粟庐、魏铖等人。王瑶卿和俞粟庐都是大名鼎鼎的艺术家，值得一提的是魏铖，此君字铁山，号匏公，浙江山阴（今绍兴）人，光绪十一年举人，工书法，宗魏碑，又精通诗词声律，悉晓昆、弋、徽、黄，并擅操胡琴、琵琶、筝笛等乐器。他曾应梅兰芳、程砚秋、余叔岩、俞振飞等名家之邀，讲授戏曲的有相关技艺。由此我们可以看出，在梅兰芳的时代或者梅兰芳之前的时代，演员除本技之外还要学习琴棋书画，诗词歌赋，这是梨园中一个普遍的风气。艺人们大多懂得不同的艺术门类都有着一个至高的境界，也就是艺术之"道"，这个"道"决定了各类艺术殊途同归，它要求从艺者从外在的技术修养最终落实到内在的人格修养、人格精神和人格理想，也就是个体生命的修为和完满，这便是艺术之"道"，也就是艺术在美学意义上最终的旨归。

刘祯在《馆藏梅兰芳绘画作品续录》一文中梳理了梅兰芳本人的绘画作品，他说："这些作品题材和艺术样式等可以划分为人物、花鸟、梅花（红梅、墨梅）、扇面、画稿等类，其中人物类包括观音、佛祖、达摩、长眉罗汉、洛神、天女、仕女等，其中以佛像、仕女、观音为多，分别为 9 幅、9 幅、7 幅；梅花的作品最多，约 202 幅，占馆藏其作品总数的近四分之三，其中著录为红梅的 56 幅。"[1]可以见出，梅兰芳本人的画作以及他所收藏、临摹和效法的历代书画作品呈现了较为一致的美学旨趣，那就是清逸的文士精神、典雅的笔墨品格和精致的古典格调。

中国诗学、中国古典美学都特别注重和雅中正的艺术精神，梅先生的艺术追求就是和雅中正的集中体现。倘若将梅兰芳的绘画艺术所呈现的美学风格进一步同他的舞台表演相比较，我们不难发现他的绘画和表演一样，不求偏锋，不走险崎，在宗法古法神韵中，力求变换气质，传情达意。他的墨梅文弱中见刚劲，正如他的唱腔和做工平淡中显精彩，平和中见深邃。就他的《贵妃醉酒》而言，如若处理不当，人物便容易落入香艳庸俗的窠臼，而梅先生的表演涤除了舞台上一切庸俗粗浅的处理，使杨贵妃在幽怨之余，从初醉到沉醉，展现出精神上的空虚和苦闷，从而深刻地表现了女性心灵世界。特别是梅兰芳对于杨贵妃"醉步"的刻画，他的处理方法就体现着他圆融中和的艺术思想。对此，俞振飞曾说："他开辟了一个新的时代，创作了如《生死恨》《抗金兵》等一批具有爱国思想与民族精神的新剧目，并从《宇宙锋》《贵妃醉酒》等一批传统剧目中挖掘出新的思想内涵，使这些剧目成为真正有生命力的作品。他净化了舞台，取消了舞台上一切庸俗、丑恶的东西。他的表演简洁洗练却包含着丰富的感情，沉稳平静却蕴藏着深厚的功力，格调相当高雅。他不愧为'真正的演员——

---

[1] 刘桢的《馆藏梅兰芳绘画作品续录》，选自《另一个梅兰芳——梅兰芳绘画展暨梅兰芳绘画与表演艺术学术研讨会》会议手册。

美的创造者'。"①

此外，梅兰芳还强调"武戏文唱，文戏武唱"的思想，武戏不能光追求外在动作，要注重内在的生活内容和思想深度，表演武戏的同时也要提高唱念的功夫，在纯武功的展现中要贯串角色的思想感情和性格特点；文戏不能缺失风骨，要善于将武戏的程式身段特点融入文戏，在没有武功展示的角色的塑造过程中，腰腿身段也要善于化入武戏的能力和功夫，才能演得出色，演得扎实。比如杨贵妃的卧鱼、下腰，天女的绸舞都是需要武功基础的。武戏文唱，文戏武唱，武中有文，文中带武，委婉其外而刚健其中的性格特点所呈现的"中和之美"是梅兰芳自觉的美学追求，他那中正合度的艺术思想集中体现了古典艺术的美感特点。他对书画笔墨的自觉爱好和体悟，对历代名画的临摹和研究，这些艺术的修养对于戏画融通的艺术观念的形成至关重要。

二、梅兰芳的表演对中国古典绘画的借鉴

诗与画的融合，是中国文学艺术的美学传统。在戏剧中表现诗境，目的是要诗画相通，使表演的画面诗意盎然。在强调"情之追求"的抒情品格的同时，又能借景写情、寓情于景、情景交融，达到诗画合一的境界。诗画合一是梅兰芳艺术中非常重要的精神性追求，他的《天女散花》《洛神》《贵妃醉酒》无不与中国的水墨书画意境相通。他所塑造的形象无论在哪个角度看都是美的，俞振飞先生这样评价梅兰芳的表演艺术：

---

① 王家熙，许寅，等.俞振飞艺术论集［M］.上海：上海文艺出版社，1985：193-194.

他的风格典雅大方,秾纤得中,体现着一种典型的古典美。

这种美贯彻在他的整个演出中。

记得有一位喜欢摄影的朋友问我:"拍梅先生的剧照,不管从哪个角度,都是一幅美的塑像,这是什么道理?"当时,我没有回答出来。经过长期和梅先生同台,我逐渐理解到,这恐怕离不开一个"圆"字。他的唱腔和他的身段动作,都是"圆"的。不仅静止的亮相是"圆"的,他在动作的行进、组合过程中,各部位都是"圆",这就是他的功力所在。他不仅娴熟地掌握了"四功五法"(唱、念、做、打、手、眼、身、法、步),而且能把这几者结合为一个整体。所以,他的造型,是从四面八方都经得起品味和鉴赏的雕塑,上下左右各方面看去,无一不好。

梅兰芳和梅派艺术用这样高度的形式美来表现剧中人物的心灵美,当然感染力是很强的。因此,他赢得了最多的观众,拥有最广大的观众面。可以说,他不只感染了观众,而且提高了观众;梅派艺术,使观众的审美水平上升到了一个新的高度。[1]

为了实现这样的艺术追求,梅兰芳转益多师,除了向其他流派行当学习,还大胆取法其他的艺术样式。梅兰芳一直痴迷于中国的书画艺术,欲罢不能,他从书画艺术中体悟并汲取中国艺术精神,并把它注入戏曲舞台表演艺术中。

梅兰芳在《舞台艺术四十年》"从绘画谈到《天女散花》"一章中,专门论述了绘画和表演的关系。

---

[1] 俞振飞.梅兰芳和梅派艺术[M]//王家熙,许寅,等.俞振飞艺术论集.上海:上海文艺出版社,1985:192.

第一，梅兰芳认为绘画艺术的布局结构、虚实处理和意境的产生密切相关，这一点和表演艺术是相通的。他特别指出，在自己遍览的历代名人书画中，"我感到色彩的调和，布局的完密，对于戏曲艺术有生息相通的地方；因为中国戏剧在服装、道具、化装、表演上综合起来可以说是一幅活动的彩墨画"[①]。他经常把家中的画稿、画谱找出来加以临摹，从无意识到有意识，从一般爱好到深度钻研，后来在王梦白等人的点拨和指导下，这种爱好和修养逐渐转变成一种格外珍贵的艺术探索，直到真正领会体悟到绘画的用墨调色和布局章法如何运用在舞台表演中。在他看来"布局、下笔、用墨、调色的道理，指的虽是绘画，但对戏曲演员来讲也很有启发"[②]。1942年，齐白石在另外几位画家共同创作的一幅画作上最后添上的一只蜜蜂，这给予梅兰芳极为深刻的印象和启示，这只蜜蜂使原本就已经完成的画面一改气象，变得更加生意盎然，梅兰芳说：

> 白石先生最后只是画了一只蜜蜂，可是，布局变了，整幅画的意境也变了，那几位画家画的繁复的花鸟和他画的小蜜蜂，构成了强烈的对称，这种大和小、简和繁的对称，在戏曲舞台上讲究对称的表现手法也是有相通之处的。画是静止的，戏是活动的；画有章法、布局，戏有部位、结构；画家对山水人物、翎毛花卉的观察，在一张平面的白纸上展现才能，演员则是在戏剧的规定情境里，在那有空间舞台上立体地显本领。艺术形式虽不同，但都有一个布局、构图的问题。中国画里那种虚与实、简与繁、疏

---

① 梅兰芳.舞台生活四十年［M］.北京：中国戏剧出版社，1987：499.
② 梅兰芳.舞台生活四十年［M］.北京：中国戏剧出版社，1987：500.

与密的关系，和戏曲舞台的构图是有密切联系的，这是我们民族对美的一种艺术趣味和欣赏习惯。正因为这样，我们从事戏曲工作的人，钻研绘画，可以提高自己的艺术修养，变换气质，从画中吸取养料，运用到戏曲舞台艺术中去。①

第二，他认为中国绘画"神似"重于"形似"，绘画艺术的传神写照的艺术精神也是戏曲表演应该借鉴的。中国绘画视"气韵生动"为第一，宗白华先生在《形与影》一文中说：

中国古代诗人、画家为了表达万物的动态，刻画真实的生命和气韵，就采取虚实结合的方法，通过"离形得似""不似而似"的表现手法来把握事物生命的本质。唐人司空图《诗品》里论诗的"形容"艺术说："绝伫灵素，少迴清真。如觅水影，如写阳春。风云变态，花草精神。海之波澜，山之嶙峋。俱似大道，妙契同尘。离形得似，庶几斯人。"离形得似的方法，正在于舍形而悦影。影子虽虚，恰能传神，表达出生命里微妙的、难以模拟的真。这里恰正是生命，是精神，是气韵，是动。②

而要做到"神似"，也非有生活的观察不可。余叔岩就非常重视观察生活，和朋友逛公园也必定对来往人群一一打量，还能从游人的神情中辨出他们的性格和职业。梅兰芳认为："齐白石先生常说他的画法得力于青藤、石涛、吴昌硕，其实他还是从生活中去广泛接触真人真

---

① 梅兰芳.舞台生活四十年[M].北京：中国戏剧出版社，1987：508.
② 宗白华.美学散步[M].上海：上海人民出版社，1981：277.

境、鸟虫花草以及其他美术作品如雕塑等，吸取了鲜明形象，尽归腕底，有这样丰富的知识和天才，所以他的作品，疏密繁简，无不合宜，章法奇妙，意在笔先。"①

第三，他认为观画必须观一流的画，唯有一流画作方能真气弥漫、意味无穷，接触最好的艺术才能使艺术家真正得到有效的滋养。他说："凡是名家作品，他总是能够从一千人千变万化的神情姿态中，在顷刻间抓住那最鲜明的一刹那，收入笔端。"②他自己最关注哪些中国艺术呢？云岗、龙门、敦煌等艺术，对古老的艺术遗产梅兰芳都一一考察揣摩，他对中国古代的绘画和雕塑有着格外浓厚的兴趣，尤其是对北魏雕塑、龙门石刻，无论是造型、敷彩、刀法、部位、线条、比例还是衣纹甚至莲台样式，他也力求从形式中深究内中真意。此外，他还从山西晋祠的宋塑群像，以及故宫博物院的《虢国夫人游春图》手卷中，从人物不同的造型姿态中吸收塑形传神的方法，并将之融入身段舞姿的创造中去，丰富了舞台形象和艺术表现力。

第四，对于传统艺术精神的继承和创化，梅兰芳主张研究要深，吃得要透，创化要自然得体，才能做到从心所欲不逾矩。他一度从古代绘画和雕塑人物的服饰中找到了服饰改革及图案色彩的设计灵感，革新舞台的服装行头。梅兰芳注重从古典艺术的传统精神和基本原则出发，在此基础上探索创新。他说："虽然在颜色和图案上有所变更，但是还是根据这种基本原则来发展的。违反了这种原则，脱离了传统的规范，就显得不谐和，就会产生风格不统一的现象。"③包括对于其他流派和行当

---

① 梅兰芳.舞台生活四十年[M].北京：中国戏剧出版社，1987：505.
② 梅兰芳.舞台生活四十年[M].北京：中国戏剧出版社，1987：509.
③ 梅兰芳.舞台生活四十年[M].北京：中国戏剧出版社，1987：512.

的借鉴，梅兰芳也强调从旦角艺术的特点出发加以继承和创化。

梅派艺术最大的特点就是"极高明而道中庸"，散发着由内而外的温柔敦厚和中正平和的美感气质。中国艺术精神中始终贯串着一种典雅中正、中道仁和的艺术格调，它是中国艺术和古典美学所标举的极高的美感层次，无论是宋元山水，还是北魏雕塑，无不显现着一种雍容大度和典雅中正之美。平、上、去、入必须悉心斟酌表现，绝不含混，倘有一字含糊不合，在他看来便会了整段唱词。梅兰芳唱腔的严谨体现在无歪腔邪调，气口讲究、嗓音动听、字亦不倒，旋律从容，行腔自然，声声入耳，字字动听。他后来的"移步不换形"的理论也可以看成"中和之美"思想的一种深化。梅兰芳之所以愿意接受当时一些学人的建议，不能说是中国戏曲演员在强势的西方话语面前失去自信，而应看成对中国戏曲走向现代化的一种要求，应看成在艺术中，在不违背戏曲自身美学特性的前提下，在"和谐"中求"创化"的精神，不是让外来的观念和技术来化我，而是以我的艺术和审美体悟去化用外来的观念和技术。齐如山评价梅兰芳的典雅时说：

> 且于表情之时，与锣鼓腔调高下疾徐，皆能丝丝入扣，不爽毫厘。此外尚有一要点是，各种表情，无论喜怒哀乐，即使撒泼打滚，亦须美观，一不美观便无足取，且不能成为美术化矣。比又真如妇人之哭号，像则像矣，有何美观？又有何趣味耶？梅君表情之时，于此等处尤能特别致力，且是其特长。其所以在国中受欢迎享盛名者，此点乃有极大之助力焉。[1]

---

[1] 齐如山.齐如山谈梅兰芳[M].北京：文化艺术出版社，2015：133.

第五，梅兰芳认为绘画艺术中的许多形象可以作为舞台艺术形象的原型，可以启迪舞台艺术的创造。梅兰芳的《嫦娥奔月》《黛玉葬花》《天女散花》等戏中服装和扮相的创造，就脱胎于绘画中的艺术形象。尤其是《天女散花》这出戏，其灵感就来自他偶尔在朋友家看到的一幅《散花图》，为了仔细感受画中人物的飘逸和轻灵，他还特意向友人借回这幅画，以便日夜观察揣摩，终获艺术实验的灵感。为了表现天女"飞翔"的轻灵超越的意境，达到白居易在"胡旋舞"诗句中所提到的"弦歌一声双袖举，回雪飘飘转蓬舞，左旋右旋不知疲，千周万匝无已时，人间物类无可比，奔车轮缓旋风迟"的妙意，他创制出表演难度极高的绸带舞。为了找到舞动绸带的飘逸劲儿，他用很长一段时间像练习书法那样反复练习琢磨，还参考了许多古代的木刻、石刻、雕塑、敦煌的飞天的形象姿态，最终完成了这一形象的塑造，成就了一出经典剧目。

在这里我们看到，表演艺术借鉴绘画艺术，绝不是简单的搬用，而要经历新的审美创造。这和诗与画的关系是一样的。宗白华说王维的"山路元无雨，空翠湿人衣"是诗中有画，但这种画的意味和感觉，是不能直接画出来的。顾随也说"日落江湖白，潮来天地青"，这是诗中有画，但是"落"和"青"是很难直接通过画展现出来，这不能直接画出来的正是"诗中之诗"。王安石《明妃曲》诗云："意态由来画不出，当时枉杀毛延寿。"[①]画家所画的形象是静止的，绘画总是选择

---

① 这首诗的典故是毛延寿画昭君像。王安石认为毛延寿很冤枉，他画王昭君画得没有本人美（也有传说是因为王昭君没有贿赂毛延寿，后者故意把她画得很丑），于是汉元帝就把很"丑"的王昭君献给了匈奴。上殿辞行的时候，汉元帝才发现王嫱是绝世美人，但已无法挽回。昭君和番而去，汉元帝杀了那些给宫人画像的画工，毛延寿当然也不能幸免。

意义最丰富的、最具包孕性的一刹那加以表现，而诗的美是流动的，是在时间中展开的。把"画"变成"戏"，要把画中的瞬间最具包孕性的情境展开、演绎，从而生成一个活动的、诗的意象世界，把人物的意态、表情、动感通过表演的唱、念、做、打展现出来，将时间和生命引入静止的画面空间里。梅兰芳意识到这是不同的两种创造，他说："画中的飞天有很多是双足向上，身体斜飞着，试问这个身段能直接模仿吗？我们只能从飞天的舞姿上吸取她飞翔凌空的神态，而无法直接照摹……画的特点是能够把进行着的动作停留在纸面上，是你看着很生动。戏曲的特点，是从开幕到闭幕，只见川流不息的人物活动，所以必须要有优美的亮相来调节观众的视觉。"①

戏曲需要从绘画中吸收精神，但是不能改变戏曲的本性，最终是要站在戏曲的立场完成戏曲的创造。塑造舞台上的"天女"，固然需要反复琢磨绘画中的形象，但是为了演出画中的天女御风而行的轻盈，则需要在舞台上另创一套表现的手法。为了这一新的形象，梅兰芳在编剧、唱腔、服饰、造型等方面无不一一考量设计，最后发现舞台上表现天女的御风而行，关键是通过舞蹈，而舞蹈的关键是两根绸带，绸带在空中要造成轻盈翻飞、御风而行之感必须要靠双手舞动。于是梅兰芳从传统神话戏《陈塘关》(《哪吒闹海》)中用一尺长的小棍挑起一条长绸表现"耍龙筋"，以及《金山寺·水斗》中白娘子舞动白彩绸的身段中加以借鉴，创排了天女的舞蹈。因此，梅兰芳塑造的"天女"，其灵感虽然来自绘画，但是他所创造的舞台上的"天女"这是画所表现不出来的，从来意趣画不出，而戏曲正要把这种画不出来的意

---

① 梅兰芳.舞台生活四十年［M］.北京：中国戏剧出版社，1987：510.

趣表现出来。因此，梅兰芳创造的是"戏中之画"，虽取自画中，然而经由他的创化，产生了崭新的意象世界。舞台上的天女是戏中之画，实质上是戏中之诗，戏中之戏，是戏曲的精华。对于绘画的意象世界和表演的意象世界的差异，如何将绘画中的静态的画面转换到舞台上动态的形象，梅兰芳有一段非常精彩的描述，他说：

> 我们从绘画中可以学到不少东西，但是不可以依样画葫芦地生搬硬套，因为，画家能表现的，有许多是演员在舞台上演不出来的，我能演出来的，有的也是画家画不出来的。我们只能略师其艺，不能舍己之长。①

因此，我们应该看到梅兰芳绘画艺术的修养和最终指向是提升他的舞台表演艺术。梅兰芳善于从绘画艺术中吸收创化，他善于把绘画艺术转化为戏曲舞台的意象世界，在任何时候，他始终站在戏曲表演艺术家的立场，一切感悟最终都转化为戏曲的艺术意象。

三、艺术作为理想人格的修养和呈现

中国美学格外注重心灵层面的表达，梅兰芳是以中国人传统的水墨书画的心态进行着表演艺术的创作。宗白华先生引用思想家阿米尔的话说："一片自然风景是一个心灵的境界"，梅兰芳的舞台意象是一种心灵化的呈现，故事、画面、形式和内容对他而言，都是一种心灵

---

① 梅兰芳.舞台生活四十年［M］.北京：中国戏剧出版社，1987：509.

世界的显现。没有中国文化和中国艺术的深厚修养，就不可能从信仰层面生发纯粹的精神追求，没有纯粹的精神追求就绝不可能到达艺术的至境。这就是"美"，就是美感所受的具体对象。它是通过美感来摄取的美，而不是美感的主观的心理活动自身。就像物质的内部结构和规律是抽象思维所摄取的，但自身却不是抽象思维而是具体事物。所以专在心内搜寻是达不到美的踪迹的。美的踪迹要到自然、人生、社会的具体形象里去找。但是心的陶冶，心的修养和锻炼是替美的发现和体验做准备的。创造"美"也是如此。[1] 艺术境界的显现，绝不是纯客观地机械地描摹自然，而必然是米芾所说"心匠自得为高"[2]。

因此，对于绘画中的梅兰芳和表演中的梅兰芳而言，两种不同艺术的审美表达可谓异源同流，二者都体现着中国传统美学的精神光照。中国美学精神对梅兰芳的艺术产生了深刻影响，而梅兰芳本人对于中国美学也有着自觉的体认和追求。苏轼评论王维的《蓝田烟雨图》说："味摩诘之诗，诗中有画；观摩诘之画，画中有诗"；唐代书法家张旭看到公孙大娘舞剑而悟出草书，诗的境界与绘画的境界是相通的，一切艺术的境界也是相通的。梅兰芳一直非常鼓励青年演员提高艺术鉴赏力，他说"除了多看多学多读，还可以在戏曲范围之外去接触各种艺术品和大自然的美景，多方面培养自己的艺术水平，才不致因孤陋寡闻而不辨精、粗、美、恶，在工作中形成保守和粗暴。我们要时刻注意辨别好坏，将来舞台上一定会出现不朽的创造。"他认为凡名家之作，总是能够从千变万化的神情姿态中，顷刻间抓住最鲜明的一刹那，并将之收入笔端，这也就是金圣叹说的"灵眼觑见，灵手抓住"。

---

[1] 宗白华.美学散步［M］.上海：上海人民出版社，2005：31.
[2] 宗白华.美学散步［M］.上海：上海人民出版社，1981：73.

画功注重传神写照,画法推崇气韵生动为第一,传神写照、气韵生动,同样也是舞台表演艺术所要追求的境界,这种境界的获得在梅兰芳那里是一个知行合一的过程,梅兰芳说:

> 中国画里那种虚与实、简与繁、疏与密的关系和戏曲舞台的构图是有密切联系的,这是我们民族对美的一种艺术趣味和欣赏习惯。正因为这样,我们从事戏曲工作的人钻研绘画可以提高自己的艺术修养,变换气质,从画中去吸取养料,运用到戏曲舞台艺术中去。①

艺术在中国美学的视野中历来是人格理想的表征,这种人格理想的追求无论对于绘画还是对于表演而言,都是一致的。潘公凯教授在2016年美学散步文化沙龙的演讲《笔墨范例作为人格理想的表征系统》中指出西方研究中国艺术的学者很难进入这个核心层面,比如大家熟悉的汉学家高居翰,研究中国画成绩卓著,"但是对于一个最核心的问题,他就是进不去,他一辈子都进不去。这个核心就是,后期文人画的大写意水墨里面到底有什么,高居翰先生就是看不到,所以他认为最好的画是宋代的画,南宋一些小的扇面,上面题一点唐诗,画小桥流水、一叶扁舟那种,他认为这个是诗书画结合最佳的范本。在我们看来属于二三流的作品,他认为是最好的。后期文人画当中,一流作品的好处,高居翰看不到,这就是一个致命伤。高居翰治学有非常严谨的一面,知识面非常之宽,全世界的博物馆的中国画古代藏品

---

① 梅兰芳.舞台生活四十年[M].北京:中国戏剧出版社,1987:508.

他都去看了一遍，要比我们内行，我们出国也出不了，看作品也不多，资料的东西远远不如他，但是他就是在最根本的点上进不去。其他一些在美国、英国的研究中国绘画史的专家也都有这个问题"。西方学者始终无法认识并阐释清楚后期文人画的大写意水墨的内在意蕴，这个问题其实和我们认识梅兰芳的旦角艺术（包括其他京剧流派）里面到底有什么特殊性是一样的道理。倘若我们总是从社会学、文化学的角度来研究梅兰芳的艺术就永远也研究不透。中国画的笔墨背后的精神性，并不是脱离形式的，而是寓于形式本身的。中国画的笔墨是一个文化结构，也是一个意义结构。同样以京剧表演中的程式和功法也不仅仅是形式，它同时也是文化结构和意义结构，并且是可以被不同艺术家赋予精神性内涵的意义结构。

绘画之"笔法"和表演之"功法"本质上是美学的问题。绘画的笔法和表演的功法（这里的功法不仅仅指演员的唱、念、做、打的技巧表现，自然也包括人物塑造的一整套的内外部的技巧和方法，因为唱、念、做、打都是为了完成形象塑造的，这是不能割裂开来谈的。）的共通之处在于：中国美学格外注重艺术在心灵层面的表达，一切艺术的形式和内容都是艺术家心灵世界的显现。借由艺术的创造，以艺术作品为载体，艺术家活泼泼的生命状态和内在灵性从有限的肉身中超越出来，向世人展现一种更为永恒的精神性存在的方式。这就是为什么我们观看伟大的作品时，常常感到艺术家的性灵和精神宛然在前的原因所在。也就是说，通过艺术的创造，艺术家的精神超越肉身和有限，趋近无限和永恒。

因此，在中国美学的视野中，艺术不仅仅是技能的展现，更是理想人格的修养和呈现。正是在这一美学精神的指引下，过去京剧的老艺人才会在缺乏理论的前提下，形成那些代代相传的口诀，并且极为珍视，秘不示人。比如京剧"京剧身段谱口诀"中有一条："三形、六劲、心意八、无意者十"，这十一个字蕴含着艺术境界不断进阶攀升的过程，也是对表演艺术境界的丰富内涵的精要总结，而这样的总结其实就是美学思想的精要，其中的深意与中国画的美学追求也是一致的。

从中国美学的视角而言，中国艺术的最终旨归是个体的人格理想的实现。人格理想是中国历代文人和士大夫阶层的一种共同信仰，这种群体性的人格理想正是文士们的精神支柱、精神寄托和精神家园。潘公凯认为中国历来没有统一的宗教，中国人的终极关怀就是对人生终极意义的思考以及人格理想的实现。这种群体性的人格信仰代替了西方对于上帝的信仰，对神的崇拜。这是一种内化的、此岸的、现世的信仰。通过这种信仰，心灵不断地提升自己的境界，将自己塑造成自己所希望的自由的存在。黄宾虹晚年，每天都要完成"日课"，"日课"就是他最平常的生活状态，没有任何功利诉求，他画画既不是为了卖钱，也不是为了博得他人喝彩，纯粹就是游心养性。梅兰芳的艺术追求也是如此，他几十年如一日痴迷《宇宙锋》这出并不卖座的戏，他卖画纯粹是因为特殊时期的生活所迫，是不得已。绘画艺术之于梅兰芳的意义，在于帮助他修身养性，涵养胸襟，体悟艺道，在这种体悟中他博采众长、融汇百家、取长补短、兼容并包，并由此不断地推升舞台表演的境界。正是这种精神性追求，梅兰芳才通过舞台表演艺术，通过绘画艺术向世人展示了一种生命存在的精致和高贵。

我们只有将这种极为精深的艺术精神、生命姿态和高贵品格萃取出来，才能找到梅兰芳艺术的灵魂，甚而找到京剧（不管是新剧还是旧剧）在当代的文化自信，并更好地传承和加以保护，更好地反思以往传承和保护中的得失。明人胡应麟《诗薮》把诗人分为大家与名家，说大家是"具范兼镕"，名家是"偏精独诣"，梅先生正是一位能把旦角行当的多种艺术风格、表演的多种技巧熔于一炉的具范兼镕的大家，而他的理论见解大多来自中国传统艺术的综合修养。梅兰芳的表演艺术，在最高的精神和美学旨趣的守望和实现中，与中国画的笔墨追求殊途同归，而正是借助中国画的笔墨功夫，梅兰芳更深地体悟并汲取了中国美学和艺术的精神，并把它注入戏曲舞台表演艺术中，这便是梅兰芳"富有朝气的""活生生的，像行云流水一般自在"的不朽的古典精神[①]的奥秘所在。

---

① 傅雷.什么是古典的？[M]//傅敏.傅雷家书.北京：生活·读书·新知三联书店，1990：190.

笔法与功法
——梅兰芳表演艺术的融通

中国画的笔墨之美集中体现在笔法，京剧表演的美学集中体现在功法。绘画之"笔法"和表演之"功法"与其说是技巧层面的问题，不如说是美学层面的问题。

刘熙载《书概》云，"书，如也，如其学，如其才，如其志，总之曰如其人而已"，又说"笔性墨情，皆以其人之性情为本"[①]，这里强调的是中国美学中艺术与心灵的关系。中国画的笔墨既是形式，也是内容，更有着精神性的内在构成，但是中国画笔墨背后的精神性并不脱离形式的，而是寓于形式本身的。笔墨虽然是物质的，但是它发乎心灵，出乎情思，表面上看是笔墨是艺术形式，其实质是心灵的行迹。心灵化的戏曲表演可通于心灵化的笔墨，中国绘画的"笔法"和戏曲表演的"功法"有着相通的精神性结构，二者在美学的最高追求方面

---

① 刘熙载.艺概笺注［M］.王气中，笺注.贵阳：贵州人民出版社，1986：440-441.

是一致的。正是基于内在的文化结构和意义结构，戏曲表演艺术才能在法格的基础上不断开宗立派，中国戏曲表演体系才能在世界文化史和艺术史上独树一帜。

俞振飞先生这样评价梅兰芳的表演艺术：

> 他的艺术，以博大精深而著称，我很难用简单的语言概括出其特点来。我十分欣赏他在舞台上那雍容华贵的品貌和仪态，欣赏他那"婉若游龙，翩若惊鸿"的舞姿。他的风格典雅大方，秾纤得中，体现着一种典型的古典美。这种美贯彻在他的整个演出中。①

为了实现这样的艺术追求，梅兰芳转益多师，除了向其他流派行当学习，还大胆取法其他的艺术样式。梅兰芳擅长书画，他从书画艺术中体悟并汲取中国艺术精神，并把它注入戏曲舞台表演艺术中。绘画的"笔法"和表演的"功法"之间有何关系，这种关系在梅兰芳的表演艺术中是如何融通的，梅兰芳又是如何兼容并蓄的，这是本文所要思考的问题。

一、不二法门：戏曲和绘画的相通

黄庭坚说"取古书细看，令入神"，梅兰芳深知读画和撷萃的道理，就梅兰芳本人收藏的历代书画来看，出自名家之笔的多达百位。清代以前的名家作品如金农、改琦、梅清、蒋予检、陈铣等人的作品，

---

① 俞振飞.梅兰芳和梅派艺术［M］//王家熙，许寅，等.俞振飞艺术论集.上海：上海文艺出版社，1985：192.

笔法与功法

近现代的名家名士如汪蔼士、王梦白、陈师曾、陈半丁、胡佩衡、于非闇、溥心畬等人的作品，这些名家也间接地成为梅兰芳在绘画艺术上的师友，而吴昌硕、张大千、齐白石、黄宾虹等人的书画则是梅兰芳书画收藏的核心部分。

梅兰芳为什么几十年如一日练习书画，甚至有心收藏历代名画呢？在梅兰芳的时代或者梅兰芳之前的时代，演员除本技之外还要学习琴棋书画，诗词歌赋，这是梨园中普遍的风气。正所谓"笔墨之道，本乎性情"[1]，艺人大多懂得决定艺术境界之高低在于艺术之"道"，正是"道"决定了从艺者从技术层面不断向内在人格修养、人格精神做永无止境的自我完善，这个过程既是艺术的磨砺和提升，个体生命的修为和完满，也是艺术在美学意义上最终旨归。无论是"笔法"还是"功法"，对中国艺术而言，都源于一种内在的精神性追求，正是这种精神性追求，才能通过舞台表演艺术向世人展示一种生命状态的精致和高贵。

首先，中国戏曲和绘画有着相通的艺术精神。梅兰芳认为绘画艺术的布局结构、虚实处理和意境的产生密切相关，这一点和表演艺术是相通的。梅兰芳的祖父梅巧玲和父亲都擅长笔墨，也有不少珍藏的画稿和画谱，他一有空就把家中珍藏的画稿和画谱找出来加以临摹，为的是揣摩和体会绘画的用墨调色、布局章法如何化用在舞台表演中。[2] 沈宗骞说："学画者必须临摹旧迹，犹学文之必揣摩传作，能于精神意象之间，如我意之所欲出，方为学之有获。"[3]

从历史上看，戏曲人物的扮相，很多都取法绘画人物的妆容和神

---

[1] 沈宗骞.芥舟学画编[M].济南：山东画报出版社，2013：64.
[2] 梅兰芳.舞台生活四十年[M].北京：中国戏剧出版社，1987：499.
[3] 沈宗骞.芥舟学画编[M].济南：山东画报出版社，2013：69.

采。梅兰芳曾说学习绘画对他自己的化装术的提高有直接帮助，他说："因为绘画时，首先要注意敷色深浅浓淡，眉样、眼角是否传神。久而久之，就提高了美的欣赏观念。一直到现在，我在化装上还在不断改进，就是从这些方面得到启发的。"①时装新戏《天女散花》的形象中海棠髻、白色古装袄裙、浅色花纹钩边、小珠子穿成的小云肩以及五色珠子穿成的小腰裙、胸前的"五色璎珞"、肩窝左右的风带，就是根据北魏菩萨的造像设计的。②《嫦娥奔月》《黛玉葬花》两出戏的服装和扮相也同样脱胎于绘画的形象。设计穆桂英的发型和头饰，也曾经在古画中得到灵感，穆桂英的古装头在保留贴片子的前提下，发髻应该设计成什么样式，用什么发式代替后面的"线尾子"，梅兰芳参照的就是古代画作。③舞台上一切装饰，包括图案设计、色调调配、线条组织都是为表演艺术服务的，都需要有绘画的审美意识。

梅兰芳认为晋祠塑像群和故宫博物院所藏《虢国夫人游春图》手卷上的女官非常相似，工匠把宫里太监特有的鞠躬惟谨的神气惟妙惟肖地刻画了出来，也把宫女"闺中少女不知愁"的姿态刻画了出来，他评价晋祠塑像群"宋塑像群，体态轻盈，一颦一笑，似诉生平"，他说："这些立体的雕塑可以看四面，比平面的绘画对我们更有启发，甚至可以把她们的塑形直接运用到身段舞姿中去。"④

梅兰芳温柔敦厚、谦虚好学，他本人曾经拜王梦白、汪蔼士、齐白石、陈师曾等大家学画。特别是在王梦白的指点下，梅兰芳的绘画

---

① 梅兰芳.舞台生活四十年［M］.北京：中国戏剧出版社，1987：513.
② 梅兰芳.舞台生活四十年［M］.北京：中国戏剧出版社，1987：526.
③ 梅兰芳.舞台生活四十年［M］.北京：中国戏剧出版社，1987：512.
④ 梅兰芳.舞台生活四十年［M］.北京：中国戏剧出版社，1987：511.

进步很快，关于戏曲和绘画相通的体会也就更深了，他说："王梦白先生讲的揣摩别人的布局、下笔、用墨、调色的道理，指的虽是绘画，但对戏曲演员来讲也很有启发。"①

梅兰芳的表演艺术善于旁征博引，融会贯通，德国戏剧家布莱希特在看了梅兰芳的《打渔杀家》之后，看到舞台上表演船行江上的场面，不禁感慨梅兰芳扮演的渔家女"每一个动作都构成一幅画面，河流的每一个拐弯都是惊险的，人们甚至熟悉每一个经过的河湾"②。

艺术是心灵世界的显现，梅兰芳的舞台意象是一种心灵化的呈现，故事、画面、形式和内容对他而言，都是一种心灵世界的显现。要达到这种境界，必须具备中国文化和中国艺术的深厚修养。梅兰芳从以形写神、形神兼备的传统绘画艺术的基本造型法则中悟出"笔法"和"功法"的相通，中国历代绘画和画论中包含着中国美学精神成为他借鉴创化的资源。

二、技臻于道：由技入道的艺术境界

董逌在《广川画跋》中说："由一艺以往，其至有合于道者，此古之所谓近乎技也。"③说的是艺道的相互关系，阐明了由技入道的艺术境界。过去有人认为京剧的本体是行当程式、四功五法，如果仅仅这样认为，就容易陷入程式万能和技术至上主义，而忽略京剧内在的精

---

① 梅兰芳.舞台生活四十年［M］.北京：中国戏剧出版社，1987：500.
② 布莱希特.布莱希特论戏剧［M］.丁扬忠，张黎，景岱灵，等译.北京：中国戏剧出版社，1990：193.
③ 董逌.广川画跋［M］.北京：文物出版社，1992：6.

神性构成。程式如果没有人的精神性的追求和承载，没有人的精神赋予他光照，它就是一种技术手段，而脱离了审美追求、精神意蕴的技术是一种无聊的杂耍。如果没有这种至高的审美追求和精神追求，任何艺术都只能退化成一般的大众文化、娱乐文化，而不能上升到人类精神层面和审美层面的高度。

学习戏曲和绘画，有以苦练成就，有以顿悟成功，但无论如何必须从最基本的功法学起。书画的基本功当从画稿和画谱着手，书法的基本功必要真草隶篆——临过，荆浩曾说："学者初入艰难，必要先知体用之理，方有规矩。"① 郑燮说："必极工而后能写意，非不工而遂能写意也。"② 龚贤《柴丈画说》提道："笔要中锋为第一，惟中锋乃可以学大家，若偏锋且不能见重于当代，况传后乎？"③ 这里涉及的都是笔墨书画的基本功问题。梅兰芳从长期的戏曲基本功训练中体悟出表演艺术之道，故而对笔墨书画的基本功训练也备加重视。

梅兰芳在《舞台生活四十年》中提到自己幼年练功，他说："踩着跷在冰上跑惯，不踩跷到了台上，就觉得轻松容易，凡事必须先难后易，方能苦尽甘来。"④ 先难后易，苦尽甘来，是习艺的规律。练习书法要写烂多少笔头，用完多少墨汁才能有所长进，笔墨和戏曲基本功的训练是完全一样的。这种严苛的基本功训练，往往要从童年就开始，这个过程是痛苦的，有时甚至是残酷的，但梅兰芳说："今天，我

---

① 郑午昌.中国画学全史［M］.北京：中国社会科学出版社，2009：155.
② 俞剑华.中国历代画论大观：第9编［M］.南京：江苏凤凰美术出版社，2016：299.
③ 俞剑华.中国古代画论类编：下［M］.北京：人民美术出版社，1957：790.
④ 梅兰芳.舞台生活四十年［M］.北京：中国戏剧出版社，1987：34.

笔法与功法

已经是近六十岁的人，还能够演'醉酒''穆柯寨''虹霓关'一类的刀马旦的戏，就不能不想到当年教师对我严格执行这种基本训练的好处。"① 特别是对于旦角，小小年纪就要学习跷功，但练习跷功不一定是为了演出，而是为了脚下有根。梅兰芳认为幼年练习跷功，对旦角演员的腰腿功夫是有益处的。

表演功法的演习和进步是循序渐进的。梅兰芳本人自幼从皮黄青衣入手学习戏曲表演，然后陆续学习昆曲里的正旦、闺门旦、贴旦，皮黄里的刀马旦、花旦等旦角的各种类型。和书法一样，起初要临摹各种字体和字帖，苏、黄、米、蔡（苏轼、黄庭坚、米芾、蔡襄是宋代尚意书法的代表人物，被合称为"宋四家"），各有各的路数和妙处，只有长期练习和琢磨各种字体的内在韵味，辨明各家的法度胸臆，才能在日后自然而然创化出属于自己的风格。在这个转益多师的过程中，还能充分发现自己的特点。梅兰芳就在各种旦角类型的学习中逐渐找到了自己的特色，他说："我跟祖父不同之点是我不演花旦的玩笑戏，我祖父不常演刀马旦的武工戏。这里面的原因，是他的体格太胖，不能在武工上发展；我的性格，自己感觉到不适宜于表演玩笑、泼辣一派的戏。"②

除了旦角各部的研习，梅兰芳的表演功法中还有武工一项。他的武工大部分由茹莱卿先生教授。茹先生的教学要求就是"小五套"和"把子功"这样一类的基本功，戏曲表演非以此入门不可，学会了这些，再学别的套子就容易了。③ 然后再学"快枪"和"对枪"，这是日

---

① 梅兰芳.舞台生活四十年［M］.北京：中国戏剧出版社，1987：34.
② 梅兰芳.舞台生活四十年［M］.北京：中国戏剧出版社，1987：35.
③ "小五套"是把子功的基本功夫，包含五种套子：灯笼炮、二龙头、九转枪、十六枪、甩枪。

后台上表演最常用的技艺。梅兰芳《虹霓关》里的东方氏,《穆柯寨》里的穆桂英都有对打戏,频繁使用"快枪"和"对枪"后来又演习"对剑",为的是掌握在舞台上使用短兵器,《木兰从军》《霸王别姬》都有类似的技艺展示,而这些艺术形象的完成全仰赖幼年时的基本功。

除了手上的功夫训练,还要不断练习脚上的功夫。梅兰芳回忆当年打把子训练,脚上还要有三种训练方法,一是武旦一行用的踩跷打把子,二是刀马旦一行用的穿着彩鞋或是薄底靴打把子,三是武生一行用的穿着厚底靴打把子,可以想见梅兰芳为此付出的艰辛和汗水。① 此外,对戏曲表演功法训练中,还有胳膊、腰、腿的系统训练。"耗山膀""下腰""压腿"是日常功课,还有虎跳、拿顶、扳腿、踢腿、吊腿等。

关于戏曲功法的根本,梅兰芳认为是戏曲的"音韵规律和身段谱",他以余叔岩为例总结说:

> 叔岩的学习方法,虽然是多种多样,但归纳鉴别的本领很大。他向一个人学习时,专心致志,涓滴不遗,必定把对方的全副本领学到手,然后拆开来仔细研究,哪些是最好的,哪些是一般的,哪些是要不得的,哪些好东西用到自己身上不合适,要变化运用。这如同一座大仓库,装满了货色,经过选择加工,分成若干组,以备随时取用。而最重要的是要通晓音韵规律,基本身段谱,这如同电灯的总电门一样,掌握了开关,才能普照整个库房,取来的货物自然得心应手,准确合用。②

---

① 梅兰芳.舞台生活四十年[M].北京:中国戏剧出版社,1987:36.
② 梅兰芳.舞台生活四十年[M].北京:中国戏剧出版社,1987:610.

正是源于对戏曲以"音韵"和"身段"为核心的基本功法的体悟，梅兰芳非常重视昆曲艺术。梅兰芳之前的时代，学习京剧表演的时候，讲究的戏班子同时教授昆曲的表演。梅兰芳回忆自己的先祖都非常重视昆曲，他说："我家从先祖起，都讲究唱昆曲。尤其是先伯，会的曲子更多。所以我从小在家里就耳濡目染，也喜欢哼几句。"[①] 梅兰芳十一岁登台，串演的就是昆曲。然而，在梅兰芳时代，昆曲已经全面衰落，台上除了几个武戏之外，很少看到昆曲了，北京仅有乔蕙兰、陈德霖、李寿峰、李寿山、郭春山、曹心泉等几位擅长昆曲的老先生，各个戏班子也只有很少几出武戏演的是昆曲。梅兰芳还曾跟着乔蕙兰老先生学会了三十几出昆曲。梅兰芳学昆曲，屠星之老先生就建议他到苏州请老师来拍曲子，后来梅兰芳还特意从苏州请来了谢昆泉，梅兰芳特意把他留在家中随时拍曲子、吹笛子。在梅兰芳看来，昆曲的身段是历经数代艺术家，耗费了许多心血的实践总结，凝结着极为重要的智慧和价值，他说："经过后几代的艺人们的逐步加以改善，才留下来这许多的艺术精华。这对于京剧演员，实在是有绝大借镜的价值的。"[②]

以京剧为代表的戏曲的表演体系在世界文化史和艺术史上，是异常独特的一种艺术形态，它之所以独特的最根本的原因在于其包含在"功法"的形式之中的美学的、精神性的意义结构。所以，就绘画的笔墨或者京剧表演的功法而言，其精神性内涵的意义结构不可被消解，不可被漠视，不可被浅薄化，更不能被淡忘和丢弃，这个意义体系不能丢失，必须要传承下去。这个意义体系如果丢失了，这种艺术形态

---

① 梅兰芳. 舞台生活四十年[M]. 北京：中国戏剧出版社，1987：167.
② 梅兰芳. 舞台生活四十年[M]. 北京：中国戏剧出版社，1987：168.

就面临灭绝的危机，就一定传不下去。

三、气韵生动：意在笔先与传神写照

气韵生动，同样也是舞台表演艺术所要追求的境界。气韵生动体现的是"传神"，体现的是一气流动的整体的美感，一气流动的美感来自超越有无，在有限的线条和设墨中呈现无限的生命感，有无虚实贯通，浑然一体，无画处皆成妙境，这便是中国艺术追求的审美境界，也是艺术家的生命合于天地自然节奏的至高境界。

张彦远在《历代名画记》中说：

> 一笔而成，气脉通连，隔行不断。唯王子敬明其深旨。故行首之字，往往继其前行，世上谓之一笔书。[1]

梅兰芳对于张彦远所说的书法艺术中的"一笔而成，气脉相通，隔行不断""夫象物必在于形似，形似须全其骨气"自然是深谙于心，有所领悟，他才能够将画论中的笔法准确地转用在对谭、杨二人元气淋漓、余韵不尽的评价之中，而他自己的表演也潜移默化地思慕并持之以恒地追求这样的境界。梅兰芳在《舞台生活四十年》中说：

> 在我心目中的谭鑫培、杨小楼的艺术境界，我自己没有适当的话来说，我借用张彦远《历代名画记》里面的话，我觉得更恰

---

[1] 沈子丞.历代论画名著汇编[M].北京：文物出版社，1982：39.

笔法与功法

当些。他说"顾恺之之迹，紧劲连绵，循环超忽，调格逸易，风驱电疾，意在笔先，画尽意在"，谭、杨二位的戏确实到了这个份……①

最能体现梅兰芳"气韵生动"的表演就是《霸王别姬》中的"舞剑"。这一段"舞剑"虞姬从上场门出来，右手压着剑诀，左手抱剑，在"长锤"的节奏中缓慢步出。从亮相、揉胸、弹泪到拉山膀望向帐内一气呵成。接着是圆场，环手向右转身到台中心，二六过门亮相后，走小圆场到大边，右手一环向右转身在台中心亮相，再唱"劝君王……"一段。到了《夜深沉》，从舞剑前的开势，然后云手上步到台口，从"小边"台口走直线到"大边"台口，再从"大边"台口走斜线到台中；再从台中走至台口，这个过程中完成"怀中抱月""左右插花""涮剑""栽剑""云手""十字蹲身""剑花""探海""鹞子翻身""大刀花"等身段动作……整个舞剑的过程好像以舞台空间为纸，完成了一幅元气淋漓、尽显灵性的行书长卷。石涛说："作书画者，无论老手后学，先以气胜得之者，精神灿烂，出之纸上。"②这段《霸王别姬》就是精神灿烂，出于纸上。唐代书法家张旭看到公孙大娘舞剑而悟出草书，表演的境界与书画的境界是相通的，一切艺术的境界也是相通的。不管是梅兰芳自己，还是他对谭、杨二人的评价，都体现了"气韵本乎游心，神采生于用笔"③。

要做到气韵生动，需要意在笔先。张彦远说："夫运思挥毫，自以

---

① 梅兰芳.舞台生活四十年［M］.北京：中国戏剧出版社，1987：678.
② 汪绎辰.大涤子题画诗跋［M］.上海：上海人民美术出版社，1987：39.
③ 郭若虚.图画见闻志［M］.北京：人民美术出版社，2003：16.

为画，则愈失于画矣。运思挥毫，意不在于画，故得于画矣。"①梅兰芳与齐白石交往密切，齐白石常说自己的画法得力于青藤、石涛、吴昌硕，梅兰芳评价齐白石的作品"疏密繁简、无不合宜，章法奇妙，意在笔先"②，他曾回忆与自己交游频繁的绘画名家，在作画的时候虽然各有各的习惯，但是都有一个共同的特点，那就是意在笔先。有的人在落笔前会拿起笔来在嘴里大嚼一番，接着就在碟里舔颜色，或在洗子里涮几下，梅兰芳说："当他们在嚼了又涮的时候，是正在对着白纸聚精会神，想章法，打腹稿。这和演员在出台之前，先试试嗓音，或者活动活动身体的道理是差不多的。"③

梅兰芳处理舞台上的"贵妃醉酒"也把握了"意存笔先，笔周意内，画尽意在，像应神全"④。1935年，梅兰芳访问苏联时表演的《贵妃醉酒》让苏联专家赞叹不已，他们认为喝醉酒的人真实的情形是呕吐不止，令人厌恶，而舞台上贵妃的醉态非但不让人讨厌，还让人觉得美，觉得为她的伤感而心碎。这就是中国戏曲的"传神"，舞蹈身段传达出的是人物生命的活力和内心的苦闷。梅兰芳说："这出'醉酒'，顾名思义，就晓得'醉'是全剧的关键。但是必须演得恰如其分，不能过火。要顾到这是宫廷里一个贵妇人感到生活上单调苦闷，想拿酒来解愁，她那种醉态，并不等于荡妇淫娃的借酒发疯。这样才能掌握住整个剧情，成为一出美妙的古典歌舞剧……每一个戏曲工作者，对于他所扮演的人物，都应该深深地琢磨体验到这剧中人的性格与身份，

---

① 沈子丞. 历代论画名著汇编[M]. 北京：文物出版社，1982：40.
② 梅兰芳. 舞台生活四十年[M]. 北京：中国戏剧出版社，1987：504.
③ 梅兰芳. 舞台生活四十年[M]. 北京：中国戏剧出版社，1987：506.
④ 郭若虚. 图画见闻志[M]. 北京：人民美术出版社，2003：16.

笔法与功法

加以细密的分析,从内心里表达出来,同时观摩他人的优点,要从大处着眼,撷取菁华,不可拘于一腔一调、一举一动的但求形似,而忽略了艺术上灵活运用的意义。"①

唯有气韵生动,才能传神写照。无论绘画还是戏曲,如何模仿前人,如何传承技艺?梅兰芳指出有些人模仿"活曹操"黄润甫,居然去模仿他晚年掉了牙齿后的口风,这是本末倒置了。他认为学习黄润甫要学习他并不僵化地模仿前人塑造的"曹操",没有把曹操处理成肤浅浮躁的莽夫,他的勾脸、唱腔、做工表情都结合了自身特点,应该学习的是黄润甫"气派中蕴含妩媚"的传神的人物塑造。

梅兰芳认为,从表面上看,《青石山》里的关平扮相是大同小异的。但是,杨小楼的关平就有"一副天神气概",配合着《四边静》牌子的身段,真有"破壁飞去的意境","从神态气度中给人一种对神的幻想"。②杨小楼之所以能够把天神的神态、气度,体现得淋漓尽致,在梅兰芳看来主要原因是杨小楼有意识地吸收了唐宋名画里天王及八部天龙像,不简单追求"形似",而是追求"神似"和"气韵"。梅兰芳自己在处理《生死恨》中韩玉娘"夜诉"那一场的表演时,完全是从一幅旧画《寒灯课子图》的意境中感悟出来的,而《天女散花》中天女凌空飞翔姿态的处理也是从绘画和雕塑中直接吸收借鉴而来的,这种借鉴和吸收注重的不是形似而是神似。

此外,对于绘画而言要达到气韵生动,需注意墨色浓淡,对表演而言也要留意虚实关系。董其昌在《画禅室随笔》中认为:"须用虚实。虚实者,各段中用笔之详略也。有详处必要有略处,虚实互用。

① 梅兰芳.舞台生活四十年[M].北京:中国戏剧出版社,1987:39-40.
② 梅兰芳.舞台生活四十年[M].北京:中国戏剧出版社,1987:508.

疏则不深邃，密则不风韵。但审虚实，以意取之，画自奇矣。"[1] 如何处理好虚实既是美学的问题，也有利于演员自身的保护。劳则伤音，逸则败气，如何掌握分寸，恰到好处，既是功法也是学问。余叔岩就非常注意唱腔的虚实处理，梅兰芳剧团的李春林回忆说："叔岩的嗓子，高音用'立音'，膛音用本嗓，真假音参用，衔接无痕，非有极大本领，不能圆转如意。"[2]

对于绘画中的梅兰芳和表演中的梅兰芳而言，两种不同艺术的审美表达可谓异源同流，二者都体现着中国传统美学的精神光照。

四、贵在融通：文戏武唱和武戏文唱

梅兰芳的墨梅文弱中见刚劲，正如他的唱腔和做工平淡中显精彩，平和中见深邃。倘若将梅兰芳的绘画艺术所呈现的美学风格进一步同他的舞台表演相比较，我们不难发现，他的绘画和表演一样，不求偏锋，不走险崎，体现了中和典雅之美。这种典雅中正、中道仁和的内在气质是梅兰芳艺术的精神气韵和生命格调的彰显，更是他人格境界和胸襟气象的彰显。

过去有学者认为杨小楼是"武戏文唱"，而梅兰芳是"文戏武唱"。两位艺术大师都能够博采众长、融汇百家、取长补短，兼容并包，不断推升舞台表演的境界。这种不同行当的融通，犹如米氏父子的画中有行草的意趣，也类似绘画中不同派别的兼容，书法中碑帖的相融，书法和绘画的融通，也就是沈宗骞在《芥舟学画编》所说的："能集前

---

[1] 沈子丞.历代论画名著汇编[M].北京：文物出版社，1982：251.
[2] 梅兰芳.舞台生活四十年[M].北京：中国戏剧出版社，1987：599.

古各家之长，而自成一种风度，且不失名贵卷轴之气者，大雅也。"①

杨小楼是"武戏文唱"的典范，他的大家风范呈现在不满足于单纯的武戏外部技术呈现，而是追求人物塑造的生命姿态和精神气质，所以他注重表演和生活内容、历史情境和思想内容的结合，而不仅仅满足于卖弄武工。梅兰芳是"文戏武唱"的典范，他的《天女散花》《贵妃醉酒》兼具文武之道。《天女散花》作为一出正旦的戏，要表现天女的御风而行，传统的水袖功不能完全达到这样的效果，于是梅兰芳改用了"风带"。抖风带难度很大，用到的是"三倒手""鹞子翻身""跨虎"等武戏身段，唯其如此才能表现天女轻盈凌空的翔姿。《贵妃醉酒》是地道的文戏，但是表现贵妃的"醉"却要用到"卧鱼""下腰"等武戏的身段。醉酒的三次"卧鱼"跟着三次"衔盃"，靠的是武工的腰腿功夫，这就是《贵妃醉酒》可以入刀马旦一工的原因。②梅兰芳还将曹操的身段融入了《贵妃醉酒》，他说："我在入座时有一个小身段，就是用手扶住桌子，把身子略略往上一抬。这个身段，别人都不这样做，我是从唱花脸的黄润甫先生那儿学来的。我常看他演《阳平关》的曹操，出场念完大引子，在进帐的时候，走到桌边，总把身子往上一抬……杨贵妃能学曹操的身段，我不说，恐怕不会有人猜得着吧。"③又如，梅兰芳偏爱《宇宙锋》，这是一出青衣应工戏，但赵女的舞蹈和身段如果没有武工的底子，是根本表现不出来的。

梅兰芳的"文戏武唱"，追求的是"遒者柔而不弱，劲者刚亦不

---

① 沈宗骞.芥舟学画编[M].济南：山东画报出版社，2013：61.
② 梅兰芳.舞台生活四十年[M].北京：中国戏剧出版社，1987：38.
③ 梅兰芳.舞台生活四十年[M].北京：中国戏剧出版社，1987：234.

脆"①。大艺术家不会死抱程式行当，程式行当在不同的人物和剧情中可以有无限的创化和妙用。正如方薰所言："功夫到处，格法同归。妙悟通时，工拙一致。"②京剧表演的基本功训练时必要的，必须"学透"，唯有"学透"才能"创化"。倪云林寥寥数笔，就能"尽取南北宗之精华而遗其糟粕"③，梅兰芳同样善于尽取各派之长，为我所用。学习功法不能荒腔走板，但是最后一定要善于创化，就像书法家将苏黄米蔡、草情篆意一一临过，最后才能创化出属于自己的风格。

这种融通和创化正是梅兰芳表演艺术的美学特点。比如二本《虹霓关》的丫鬟，原本是一个正派角色，可以憨态可掬，但不可油滑轻浮。如果专工花旦的角色来唱，容易流于轻佻冶荡，就表现不出这个形象的特质。因梅兰芳学过《佳期·拷红》《春香闹学》这一类大丫鬟戏，他在演二本《虹霓关》的时候，就自然而然融入这些丫鬟戏的风格和色彩。梅兰芳说："别瞧这短短两刻钟的戏，我在当年倒的确能拿它来叫座的。"④

不同行当之间的融通，在梅兰芳这里达到了从心所欲不逾矩，最终是为塑造人物，实现他典雅中正的美学追求。就《贵妃醉酒》而言，如果处理不当，杨贵妃这个人物便容易落入香艳。这出戏重在做工表情，很多演员都在"醉"态上做过了头。而梅兰芳塑造的杨贵妃在幽怨之余，从初醉到微醉，从微醉到沉醉，注意区分"醉"的层次的变

---

① 俞剑华.中国古代画论类编：下［M］.北京：人民美术出版社，1957：794.
② 方薰.山静居画论［M］.杭州：西泠印社出版社，2009：46-47.
③ 黄宝虹，邓实编.美术丛书初集：第1辑［M］.杭州：浙江人民美术出版社，2013：70.
④ 梅兰芳.舞台生活四十年［M］.北京：中国戏剧出版社，1987：112.

化，逐渐展现出人物精神上的空虚和苦闷，从而深刻地表现了杨贵妃的心灵世界。特别是梅兰芳对于杨贵妃"醉步"的刻画，他说："要把重心放在脚尖，才能显得身轻、脚浮。但是也要做的适可而止，如果脑袋乱晃、身体乱摇，观众看了反而讨厌。因为我们表演的是剧中的女子在台上的醉态，万不能忽略了'美'的条件的。"①他认为："演员在台上，不单是唱腔有板，身段台步，无形中也有一定的尺寸。"②关于如何把握《贵妃醉酒》和《游园惊梦》两出戏的分寸，梅兰芳说越演越懂得"冲淡"。他说："我历年演唱的'醉酒'就对这一方面，陆续加以冲淡"③"我现在唱'惊梦'的身段，如果对照从前的话，是减掉的地方比较少，冲淡的地方比较多。"④

梅兰芳不仅自觉地在不同行当，文戏和武工之间加以融通，也十分注重艺术和自然的融通，与生活的融通。黄庭坚曾有言："余寓居开元寺之怡偲堂，坐见江山。每于此中作草，似得江山之助。"⑤黄庭坚写草书，从江山景致中获得灵感，梅兰芳认为绘画和表演也要善于观察和提炼生活。画家画花鸟鱼虫，人情世态必须要观察生活，演员要塑造各种形象更要观察生活。在《贵妃醉酒》中，前人表演一般有三次卧鱼的身段，没有嗅花的表现。过去戏班子老师怎么教，学生就怎么演。梅兰芳也说自己莫名其妙地做了很多年，但是不知道为什么做三个卧鱼动作。有一次他在香港小住，见房前草地中开了不少花，忍不住俯下身子去闻，这时旁边一位朋友说他的动作像卧鱼的身段。他

---

① 梅兰芳.舞台生活四十年[M].北京：中国戏剧出版社，1987：238.
② 梅兰芳.舞台生活四十年[M].北京：中国戏剧出版社，1987：241.
③ 梅兰芳.舞台生活四十年[M].北京：中国戏剧出版社，1987：230.
④ 梅兰芳.舞台生活四十年[M].北京：中国戏剧出版社，1987：179.
⑤ 黄庭坚.山谷题跋[M].上海：上海远东出版社，1999：284.

好像突然明白了什么，将贵妃的三次卧鱼改成了嗅花，这种创新就来自他对于生活真实的敏感，将生活真实融入艺术的真实。他好像改了身段，但其实不是肤浅地改，而是提升了原有身段的意味和内涵。① 他在谈到昆曲身段的时候有这样一段话：

> 昆曲的身段，是用它来解释唱词。南北的演员，对于身段的步位，都是差不离的，做法就各有巧妙不同了。只要做得好看，合乎曲文，恰到好处，不犯"过与不及"的两种毛病，又不违背剧中人的身份，够得上这几种条件的，就全是好演员。不一定说是大家要做得一模一样才算对的。有些身段，本来可以活用。②

此外，梅兰芳还注重表演和其他艺术的融通，"诗画合一"就是梅兰芳的自觉追求。张彦远在《历代名画记》中说："记传所以叙其事，不能载其容；赋颂有以咏其美，不能备其象，图画之制，所以兼之也"，他引陆机的话说："丹青之兴，比雅颂之述作，美大业之馨香，宣物莫大于言，存形莫善于画"③，苏东坡题摩诘画《蓝田烟雨图》说："味摩诘之诗，诗中有画。观摩诘之画，画中有诗。诗曰：'蓝溪白石出，玉川红叶稀。山路元无雨，空翠湿人衣。'此摩诘之诗，或曰非也。好事者以补摩诘之遗。"④ 诗与画的融合，是中国文学艺术的美学传统。"解道澄江静如练，令人长忆谢玄晖"，李白的这句诗情景相合，

---

① 梅兰芳.舞台生活四十年［M］.北京：中国戏剧出版社，1987：240.
② 梅兰芳.舞台生活四十年［M］.北京：中国戏剧出版社，1987：353.
③ 张彦远，郭若虚.历代名画记·图画见闻志［M］.沈阳：辽宁教育出版社，2001：2.
④ 苏轼.苏东坡全集［M］.北京：团结出版社，1998：5586.

诗画交融,将追忆寄托于山水之间。在戏剧中表现画境,目的也是要情景相合,诗画相通,使形象和画面具有兴味和情致。在强调"情之追求"的抒情品格的同时,又能借景写情、寓情于景、情景交融,达到诗画合一的境界。诗画合一是中国诗词和书画艺术的根本精神,诗画合一也是梅兰芳艺术中非常重要的精神性追求,他的戏剧作品《天女散花》《洛神》《贵妃醉酒》无不与中国的水墨书画意境相通。

绘画之"笔法"和表演之"功法"的本质是美学,戏曲和绘画一样,都面临继承传统、发展创造的问题。梅兰芳的艺术修养最终指向是不断提升舞台表演艺术。他善于从绘画艺术中吸收创化,他善于把绘画艺术转化为戏曲舞台的意象世界。梅兰芳说:"戏曲演员,当扎扮好了,走到舞台上的时候,他已经不是普通的人,而变成一件'艺术品'了,和画家收入笔端的形象是有同等价值的。画家和演员表现一个同类题材,虽然手段不同,却能给人一种'异曲同工'的效果。"①中国美学格外注重艺术在心灵层面的表达,一切艺术的形式和内容都是艺术家心灵世界的显现。表演艺术是生命情致的在场呈现,演员在舞台上既是表演者,又是角色,既是创作者,又是作品本身。艺术是精神性的客观物,艺术家活泼泼的生命状态和内在灵性在角色的创造中得以全然呈现,不仅呈现故事中的角色,更呈现作为自我的精神世界。我们观看伟大的作品时,常常感到艺术家的性灵和精神宛然,这是因为通过艺术的创造,艺术家的精神超越肉身和有限,趋近了无限和永恒。

---

① 梅兰芳.舞台生活四十年[M].北京:中国戏剧出版社,1987:508.

论中国传统美育对梅兰芳艺术心灵的涵养

对于梅兰芳，我们能够找出的最贴切的形容词，就是"美"，美好的外表，美好的举止，美好的德性和心灵，他的身上凝结着大演员和伟大艺术家一切美好的特质。欧阳予倩先生在《真正的演员——美的创造者》一文中曾指出："梅先生继承了京戏悠久的优良的传统，在旦角的表演艺术方面，说他已经吸取了过去许多名旦角演戏的精华而集其大成，这是丝毫也不夸张的。"[①] 梅兰芳的"美"是如何养成的，特别是生逢乱世，一生坎坷之中如何才能保持这样的"精神之美"，这是梅兰芳的艺术和人生留给世人的一个有价值的议题。梅兰芳自己认为好演员不仅仅是靠幼功结实才能成的，也不是死学能成的。[②] 纵观他的一生，中国传统美育的要求为他的从艺和为人奠定了基本的底色，也为他最终成为伟大的艺术家夯实了基础。本文力求从中国传统美育的

---

① 欧阳予倩. 欧阳予倩戏剧论文集 [M]. 上海：上海文艺出版社，1984：423.
② 梅兰芳. 舞台生活四十年 [M]. 北京：中国戏剧出版社，1987：64.

角度研究梅兰芳的艺术心灵。

一、天赋及美善仁爱的审美教育

中国古典美学特别注重典雅中正、中道仁和的艺术格调。"典雅中和"是儒家哲学的"中庸之道"在美学思想中的反映，它一直是儒家美学所倡导的理想美的极致。梅兰芳的表演艺术最突出的特点在于其典雅中正的美感气度和精神境界。这与他自小接受的朴素的儒家文化的熏陶和教育是分不开的。

就四书而言，宗旨是教人明明德，教人如何成为"大人"，抵达"仁"的境界。其审美教育的方法就在于教人认识到与生俱来的光明而无染的性德，只有当心灵突破私欲和功利的蒙蔽的时候，才能体会与天地万物一体的天命德性。而天命的性质在儒家美学看来就是"至善"，这是明德的本体，也就是王阳明提出的"良知"，也就是天理之昭明灵觉处。因此至善，是明德的终极原则。梅兰芳美善仁爱的品质与他所受的儒家朴素的"至善"教育是分不开的。

梅兰芳自小接受儒家文化忠孝仁爱的教育，祖父梅巧玲心地善良，抚恤同行，待人厚道，他管理四喜班多年，每遇"国丧"，民间停止宴乐百日，梅巧玲照旧负责班里人员日常薪水。[1]梅兰芳回忆说：

> 我祖父遇到堂会，常常奉到恭王的口谕，叫他在旁边摆一把小椅子，陪着吃酒说话。我祖父就乘机将民间疾苦告诉他，敢说

---

[1] 梅兰芳.梅兰芳全集：第1卷[M].北京：中国戏剧出版社，2016：104.

别人不敢说的话。恭王那时正在当国,听了进去,过几天就调查改革,老百姓暗地里得了许多实惠。但是从来没有请托过一件私事,也没有说过别人句坏话,所以恭王很看得起我祖父,常告诉他的左右,说梅某虽然是一个卖艺的,但是他的品行和道德,恐怕连士大夫都望尘莫及。①

特别是其祖母陈氏的教导,使早年丧父的梅兰芳遵循了儒家文化所崇尚的温柔敦厚、美善仁爱、礼义廉耻的人格特质。这种教育和梅家一贯秉持的家风有关。梅兰芳在《舞台生活四十年》中曾回忆祖父学艺挨打的辛酸往事。祖父梅巧玲先后遭遇过两任师父的虐待和打骂,所幸他遇到了第三任师父罗巧福,此人教戏认真,为人厚道,梅巧玲后来与人为善、忠厚仁义的人品与罗巧福的影响大有关系。梅兰芳的祖母时常告诫他:"将来你要是有了出息,千万可别学那种只管自己、不顾旁人的坏脾气。你该牢牢记住梅家忠厚恕道的门风。"②

朴素的儒家文化的教育奠定了梅兰芳的人格底色。成名后的梅兰芳恪守孝道,进出鞭子巷的家门都要给祖母请安,演出回家必定给长辈行礼。梅兰芳所受的儒学家教中,勤俭持家是特别重要的一课。当时,成角后的演员,钱来得容易,也就特别容易堕落,沉湎于享乐无度甚至吃喝嫖赌。祖母在全家用餐时不忘当着家人的面提醒梅兰芳:"像上海那种繁华地方,我听见有许多角儿,都毁在那里。你第一次去就唱红了,以后短不了有人来约你,你可得自己有把握,别沾染上一

---

① 梅兰芳.梅兰芳全集:第1卷[M].北京:中国戏剧出版社,2016:104-105.

② 梅兰芳.舞台生活四十年[M].北京:中国戏剧出版社,1987:16.

论中国传统美育对梅兰芳艺术心灵的涵养

套吃喝嫖赌的习气,这是你一辈子的事,千万要记住我今天的几句话。我老了,仿佛一根蜡烛,剩了一点蜡头儿,知道还能过几年,趁我现在还硬朗,见到的地方就说给你听。"[①] 每当这时,梅兰芳总是会感动得掉下眼泪。正是这些朴素的道理成为梅兰芳立身处世的定海神针,也成为他最基本的为人和从艺的价值观。

无论是生活还是从艺,梅兰芳的以身作则潜移默化地影响着子女的教育。抗美援朝开始后,梅兰芳和上海京剧界的艺人举行义演捐献剧目,盖叫天、周信芳、姜妙香等四十位名角参加了这次盛大的会演。之后,上海京剧改进协会希望让梅葆玥、梅葆玖参加青年艺人的义演募捐活动。梅兰芳支持孩子们的爱国举动,但是又担心他们在艺术上不够成熟。为了支持青年人的义演活动,他一边帮助梅葆玥练习,一边电约王少卿来沪给梅葆玖操琴。在演出的两天里,梅兰芳不顾天气炎热,亲自在后台担任舞台监督并协助儿女演出。[②]

儒家文化家庭教育模式,注塑了梅兰芳最基本的性格和德行。梅兰芳的性格中,悲悯和感恩是特别突出的两种品质。他曾回忆父亲死后,自己在喜连成开蒙学戏时期,从百顺胡同搬到芦草园后经历的那段最为窘迫的时光。全家的生活一度指望他每天唱戏赚的八吊钱来维持。每次出台所得的那点微薄的点心钱,他舍不得花,必要双手捧回家去给母亲。一个十四岁的孩子,已经有了感恩母亲和承担家庭责任的意识。母亲去世之后,他坚持等穿满了孝服才与前室王明华结婚。梅兰芳强烈的家庭责任感也来源于他对传统儒家教育的耳濡目染。同样梅兰芳在成名后依然践行对观众负责。阿英在一次演出后对梅兰芳

---

① 梅兰芳.舞台生活四十年[M].北京:中国戏剧出版社,1987:190.
② 梅兰芳.舞台生活四十年[M].北京:中国戏剧出版社,1987:453.

说:"昨天的戏,精彩之至。我看你在台上没有一分钟不对观众负责。这样重视艺术的精神,艺人们都应该向你学习的。"[1]

梅兰芳对待朋友始终情真意切,一片赤子之心。当时有人评价贾洪林这个人喜欢在台上"洒狗血",但是梅兰芳非但没有附和,而且站在公正的立场赞扬贾洪林有演戏的天赋,赞扬他扮演任何角色都能情态逼真,处处合理,自己没有感到他过火和迎合观众的心理。认为他耍彩时也能顾及同场的演员,并形容对方"真是一个可爱的伙伴。他已经死去三十多年,我至今还怀念着他"[2]。电影导演费穆因心脏病去世后,梅兰芳异常沉痛,眼泪止不住地往下流,连续多日鼓不起兴致。特别是梅兰芳一生铭记李宣倜的接济之恩,在其晚年沦落为孤苦无依孤家寡人之时,不顾自己的声名不忘雪中送炭,并亲力亲为为其料理后事。

梅兰芳非常赞赏叶春善的办学精神,他认为叶春善办学的成功就在于技艺教育之外,非常重视人格和修养的教育。(一)德艺双馨的教育。除了采取全年办学、人才推荐、家长面试、试读制度之外,最重要的是对学生的耐心看护和心灵塑造。[3] 梅兰芳曾回忆"富连成"的教

---

[1] 梅兰芳.舞台生活四十年[M].北京:中国戏剧出版社,1987:88.
[2] 梅兰芳.舞台生活四十年[M].北京:中国戏剧出版社,1987:203.
[3] 叶春善创办喜连成,前后三十多年,培养了很多人才,成为后来京剧界的基本骨干力量。喜连成的创办与保升堂药铺和源升庆汇票庄的东家牛子厚有关,此人爱好京剧,在吉林组过班,后来到北京邀请名角加盟。应工老生的叶春善是其儿女亲家,曾被邀请至吉林表演。后来嗓子坏了就在后台管事。日俄战争爆发后,两人商议办一个科班,由叶春善筹备组织,起名"喜连升",光绪三十年更名"喜连成"。梅兰芳最初都在"喜连成"搭班,后因变嗓原因退出。入民国之后,"喜连成"倒给沈仁山,更名"富连成",叶春善主持日常工作,相当于校长。科班管理和营业都由其一人主持。一直到民国二十四年,叶春善病逝于北京,享年六十一岁。"富连成"前后四十二年的历史,科班方面教出七科学生,总计七百余人。

员每晚都要到学生的寝室查看两次，他说富连成"把人家子弟看得比自己孩子还要重的精神，实在令人佩服"①。他特别提到，除了学习戏剧课程之外，叶春善本人每隔几天就召集全体学生谈话一次，讲的都是做人的基本道理。他常对学生说的是："艺术是应该认真学的。可是只靠学好了艺术，而不懂得做人的道理，将来出去，还是行不通的。"②班主任如果发现学生品行不端，屡经告诫而不知悔改，就要将其开除。这种强调学艺和做人的教学理念是他从教一辈子没有改变过的。（二）全科综合教育。生、旦、净、丑，都有专门的老师来教学。教武生的有杨万清、丁连生、茹莱卿、赵春瑞、宋起山、贾顺成等；叶春善自己可以教老生，教老生的有谭鑫培的徒弟王月芳，以及徐春明、蔡荣贵等人；教青衣的有苏雨卿；教丑角的有名丑勾顺亮、郭春山等。（三）平等的教育和修养的教育。学生不论艺术好坏，都给予同样的善待。"学生的待遇，不论学的艺术好坏，一律平等。每人手巾一条，每星期到规定的澡堂洗澡两次。"③教师的饮食起居、日常待遇和学生是一样的，教师常常和学生坐下同吃。梅兰芳认为叶春善起班三十来年，最值得佩服的是他的精力和毅力。他说："叶老先生从几个小学生教起，教到七百多人，场面、梳头、管箱等工作人员，还没有计算在内。在近代戏剧教育史上说，是有他很重要的地位和不可磨灭的功绩的。"④梅兰芳虽然认为老式的科班教育有很多缺点，但是他格外赞赏叶春善的办学，这也反映了他自己的基本的美学和美育思想。

---

① 梅兰芳.舞台生活四十年［M］.北京：中国戏剧出版社，1987：63.
② 梅兰芳.舞台生活四十年［M］.北京：中国戏剧出版社，1987：65.
③ 梅兰芳.舞台生活四十年［M］.北京：中国戏剧出版社，1987：66.
④ 梅兰芳.舞台生活四十年［M］.北京：中国戏剧出版社，1987：67.

从梅兰芳的美学和美育思想中，我们可以总结的是：专演一工而延续到四世的，只有茹、谭、梅三家，这是殊为难得的。对于京剧而言，过去家族和科班最重要的贡献和好处就在于良好的风气、精神和传统的延续和传承。这种风气、精神和传统的传承赓续是非关功利的。梅兰芳本人曾经谈到科班解散停办，戏剧工作人员减退，各行角色的青黄不接的遗憾，是特别值得我们注意的。

二、兴致盎然的生活乐趣和天性涵养

那么，严格的家庭和科班教育有没有损害梅兰芳的童心和天性呢？艺术是心灵世界的显现。梅兰芳成功的奥秘还在于他天性中那种童心灿然、兴致盎然的生活乐趣。

中国传统美育思想特别重视人与天地万物的关系。孟子的《孟子·尽心上》中说："亲亲而仁民，仁民而爱物。"张载的《正蒙·乾称》中说："民吾同胞，物吾与也"，强调人与他人和天地万物一体的思想。在中国传统美育思想体系中，人与大自然，以及天地万物同属于一个大的生命世界，这一生命世界充满生意，是大美的所在。梅兰芳从小对万事万物有无穷的兴趣，这种兴趣和好奇对于他热爱生活、善于观察生活有很大的裨益。他曾描述自己喜欢过年，因为过年的年事让他感到无穷的快乐和兴趣。在生活情趣方面，梅兰芳喜欢品茶，许姬传描述1950年6月9日，他和梅兰芳到达北京后住在李铁拐街远东饭店，两个人在屋里喝茉莉花茶的闲适的情景。他说：

那天晚上，晚风投进了纱窗，把一天的暑气都吹散了，使我们恢复了旅途的疲劳，感到头目清明。我们两个人对坐在沙发上，沏了一壶东鸿记的茉莉双熏慢慢地喝着。①

梅兰芳是极有生活情趣的一个人，他懂得在繁重的工作之余享受生活的乐趣。他不仅喜爱品茶，也偏爱小吃，还特别提到恩成居的小吃，这是一家广式饭馆，从掌柜的到跑堂的都认识梅兰芳。梅兰芳一去，掌灶的大司务就格外卖力，菜也做得特别好吃。②

除了美食和香茗，梅兰芳还有很多爱好，比如养鸽子、养花和养猫。梅兰芳喜欢养鸽子是非常出名的。他在十七岁的时候偶尔养了几对鸽子，起初当成业余游戏，后来发生了浓厚的兴趣，再忙也要抽出时间来照料这些鸽子，后来养鸽子竟然成为他演出之余的必要工作。他亲自训练鸽群，观察鸽群斗争的游戏；他钦佩信鸽的聪明，惊叹于夜游鸽的能力，惊喜于空中翻筋斗的鸽子；他也曾为患病的鸽子烦恼，为那些被鸽鹰追赶的鸽子而忐忑，为尚未回家的鸽子而操心。他喜欢那些五光十色的漂亮的鸽子，更喜欢听鸽哨的声音，他说："每一对鸽群飞过，就在哨子上发出各种不同的声音。有的雄壮宏大，有的柔婉悠扬。这全看鸽子的主人，由他配合好了高低音，于是这就成为一种天空里的和声的乐队。"③他从鸽群中看到了人类所需要的信用、秩序以及和平的追求。最多的时候，梅兰芳养过150对鸽子，中外品种兼有，十分壮观。每当鸽群整齐地站在房上等候他的指令，他就感到给外自豪和喜悦。梅兰芳在搬去无量大人胡同之前的约十年间，从未

---

① 梅兰芳.舞台生活四十年［M］.北京：中国戏剧出版社，1987：3.
② 梅兰芳.舞台生活四十年［M］.北京：中国戏剧出版社，1987：6.
③ 梅兰芳.舞台生活四十年［M］.北京：中国戏剧出版社，1987：72.

间断养鸽子,因为鸽子太多了,他还在鞭子巷三号的四合院搭出了两个鸽棚。

对演员来说眼睛的重要性是不言而喻的,尤其对旦角演员来说,有一双神光四射、精气弥散的眼睛极为重要。梅兰芳幼年眼睛略带近视,眼皮有些下垂,也还有迎风流泪的毛病,眼珠子转动也不是特别灵活。梅兰芳自己说养鸽子的乐趣是不养鸽子的人无法体会的,特别是因为养鸽子意然把自己的眼疾给治好了。此外,梅兰芳还总结了养鸽子的好处,首先是早起,因为早起就能呼吸到新鲜空气。其次是观飞,因为观飞要锻炼目力,望向天的尽头。天长日久,锻炼了眼力。再次是挥杆,用很粗的竹竿指挥鸽子可以锻炼臂力。他能在台上长时间演出不觉膀子疲惫,这和他长期挥竿不无关系。梅兰芳爱鸽子,他说:

> 有些事情是不可思议的。一种小小的飞禽,经过偶然地接触,就会对它发生很深挚的情感。等到没有时间跟它接近,就会有它的画像来跟我作伴。这大概是我们在性格上颇有相似之处的原故吧。①

梅兰芳爱鸽子也懂鸽子,进而认为鸽子的性格与自己相似,可谓领悟到了万物相通的境界。除了鸽子,梅兰芳还爱看花和养花,他说自己从小喜欢看花,二十多岁开始动手培植各色花卉,秋天养菊,冬天养梅,春天养海棠、芍药和牡丹;夏天最喜欢养牵牛花。在诸多的

---

① 梅兰芳. 舞台生活四十年 [M]. 北京:中国戏剧出版社,1987:75.

花中，梅兰芳最喜牵牛花，他说："我养过的各种花，最感兴趣的要算是牵牛花了。因为这种花不但可供欣赏，而且对我还有莫大的益处，它的俗名叫'勤娘子'，顾名思义，你就晓得这不是懒惰的人所能养的。第一个条件，先得起早。它是每天一清早就开花，午饭一过就慢慢地要萎谢了。所以起晚了，你是永远看不到好花的，我从喜欢看花进入亲自养花，也是在我的生活环境有了转变以后，才能如愿以偿的。"[1]

梅兰芳对于大家普遍认为单调无味，没有什么美感的花情有独钟，并能从它的平凡和朴实处发现它独特的美。他特意买回参考书，以便对牵牛花的品种、花性进行研究，还时常把墙上牵藤的牵牛花移入盆中，邀约要好的朋友前来赏花。[2] 他养过两年牵牛花，对于牵牛花的播种、施肥、移植、修剪、串种的门道非常熟悉，经他本人改造成功的种子，大约有三四十种。[3] 他在日本演出的时候，还特意留心日本园艺家栽培的一种名叫"大轮狮子笑"的色彩艳丽的牵牛花。回国之后略有不服气的梅兰芳埋头钻研起牵牛花的品种来，一钻进去就是两年，最终他培植出了一种在他自己看来可以和日本的"狻猊"不相上下的新品种——"彩鸾笑"。他还组织有兴趣的朋友成立养牵牛花的团体，各人在家改造新的品种，然后相邀把玩、研究、切磋，还举办友谊性质的小范围比赛，约定具体的日子轮流在各家举行花会。梅兰芳回忆有两次花会比赛，他培养的花被评为优胜。这种聚会最有趣，齐白石当年也参加牵牛花会，梅兰芳说齐白石银须飘逸，站在五彩缤纷的花

---

[1] 梅兰芳.舞台生活四十年［M］.北京：中国戏剧出版社，1987：310.
[2] 梅兰芳.舞台生活四十年［M］.北京：中国戏剧出版社，1987：312.
[3] 梅兰芳.舞台生活四十年［M］.北京：中国戏剧出版社，1987：313.

丛中，更显白发红颜，相映成趣，是一幅天然的好画。后来荣宝斋请齐白石画画，他还特地画过梅兰芳培养的牵牛花。① 梅兰芳甚至将"嗅花"的动作融入了"贵妃醉酒"的表演，通过醉卧表现了杨贵妃附身嗅花的美好姿态，使得这一段表演更加传神生动。②

梅兰芳对牵牛花的爱，还在于这种花对他在艺术上的审美有诸多好处。中国戏剧的服装道具色彩丰富，调和不好就会俗气，也会影响剧中人物的性格，损害舞台的美感。牵牛花的花色品种繁多，梅兰芳借助观察牵牛花的花色搭配体悟戏服的色彩，他说：

> 我养牵牛花的初意，原是为了起早，有利于健康，想不到它对我在艺术上的审美观念也有这么多的好处，比在绸缎铺子里拿出五颜六色的零碎绸子来现比划是要高明得多了。中国戏剧的服装道具，基本上是用复杂的彩色构成。演员没有审美的观念，就会在"穿""戴"上犯色彩不调和的毛病。因此也会影响到剧中人物的性格，连带着就损害了舞台上的气氛。我借着养花和绘画来培养我这一方面的常识，无形中却是有了收获。③

相较于养鸽子、养牵牛花的费心，养猫则是他的另一种精神寄托。居住在上海思南路的时候，梅兰芳曾养过一只心爱的小白猫。这只猫是不下楼的，晚上就睡在梅兰芳的卧室，和他朝夕相伴。梅兰芳亲自负责给它梳洗，在小白猫生病的时候还给他喂药打针。遗憾的是这只

---

① 梅兰芳.舞台生活四十年［M］.北京：中国戏剧出版社，1987：314.
② 梅兰芳.梅兰芳全集：第1卷［M］.北京：中国戏剧出版社，2016：364.
③ 梅兰芳.舞台生活四十年［M］.北京：中国戏剧出版社，1987：312.

小白猫后来生病死了，事后有位朋友为了安慰梅兰芳又给他送来一只白猫，起名"大白"。

梅兰芳爱动物花草，爱自然的一切事物。他留下的画作中有兰花、梅花和松柏，这是他的有趣的灵魂的示现。梅兰芳有一幅绘有松树的有名的图，上题"岂不罹霜雪，松柏有本性"，这也是他个人思慕的精神气质。在各式各样的松树中，他最钟爱戒坛寺的"卧龙松"，他这样描述这棵松树："它从一边弯弯曲曲地生出了许多枝脉。就连小树枝，也有碗口那样粗。树上长满了碧绿的松针，好像撑开的一把伞。高不过一丈，周围占的面积，倒约莫有十丈多宽。你想这是够多么有趣的一棵松树呢。"① 梅兰芳敬畏松树，他把心目中的大艺术家谭鑫培比作松树，他提到余叔岩对谭鑫培的崇敬时特意提到谭鑫培的如松柏一样的气质：

> 《打渔杀家》的萧恩，老谭的年龄、扮相都占优势，而一种如松柏般的苍劲气韵不是单凭学力能够达到的。叔岩家里经常挂着一块"范秀轩"（谭的堂名英秀）的匾额，可见他对老师是五体投地的。②

天地有大美而不言，四时有明法而不议，万物有成理而不说。在梅兰芳的心中，天地万物都自有深意，他从天地万物中窥见宇宙人生的"大美"，并将这样的体验融入日常生活和艺术创造。他曾有言，"盖戏剧主于美，而至美莫如花，途径虽殊，趋向则一。以观心涵养其

---

① 梅兰芳.舞台生活四十年［M］.北京：中国戏剧出版社，1987：217.
② 梅兰芳.舞台生活四十年［M］.北京：中国戏剧出版社，1987：643.

心灵,以莳花活泼其举动,无形中策进艺事,其功效固有不可思议者。此则同侪多知而为之,非仅余一人而已。一言蔽之,花者实戏剧家最良之友也。余今请以至愉悦之态度,谨赠二语于此良友曰:'汝之精神,即戏剧之精神。'"①。梅兰芳在繁忙的演出中,不忘人生的乐趣和性灵的陶冶,这就是中国人的生活美学和人生态度。梅兰芳的"缀玉轩"里,是诗人、画师、金石家、戏剧家聚会之所。他们谈艺论文,臧否人物,上下古今,无所不及。叶朗说:"天地万物都包含有活泼泼的生命、生意,这种生命、生意是最值得观赏的,人们在这种观赏中,体验到人与万物一体的境界,从而得到极大的精神愉悦。"② 我们看他在芦草园的书房,书画、戏本、书籍、屏风、美人、佛像、花鸟、笔墨、宝剑,以及各国的艺术家的石膏像,还有钢琴以及各式各样琳琅满目的乐器,就可以感受到他那广泛的兴趣爱好,感受到这一丰富而有趣的灵魂。

除了京剧表演,梅兰芳还是一位书画艺术家。他温柔敦厚、谦虚好学,曾经拜王梦白、汪蔼士、齐白石、陈师曾等大家学画,在绘画技能方面博采众长,转益多师,在书画收藏方面,他收藏了大量历代名家的书画作品。他经常把家中的画稿、画谱找出来加以临摹,从无意识到有意识,从一般爱好到深度钻研,后来在王梦白等人的点拨和指导下,这种爱好和修养逐渐转变成一种格外珍贵的艺术探索,直到真正领会体悟到绘画的用墨调色和布局章法如何运用在舞台表演中。中国美学格外注重心灵层面的表达,梅兰芳是以中国人传统的水墨书画的心态进行着表演艺术的创作。对于绘画中的梅兰芳和表演中的梅

---

① 梅兰芳.梅兰芳全集:第1卷[M].北京:中国戏剧出版社,2016:16-17.
② 叶朗.美学原理[M].北京:北京大学出版社,2009:202.

兰芳而言，两种不同艺术的审美表达可谓异源同流，二者都体现着中国传统美学的精神光照。

梅兰芳自己曾在很多场合下表示学艺要靠悟性，他说"多看前辈名演员的表演，才能往深里揣摩，单靠老师的教授是不够的"[①]。没有悟性就是死学。如何才能有发现并保持艺术家可贵的悟性呢？笔者认为，梅兰芳的多种爱好，对于他悟性的开启是有大有帮助的。触类旁通，或许就是形容天才的悟性。他每做一事必然成一事，从来不会半途而废，也必然会从中产生有益的感悟。梅兰芳不仅画画得好，风筝也扎得很好，很多风筝铺子不会的样式他都能学会。梅兰芳常常说自己是个笨拙的学艺者，没有充分的天才，全凭苦学。这实在是一种自谦，毫无疑问，他是一位有着极高悟性的天才。梅兰芳兴趣广泛，诗画融通正是体现了他内在的精神性追求。正是这种精神性追求，梅兰芳才能通过舞台表演艺术向世人展示一种生命状态的精致和高贵。美学家叶朗说："一个人的境界对于他的生活和实践有一种指引的作用。一个人有什么样的境界，就意味着他会过什么样的生活。境界指引着一个人的各种社会行为的选择，包括他的爱好和风格。"[②]

梅兰芳追求的是审美的人生和诗意的人生，这种人生追求也就是从尘俗和樊笼中超越出来，从而返回精神家园的过程。正是在这一过程中，真、善、美得到了统一，个体也就超越了个体生命的有限存在和有限意义，得到一种真正的自由和解放。唯有这样的自由心灵才能创造伟大的艺术。梅兰芳的表演所创造的舞台意象是一种纯粹心灵化的呈现，京剧的故事、演出的场面、艺术的形式和内容对他而言，都

---

① 梅兰芳.舞台生活四十年［M］.北京：中国戏剧出版社，1987：112.
② 叶朗.美学原理［M］.北京：北京大学出版社，2009：433.

是一种心灵世界的显现。正如《世说新语·品藻》所说："一丘一壑，自谓过之。此子宜置丘壑中。"要达到这种境界，需要两种修养，一是中国文化和中国艺术的深厚修养，二是要有纯粹精神性的追求，没有一种纯粹的精神追求是不可能到达这种艺术至境的。

三、人格和境界的典范与精神追求

"美善合一"的境界体现于梅兰芳的艺术中。俞振飞先生曾经这样评价梅兰芳："在舞台上，他继承并发展了祖国优秀的艺术传统，文武昆乱不挡，把我国戏曲艺术的精华集了大成；在生活中，他又发扬了中国艺术家的许多美好道德传统。他爱祖国，有气节，赋予心灵美，对待艺术事业极端的忠诚。"[①]

梅兰芳最为幸运的是出生于一个梨园世家，他的成长不仅因为中正和善的家风，有家中长辈的细心呵护和教育，还在于艺术的耳闻目染。他从伯父梅雨田的琴艺中较早地领悟了艺术的境界和格局。陈彦衡对梅雨田赞赏有加，认为他是一位特殊的天才，"他拉得格局高，气韵厚，这是别人所学不了了"[②]。此外，梅兰芳的幸运还在于家中长辈为他物色了最出色的老师。从他的祖父开始，为了培养孩子，总是不惜一切代价来请教师的。梅兰芳自幼所接受的引导式教育，有别于过去的科班教学，这种教育贯穿了质朴的中国传统的美育思想。吴菱仙是梅兰芳的开蒙老师，教他的第一出戏是《战蒲关》。吴菱仙是非常有经验和方法的一位老师，

[①] 王家熙，许寅，等.俞振飞艺术论集[M].上海：上海文艺出版社，1985：193.

[②] 梅兰芳.舞台生活四十年[M].北京：中国戏剧出版社，1987：95.

虽然非常严格，但并没有对梅兰芳实施过体罚，对待学生十分开通。梅兰芳认为自己是靠了先祖的疏财仗义、忠厚待人，才得到了吴先生的另眼看待。吴老先生的方法是先教唱词，等背熟了词再教唱腔。要知道从前师父教徒弟，只教唱、念、做、打，通常不会解释词意。老师怎么教，学生就怎么唱。吴菱仙从词意上循循善诱，这对于梅兰芳注重文学的修养和人物的理解有很重要的影响，也让他认识到要成为优秀的演员必须要有相当的文学鉴赏力，要具备广博的知识和文化的修养。

梅家素来宽厚待人，有着转益多师的家风。前后教授过梅兰芳的老师有：梅雨田、陈寿峰、王瑶卿、路三宝、茹莱卿、钱金福、李寿山、乔蕙兰、谢昆泉、陈嘉梁、丁兰荪、俞振飞、许伯遒等，也正是这个原因让梅兰芳懂得创化的基础是兼容并蓄，唯有广博才能自创一家。他认为自己："一贯地依靠着我那许多师友们，很不客气地提出我的缺点，使我能够及时纠正和改善。"[1] 梅兰芳认为学旦角不能只了解旦角的本工戏，其他各行角色都要看，博采众长才能提升自己的技艺。因为近水楼台，他自小就能看到有名的前辈的表演，其中对他影响最大的自然是谭鑫培和杨小楼。

梅兰芳曾经用"出神入化"来形容谭鑫培的表演艺术。梅兰芳和谭鑫培合作过的戏虽然只有三出——《桑园寄子》、《四郎探母》及《汾河湾》，但是对梅兰芳的启发和陶铸是不言而喻的。[2] 关于这一点梅兰芳回忆道："我跟他配一次戏，就有一种新的体会，这对我后来的

---

[1] 梅兰芳.舞台生活四十年[M].北京：中国戏剧出版社，1987：3.
[2] 梅兰芳于民国六年在"桐馨社"搭班，同时参加余振庭的"春合社"。余振庭组建"春合社"一半为了谭鑫培。梅兰芳和谭鑫培有过合作，当时在吉祥戏院演出。

演技是有很大影响的。至于唱功方面，他的吐字行腔，也早就到了炉火纯青的火候。尤其'拿尺寸'的本领，谁都比不了他。譬如'碰碑'的反二黄，'洪羊洞'的快三眼，那种尺寸拿得让你听了好似天马行空一半，不到他的功夫是表现不出这种神韵来的。"[1]谭鑫培在舞台上的风度是很难企及的，"捉放曹"中曹操拔剑杀家的深刻表情，梅兰芳形容道："把全场观众的精神都给掌握住了。从此一路精彩下去，唱到'宿店'的大段二黄，愈唱愈高，真像'深山鹤唳，月出云中'。"[2]

梅兰芳形容晚年谭鑫培入了艺术的化境，程式和生活融为一体。他说青年人想要学他是很不容易的，余叔岩的天资比较好，梦里都在刻苦揣摩学习谭鑫培终有所体悟。杨小楼在《青石山》里所扮演的关平，在梅兰芳看来也是难以超越的，他之所以能够把天神的神态、气度，体现得淋漓尽致，主要原因是杨小楼有意识地吸收了唐宋名画里天王及八部天龙像。唐代绘画中的人物形象从神态气度的刻画中给人一种对于神的幻想，如果只追求"形似"而忽略"神似"是难以传达出内在真意的。《杨小楼艺术评论集》中杨小楼的一幅书法作品内容为：

鸿门垓下大英雄那关成败，
乌骓虞兮真情种不易生死。

杨小楼敬书

杨小楼在梅兰芳看来不仅是艺术大师，还是爱国志士。抗日战争爆发后，杨小楼不再演出，1938年因病逝世，梅兰芳称他为"一代完人"。

---

[1] 梅兰芳. 舞台生活四十年［M］. 北京：中国戏剧出版社，1987：458.
[2] 梅兰芳. 舞台生活四十年［M］. 北京：中国戏剧出版社，1987：48.

谭鑫培、杨小楼二人也是惺惺相惜，谭鑫培对杨小楼的赞许有加，甚至主动传戏，一时传为美谈。谭、杨的人格境界和艺术修养为梅兰芳的精神追求确定了一个绝对坐标。谭、杨的表演在梅兰芳看来最过人之处是"情境与形象呈现的完整性"。他们的表演不是某一点好，哪几句唱得好，或者某一段演得出色，而是整体的精彩，他们的表演是一气呵成的，也就是中国美学讲的"气韵生动"，这也是最难以模仿的。

审美活动的目的是将人的本性不断引向精神自由的境界。

"美"和"善"的统一，这个审美标准用一个字来概括，就是"和"。孔子倡导的"和"的美学思想对后世有着深远的影响，很多艺术家的审美理想、审美趣味都是以这个"和"字为核心的。在古代艺术家的心目中，"和"是宇宙万物的一种最正常的状态、最本真的状态和最具生命力的状态，因此也是一种最美的状态。所谓"和实生物，同则不继"。"和"是具有包容性的，是丰富的，所以是美的。梅兰芳的艺术呈现了"美善合一"的美学品格，这同样也是中国艺术精神所标举的美感境界。抗战时期，梅兰芳先生杜门谢客，拒绝登台献演"庆祝戏"，显示了一位艺人的气节和风骨。[①]

四、梅兰芳的美育思想和实践

梅兰芳的艺术人生中也处处浸润着他的美育思想和实践。他曾提到学艺期间之所以对自己的行为有着严格的约束，为的就是保持纯粹。他说："我在学艺时代，生活方面经过了长期的严格管制。饮食睡眠，

---

① 梅兰芳.梅兰芳全集：第3卷［M］.北京：中国戏剧出版社，2016：291.

都极有规律。甚至于出门散步，探亲访友，都不能乱走，并且还有人跟着，不能自由活动。看戏本来是业务上的学习，这一来到变成了我课余最主要的娱乐。也由此吸收了许多宝贵的经验。"①

梅兰芳的美育思想，第一是倡导生活和德行上的自我修养。

在梅兰芳生活的社会状况下，只要一个演员红起来，就容易迷失自我，不少好演员因此毁了自己的艺术和前程。余叔岩告诉梅兰芳自己有过一段时期的倒仓，如果放任自流的话就很危险。所幸有不少好友鼓励他严遵剧本和声韵，注意生活作风，对他后来事业的影响很大。近朱者赤，近墨者黑，这是家庭的教育也是梅兰芳的自觉。有一次他赶时髦，见人腿上扎着五色丝线织成的花带子，也照样买了一副绑在腿腕上，恰好被吴震修看见，吴震修半开玩笑地说："好漂亮！你应该到大栅栏去遛弯，可以大出风头。"②梅兰芳立刻听出了话里的意思，立即回房去摘了下来，并且为此感到格外惭愧。

梅兰芳的德行和修养还表现在他的同情心和正义感。他为谭鑫培的死而心痛，他目睹了七十一岁的谭鑫培在病中还要被强迫表演，结果他因为唱得狼狈而过于自责和郁闷，一病不起，去世的时候口鼻流血。梅兰芳对自己敬慕的艺术家的不幸遭遇充满了同情和愤懑。由此他越发后悔民国四年（1915年）在吉祥剧院演出时，因为演出时装新戏而造成了和谭鑫培的打对台。③他并不以自己当时打败谭鑫培的票房

---

① 梅兰芳.舞台生活四十年[M].北京：中国戏剧出版社，1987：39.
② 梅兰芳.舞台生活四十年[M].北京：中国戏剧出版社，1987：598.
③ 民国四年（1915年）在吉祥剧院的演出，本来演出剧目定的是《思凡》、《闹学》、二本《虹霓关》、《樊江关》等剧目，结果吉祥戏院为了和谭鑫培驻场演出的丹桂剧院打对台，提出换新花样，梅兰芳答应演出时装新戏。实际上他是在戏院老板商业竞争为目的的安排下，无意中伤害了谭鑫培。

而得意，反而一辈子难以释怀，他说："内行看门道，外行看热闹。到他那边去的，大半都是懂戏的所谓看门道的观众，上我这儿来的，就都是看热闹的比较多了。从前你拿哪一家戏馆子的观众分析起来，总是看热闹的人占多数的。俞五为营业而竞争，钩心斗角，使出种种噱头都不成问题。我跟谭老板有三代的交情，是不应该这样做的。"①

第二，梅兰芳倡导演员要懂得识别精粗美恶。

梅兰芳认为演员在任何时候都要顾及姿态上的美。梅兰芳的古装戏之所以有那么大的魅力，主要原因在于他在舞台上的一举一动，从扮相、举止、形体、动作、发声、表情无不是美的。他的美育思想中也始终贯穿了这一点，为了让梅葆玖懂得艺术上的精粗美恶，他亲自带着梅葆玖去登门拜访王瑶卿，让梅葆玖当面领教王瑶卿谈《虹霓关》的表演。在梅葆玖和自己同台演出"断桥"时，担心他"青蛇"的戏出问题，因为"断桥"三个演员的身段要有相互的呼应，一方有问题会影响整体。为了帮助梅葆玖达到最好的舞台状态，他一边鼓励处于紧张状态下的梅葆玖，另一方面还准备随时在台上随机应变。有一次梅葆玖在汉口剧院演出，梅兰芳特意嘱咐他要多温习，不要大意，大部分演员的错儿会犯在一个"熟"字上。梅兰芳本人有默戏的习惯，在演出前，再熟的戏也一定要哼一遍。此外，他不论戏好戏坏，都保持着浓厚的兴趣。他说："我常常把多看戏的好处介绍给青年演员，希望他们什么行当的戏都看，什么剧种的戏都看，看到演得好的戏，当然能够丰富自己的表演，看了演得坏的戏，也不要感到失望。好坏有个对比，就知道别人走错了路，自己可以不再犯同样的毛病。做一个

---

① 梅兰芳.舞台生活四十年［M］.北京：中国戏剧出版社，1987：215.

演员，就是要善于吸取别人的长处，避免别人的缺点，这样才能不断提高自己的演技。"①

在艺术上，他坚持与时俱进、推陈出新的观念，对前人的艺术力求做到取其精华、去其糟粕。比如表演《山坡羊》这支曲牌的表演传下来很好的身段，梅兰芳认为唱《山坡羊》的要诀在一个"静"字。首先要把气沉下来，才能体会人物内心的极为细腻微妙的情感，如果扮演人物没有做到静的功夫，观众是难以从演员的表演中体察微妙之处的。而"和春光流转"一句，流传下来的身段是演员身子靠在桌子上，从小边转到当中，慢慢往下蹲，蹲了起来，再蹲下去，如此起蹲两三次。梅兰芳后来在这一处的表演和早年不同，他有意识地进行了调整，一方面他认为一位受着封建旧礼教束缚的少女的青春觉醒是自然的，如果弃之不用将会有损剧本的立意；另一方面因为自己年龄的关系担心过火，最后他将这一段杜丽娘的戏处理成了"少女的春困"，保留表情的部分，冲淡身段的部分。

第三，梅兰芳倡导戏剧演出要注重艺术本身的社会意义。

他在《舞台生活四十年》中曾谈过这个问题，他说当时之所以编演时装新戏的主要原因是通过现实题材，意在警世砭俗。《孽海波澜》是揭露娼寮黑暗，呼吁妇女解放的；《宦海潮》意在反映官场险恶，拷问人性；《邓霞姑》呼吁了妇女解放、自由婚姻的理想；《一缕麻》批判包办婚姻的罪恶；《童女斩蛇》的主题在于破除封建迷信思想。儒家美学本来就是注重社会教化功能的，"志于道，据于德，依于仁，游于艺"是儒家文化美育模式的基本要求。从中国美学的视角而言，中国

---

① 梅兰芳.梅兰芳全集：第 2 卷［M］.北京：中国戏剧出版社，2016：260.

艺术的最终旨归是个体的人格理想的实现。

第四，梅兰芳倡导趋于精神自由的艺术实践。

除了践行儒家美学所要求的社会责任之外，梅兰芳对艺术之于心灵的意义有着深切的感悟和实践。他并不满足于塑造人物的"形似"的一般要求。俞振飞曾经惊叹于梅兰芳的头二本《虹霓关》中丫鬟的形象，他说："那种活泼灵巧而不油滑的姿态，你能说他不是一个丫鬟的模样吗？京戏和昆曲里面有大、小丫鬟的分别。他这还是恰合剧情、地道的大丫鬟的身份。由于他的功夫、经验、火候三样都到了家这才能把他心理上的感想，在动作神情方面，尽量地表现出来。这里面的奥妙，只能意会，不可言传。"① 许姬传评价说："我看了梅先生三十多年的戏……他的艺术在这抗战之前，虽说是全盛时代，也没有发展到像今天这样随心所欲、无不合拍的一种化境。"②

然而，梅兰芳却不是从一开始就能达到艺术的自由之境的。他经历了一个从不自由到自由的过程。这里不得不提到他幼年练功的刻苦，他说自己幼年练习跷功，要站在一块放在长板凳的砖头上，站上一炷香的时间，最初站不了多久就会摔下来，但后来逐渐脚上长了功夫，可以站得稳站得久。冬天要踩着跷，在冰地上练习跑圆场，经过了无数次摔打，就能够轻松自如地踩着跷在冰地上跑圆场。等到卸下跷后，在台上跑圆场的轻松就可想而知了。这就是从艰苦到愉快，不自由到自由的过程。唱、念、做、打一招一式的学习也是如此，如书法一样将苏黄米蔡——严格临摹，最后才能到达创造的自由之境。

通过艺术创造，心灵不断地提升自己的境界，将自己塑造成自己

---

① 梅兰芳.舞台生活四十年［M］.北京：中国戏剧出版社，1987：88.
② 梅兰芳.舞台生活四十年［M］.北京：中国戏剧出版社，1987：88.

所希望的自由的存在。黄宾虹晚年，每天都要完成"日课"，"日课"就是他最平常的生活状态，没有任何功利诉求，他画画既不是为了卖钱，也不是为了博得他人喝彩，纯粹就是游心养性。

结语

王阳明在《传习录》中有一段话：

> 圣人之所以为圣，只是其心纯乎天理，而无人欲之杂；犹精金之所以为精，但以其成色足而无铜铅之杂也。人到纯乎天理方是圣，金到足色方是精。

王阳明的这段话的意思是说，金子的价值在于其纯度，而人的价值在于其成色。同样是人，成色是不同的，圣人之所以成圣的原因，是他的内心真纯毫无杂质，所以说人到至纯至善才是圣人，金到至纯足色才是精金。梅兰芳的"美"就是一种纯粹的美。钮骠在《京剧梅派艺术的"纯"》中认为："梅兰芳的'纯'指的是纯一、纯粹，纯一不杂、精美无暇。'纯'本身也包含了美和善。'纯'跟'正'有些接近，但是'纯'更高一些，至美之纯。"① 这是我很赞同的。对于中国美学而言，纯粹艺术的心灵需要"涤除玄鉴"，超脱名利，进入至善至纯的审美之境和自由之境。从这一点而言，梅兰芳为我们如何成为一个人，确立了一个绝对的高度。

---

① 钮骠.京剧梅派艺术的"纯"[N].人民政协报，2017-07-10.

《红楼梦》的叙事美学和古典戏曲的关系新探

《红楼梦》小说中大约有四十多个章回先后出现了大量和戏曲传奇有关的内容。这些传奇剧目和典故与小说的结构、情节、人物和主旨大有关系,给我们提供了一个研究《红楼梦》的全新的思路。

《红楼梦》成书时期,恰恰是昆曲艺术高度繁荣,却又处在其没落前最后的辉煌时代。[①]乾隆十三年(1748年)到乾隆四十二年(1777年),前后长达三十年,这是中国戏曲史上最为关键的一个历史时期。其时,"花雅之争",即花部诸腔戏与雅部昆山腔的竞争已经初露端倪[②],清乾隆年间,北方由弋阳腔与北京语音结合衍变形成的"京腔",

---

① 据周汝昌先生考证,《红楼梦》大约成书于乾隆七年(1742年)或乾隆九年(1744年),最迟不超过乾隆十四年(1749年)。目前学界普遍认为小说成书于乾隆九年(1744年)。这一时期,恰恰是昆曲艺术高度繁荣,却又处在其没落前最后的辉煌时代。

② 李斗《扬州画舫录》中的"新城北绿下"卷五提道:"两淮盐务例蓄花、雅两部,以备大戏。雅部即昆山腔,花部为京腔、秦腔、弋阳腔、梆子腔、罗罗腔、二簧调,统谓之乱弹。"

曾出现过"六大名班,九门轮转"的盛况,并被宫廷演戏采用,编写出"昆弋大戏",这一时期出现了弋阳腔和昆山腔分庭抗礼之势。①《红楼梦》小说中出现了大量和戏曲有关的内容,②这些戏曲剧目大多是元明清以来最经典的戏曲传奇,可以说,《红楼梦》中藏着一部明清经典戏曲史。

一、《红楼梦》中的戏曲和演出概述

《红楼梦》中出现过的戏曲和演出形式主要有三大类:第一类是各种生日宴会、家庭庆典中,由家班正式演出的传奇剧目;第二类是各类生日宴会、家庭庆典出现的演出,但是没有提及剧名;第三类是诗句、对话、酒令、谜语、礼品中涉及的戏曲典故以及其他曲艺形式。这些演出形式大致呈现出六种类型:

第一类是昆腔剧目。昆腔就是指昆山腔,昆山腔是明代中叶至清代中叶中国戏曲中影响最大的声腔剧种,早在元末明初,大约14世纪中叶,昆山腔已作为南曲声腔的一个流派,在今天的昆山一带产生。后来经魏良辅等人的改造,成为一种成熟的声腔艺术。因为其曲调清丽婉转、精致纤巧、中和典雅,所以也被称为"水磨调"。徐渭在《南词叙录》中说:"惟昆山腔止行于吴中,流丽悠远,出乎三腔之上,听

---

① 邓云乡在《听戏·小戏》中指出"《红楼梦》时代,正是演出剧目最多的时期,传奇、杂剧,名目繁多。据焦里堂《曲考》所载,有一千多种,还不全。当时好多剧本,有不少没有刻印,只是抄本流传,年代久远,便失传了"。参见:邓云乡.红楼风俗名物谭:邓云乡论红楼梦[M].北京:文化艺术出版社,2006.

② 徐扶明先生在《红楼梦与戏曲比较研究》一书中考证共计37个剧目。

之最足荡人。"① 万历年间,昆腔从苏州扩展到长江以南和钱塘江以北各地,后流传到北京。昆山腔逐渐成为明代中叶至清代中叶影响最大的声腔剧种。沈崇绥在《度曲须知》中提道:"尽洗乖声,别开堂奥,调用水磨,拍捱冷板。"② 魏良辅在嘉靖中晚期,完成昆山腔的改造,使其成为正宗昆腔延续六百余年。《红楼梦》中出现的昆腔剧目大致有:《牡丹亭》《长生殿》《双官诰》《一捧雪》《邯郸记》《钗钏记》《西游记》《虎囊弹》《金貂记》《九莲灯》《满床笏》《南柯梦》《八义记》《西楼记》《玉簪记》《续琵琶记》《牧羊记》《浣纱记》《祝发记》《占花魁》《疗妒羹》等。贾府自己的家班演出,主要是昆腔,尤其是为了迎接元妃省亲,从姑苏采办回的十二女官所组成的家班本技是昆腔表演。

第二类是弋阳腔剧目。比如:《刘二当衣》《丁郎认父》《黄伯央大摆阴魂阵》《孙行者大闹天宫》《姜子牙斩将封神》《混元盒》等。弋阳腔是发源于元末江西弋阳的南戏声腔,明初至嘉靖年间传到北京等地,以金鼓为主要的伴奏乐器,曲调较为粗犷、热闹,文辞较为通俗,由于它通常是大锣大鼓地进行,比较嘈杂,而戏文又流于粗俗,其舞台表演,即唱、做、念、打则只用锣鼓节制、帮衬而无管弦伴奏,正如冯梦龙在《三遂平妖传》中所谓的"一味锣鼓了事"。所以当演出弋阳腔时,宝玉是极不爱听的。第十九回贾珍外请戏班子演出了四出弋阳腔大戏,"倏尔神鬼乱出,忽又妖魔毕露,

---

① 陈多,叶长海.中国历代剧论选注[M].长沙:湖南文艺出版社,1987:117.
② 陈多,叶长海.中国历代剧论选注[M].长沙:湖南文艺出版社,1987:244.

内中扬幡过会，号佛行香，锣鼓喊叫之声，闻于巷外，弟兄子侄，互为献酬；姊妹婢妾，共相笑语，宝玉见繁华热闹到如此不堪的田地，只略坐了一坐，便走开各处闲耍"①。小说中弋阳腔和昆腔的对照，也可以反映出中国戏曲在康雍乾时期花雅竞势的一种状况。

第三类是杂剧，《红楼梦》中提到的杂剧，大多是元代剧作家的作品，比如：《西厢记》《李逵负荆》《霸王举鼎》《五鬼闹钟馗》《白蛇记》等，在第二回中还提到了红拂女，概与传奇《红拂记》和曹寅的《北红拂记》杂剧相关。在第三十七回湘云的海棠诗中出现了"自是霜娥偏爱冷，非关倩女亦离魂"，内有元杂剧《倩女离魂》的典故。

第四类是南戏的代表剧目，南戏是中国北宋末至元末明初，即12世纪至14世纪约二百年间在中国南方地区最早兴起的地方戏曲剧种，是中国戏剧的最早成熟形式之一，它是在宋杂剧脚色体系完备之后，在叙事性说唱文学高度成熟的基础上出现的。作为南方重要的戏曲声腔系统，南戏对后来的许多声腔剧种，如海盐腔、余姚腔、昆山腔、弋阳腔的兴起和发展产生了重要影响。小说出现的最主要的南戏代表剧目有《琵琶记》《白兔记》和《荆钗记》。②

---

① 与曹雪芹同时代的史学家赵翼《檐曝杂记》载："内府戏班，子弟最多，袍笏甲胄及诸装具，皆世所未有，余尝于热河行宫见之……所演戏，率用《西游记》《封神传》等小说中神仙鬼怪之类，取其荒幻不经，无所触忌，且可凭空点缀，排阴多人，离奇变诡作大观也。戏台阔九筵，凡三层，所扮妖魅，有自上而下者，有自下突出者，甚至两厢楼亦化作人居，而跨驼舞马，则庭中亦满焉。有时神鬼毕集，面具千百，无一相肖者。"可见赵翼和曹雪芹对弋阳腔的格调表达了相同的观点。

② 小说提到的这三出戏是南戏最有影响的剧目，《琵琶记》写汉代书生蔡伯喈与赵五娘悲欢离合的故事，共42出，《荆钗记》、《白兔记》与《杀狗记》、《拜月亭记》并称"四大南戏"。

另外两类是其他戏曲和演出形式以及民间娱乐和动物把戏。《红楼梦》出现的戏曲形式有"百戏""娱乐""敬神""慰亡"的表演，比如第十一回出现的"打十番"①；第十四回出现的"耍百戏""唱佛戏""唱围鼓戏"；②第二十六、二十八回出现的"唱曲"；第四十回出现的"水戏"；第五十四回出现的两位女先生"说书"③和"莲花落"④等。此外，还有动物把戏，比如第三十六回，贾蔷为讨好龄官给她买来带着小戏台的雀笼子，哄雀儿在戏台上衔鬼脸旗帜，触犯了龄官的自尊心。雀戏在中国也是古已有之。⑤我们在研究《红楼梦》的戏曲剧目的时候，也要适当地考虑这些演剧形态。

---

① "打十番"就是以打击乐为主的一种表演形式，要求鼓师的技巧非常高超。李斗在所著《扬州画舫录》里写道："十番鼓者，吹双笛，用紧膜，其声最高，谓之闷笛，佐以箫管，管声如人度曲；三弦紧缓与云锣相应，佐以提琴；龟鼓紧缓与檀板相应，佐以汤锣。众乐齐，乃用木鱼、檀板，以成节奏，此为十番鼓也。"

② 秦可卿停灵出殡期间，安排了"耍百戏""唱佛戏""唱围鼓戏"等表演，明清两代，丧家出殡前夕，亲朋伴灵，称为"伴宿"，亦称"坐夜"。凡是富裕的家庭，在这时，还要演戏或者唱曲，称为"闹丧"。这种演出，叫作"唱佛戏"，也叫作"唱围鼓戏"。名义上是"敬神""慰亡"，实则是"娱宾"，讲排场，使宾客可以看看戏，听听曲，以便解除守夜的疲乏。

③ "说书"是一种古老的曲艺形式，我国古代的通俗小说是在民间说书基础上形成的，说书艺人直接面对"看官"（观众）进行表演。

④ "莲花落"，又称莲花闹，这种民间俗文学的艺术形式，在自身的发展过程中，对其他的戏曲曲艺产生了重大的影响。它最初源于佛教僧侣募化时所唱的佛曲，一种用于佛教唱导的"散花"。莲花落作为乞丐唱曲的文献记载很多，明清小说中多有叙述。

⑤ 甘熙《白下琐言》卷六叶一云，"贡院前有卖雀戏者，蓄鸠数头，设高座，旁列五色纸旗，中设一小木筒，放鸠出，呼曰：开场，鸠以嘴启筒戴假脸绕筒而走，少顷又呼曰：转场，鸠纳假脸于筒，衔纸旗四面条约作舞状，红绿互易，无一讹舛，旗各衔毕，呼曰：退场，鸠遂入笼"。

徐扶明先生的《红楼梦与戏曲比较研究》一书第三章"剧目汇考"已考出《红楼梦》中先后有 30 个章回与戏曲有关，出现过 37 出戏。我们通过细读《红楼梦》小说中出现的戏曲剧目和有关演出内容分布的章回，目前统计出《红楼梦》在 47 个章回中正式可考的剧目总计 40 余出，不同章回出现和戏曲传奇有关的内容大约 103 处，其中出现的正式演出（杂剧、昆曲和其他表演形式）约 57 处，出现和戏曲有关的典故、曲词、演出相关的内容约 46 处。

二、戏曲在《红楼梦》叙事中的意义

《红楼梦》中出现了这么多的传奇剧目，对小说究竟有何意义呢？接下来，我们简要分析《红楼梦》中运用传奇典故的意义。

第一，传奇剧目的剧情暗伏人物命运以及全书的走向。以第二十九回"享福人福深还祷福，痴情女情重愈斟情"为例。这一回讲全家在贾母带领下去清虚观打醮，祭奠祖先，神前拈戏，拈出了三本戏：《白蛇记》《满床笏》《南柯梦》，其中暗含贾府家族兴衰的历史，有许多学者对此做过讨论。《白蛇记》演汉高祖刘邦斩白蛇起义的故事。元曲四大家之一的白朴曾作过历史题材的杂剧《汉高祖斩白蛇》，《录鬼簿》中记剧名为《斩白蛇》，内容为"汉高祖泽中斩白蛇"；《太和正音谱》仅记剧名为《斩白蛇》，现剧本已佚。这个剧本在剧中照应了荣宁二公出生入死，奠基立业，光大家族的历史。[1]《满床笏》又

---

[1] 关于《白蛇记》，徐扶明认为是曹雪芹发现在祖父刻的《录鬼簿》中记载有白朴的《汉高祖斩白蛇》的杂剧，便借用在《红楼梦》里面。但是这出戏在明清两代昆曲曲录中都没有，剧中贾母也不知，是个冷僻的戏。（接下页）

名《十醋记》，清代戏剧家李渔阅定为清初范希哲所作。写唐代郭子仪屡建功勋，满门荣贵，七子八婿均居显位，家势盛极，堆笏满床。"满床笏"是拜寿辞中美好的祝愿，意喻家运兴隆，权势荫及子孙，荣华累世不尽。清代大户人家喜庆筵席最后一出必点《满床笏》中的《笏圆》。小说在此处提到《满床笏》，当然是对贾府曾经的辉煌与荣耀的写照。第三本拈出了《南柯梦》，作者是汤显祖，剧演淳于棼梦入槐安国，与公主成婚。经历了一番荣华和风流，终遭孤身遣家，梦醒后才发现槐安国只是槐树下一蚁穴。最终在契玄禅师的帮助下，蚁群升天，淳于棼斩断一切尘世情缘，立地成佛。该剧蕴含了作者对于人生意义的思考。警醒世人所谓繁华不过一梦，从南柯梦中解脱，即是从世间的纷扰中解脱。脂批此戏暗伏贾府最终的败落和宝玉最后遁入空门的结局。

第二，增加人物对白的机锋，刻画人物性格，增加文本的内涵和趣味。小说有许多这样的例子。以第三十回清虚观打醮，因金麒麟引出的"金玉良缘"还是"木石前缘"的矛盾，宝黛二人闹得不可开交，一个砸了玉，一个剪断了玉上的穗子，又哭又闹，弄得贾府上下沸沸扬扬，惊动了贾母和王夫人，事后宝玉又因为耐受不住林妹妹不理自己而主动登门道歉。宝钗便抓住宝玉向黛玉请罪一事，借《李逵负

在查阅古本戏曲剧目之后，发现明初郑国轩有《刘汉卿白蛇记》，2卷36出。剧写刘汉卿买白蛇放生，其实白蛇乃龙宫太子所化。刘汉卿后来被人谋害，走投无路，准备投江时，白蛇救起刘汉卿，后又送他夜明珠，虾须帘和珊瑚树，教他去京师献宝，求取功名。刘汉卿献宝给李斯，李斯大喜，上奏皇帝，封刘汉卿为修长城的总管，后又与其失散的家人团聚。明代翁子忠《白蛇记》、佚名作者《鸾钗记》都与《刘汉卿白蛇记》同一题材，今存福春堂刻本。将《白蛇记》和《满床笏》《邯郸梦》放在一起，起到暗示贾家命运的作用。

荆》①的典故和李逵的鲁莽,讽刺宝玉兼嘲笑了黛玉,令二人在众人面前着实尴尬了一回。还比如第四十九回宝玉用《西厢记》三本二折中"孟光接了梁鸿案"来表明他对于钗黛矛盾的心思。第三十九回李纨借《白兔记》戏文"刘智远打天下,就有个瓜精来送盔甲,有个凤丫头,就有个你"来打趣平儿,都增加了言语的机锋。

第三,烘托荣宁二府的富贵奢华,为贾府日后败落埋下伏笔。第十九回写东府安排新年演大戏,时间恰好在元妃省亲之后,贾珍特地请了弋阳腔的戏班子。书中提到的有《丁郎寻父》《黄伯央大摆阴魂阵》《孙行者大闹天宫》《姜太公斩将封神》四出。"倏尔神鬼乱出,忽又妖魔毕露,甚至于扬幡过会,号佛行香,锣鼓喊叫之声远闻巷外。"书中写道:"好热闹戏,别人家断不能有的。"这是贾府为彰显元妃省亲之后特殊的圣眷排场而安排的。唱这么一堂大戏,所费财力物力可想而知。正应了第二回冷子兴对贾雨村说的那番话:"这宁荣两府安富尊荣者尽多,运筹谋划者无一,其日用排场费用,又不能将就省俭,如今外面的架子虽未甚倒,内囊却也尽上来了。"另外,第十四回秦可卿出殡路上各王府的路祭仪式,设席张筵,和音奏乐,十分铺张;特别是第四十五回赖嬷嬷得了主子的好处,给孙子捐了一个官,还要"在我们破花园子里摆几席酒,一台戏,请老太太、太太们、奶奶姑娘们去散一日闷;外头花厅上一台戏,摆几席酒,请老爷们、爷们去增增光"。这些为了显示贵族之家的显赫阔绰而演出大戏,奢靡铺张之风波

---

① 这一回中出现的《负荆请罪》并非讲廉颇、蔺相如故事的《完璧记》,而是讲李逵误会宋江和鲁智深绑了人家女儿,回到山上去找宋江、鲁智深讨个公道,最后发现是个误会,特来向宋江认罪的杂剧《李逵负荆》,作者是元代剧作家康进之。此处"负荆请罪"的典故用得十分巧妙。

及下人,通过这一台大戏从侧面进一步点出了贾府铺张和衰落的根源。

第四,反映了康雍乾盛世贵族戏班的生存和演出的基本状况。研究《红楼梦》与戏曲的关系,不得不提到《红楼梦》中的家班演出。从家班演出可以看出当时戏班的生存和演出的状况。《红楼梦》中提到了忠顺王府、南安王府、临安伯府以及各官宦人家,都"养有优伶男女",这是当时的社会风气。当然最重要的要数贾府自己的家班。第十八回元妃省亲,贾府除了构建大观园之外,还在苏州地区置办了一个家班,这就是《红楼梦》中提到贾蔷从姑苏采买回来的十二个女孩子——并聘了教习——以及行头等事。这十二个女孩子就是家班的十二女官。依次是文官、芳官、龄官、葵官、藕官、蕊官、茄官、玉官、宝官、荳官、艾官和茄官。第十七回,薛姨妈另迁于别处,将梨香院腾出来让十二女官入住。后来小说中出现的大部分演出,是由贾府的这个家班承担的。① 明清之际,上流

---

① 十二女官的名字中都有一个"官"字。根据《燕兰小谱》记载,北京戏曲演员,"花部"(包括弋阳腔和其他地方戏),计有陈银官、王桂官、刘三官、郑三官、彭万官、张莲官、戈蕙官、陈金官、高明官、王昇官、三寿官、张兰官、史章官、陈美官、罗荣官、王庆官、曹珪官;"雅部"(昆曲),计有四喜官、周四官、姚兰官、锡龄官、周二官、小周四官、李琴官、王翠官、李秀官、金桂官、张发官、李桂官。根据《扬州画舫录》记载,江南顾阿夷的双清班,计有喜官、玉官、巧官、二官、秀官、康官、申官、四官、六官。此外,《都门纪略》《弋腔考原》记载北京高腔艺人"十三绝",其中有池才官(王帽生)、大头官(武生)。在描写乾隆年间戏曲演员生活的小说《品花宝鉴》里,有蓉官、琴官、琪官。敦诚的《鹪鹩庵杂志》,记载慎邸(允禧)的家伶有蝉官。此类记载颇多,不必烦琐地枚举出来。这都证实,在乾隆年间,无论北方或者江南,无论花部或者雅部,无论职业戏班或者家庭戏班,演员用"官"字作艺名,风行一时,形成一种社会风气。据《燕兰小谱》说:"余叙列诸伶,以甲午为限,而前此名优之可采者,于斯附见焉。"可知,这书记载的是乾隆三十九年(1774年)以前北京戏曲演员。但前到何年,还不够明确。再看《簷曝杂记》记载:(接下页)

意象之美

社会豢养优伶蔚然成风，清代贵族、官僚、地主、富商人家逢年过节常常雇戏班子演出，有条件的都自备家班。作为一个特殊群体，家乐优伶有着不同于职业伶人的特殊性，家乐优伶现象有着独特的社会意义，他们的命运、际遇也直接反映出当时的社会现实。家庭戏班的功能第一是满足王公贵族享乐的欲望；第二是可以借此作为结交攀缘的资本，小说

"京师梨园中有色艺者"，"庚午、辛未间，庆成班有方俊官，颇韶靓"，"宝和班有李桂官者，亦波峭可喜"。庚午、辛未，即是乾隆十五年到十六年（1750—1751年）。据此，更可知，至迟在乾隆十五年，北京戏曲演员就已有用"官"字作艺名的了。根据敦诚、允禧两人的生卒年考之，允禧家伶用"官"字作艺名，也当在乾隆初年。由此说来，从乾隆初年到乾隆中期，这种以"官"字作艺名的社会风气，居然长达三四十年之久。巧得很，《红楼梦》中戏曲演员，竟与乾隆年间许多戏曲演员一样，都用"官"字作艺名，甚至有些艺名完全相同，如龄官、玉官、琪官。其实，说巧也不巧。这就在于，曹雪芹生活在这个历史时期，对当时戏曲演员用"官"字作艺名的社会风气，显然是有所了解的。据说，曹雪芹"不得志，遂放浪形骸，杂优伶中，时演剧以为乐，如杨升庵所为者"（善因楼版《批评新大奇书红楼梦》上过录乾隆年间人批语）。杨升庵，即明代戏曲家杨慎（用修）。如果此说可靠，那就更有证据了。所以，我们看到《红楼梦》中龄官、芳官诸人的名字，不仅知道她们是戏曲演员，而且知道她们是乾隆年间戏曲演员的化身。当然，我们这样说，并不意味着，生活中的龄官、玉官、琪官，就是《红楼梦》中的龄官、玉官、琪官，而是说，《红楼梦》中戏曲演员的艺名，正是来自当时社会，显示了一定历史时期的社会风气。尽管曹雪芹没有在这部小说里点明，但我们联系乾隆年间戏曲情况来考察一下，就可以寻到一些蛛丝马迹了。及至清乾隆末年、嘉庆初年，北京戏曲演员，有些还用"官"字作艺名，更多的却是用"林"字作艺名。根据《日下看花记》记载，计有桂林、二林、彩林、翠林、玉林、九林、三林、双林、福林、凤林、宝林、文林、享林、秀林、太林、元林、寿林、财林、喜林、春林，等等。这书作于嘉庆八年（1803年），书中所记的北京戏曲演员，当在此年之前。距曹雪芹逝世（乾隆二十七年，1762年），大约已二三十年了。戏曲演员的艺名，又有了新的变化。因此，更可知，《红楼梦》中戏曲演员的艺名，既不同于乾隆之前的情况，也不同于乾隆之后的情况。

也出现了王府之间相互送戏的情形；第三就是借家班规模斗富争胜；第四是指出家班文化是封建礼仪文化的需要，也是明清两代的社会风尚。

当然，从贾府上下对于这十二个小女孩的态度，以及十二官在贾府最后的命运，也可以看出清代戏曲演员的社会地位是极其低下的。赵姨娘曾说"我家里下三等奴才也比你高贵些"。但是曹雪芹笔下的这十二伶官从来到大观园到离开，始终保持着她们的强烈鲜明的个性。比如龄官居然敢于拒绝非常赏识她的元妃钦点的"两出戏"，贾蔷"命龄官作《游园》《惊梦》二出，龄官自为此二出原非本角之戏，执意不作，定要作《相约》《相骂》二出"。不仅如此，她还拒绝过宝玉的央请，有一回宝玉特意找到梨香院请她唱"袅晴丝"一套曲，那龄官却"独自倒在枕上，见他进来，文风不动"。龄官强烈的个性表现在身虽为奴，心自高贵，不卑不亢，不媚不俗，小说中两次说到龄官的容貌，说她大有林黛玉之态，她就好像是黛玉的影子，有灵气，出类拔萃，个性孤高。曹雪芹借龄官的形象也写出了中国戏曲史上许多铁骨铮铮的艺人；藕官不顾贾府规矩森严，焚纸祭奠菂官，哀悼苦难的同伴，显示了一个薄情的世界里可贵的真情；天真坦直的芳官在戏班解散后被分到了宝玉房中，因不堪忍受干娘的虐待，她反抗得多么顽强，"物不平则鸣"，芳官和其他姐妹联合起来围攻赵姨娘的那一场戏，是《红楼梦》最令人难忘的篇章之一。

十二官进贾府时有十二人，第五十八回写到贾府戏班需要遣散。遣散的时候其实只剩了十一人，菂官已经死去。最后芳官、藕官和蕊官也落得削发为尼的结局，是很不幸的。美好可爱的十二官[①]的命运寄托了曹雪芹深切的同情，同时也深化这一个有情世界被无情世界吞

---

① 《金台残泪记》云："南方梨园旦色半曰某官；考《燕兰小谱》所记。京师亦然矣。"

噬的悲剧性。

第五，这些小说中出现的剧目反映了清代中叶之后，剧坛占主流的依然是宣扬忠孝节义、夫荣妻贵的题材。比如：《双官诰》《钗钏记》《满床笏》《琵琶记》《牡丹亭》等。第八十五回提到的《琵琶记》是元末明初剧作家高明的传奇，共四十二出，充满"子孝与妻贤"的内容，通篇展示"全忠全孝"的蔡伯喈和"有贞有烈"的赵五娘的悲剧命运。赵五娘"奴家与夫婿，终无见期"，"供膳得公婆甘旨"，和宝钗后来虽与宝玉成婚，但丈夫远走，只得在家侍奉公婆的命运相照应。在此也揭示出宝钗这个人物的悲剧性，礼教妇道的遵从没有给她带来幸福，她也是被礼教贻误的女性。戏中赵五娘终得与丈夫团圆，但是宝钗注定凄冷荒寒、孤独终老。

第六，通过小说人物的剧目选择可以看出作者本人对戏文的审美旨趣。最能看出曹雪芹对戏曲的鉴赏和品味的是他在第五十四回"史太君破陈腐旧套，王熙凤效戏彩斑衣"中，借贾母一人之口，或评点，或回忆，不仅表达出作者的戏曲偏好，亦写贾母非同一般的审美修养。这一回承接上回荣国府元宵开夜宴，写到夜深渐凉，贾母带众人挪入暖阁之中，叫来梨香院的女孩子们，贾母指导芳官、龄官分唱《寻梦》《惠明下书》二折，又借《楚江情》一折，回忆年少时家班上演的以琴伴奏的《西厢记·听琴》《玉簪记·琴挑》《续琵琶记·胡笳十八拍》[①]。《寻梦》一折，写的是杜丽娘次日寻梦，重游梦地，然而物是人非、梦境茫然，便生出无限的哀愁和情思。贾母提出只用箫来伴奏，可使得唱腔更加柔和动听，倘用笛，则唱者嗓音如不够，或许笛声反将肉声

---

① 这一回提到的《续琵琶》就是曹雪芹的祖父曹寅所作，这个传奇写了蔡邕托付蔡文姬续写《汉书》，蔡文姬颠沛流离，最后归汉的故事。

给掩盖了;《惠明下书》是王实甫的《北西厢》第二本楔子,贾母要求大花面龄官不抹脸,其实也是清唱,其中《中吕扎引·粉蝶儿》《高宫套曲·端正好》都是北杂剧的套曲,音域高亢,净角阔口戏,要用"宽阔洪亮的真嗓"演唱,非常考验演员的功力。可见贾母深谙"丝不如竹,竹不如肉"的昆腔奥理。在全书中,这一回涉及戏曲的篇幅最长,剧目最多,人物对于戏曲演唱、伴奏乐器的评论也最为内行。

第七,有利于我们具体地体会并思考昆曲衰落的某些历史原因。比如第五十八回提到宫里的老太妃薨了,凡诰命等皆入朝随班按爵守制。"敕谕天下:凡有爵之家,一年内不得筵宴音乐,庶民皆三月不得婚嫁。"于是各官宦家,凡养优伶男女者,一概蠲免遣发。从这段文字我们可以看出,一个贵妃的死,就可以导致举国上下不得筵宴、婚嫁、看戏,贾府的家班也只好暂且解散。十二个女孩子有的被遣散,有的自愿留下为奴。书中这样描写:"……众人皆知他们不能针黹,不惯使用,皆不大责备。其中或有一二个知事的,愁将来无应时之技,亦将本技丢开,便学起针黹纺绩女工诸务。"家班散了,女伶们不能演戏,遂将本技丢开了。在此我们可以体会出昆曲在清代的兴衰成败与国家的政治法令、贵族的扶持打压有很大的关系。戏曲在历史上的盛衰起伏也是如此。

第八,深化小说的主旨意涵。从《西厢记》、《牡丹亭》到《红楼梦》,中国古典浪漫主义文学被推向美学的巅峰,把"情"的价值推上了具有形而上意义的高度。叶朗认为《红楼梦》美学思想的核心是一个"情"字,"'有情之天下'就是'大观园'",他在《〈红楼梦〉的意蕴》中说:"作家曹雪芹提出了一种审美理想,而这种审美理想在当时的社会条件下必然要被毁灭的悲剧。简单一点儿也可以说是美的毁灭的悲剧。"①《西厢记》和《牡丹亭》戏文的化用既是宝黛二人的情感参照和爱情私语，也是作者有意识地借"愿天下有情人终成眷属"的主题，来肯定宝黛的爱情。和《牡丹亭》一样，《红楼梦》借传奇人物感发年轻生命的青春，"情不知所起，一往而情深，生可以死，死可以生。生而不可与死，死而不可复生者，皆非情之至也"。同时寄寓了曹雪芹和王实甫、汤显祖一样的"愿天下有情人终成眷属"的愿望。这是在沉重的封建社会意识形态下歌颂神圣人性、自由爱情、自由意志的人文主义精神的一种延续。曹雪芹有意把崔张的爱情故事镶嵌在宝黛爱情的叙事结构中，使我们在阅读上产生更丰满、更有意味的审美体验。

三、《红楼梦》叙事的戏剧性特征

《红楼梦》的小说叙事受到了明清以来的戏曲传奇的深刻影响，从小说出现的戏曲剧目和典故的数量可以看出，《红楼梦》叙事美学的戏剧性特征非常显著。我们可以非常肯定地说小说原作者一定对元明清的戏曲极为熟悉，并且具有深厚的曲学造诣。《红楼梦》的叙事和行文中处处渗透着戏曲传奇的影响，正所谓"传奇之长，化入小说"。《红楼梦》叙事美学的特色与戏曲的叙事形式关系密切，其实，明清戏曲传奇对小说创作的影响不仅表现在《红楼梦》，几乎表现在所有明清小说中。②

---

① 叶朗.《红楼梦》的意蕴[M]//刘梦溪，冯其庸，蔡义江，等.红楼梦十五讲.北京：北京大学出版社，2007：117.
② 比如《金瓶梅》就吸收了元明的戏曲说唱艺术，小说频繁运用前人的曲文，每一回都穿插着词曲、快板和说唱。冯沅君《金瓶梅词话中的文学史料》考得清唱曲中含《香囊记》4支，《玉环记》2支，《南西厢》1支；（接下页）

《红楼梦》的叙事美学和古典戏曲的关系新探

明清小说和戏曲的关系首先体现在两种文体的相互借鉴和会通。这一时期出现了大量戏曲改编的小说，也出现了小说改编的戏曲，可以说戏曲和小说的汇通是这一时期戏曲和小说文学的美学特色。我们从《金瓶梅》《梼杌闲评》《弁而钗》《欢喜奇观》《风月梦》五部小说中的戏曲史料都可以看出清代戏曲和小说关系的密切。其次，两种文体都出现了各自的巅峰之作：戏曲有"南洪北孔"的对峙，小说有《聊斋志异》《儒林外史》《红楼梦》等经典的问世。最后，两者体现在异源同流，殊途同归。学界把这一时期的戏曲和小说看成"有韵说部无声戏"。① 此外，戏曲和小说的相得益彰取决于明清两代出现了一批兼长传奇和小说创作的作家群。清代的双栖作家有李渔、丁耀亢、陆次云、圣水艾衲居士、张匀、沈起凤、归锄子、曾衍东、管世灏、陈森等。这些作家将传奇之长化入小说，用传奇情节照应于小说，将传奇笔法技巧化用在小说的叙事方法中，产生引人入胜的戏剧性，也是这一时期小说河西区创作的特色。《红楼梦》的叙事就是小说化用戏曲的典范，而《红楼梦》成书流传之后，也成为戏曲争相改编的一个作品。②

《红楼梦》改编的戏曲剧本，仅昆曲就有十多部，这些剧本在杜步

赵景深《金瓶梅词话与曲子》，考得《两世姻缘》《子母冤家》《风云会》各1套；孙崇涛汇考《金瓶梅》内剧曲共17种、26套（支）。《金瓶梅》引用李开先传奇名作《宝剑记》具体段落竟达九个之多。

① 李渔认为小说类似"无声戏"（无声戏剧），姚华将戏曲称为"有韵说部"。参见姚华《曲海一勺·骈史上第四》。
② 《红楼梦》改编的戏曲剧本，仅昆曲就有十多部，这些剧本在杜步云（清代昆曲小旦）编撰的《瑞鹤山房抄本戏曲四十六种》、清代刘赤江辑录的《续缀白裘新曲九种》以及《新缀白裘》等书中均有辑录。阿英在《红楼梦戏曲集》中梳理了十种改编自《红楼梦》的传奇剧本。

305

云（清代昆曲小旦）编撰的《瑞鹤山房抄本戏曲四十六种》、清代刘赤江辑录的《续缀白裘新曲九种》以及《新缀白裘》等书中均有辑录，其中最早将《红楼梦》改编为昆曲剧本的是清嘉庆元年（1796年），孔昭虔创作的昆曲《葬花》。两年后，仲振奎的昆剧剧本《红楼梦传奇》56折创作完成。此外清代《红楼梦》传奇、杂剧改编还有刘熙堂《游仙梦》、万荣恩《醒石缘》、吴兰徵《绛蘅秋》、许鸿磐《三钗梦》、朱凤森《十二钗传奇》、吴镐《红楼梦散套》、石韫玉《红楼梦》、周宜《红楼佳话》、陈仲麟《红楼梦传奇》、褚龙祥《红楼梦填词》等。

《红楼梦》小说中的戏曲手法的运用最突出地体现在整体叙事结构、情节铺设、对白构成、矛盾冲突、注重心理、突出细节、时空的转换和处理等方面。《红楼梦》的戏剧时空处理显然并非通常意义上的现实主义小说的写实手法，而是呈现出写意的美学特点，特别对于一些重大的冲突和场面描写，有着明显的剧场性特征[①]，这一特征也是《红楼梦》自问世以来不断被戏曲改编的原因所在，因为小说的章回叙事和场面铺排呈现戏剧性的手法，二者在转换上不隔，因此《红楼梦》小说和中国古典戏曲在叙事美学上相得益彰。接下来简要介绍《红楼梦》叙事中的戏剧性特征。

第一，从小说整体的叙事而言，三个层级的结构"石头投胎""贾府兴衰""预言图谶"融合在一起，构成了《红楼梦》的叙事整体。第一层叙事大意写大荒山无才补天的石头希望托生富贵人世，后下凡经历一番人事，过程又穿插神瑛侍者与绛珠仙草的一段情缘。故事最后石头回归大荒山无稽崖。第二层叙事展开命运的预言，写贾宝玉梦游

---

① 剧场性特征，主要是指小说在场面描写的过程中有着清晰的舞台视象，根据舞台上的戏剧性场面的展开来进行描述。

《红楼梦》的叙事美学和古典戏曲的关系新探

太虚幻境并看到了金陵十二钗的判词,这些判词都是贾府各个女子命运的预言。第三层叙事以石头托生的荣宁二府为故事发生的主要空间,写当时社会的政治、经济、文化、伦理关系以及人的情感,前有甄家的败落,后有贾府的衰微,这是小说的主体部分。三个层级的结构类似戏曲文本的"戏中戏"结构,石头投胎—预言图谶—贾府兴衰,构成从外向内逐渐收缩的层级叙事。石头投胎到贾府,观贾府之兴衰的故事是整个叙事层级的内层核心。《红楼梦》多层叙事结构比较复杂,戏曲化的叙事方式非常突出。在其章回结构的布局中出现了"题诗""缘起",这种叙述方式类似于戏曲中的"楔子",小说结尾的"馀文""跋识"。

比如小说第一回,陈述《石头记》的成因和全书大旨,讲述石头随一僧一道下凡的传奇性笔法的开篇是对传奇"副末开场"的借鉴和融合,也是话本"入话"的创造性改造。青埂峰下的顽石,遇见一僧一道,陈述自己的愿望,顽石如何被僧道携去警幻仙姑处,后投身"花柳繁华之地,温柔富贵之乡"的经过,这种手法类似戏曲开演前的"自报家门"。小说还以类似戏曲"楔子"的方式痛斥"淫滥"小说和历来野史的陈腐俗套,通过诗、画、曲反复预示他笔下各式人物的悲剧性命运和结局,特别是《红楼梦十二支曲》、"金陵十二钗"判词在叙事层面统摄和预告全书大旨走向。第二回冷贾二人演说荣宁二府,则相当于戏曲演出之前的"参场"[①]。第四十三回,宝玉水仙庵祭奠金钏儿,茗烟代祝数语,庚辰本夹批"此一祝,亦如《西厢记》中双文降香第三炷则不语,红娘则代祝数语,直将双文心事道破"可以看出

---

① 即开演之前,掌班率领全班演员,穿着各行脚色的行头,整齐地排在戏台口,面见观众。

307

此处借鉴了戏曲直接对观众说话的叙述方式。《红楼梦》的整个故事贯穿了"绛珠还泪"的行动，这种手法也就是李渔在《闲情偶寄》中所提出的"立主脑"。"主脑非他，即作者立言之本意也。"又说"即此一人之身，自始至终，离合悲欢，中具无限情由，无穷关目，究竟俱属衍文，原其初心，又止为一事而设。此一人一事，即作传奇之脑也"①。以一人一事为中心，兼写其他人和事，这便是传奇的"主脑"。《红楼梦》以"绛珠还泪""宝黛爱情"为"主脑"串起其他众多的情节和人物，在叙事上虽然铺得开，但是不觉零碎散乱。此外，其章回叙事频繁出现的双线结构，也都是戏曲传奇的艺术特征。②

第二，从情节和对白的构成方式中，全书的情节主要以对白的形式展现，这是非常显著的古典戏曲的文本形式。在戏曲剧本中除了唱词还有"宾白"③。以对话体为主要叙述方式的小说有着戏曲传奇中宾白架设和处理的痕迹。曲与白在戏曲中承担的功能不同，一般情况下，曲词多用来抒情、写景，叙事则多依靠宾白来完成，也就是说删去曲词也不会对剧情的讲述有太大影响。叙事的功能决定了宾白必须明白晓畅，通俗易懂。明代孟称舜在元杂剧《老生儿》的总评中说："盖曲

---

① 李渔.闲情偶寄［M］.沈勇，译注.北京：中国社会出版社，2005：333.
② 如明代张凤翼《红拂记》中红拂与李靖、乐昌公主与徐德言；沈鲸《双珠记》中王楫与郭氏、慧姬；汤显祖《紫钗记》中李益与小玉、卢府小姐；沈璟《红蕖记》中郑德璘与韦楚云、崔希周与曾丽玉；叶宪祖《鸾鎞记》中杜羔与赵文姝、温庭筠与鱼蕙兰；清代李玉《风云会》中郑恩与京娘、赵匡胤与韩素梅；李渔《风筝误》中韩生、戚生与爱娟、淑娟均采用了双线交叉手法。《红楼梦》采用双线交叉构造情节，反映出戏曲对小说的渗透和影响，或者说小说家对戏曲手法的主动吸收。
③ "宾白"即是古代戏曲剧本中的说白，徐渭《南词叙录》："唱为主，白为宾，故曰宾白。"

体似诗似词，而白则可与小说演义同观。"① 这也就是说戏曲中的宾白起作用类似于小说的对话，一方面，宾白的叙事功能与小说叙事相通；另一方面，宾白通俗易懂的风格也比较符合小说的要求。然而，《红楼梦》大旨谈情，小说需要扩展大量的抒情性语言，所以作者为人物的心理和性格创作补就了大量心理描写和诗文词章，以期达到抒情的总体韵致，抒情和叙事交替相间的方式是《红楼梦》合于戏曲叙事的总体风格。

第三，从情节和细节的真实性来看，《红楼梦》的作者把很多家事和亲身经历移入了小说。写实入戏的写法是《红楼梦》的特点，而戏曲的功能是场上代言，所以历来以真事入戏也是戏曲艺术的功能所在。戏曲写实入戏，然而传奇不等于历史，戏曲之情节的编写类似绘画艺术需要"搜尽奇峰打草稿"，需从真事和经验中提炼出情节，虽从史而来，但绝不同于历史本身。在此意义上，完全将小说对应历史，进行过度的穿凿附会，或作为历史来对待和研究的方法是绝不可取的。钱钟书在谈到元杂剧和历史的关系时曾说过："元人杂剧事实多与史传乖迕，明其为戏矣。后人不知，妄生穿凿，陋矣。"②

第四，《红楼梦》小说中的戏曲手法的运用最突出地体现在时空的转换和处理方面，体现了戏曲舞台虚拟化与小说空间舞台化的关系。《红楼梦》的戏剧时空处理和中国古典戏曲的影响大有关系。戏曲可以用一桌二椅演出复杂的历史和人情故事，舞台时空景物的变化主要通过角色的动作和表演加以证实，也就是戏曲中的"景随人走""移步换景"。比如《西厢记》中"张生游普救寺"这场戏常作为传统戏曲舞台

---

① 孟称舜：《古今名剧合选》第十五集总评。
② 钱钟书.管锥编［M］.北京：中华书局，1979：1299.

写意性和流动性空间变化的一个例子。《牡丹亭》"游园惊梦"，春香伺候杜丽娘梳洗完毕，两人作"行介"，丽娘念"不到园林，怎知春色如许"，表明舞台已从闺房转移到了花园。小说中黛玉初入贾府，就是通过景随人走的方式来描写荣国府的内部空间。此外，戏曲在同一场戏中还可以将人物安排在不同的空间，小说第二十一回，贾琏戏平儿，一个在屋内，一个在屋外，隔窗调笑，庚辰本眉批："此等章法是在戏场上得来。"最集中体现《红楼梦》在时空的转换和处理方面对戏曲借鉴的小说场面是"宝玉挨打"和"贾府抄家"，在一个集中的空间里描写错综复杂的矛盾，表现激烈的戏剧冲突，展现庞大的人物关系线索，这就是戏剧场面的处理方法，完全不同于一般意义上的小说笔法。

第五，冲突的营造是戏剧思维中非常重要的方面。从戏剧的矛盾冲突的构建来看，《红楼梦》在情节的推进和发展中处处运用了戏剧的冲突意识。石头托生于一个政治变化的前夕，宝黛的爱情置身于矛盾重重的钟鸣鼎食之家，封建统治阶层和被统治阶层的矛盾，集团势力之间的矛盾，地主和农民的矛盾、皇权和贵族的矛盾，皇帝和主子与奴仆的矛盾，奴仆和奴仆的矛盾，父子、母子、兄妹、妻妾、妯娌、嫡庶之间的矛盾比比皆是。这种矛盾的多样化的揭示，呈现了一种封建社会结构的常态和真相。

第六，小说还呈现了戏曲中的务头意识。什么是"务头"？金圣叹（1608—1661）《贯华堂第六才子书》卷二"读法"第十六则所说的："文章最妙，是目注此处，却不便写。却去远远处发来，迤逦写到将至时，便又且住。如是更端数番，皆去远远处发来，迤逦写到将至时，又便住，更不复写目所注处，使人自于文外蓦然亲见。《西厢记》纯是此一法。"《西厢记》的戏剧悬念、停顿、突转的设置波澜起伏，极具戏剧性。"惊艳""寺警""停婚""赖笺""拷红"等都包孕着多种情境发生的可能。这种"引而不发"的手法,小说叫"卖关子",传统戏曲称"务头"。金圣叹称赞《西厢记》"逶迤曲折之法",剧中"佛殿奇逢""白马解围""停婚变卦""张生逾墙""莺莺听琴""妆台窥简"等设计,都为后续情节发展预留悬念和空间,这是古典戏剧叙事学的精妙之处。"务头"转用在小说创作中就化为"伏笔"。我国传统章回小说"欲知后事如何,且听下回分解"的套路正是来自古典戏曲的这种方法。这种叙事方法对于古典小说创作的影响很大。

当然"务头"有另外不同的解释,元代音韵家周德清(1277—1365)的《中原音韵》多次提到"务头",周德清说,"要知某调、某句、某字是务头,可施俊语于其上,后注于定格各调内",在周德清那里"务头"是为曲律学首创的一个名词;明代戏曲理论家王骥德在《曲律》中指出:"系是调中最紧要句字,凡曲遇揭起其音,而宛转其调,如俗之所谓'做腔'处,每调或一句、或二三句,每句或一字、或二三字,即是务头";清代戏曲家李渔说:"曲中有务头,犹棋中有眼,由此则活,无此则死。"宗白华先生在《美学散步》中则进一步说:"曲调之声情,常与文情相配合,其最胜妙处,名曰'务头'。""务头"显然指的是戏曲最精彩的重头戏,声情和文情配合的最妙处,也就是"戏眼"。在钱钟书看来,"务头"类似于莱辛"富于包孕的片刻"是个极富创意的概念。① 这一富于包孕的时刻,钱钟书认为就是"事势必然而事迹未毕露,事态已熟而事变即发生"的时刻。②《红楼梦》中"黛玉葬花""宝

---

① 钱钟书.七缀集[M].上海:上海古籍出版社,1985:48.
② 所谓"富于包孕的片刻",就是莱辛在《拉奥孔》中指出的"一幅画只能画出整个故事里的一个场景";因此,莱辛认为"画家应当挑选全部(接下页)

玉悟禅""宝玉挨打""抄检大观园""黛玉焚稿"等也都包含了"务头"的悬念和意蕴。

第七，小说中人物的出场借鉴了戏曲的手法。古典戏曲对人物出场很重视，不同人物在不同情境中的出场方式是不同的。比如"咳嗽上""起霸上""掩面上"等，名目繁多。徐扶明先生在《红楼梦与戏曲比较研究》中列举了凤姐、宝玉、元春三人出场分别为"内白上""点上""大摆队上"。[①]第三回王熙凤出场，甲戌本眉批"另磨新墨，搦锐笔，特独出熙凤一人"。未写其形，先使闻声，所谓"绣幡开，遥见英雄俺"，这是对戏曲人物出场方式的借鉴，此系"内白上"。宝玉上场类似"点上"，由丫头点名"宝玉来了"，由于之前王夫人已经向黛玉介绍过宝玉，便于读者与黛玉同时密切地期待和关注宝玉的出场。而元妃的出场近于戏曲"大摆队上"。

第八，戏曲有生、旦、净、末、丑各个行当角色。小说中的人物类型、脸谱、服饰对戏曲的借鉴由来已久。才子佳人的小说，一般在戏曲中与才子佳人对应的行当就是生、旦。例外的情况也有。比如《桃花扇》中柳静亭、苏昆生等人物，在复社诸贤之上，而以丑、净扮之。《红楼梦》中的人物，有的也借鉴戏曲人物脸谱化、类型化的特征，第二十四回写醉金刚倪二，庚辰本第二十四回脂砚斋总批：

'动作'里最耐人寻味和想象的那'片刻'（augenblick），千万别画故事'顶点'的情景，一达顶点，情事的演展到了尽头，不能再'生发'（fruchtbar）了。而所选的那'片刻'仿佛妇女'怀孕'，它包含从前种种，蕴蓄以后种种。这似乎把莱布尼茨的名言应用到文艺题材上来了：'现在怀着未来的胚胎，压着过去的负担'"。

[①] 徐扶明.红楼梦与戏曲比较研究［M］.上海：上海古籍出版社，1984：200.

"夹写醉金刚一回是书中之大净场，聊醉看官倦眠耳。然亦书中必不可少之文，必不可少之人，今写在市井俗人身上又加一侠字，则大有深意存也焉。"除了大观园中众多旦角之外，还有贾母、王夫人、刘姥姥等老旦，有贾府子弟的生行，有柳湘莲、尤三姐这样的武生和武旦，也有薛蟠这样的恶少丑角等。还有将戏服直接作为小说人物服饰的描写，比如第十五回写北静王"戴着净白簪缨银翅王帽"这种王帽，是戏装中皇亲、王爵所戴的一种礼帽，并非真实生活中的王爷装束。

第九，"酒色财气""相思冤家""色空观念"，这些戏曲中经常出现的题材同样影响了小说的创作。"酒色财气"在钱钟书看来是我国戏曲在特定环境下的创作特色。明代的藩王府多演"酒色财气"，既符合主人的生活情调，也是维护自身政治安全的选择。明代朱有燉[①]精音律，善戏曲，就是一位在明初王室相残的险象中韬光养晦、寄情声乐的典型代表。这种情况在中国历史上屡见不鲜，《韩熙载夜宴图》也是一例[②]。臣子只有自敛锋芒，抱朴涵虚，才能明哲保身，颐养天年。而酒色财气的题材所形成的风气后来在院本中弥散开来，并进入明初杂剧甚至传奇之中。而在这酒色财气的背后却是一番宇宙人生的沉郁感悟，《红楼梦》表面上写大家族的迎来送往，日常琐事，实际上在观

---

① 朱有燉（1379—1439）系朱元璋五子周定王朱橚之长子，号诚斋、锦窠道人等。明仁宗洪熙元年（1425年），其父死，袭封周王。死后谥"宪"，世称周宪王。

② 身居高职的韩熙载为了保护自己，故意装扮成生活上醉生梦死的庸人，以消除李后主对他的猜忌以求自保。李后主命顾闳中和周文矩到韩熙载家里去探个虚实，命令顾闳中和周文矩把所看到的一切画下来交给他看。大智若愚的韩熙载当然明白他们的来意，所以故意做出不问时事沉湎于歌舞、醉生梦死的形态，来了一场酣畅淋漓的表演。

鼎盛之家的兴衰成败，正所谓"满纸荒唐言，一把辛酸泪"。十部传奇九相思，宋词、元曲以来，"可憎才""冤家"① 在词章曲文中随处可见，而元明院本、杂剧中的"好色"，在戏曲中转换为男女之恋，特别是对美女娇娃的相思爱恋。最典型的就是王实甫的《西厢记》，张生见到莺莺时有惊心动魄之感："正撞着五百年前风流业冤！"接着唱《元和令》"颠不剌的见了万千，似这般可喜娘的庞儿罕曾见。只教人眼花缭乱口难言，魂灵儿飞在半天。他那里尽人调戏軃着香肩，只将花笑撚"。原来，"空着我透骨相思病染，怎当她临去秋波那一转！"正是这勾魂摄魄的"临去秋波那一转"，使张生难以自持，欲罢不能。而《红楼梦》在描写宝黛初次相见也用了类似的方法。

此外，佛教思想和佛教题材的戏文在中国古典戏曲中非常多见。②

---

① 《烟花记》有云："'冤家'之说有六：情深意浓，彼此牵系，宁有死耳，不怀异心，此所谓'冤家'者一也；两情相有，阻隔万端，心想魂飞，寝食俱废，此所谓'冤家'者二也；长亭短亭，临歧分袂，黯然销魂，悲泣良苦，此所谓'冤家'者三也；山遥水远，鱼雁无凭，梦寐相思，柔肠寸断，此所谓'冤家'者四也；怜新弃旧，辜恩负义，恨切惆怅，怨深刻骨，此所谓'冤家'者五也；一生一死，触景悲伤，抱恨成疾，殆与俱逝，此所谓'冤家'者六也。"

② 自唐以后，由变文到宝卷，并以戏剧的形式在民间广泛流传。佛教思想的传播从艰深的教义转向凸显宗教与日常生活的结合，士人喜禅、庶民信佛是一种比较普遍的现象，佛教中的许多故事，常常被引入戏剧，丰富了戏剧的题材。佛教中的"唐玄奘西天取经"的故事，也常常被编成戏剧，金院本有《唐三藏》，元杂剧有《唐三藏西天取经》《西游记杂剧》；明代的杂剧、传奇也多有取自佛教的，如《双林坐化》《哪吒三变》《观世音修行香山记》《观世音鱼篮记》，等等。戏剧中的有些情节，也取自佛经，如元杂剧的《沙门岛张生煮海》，情节类似于晋译《佛说堕珠著海中经》中所述佛与五百力士入海求珠的故事；李行道的《包待制智勘灰阑记》所说之二妇人夺子的情节，更与《贤愚经·檀腻鞿品》中的国王断案的故事相仿。

《红楼梦》的叙事美学和古典戏曲的关系新探

虽然《红楼梦》小说的色空观念也可能来自其他方面，但明清戏曲中诸多与此思想相联系的剧目一定也对《红楼梦》有深刻的影响。有学者指出："至于一僧一道的设置，不仅发挥了构架中的功能，而且我们还应该注意到小说作者利用市人喜欢的以世俗化的佛教观念敷演故事在明清以来很普遍的这一事实。"[①]王国维看到了《红楼梦》的这一层意义，他说："《红楼梦》一书，实示此生活此苦痛之由于自造，又示其解脱之道不可不由自己求之者也。"[②]

而《红楼梦》在思想上显然超越于这类题材，以佛学观念和思想注入小说，其根本原因是在存在的困顿中寻求超越和解脱的精神道路。以文取士的科举制度、士子理想所遭遇的仕途挫折、政治纷争的频繁和残酷、精神心灵的无以为继等，无不推动个体生命意义的寻找和心灵安顿的要求。所以不能简单地将宝玉悬崖撒手视作他出家当和尚去了，而应该看成他对存在的彻悟和超脱，"因空见色，由色生情，传情入色，自色悟空"也应该作如是解，如鲁迅先生在《中国小说史略》中所说"悲凉之雾，遍被华林。然呼吸而领会之者，独宝玉而已"[③]。人的超越和最终的自由，不在"出家"这种形式[④]，回归"青埂峰下"更不是回到一个具体的"青埂峰"，《红楼梦》的佛学思想不是教人遁

---

① 许并生.《红楼梦》与戏曲结构[J].艺术百家，2000（1）：72-75.
② 王国维，等.王国维 蔡元培 鲁迅点评红楼梦[M].北京：团结出版社，2004：11-12.
③ 鲁迅.中国小说史略[M].北京：中华书局，2010.
④ 应该看到作者曹雪芹在书中对一班假道士、假僧人进行了严厉的批判，作者的原意是出家当和尚只是一种表象，《红楼梦》里的出家人大多都不超脱，馒头庵道姑、葫芦僧、张道士的面目都极为可憎，就连妙玉也没有全然超脱，"欲洁何曾洁，云空未必空"。作者之用意在于揭示宗教外衣掩盖下的无明甚至罪恶。

315

入空门，而是教人认识人生无常和苦难的本质，人生是必然经历的悲欣交集的过程——情的过程。如果心在泥淖，心不洁净，精神不超越，纵然出家也是枉然。佛教不是教人无情，恰是教人回归真性，持守真心，发乎真情，云在青天水在瓶，以平常之心经历人生这出悲欢离合的戏剧。

传奇戏曲演出和曲词在《红楼梦》中所起到的作用是多个层面的，它既可以照应暗伏小说情节和人物命运，在恰当的情境中借戏剧人物的抒怀，呼应人物的心理，也可以借戏剧的内容和主旨展现人物的性格和人物关系。曹雪芹用戏曲和小说相互交织的方式设置伏笔与隐喻，使得戏剧情境和家族命运的相互照应，形成情境的烘托和渲染，外部演戏的喜庆气氛，和内在家族与个人命运的深层悲剧互间形成了戏剧性的张力，推升了《红楼梦》深层的美学意蕴。《红楼梦》的研究迫切需要从美学的角度深入阐释小说的叙事，而《红楼梦》中出现的大量和中国戏曲有关的内容值得我们深入研究，这对于我们从戏曲的角度拓展和把握《红楼梦》的叙事美学有重要的意义。

曲观红楼无声戏

——细读《红楼梦》"省亲四曲"

《红楼梦》的小说叙事受到了明清以来的古典戏曲传奇的深刻影响，从小说中出现的大量戏曲剧目和典故就可以看出，《红楼梦》的叙事有着鲜明的戏剧性特征。《红楼梦》小说有40多个章回出现了和戏曲传奇有关的内容，这些戏曲剧目大多是元明清以来最经典的剧目，可以说《红楼梦》中藏着一部元明清经典戏曲史。

《红楼梦》的叙事和行文处处渗透着"传奇之长，化入小说"的特点。小说中以各种形式出现的戏曲内容和典故或暗伏人物命运以及全书的走向；或构成叙事手法的借鉴和效仿；或增加人物对白的机锋，刻画人物性格，增加文本的内涵和趣味；或展现康雍乾盛世贵族戏班的生存和演出的基本状况；或揭示深化小说的主旨意涵；或照应传奇和小说作者之间的思想和精神追求……从戏曲的角度研究《红楼梦》这部经典小说，对进一步拓展《红楼梦》小说的叙事研究有着极为重要的意义，研究小说与戏曲的互文关系以及叙事美学是红学研究中一个尤为关键的"美学问题"。

在此以前，已有不少学者对这个问题进行过相关的研究，其中以徐扶明先生1984年出版的《红楼梦与戏曲比较研究》一书最为全面和最具原创性，该书对《红楼梦》中出现的戏曲传奇做了基础性研究。徐扶明从《红楼梦》与家庭戏班、《红楼梦》中戏曲演员生活、《红楼梦》中戏曲剧目汇考、《红楼梦》中戏曲剧目的作用、《红楼梦》中戏曲演出、论《红楼梦曲》、古典戏曲对《红楼梦》情节处理的影响等13个方面做了初步考察。[①]后来关于《红楼梦》小说中戏曲学的相关研究都直接或间接地从这本书中得到启发，足见此书对于这一学术问题的贡献和意义。

[①] 徐扶明考出的37出戏分别是王实甫《西厢记》（第二十三、二十六、三十五、四十、四十二、四十九、五十一、五十四、五十八、六十二、六十三、八十六回）；李日华《南西厢记》（第五十四、一百一十七回）；汤显祖《牡丹亭》（第十一、十八、二十三、三十六、四十、五十一、五十四回）、《邯郸梦》（第十八、六十三回）、《南柯梦》（二十九回）；洪昇《长生殿》（第十一、十八回）；高明《琵琶记》（第四十二、六十二、八十五回）；陈二白《双官诰》（十一回）；李玉《一捧雪》（十八回）、《占花魁》（九十三回）；月榭主人《钗钏记》（十八回）；邱园《虎囊弹》（二十二回）；朱佐朝《九莲灯》（二十七回）；范希哲《满床笏》（第二十九、七十一回）；康进之《李逵负荆》（三十回）；柯丹邱《荆钗记》（第四十三、四十四回）；袁于令《西楼记》（五十三回）；徐元《八义记》（五十四回）；高濂《玉簪记》（五十四回）；曹寅《续琵琶》（五十四回）；梁辰鱼《浣纱记》（七十回）；张凤翼《祝发记》（八十五回）；白朴《斩白蛇》（二十九回）；庚吉甫《蕊珠记》（八十五回）（需要说明的是：《蕊珠记》并非元代庚吉甫写的《蕊珠宫》杂剧，小说写明是新打的，明清传奇未见此剧，也许是高鹗杜撰的，高鹗自己也写了，"及至第三出，众皆不知，听外面人说，是新打的"。；无名氏《西游记》（二十二回）、《金貂记》（二十二回）、《白兔记》（三十九回）、《牧羊记》（六十三回）、《临潼斗宝》（七十五回）、《刘二当衣》（二十二回）；《黄伯央大摆阴魂阵》（十九回）；《丁郎认父》（十九回）；《孙行者大闹天宫》（十九回）、《姜子牙斩将封神》（十九回）、《混元盒》（五十四回）、《霸王举鼎》（三十九回）、《五鬼闹钟馗》（四十回）。

曲观红楼无声戏

鉴于20世纪80年代研究条件和研究资料所限，这一命题尚未充分展开，《红楼梦》的叙事美学和戏曲关系的问题依然有着可拓展和深入的研究空间，如何接着这个有意义的学术话题，继续往前推进和发展，深入阐释《红楼梦》和戏曲的关系，深入研究戏曲剧目在小说中的作用和意义是红学研究中一项非常有意义的工作，也是非常关键的基础工作。比如小说中出现的剧目还有待进一步梳理补充；原有的考证还需要进一步辨析和论证；戏曲和小说互文的意义还有待更加深入的细读和阐释；甚至对红学研究中许多悬而未决的历史难题，也可以通过这一角度的研究提供新的发现。笔者曾在《红楼梦戏曲与演出考证补遗》一文中对整部小说出现的戏曲剧目和典故进行了重新梳理，在此基础上新考出了杂剧：《红拂记》、《北红拂记》、杂剧《倩女离魂》、传奇《疗妒羹》、《永团圆》、《卓文君》、《女丈夫》等。

此外，对于戏曲剧目在小说中的作用和意义的细读是《红楼梦》叙事研究中非常关键的基础工作。通常认为，《红楼梦》运用戏曲传奇的一个比较重要的作用就是暗示人物命运以及全书的走向，但是对戏剧的剧情、矛盾冲突、戏剧人物以及戏曲的曲文究竟在何种程度上影响了《红楼梦》的创作，或者说戏曲和小说的互文究竟怎样深化了小说的意蕴，还需要通过比对小说和戏曲的文本，才能有一些新的突破和发现。

本文拟对《红楼梦》第十七、十八回"元妃省亲"所点的四出戏进行较为深入的细读，尝试分析这四出戏在小说中出现的意义，从而揭示戏曲与小说之间的深层联系。[1]

---

[1] 涉及对《红楼梦》第二十九回出现戏曲传奇剧目进行考察的前人研究有：徐扶明.红楼梦与戏曲比较研究[M].上海：上海古籍出版社，1984；欧阳健."省亲四曲"与《红楼梦》探佚[J].广西大学学报（接下页）

319

在所有关于"省亲四曲"的夹批中，脂本历来最受关注。《脂砚斋重评石头记》己卯本、庚辰本都重点标明元妃所点的四出戏对整部小说的重要性：

第一出：《豪宴》，夹批：《一捧雪》，中伏贾家之败。
第二出：《乞巧》，夹批：《长生殿》，中伏元妃之死。
第三出：《仙缘》，夹批：《邯郸梦》，中伏甄宝玉送玉。
第四出：《离魂》，夹批：《牡丹亭》，中伏黛玉之死。
所点之戏剧伏四事，乃通部书之大关节，大关键。

此外，《增评补图石头记》在第十八回中有眉批："随意几出戏，咸有关键，若乱弹班一味瞎闹，其谁寓目。"学者对"省亲四曲"和《红楼梦》的关系素来不吝笔墨，话石主人在《红楼梦精义》中有云："归省四曲应元妃。"解盦居士的《石头臆说》云："书中所演各剧皆有关合，如元妃所点之《离魂》……为元妃不永年之兆。"沈煌《石头记分说》云："《离魂》是元春谶兆。"评点家黄小田《红楼梦黄小田评本》夹批云："头一出指目前，第二指宫中，第三指幻境，第四则谓薨逝矣。"妙复轩《石头记》夹批云："《豪宴》，本回事；《乞巧》，宝钗传；《仙缘》，宝玉结果；《离魂》，黛玉传。"可见这四出戏在小说中的重要性，也足见各家观点之分歧。

（哲学社会科学版），1993（5）；李丽霞.《红楼梦》中元宵节的叙事功能[J].红楼梦学刊，2015（3）；张季皋.怎样理解"榴花开处照宫闱"[J].红楼梦学刊，1985（2）；丁淦.元妃之死："红楼探佚"之一[J].红楼梦学刊，1989（4）.

关于这四出戏,《红楼梦》第十八回这样写道:

> 那时贾蔷带领十二个女戏,在楼下正等的不耐烦,只见一太监飞来说:"作完了诗,快拿戏目来!"贾蔷急将锦册呈上,并十二个花名单子。少时,
> 太监出来,只点了四出戏:
> 第一出《豪宴》,第二出《乞巧》,
> 第三出《仙缘》,第四出《离魂》。
> 贾蔷忙张罗扮演起来。一个个歌欺裂石之音,舞有天魔之态。虽是妆演的形容,却作尽悲欢情状。

《红楼梦》第十七、十八回主要表现贾府上下倾尽全力为元妃归省做准备,然而在省亲的喜庆之下,暗伏着皇室与世家贵族的矛盾和危机。此二回前接秦可卿之死,作者用很多笔墨在第十四、十五回铺陈了秦可卿的豪丧出殡、停灵铁槛寺的过程。读者对秦可卿托梦王熙凤的情节记忆犹新,作者曾借秦可卿托梦点出了一桩"烈火烹油、鲜花着锦"之事,这件事指的就是"元妃省亲"。

甲戌本脂批以"开口拿'春'字最要紧""元春消息动也"等字眼反复提醒元春这个人物在全书中的重要性。为何脂砚斋反复强调"元妃省亲"是"通部书的大关键"呢?元春生于大年初一,其生辰和贾府奠基人太祖太爷同日,晋封凤藻宫之日正是贾府家业的盛夏之时,然而热日无多,小说从冷暖交替之际开始写起。这样的设置有意识地暗示了元妃与贾府兴衰荣辱休戚相关的特殊性,元妃虽然在书中出场不多,但在作者笔下却是直接关系贾府世家地位的关键人物。

意象之美

元妃的重要作用体现在几个方面：首先，正是由于她的授意，才有了宝玉和诸姐妹搬入大观园的机缘，大观园这个女儿国，正是余英时《红楼梦的两个世界》中所说的那一个理想世界，世外桃源。正是有了这个园中之园，才有了宝玉和众姐妹的理想国度，"共读西厢""祭奠花神""黛玉葬花""海棠结社""群芳夜宴"等一系列最美好、诗意的事情才得以自然发生，可以说正是元妃拉开了大观园"赏心乐事"的大幕。元春的命运确实关乎贾府的兴衰，她的死加速了贾府一泻千里的垮塌。先是甄家败落、探春远嫁、月夜闹鬼，然后是通灵宝玉的不翼而飞，王子腾猝死就任途中，直至第一百零五回锦衣卫查抄宁国府，贾府失去了政治靠山，很快就获罪抄家，彻底颓败。元妃谢世前夕，宝黛被棒打鸳鸯，黛玉泪尽而亡，可以看出，元妃与贾府的生死存亡和兴衰荣辱，以及大观园"群芳"的荣枯息息相关。从小说叙事的功能来看，她是有效连接情节关目的核心人物，不仅推动且左右着故事的发展，而且牵动着全书的主要矛盾和情境。第十八回省亲，第八十三回染恙，第九十五回病逝，另有第二十二回制灯谜和第二十八回赏赐端午节礼物，都提到了元妃，而关于这个人物最直接的描写就是省亲这个场面。元妃省亲正是贾家"烈火烹油、鲜花着锦"之时，而元妃之死是贾家真正分崩离析、节节败落的开始。关于元妃的判曲《恨无常》：

喜荣华正好，恨无常又到。眼睁睁，把万事全抛；荡悠悠，把芳魂消耗。望家乡，路远山高。故向爹娘梦里相寻告：儿命已入黄泉，天伦呵，须要退步抽身早！

脂砚斋在此有一句夹批："悲险之至！"由元春省亲为引线牵动一

个庞大家族的命运是曹雪芹小说构思的关键。省亲作为小说的枢纽，也是贾府败落的先声，如此鸿篇巨制却用元妃所点之戏文，将草蛇灰线埋伏于千里之外，不能不说是曹雪芹的功力所在。接下来我们以元妃省亲所点四出戏《一捧雪》《长生殿》《邯郸梦》《牡丹亭》，来进一步探讨戏曲和《红楼梦》叙事的关系。

一、《一捧雪·豪宴》："世路险巇恩作怨，人情反覆德成仇"

元妃所点第一出戏是［豪宴］。［豪宴］出自清代李玉"一人永占"，即《一捧雪》《人兽关》《永团圆》《占花魁》四部传奇中的《一捧雪》。［豪宴］一出有庚辰双行夹批："《一捧雪》，中伏贾家之败。"

《一捧雪》全剧共三十出，剧演明朝嘉靖年间严世蕃为霸占莫怀古九世传家之宝"一捧雪"玉杯而陷害玉杯主人的故事。莫怀古是"遥遥华胄、簇簇名家"之后，因遭忘恩负义之徒汤勤的出卖，致使"一捧雪"为相国严世蕃所垂涎。惧于严之势焰，莫怀古不敢不献，又不肯竟献，遂以赝者应付伪献。汤勤为求荣华富贵向严世蕃透露实情，并向其献计查抄莫府。忠仆莫成于纷乱中藏玉杯逃出，严世蕃派兵围追堵截挈眷潜逃的莫怀古，企图赶尽杀绝。莫怀古和妾室雪艳被擒，幸遇戚继光暗中相助，莫成自愿顶替主人受死。严世蕃老奸巨猾，发现替死的"假人头"之后动用锦衣卫拿问戚继光，刑讯雪艳。汤勤垂涎雪艳欲霸占其为妾，雪艳假意奉承暗中救下戚继光，并于花烛之夜杀之复仇后自刎。戚继光为雪娘（雪艳）赎尸葬于西山，莫怀古则亡命塞外，九死一生。后其子莫昊中进士，冒死上书，为父昭雪。①《一捧雪》第五出［豪宴］②写严世蕃设宴招待莫怀古，在宴席上莫怀古把精于装裱字画和鉴别古董的汤勤举荐给严世蕃，埋下了家破人亡的祸根。《一捧雪》主要传达的是匡扶正义、惩恶扬善，讴歌仁人志士的主旨，该剧的大旨可以"冤""忠"二字概括，正如［豪宴］一出戏文所写："世路险巇恩作怨，人情反覆德成仇。"小说在元妃省亲时引用此剧，寄托着作者曹雪芹对曹家与清室关系的创痛与感怀。对友人和恩主的"忠诚"，以及同样为友人和权贵所迫害的"悲怨"构成了《一捧雪》最强烈的情感张力，这种情感张力同样贯穿在《红楼梦》中，也正是因为这内在的情感张力，直接决定了李玉和曹雪芹创作出了各自的杰作。

首先，《一捧雪·豪宴》是一个"戏中戏"的结构，这一出展现的是严府设宴招待莫怀古，宴饮的过程中演出了一个杂剧《中山狼》③。《中山狼》剧演墨者东郭先生救狼的故事，所以实际上这一章回涉及五个戏。莫怀古就好比是东郭先生，他好心搭救了汤勤，却不料此人得势猖狂、恩将仇报，导致恩主家破人亡。［豪宴］出现在小说中，其叙事目的主要在于以戏中的矛盾照应戏外的矛盾，以戏中的"中山

---

① 《一捧雪》曾改编为京剧，载《京剧汇编》第39集。徽、晋、汉、湘、滇、川、上党梆子、秦、弋等剧种均有此剧。昆曲常演的分别为：《饯别》《路遇》《豪宴》《送杯》《露杯》《搜杯》《关攫》《换监》《代戮》《株逮》《审头》《刺汤》《祭姬》《边信》《故遇》《杯圆》，见《集成曲谱》《缀白裘》《醒怡情》三书。
② 程砚秋曾经藏有"豪宴"的身段谱，这个身段谱是从清宫里传出来的，可见清宫有这个戏的身段谱，说明这个戏曾经在清宫演过。
③ 故事讲墨者东郭先生往中山进取功名途中，逢暮秋傍晚，斜阳天际，恰遇豺狼挡道。因有猎人追杀，狼央求东郭先生搭救，东郭先生藏狼于囊中，未料脱险后的狼恩将仇报，要将他吃掉。幸遇老妇智慧搭救，幸免于难。

狼"鞭挞戏外的"中山狼",同时也以莫怀古的厄运,照应贾府日后衰落的相同命运。通过比较东郭先生在走投无路之时所唱的这支［寄生草］和《红楼梦》第八支曲［喜冤家］,我们可以发现二者内在的关联:

[寄生草]:眼脑真饞劣,心肠忒魅魑。逞狼心便忘却颠和踬,恣狼贪不记得恩和义,肆狼吞怎容得天和地。(《中山狼》)

[喜冤家]:中山狼,无情兽。全不念当日根由。一味的骄奢婬荡贪还构,觑着那侯门艳质同蒲柳,作践的公府千金似下流。叹芳魂艳魄,一载荡悠悠。(《红楼梦》)

对于人世间世态炎凉、恩将仇报的领悟既是东郭先生的,也是莫怀古的,更是作者曹雪芹的。《红楼梦》第八支曲［喜冤家］以"恣狼贪不记得恩和义"的"中山狼"和"无情兽",鞭挞讽刺了贾府内外如贾雨村、孙绍祖、王仁这一般"中山狼"似的人。

因此,《一捧雪·豪宴》是伏笔,也是隐喻和讽刺。《一捧雪》[势索][婪贿]等几出戏,均暗伏了《红楼梦》小说中出现的巧取豪夺的情节。比如贾雨村为讨好贾赦,害死了石呆子,从他手里巧取豪夺了二十把古扇。就连贾琏对他父亲做出此等伤天害理之事也嗤之以鼻:"为这点子小事,弄得人坑家败业,也不算什么能为!"(第四十八回)一向隐忍温顺的平儿对于贾雨村的所作所为也流露出很少见的义愤填膺:"都是那贾雨村什么风村,半路途中哪里来的饿不死的野杂种!"平儿接着骂道:"认了不到十年,生了多少事出来!"。(第四十八回)此外,贾家子弟没少干缺德的巧取豪夺的事情,薛蟠不择手段夺取香菱，孙绍祖毫无人性地残害迎春，贾赦毫无廉耻，欲霸占鸳鸯为妾，狠舅奸兄甚至要卖了巧姐，这些都是贾府尊贵体面的背后不为人知的肮脏和黑暗。《一捧雪》是一个关于欲望、阴谋和陷害的故事，戏中戏《中山狼》是一个关于私欲、谋害和恩将仇报的故事，这两出戏的情节所要照应和揭示的正是繁华荣耀的背后是不为人知的政治斗争、阴谋、陷害和残杀。

其次，《一捧雪》讴歌了全忠全孝的仆人莫成和千贞万烈的雪艳，以及铁胆铜肝的元敬友，鞭挞了那些专把朝纲戏弄的政治巨恶，作者特意安排元妃点看这出戏，弹出了小说的弦外之音，照应了曹家（贾府）对皇帝的忠诚，抒发了作者对于曹家（贾府）先人出生入死、从龙入关，最后竟然惨遭抄家的一腔悲愤。这一笔是借戏抒怀，为的是要"向那简编中历数出幽光耀，全把那纲常表"，（第二十一出《哭瘗》）正如最后一出《杯圆》[江水儿]所写：

[江水儿]：枭獍张奸恶，豺狼肆噬脐；专权专把朝纲戏，垄断思将金穴砌，杀人拟绝忠良辈。天纲怎叫瞒昧！悬首边疆，一旦华夷色起。

读者可以强烈地感受到被冤枉、诬陷和迫害的悲愤之情，以及对于草菅人命、玩弄权术之政治巨恶的痛恨和谴责，正如亡命天涯的莫怀古的哀诉：

[仙吕入双调·沉醉东风]：卷黄云朔风似旋，映落日断烟如练。遥望着雁孤远，泪痕如霰，玉门关盼来天远。长安望悬，钱

塘梦牵，堪怜铩羽何年返故园。

欧阳健《"省亲四曲"与〈红楼梦〉探佚》一文认为，《一捧雪》和《红楼梦》不同，《一捧雪》中真正的中心莫家，最后的结局是"团圆会合，千载名标"，进而认为："无论从哪一角度讲，都得不出'伏贾家之败'的印象。再说，有关贾家日后之终趋衰败，在第五回《红楼梦曲》中已预示得十分清楚，曹雪芹又何必于此多费心机呢？"[①]而笔者认为脂砚斋夹批中关于此剧"伏贾家之败"着实有根有据。作者借由《一捧雪》中家破人亡的莫家之命运，照应了贾府（曹家）由盛而衰的命运，剧中莫怀古由皇帝亲自平反昭雪的结局，和同样出生入死而不得善终的贾府命运的反差，恰是作者以戏中圆满反衬现实残缺的用意所在，是作者的一腔悲愤所在。戏里戏外的反差造成了内在叙事的一种戏剧性张力，这种张力的营造，深化了悲剧之悲，也正是作者需要"多费心机"的原因所在。黄小田和妙复轩夹批所云"指目前"和"本回事"仅仅指出了戏曲和小说的表层照应，而脂砚斋夹批所云，才是对戏曲和小说更深层的叙事要旨的发现。

最后，通过对［豪宴］的剧情与元妃出宫之前的实际情境相比较，我们可以发现小说借助戏曲的情境，暗示出了元妃的真实处境。小说原文显示元妃省亲之前，刚刚参加皇帝亲设的豪宴，"皇家豪宴"的背后危机四伏，既潜伏着政治斗争的动荡和残酷，蕴含着莫怀古家破人亡的危机，也潜伏着贾府未来家破人亡的命运。元妃被加封凤藻宫尚书，从表面上看是受到皇帝宠爱，过去许多读者也是这样理

---

① 欧阳健."省亲四曲"与《红楼梦》探佚［J］.广西大学学报（哲学社会科学版），1993（5）：83-86，2.

解的，但情况恰恰相反。小说写贾府上下众家眷包括贾母本人，五鼓时分就梳妆打扮好迎候于正门，但是元妃的省亲队伍迟迟不来，一直到傍晚时分宫里才来了个太监，告知众人贵妃不能马上出宫。书中写道：

> 贾赦等在西街门外，贾母等在荣府大门外。街头巷口，俱系围幔挡严。正等的不耐烦，忽一太监坐大马而来，贾母忙接入，问其消息。太监道："早多着呢！未初刻用过晚膳，未正二刻还到宝灵宫拜佛，酉初刻进大明宫领宴看灯方请旨，只怕戌初才起身呢。"凤姐听了道："既这么着，老太太、太太且请回房，等是时候再来也不迟。"于是贾母等暂且自便，园中悉赖凤姐照理。又命执事人带领太监们去吃酒饭。

元妃推迟省亲的时间，最直接的原因是皇上"未初刻用过晚膳，未正二刻还到宝灵宫拜佛，酉初刻进大明宫领宴看灯方请旨"，所以一直拖到"戌时起身"。戌时是晚上七点半左右，这是很不吉利的一个时辰，中国古代新妇回门必须在太阳下山之前[①]，日落西山、傍晚时分才出门是非常不吉利的。至于如此浩浩荡荡的出行排场虽然体面，但这只不过是皇宫内眷出行的惯常仪典，是为了彰显皇室尊荣，这个隆重的场面并非为元妃一人而特设，据此也不能得出元妃受宠的结论。与此相反，元妃可能并不受宠，何以见得？明知嫔妃今日省亲，皇帝似乎并未将此事挂在心上，不仅要她陪同四处应酬，还几乎忘了省亲一

---

① 古代讲鬼狐总是在人定时分出现，在鸡鸣时分消失。这正是写元妃这个人物"不得见人"到何等程度。

事,需要元妃"再请旨",方才得以成行,这是元妃之所以拖到戌时才动身的直接原因。而贾府上下"自贾母等有爵者,皆按品服大妆"为此苦等一天,从这个漫长的等待过程也可反衬出皇权的威严,堂堂世家大族在面对皇帝嫔妃归来省亲之时,诚惶诚恐、如履薄冰、如临深渊的紧张感,一览无遗地呈现了皇室和贵族之间的等级关系。

读者稍加想象就可以发现,上元节晚间戌时,在北方已然是冰天雪地、一派肃杀,贾府用了整整一年的时间,斥资三万两银子建造起的这样一个美轮美奂的大观园,省亲的时辰居然安排在了晚上,这难道是恩惠?简直无异于羞辱。而紧接着内廷给元妃安排回宫的时间是"丑正三刻"(大约晚上1点45分),省亲过程前后大约持续了七个小时,难怪有学者指出这是"鬼时",这个时辰大观园之外是黑灯瞎火,空有圣眷排场,绝不可能引起外界关注。这也应验和深化了作者所要暗示的元妃的真实处境,即便是归省也"不得体面",即便是回家也"不得见人"。所有这些迹象和细节都表明元妃并不受宠,加之元妃没有子嗣,这也是她并不受宠和危机重重的隐忧所在。所以,皇室的"豪宴",家中的"豪宴",演出上演的[豪宴],这一切非但没有让元妃感到轻松和喜悦,甚至强烈地激起她对豪宴背后那种阴冷和肃杀的政治氛围的恐惧和不安。所以面对大观园的胜景,她非但感觉不到轻松和愉快,反而反复强调:"不可如此奢华靡费。"正如《一捧雪》第二十五出[泣读]所写:

[仙吕入双调·步步娇]:[小生上]避弋孤飞鹡鸰寄,江右风烟异。巢倾磊卵危,不共深仇,痛愤填胸臆。对影自悲啼,向人前不敢弹珠泪。

元妃自是不敢轻弹珠泪，但是她满腔的幽怨又压抑不住地表露出来，且看她对贾政所说的那番话："田舍之家，齑盐布帛，得遂天伦之乐；今虽富贵，骨肉分离，终无意趣。"言语间流露出的骨肉分离的痛楚和万念俱灰的煎熬，和《一捧雪》第二十二出［谊潜］的感喟如出一辙：

　　［旦］堂欢聚各天涯，［老旦］落落乾坤何所归。
　　［丑］时尚万般哀苦事，［合］无非死别共生离。

由此可见，盛大的归省仪典，在作者曹雪芹眼中只不过是一场自欺欺人的大戏，他要借助舞台上演的小戏照应现实上演的大戏。这种"人生如戏"的幻灭感，正如《中山狼》中的那一支［点绛唇］所唱："奔走天涯，脚跟倚徙，萍无蒂；回首云泥，觑人世都儿戏。"《一捧雪》的结局是冤案昭雪，以"杯圆"告终，而《红楼梦》的结局以树倒猢狲散告终，作者借戏抒怀，满腔悲愤之情于此可鉴。

二、《长生殿·乞巧》："天长地久有时尽，此恨绵绵无绝期"

元妃点的第二出戏是洪昇的《长生殿·乞巧》。《长生殿》写唐玄宗和杨贵妃的爱情故事。杨玉环的前身是蓬莱玉妃的宫女，入世后被李隆基册封为贵妃。三月初三，唐玄宗携玉环、虢国夫人、秦国夫人等人游曲江。玉环对虢国夫人受命望春宫陪驾心生不快，她的嫉妒令玄宗反感，遂命高力士将她送回国忠府。玉环托高力士带给玄宗一缕青丝，以表思念之情，而玄宗也因相思召回玉环，二人情好逾初。安禄山奉命征讨契丹，战败被解进京，唐玄宗赦其前罪，被封东平郡王，随后混乱朝纲。月中嫦娥梦授玉环《霓裳雨衣曲》，玉环急制成谱，与玄宗共赏。唐玄宗命永心、念奴二宫女入朝元阁，连夜为梨园班首李龟年和众乐师传授乐谱，教演子弟。安史之乱，乱军将破长安，右龙武将军陈玄礼及三千御林军护驾逃至蜀地马嵬驿，六军擒杀杨国忠，请杀杨玉环。玉环被赐死后，其灵追随玄宗，不愿返回仙界，祈愿接续前情。后郭子仪收复长安，修葺宗庙，杨玉环魂魄游长生殿后回到马嵬，玉帝敕旨命其吁天悔过，允消夙业，即返蓬莱仙班。众仙人见二人情缘难解，代奏天庭，令二人永居忉利天上，二人终于在月宫相见，永结夫妻。

　　《长生殿》的深刻性之所以超越了一般中国古典的爱情悲剧，其主要的原因在于，作者洪昇在《长生殿》的叙事中有意识地建构了"情之世界""世俗世界""天上仙界"的套层叙事结构，这一叙事形式超越了同时期的帝王将相、才子佳人的陈腐旧套和叙事模式，从而拥有了现代性品格。特别是对杨贵妃这一艺术形象的塑造，被作者赋予了前所未有的现代意义，同时李杨二人的爱情也蕴含着"人文的光辉"和"永恒的意蕴"。一方面延续并深化了汤显祖"情至观念"，通过刻画李杨二人的"至情"对于宗法朝纲和仙界永生的超越，展现了自由人性的觉醒和纯粹爱情的追求，可媲美《牡丹亭》中柳梦梅和杜丽娘的"至情"对于法理世界和生死两界的超越。另一方面《长生殿》虽然涉及爱情和政治的矛盾，君臣关系和政治斗争，但主要表现的是人生难以两全的处境，表现现实的不自由和意志的自由之间的冲突，表现对有限人生的终极意义的追寻，为了体现这种终极追求，洪昇把"情"的价值推上了形而上的意义和高度。正如《长生殿》[传概]所示：

[南吕引子·满江红]：[末上]今古情场，问谁个真心到底？但果有精诚不散，终成连理。万里何愁南共北，两心那论生和死。笑人间儿女怅缘悭，无情耳。感金石，回天地。昭白日，垂青史。看臣忠子孝，总由情至。先圣不曾删郑、卫，吾侪取义翻宫、徵。借太真外传谱新词，情而已。

《长生殿》第二十二出[乞巧]，舞台本称[密誓]，写杨贵妃在华西阁拾得受宠伴宿的江采苹遗落的首饰，无限悲戚，唯恐"日久恩疏""恩移爱更"，担心有朝一日"魂消泪零，断肠枉泣红颜命"。玄宗复来，慰藉百般，二人释怨，玉环被赐浴华清池。正值七夕之夜，两人对天盟誓："在天愿作比翼鸟，在地愿为连理枝。"传奇叙事到此，笔锋转向天上的织女及众仙，天上神仙遥观二人恩爱情形，知二人劫难将至，[越调过曲·山桃红]写众仙议论李杨二人"天上留佳会，年年在斯，却笑他人世情缘顷刻时！"

[越调过曲·山桃红]：[小生扮牵牛，云巾、仙衣，同贴引仙女上]只见他誓盟密矣，拜祷孜孜，两下情无二，口同一辞。[小生]天孙，你看唐天子与杨玉环，好不恩爱也！悄相偎，倚着香肩，没些缝儿。我与你既缔天上良缘，当作情场管领。况他又向我等设盟，须索与他保护。见了他恋比翼，慕并枝，愿生生世世情真至也，合令他长作人间风月司。[贴]只是他两人劫难将至，

免不得生离死别。若果后来不背今盟，决当为之绾合。［小生］天孙言之有理。你看夜色将阑，且回斗牛宫去。［携贴行介］［合］天上留佳会，年年在斯，却笑他人世情缘顷刻时！

"却笑他人世情缘顷刻时"概括了这出戏的要旨：一切都是瞬息，一切都是无常，没有永恒和确定性的未来，这个要旨也呼应了小说《红楼梦》的大旨。

《红楼梦》借鉴了《长生殿》的叙事结构，太虚幻境就好比忉利天上，"大观园—贾府内外—太虚幻境"，正好对应着"皇宫—大唐天下—忉利天上"的空间叙事层级。《红楼梦》引用洪昇的《长生殿》，借由天上对人间的审视，仙班对俗世的玩味，道出世间繁华的真相是"人世情缘顷刻时"，意在揭示：人生的悲欢离合在人心的体验是悲剧，然而在更浩渺的天宇和仙界看来则是司空见惯的人间喜剧。从宇宙的角度俯瞰人世，人世的悲欢离合本就是幻梦一场。李杨二人"在天愿作比翼鸟，在地愿为连理枝"的永恒誓言在天界众仙看来是毫无永恒性可言的，因为一切在世的富贵荣华、永恒誓言只不过是时间中转瞬即逝的幻光。对天盟誓、生死相依的李杨二人仿佛就是众仙注视下正在经历"悲欢离合"的"戏中人"，他们苦苦追求情的永恒，却根本无法识破尘世的虚幻和无常。誓言相比命运而言是微不足道的，没有永恒可以依凭，没有圆满可以相信，安史之乱的劫难即将摧毁这想象的永恒。盛世繁荣，恩爱缠绵之际，无法预知命运的风暴就在附近，突如其来的安史之乱即将导致二人生死两隔。戏剧在更广阔的宇宙视角表明，无论是台上敷演的传奇，或是台下的正在发生的世事，无非是短暂的幻梦而已。天上的神君俯瞰人世的沧桑巨变，就犹如此刻大观园里看戏的人看舞台上的悲欢离合，梦外还套着一层幻梦。《红楼梦》借用了这样的叙事手法，暗示元妃省亲之时，大观园里的人还沉浸在梦中。

另外，小说叙事安排元妃点《长生殿》，照应和寄寓了元妃对人间真情的渴望。元妃之所以点这出戏的愿望是出于和杨贵妃一样的身份，希望自己在有限的人生中能够得到皇帝的真爱，能够体会人间最真挚的男女真情。但是她没有杨贵妃幸运，杨玉环在短暂的生命里还有一位君王与自己有人间的真爱，元妃既被隔断了家庭的人伦之爱，也没有人间的情爱。她省亲回家见到家人的第一句话就是"你们当日送我去了那不得见人的去处"，可以想见她内心的苦闷。而元妃希望的这种"有情有爱"的人生注定是虚幻的，她注定得不到人间真爱，并且生活在恐惧和不安之中。《长生殿》最后的结局是杨贵妃被赐死马嵬坡，等待元春的是早亡和短命，这正是曹雪芹通过曲文特意预设和铺垫的"戏谶"。

《"省亲四曲"与〈红楼梦〉探佚》一文认为脂砚斋此处的夹批："伏元妃死"没有根据，文中说："元妃与杨妃既无共同之处，说此曲与之有关，就难以成立了。"① 此文认同妙复轩所言此曲当与宝钗有关的理由是："《密誓》者，谓男女双方誓盟密矢，两情无二；《乞巧》者，则惟女子单方虔热心香、伏祈鉴佑耳。宝钗一心要得到宝玉之主，但结果仍不免'空对着山中高士晶莹雪'。"这番解读虽有新意，但从与小说的整体叙事和人物命运的关联来看，未免有些不着边际。元妃与杨妃的身份，二人所处的政治地位，其家族与皇室危险的结构关系，有着诸多的相同。从戏文和小说的情节、矛盾、人物等多个层面分析，

---

① 欧阳健."省亲四曲"与《红楼梦》探佚[J].广西大学学报（哲学社会科学版），1993（5）：83-86，2.

方能看出《红楼梦》借助《长生殿》来深化小说内涵和悲剧意义的天才妙笔。

三、《邯郸梦·仙缘》："悲喜千般同幻渺，古今一梦尽荒唐"

再看元妃所点第三出戏，汤显祖的《邯郸梦·仙缘》。《邯郸梦》写八仙度卢的故事，题材源自唐朝沈既济的《枕中记》，后有马致远的杂剧《邯郸道省悟黄粱梦》以及苏汉英的传奇《吕真人黄粱梦境记》等剧。① 故事写醉心于功名富贵的卢生在邯郸县巧遇前来度他入仙的吕洞宾，吕仙人赠其磁枕，度其入梦。卢生在梦中先得艳遇，娶富家千金崔氏，崔氏又以重金助其贿试，使卢生夺得状元，却因此得罪了权臣宇文融。在宇文融的屡次迫害下卢生官场沉浮，凿石开河、率兵靖边、挂印西征，一次次化险为夷，完成了不可能完成的政务。后得以封妻荫子、加官晋爵，正逢春风得意之际，却因莫须有的通敌罪名，问斩于云阳市。最终在崔氏死命鸣冤，权监通力说情之下，沉冤昭雪，位极人臣。皇上为之建翠华楼，赐廿四女乐，终日沉溺于美色宴乐的卢生，终因身体严重透支而一病不起。当这一场历经数十年的荣华富贵之梦醒来之时，竟然发现店小二的一锅黄粱饭尚未熟透，卢生如梦初醒，领悟了人生真谛，随吕洞宾到蓬莱山门顶替何仙姑扫落花去了。

---

① 我国古典戏曲作品取材于黄粱梦故事大约有两种：一种是以卢生为主人公，如谷子敬的杂剧《邯郸道卢生枕中记》(作品已佚)，以及汤显祖《邯郸梦》传奇；另一种是以吕洞宾为主人公，如马致远的杂剧《邯郸道省悟黄粱梦》亦作《开坛阐教黄粱梦》，以及苏汉英的传奇《吕真人黄粱梦境记》，无名氏的《吕洞宾黄粱梦》(作品已佚)。

首先,《红楼梦》的叙事不仅受到《长生殿》的影响,它与《邯郸梦》在叙事上的相似之处也是显而易见的。《邯郸梦》共有三十出,从第四出《入梦》到第二十九出《生寤》整二十六出,都写卢生的梦境。卢生在梦中经历了娶妻、入仕、遭贬、受奖、挂帅、封相、受诏、戴罪、昭雪、复官、享乐、寿终的跌宕起伏的人生。祁彪佳《曲品》评《邯郸梦》"炎冷、合离,如浪翻波叠,不可摸捉,乃肖梦境,《邯郸》之妙,矣正在此"。《邯郸梦》的开端最富于戏剧性,卢生邂逅仙翁吕洞宾,吕仙人同他开了个玩笑,借给他有魔力的枕头,让他出真入幻,又由幻悟真。《红楼梦》的叙事肇端也以一僧一道携顽石到警幻仙姑处,石头随神瑛侍者下凡投胎,去那花柳繁华之地,富贵温柔乡里受享几年,在经历了贾府的大起大落之后,最终按照当初和茫茫大士达成的协议,"待劫终之日,复还本质,以了此案"。最终,幻化的石头回归青埂峰下。

其次,和《红楼梦》一样,《邯郸梦》通过卢生的梦境刻画了时代和官场的险恶与腐朽,对明清两代社会日趋腐朽崩溃的现实做了真实的描绘,揭露了皇权之下个体生命和人生的不自由。这两部名为"梦"的作品,都通过一场离奇的梦境,返照了真实的现实,呈现出现实主义的品格。汤显祖的《南柯梦》主要写淳于棼和瑶芳公主的爱情幻梦,阐述情痴因缘,一切苦乐兴衰皆为幻梦的思想,而《邯郸梦》不仅写梦境,还通过梦境真实刻画了深刻的社会矛盾,这种现实主义的深刻性影响了《红楼梦》的创作。《红楼梦》一方面具有形而上的哲理深度,另一方面也显示了现实主义的批判力度。它通过揭示皇权和世家、贵族之间的互相倾轧的残酷,凸显了尖锐的政治矛盾和社会矛盾。皇权的至高无上,权力的等级和依附关系,官场的相互勾结和倾轧,豪门生活的骄奢淫逸,个体命运的如履薄冰,都在元妃省亲的情境中集中地得以呈现。正如徐扶明所说,《红楼梦》和《邯郸梦》所描绘的盛世图景,"原来虚有其表,实际上是一幅腐朽、黑暗的图景。表面上,冠冕堂皇、忠孝节义、花团锦簇、富贵荣华,其实是争权夺利、穷奢极侈、淫乱不堪、无耻之尤。《邯郸梦》中官场丑态,《红楼梦》中贾府丑事,都是丑极了,丑极了!这就是剥掉了盛世的神圣外衣,赤裸裸地暴露出丑恶的真实面目"[①]。

《邯郸梦》长达三十出,展现的是以卢生为代表的中国古代封建社会知识分子典型的人生道路。卢生原来务农,先父流徙邯郸县,村居草食,唯赖家中数亩荒田度日,二十六岁尚未娶妻,他所向往的是"建功树名,出将入相,列鼎而食,选声而听,使宗族茂盛而家用肥饶,然后可以言得意也"。正是这种欲望驱使他在仕宦之路上奔走颠沛,也正是这种欲望幻化出他的黄粱美梦。梦中的他先是误入堂院清幽的崔氏家中,有幸攀着一门富贵姻亲;然后其妻子又不吝为其打点贿赂买通朝中权贵,其才品虽不如梁武帝后人兰陵萧嵩,却还是被点了头名状元,他还为崔氏弄到了五花诰命的殊荣,自己也因此悟得"文章要得君王认"的为官之道。此后他一路化险为夷、官运亨通,历经陕州知州开河建功,河西陇右四道节度使挂印征西大将军,直至开河御边,封为定西侯,官升兵部尚书同平章事,最终当上了丞相。期间虽然遭到宇文融的刁难和陷害,经历法场问斩,发配鬼门关等凶险,最终却依然仰仗皇恩,重新拜为首相,赐府第、园林、田庄、名马、女乐、财宝无数,子孙都荫官封爵。正是这样的大富大贵,诱使卢生乐此不疲沉浮于名利场中,虽风波险恶而乐不知返。尽管在绑赴刑场斩首之际他也曾后悔过:

[①] 徐扶明.《邯郸梦》与《红楼梦》[J].红楼梦学刊,1981(4):195-212.

"吾家本山东，有良田数顷，足以御寒馁，何苦求禄，而今及此？"在艰难备尝的流放途中也曾意识到："行路难，不在水，不在山；朝承恩，暮赐死，行路难，有如此。"但那只是片刻的醒悟，一旦皇帝赦还，他又立即三呼万岁，叩头谢恩，重新踏上名利场上的征逐。

汤显祖写卢生的一生，刻画的是古代文人由科举功名到高官厚禄，由妻荣子贵到光宗耀祖，由钟鸣鼎食到声色嗜好，由生前享受到死后封荫的人生追求，而在这人生追求中伴随着宠辱兴衰的交替、贤良奸佞的倾轧、否泰循环的遭遇。《红楼梦》中的贾府子弟莫不憧憬这样的一种成功模式，贾政更是不惜一切代价，想方设法地想把宝玉塑造成封建道统所期望的人伦典范，塑造成可以光宗耀祖的朝廷栋梁。这种"铸子"的观念构成了对厌恶"禄蠹"之辈的贾宝玉的直接戕害。虽然《红楼梦》和《邯郸梦》在故事主旨、人物的追求方面有诸多不同，我们还是可以寻索出曹公在此安排《邯郸梦》的特殊用意。《邯郸梦》通过卢生的梦境揭露了科举的荒谬腐败，官场的无情和险恶，《红楼梦》通过贾府的兴衰，大观园的败落同样揭露了政治斗争的险恶和无情，有情之世界被有法之世界吞没的悲剧。

再次，《邯郸梦》和《红楼梦》都写人生在历经磨难之后的顿悟和超脱，二者不同程度地流露出出世思想和色空观念。卢生在经历了人生起落之后，悟到一切关于荣华富贵、爱恨情仇皆是"妄想魂游"，悟出"人生眷属亦犹是耳，岂有实相乎？其间宠辱之数，得丧之理，生死之情，尽知之矣"[①]。宝玉最后满怀幽愤，悬崖撒手，赤条条来去无牵挂，归彼大荒山下。

---

① 见《邯郸记》第二十九出《生寤》。

第三十出《合仙》写吕洞宾度卢生到仙境，与另外七位仙人相会，舞台本称［仙圆］或［仙缘］。［仙缘］写的是人的超脱，但是现实中的人很难超脱。元妃归省正是贾府"烈火烹油、鲜花着锦"之时，可惜这些过惯锦衣玉食的人根本看不破，世间一切都是虚幻和无常的。戏中人超脱，戏外人沉迷，这是曹雪芹对位和反讽的写法。"福兮祸所倚，祸兮福所伏"，戏曲故事照应暗合了小说对于元春这个人物的安排。元妃省亲的盛极一时犹如海市蜃楼，贾府的兴衰荣辱到头来不过是一枕黄粱美梦，正所谓"到头一梦，万境皆空"。也正如黛玉等人时常感叹的"人生如梦，世事无常"，而梦终究是要醒的，"虎兔相逢大梦归"，元妃一死，贾府随即分崩离析，作者在此伏下这一笔。

写吕洞宾度卢生甫到仙境，张果老对他说："你虽然到了荒山，看你痴情未尽，我请众仙来提醒你一番，你一桩桩忏悔者。"众仙遂有［浪淘沙］点醒卢生：

［浪淘沙］：［汉］什么大姻亲。太岁花神。粉骷髅门户一时新。那崔氏的人儿何处也。你个痴人［生叩头答介］我是个痴人。

这一个［浪淘沙］与《红楼梦》第一回中跛脚道人的［好了歌］如出一辙，都宣扬了"人生如梦"的思想，在不同程度上警示世人早日跳出功名利禄的羁绊，从荣华富贵的人生幻梦中醒来，能够早日意识到"一觉黄粱犹未熟，百年贵富已成空"①的人生实相。元妃所点这一出戏，脂批有云："伏甄宝玉送玉"，此处脂批比较费解。脂批"甄

---

① 见梦觉本《红楼梦》第五回煞尾。

宝玉送玉"，主要把"送枕头"和"送玉"做了简单的等同和联系。卢生因为吕洞宾送的枕头，最终从黄粱一梦中觉醒过来，而宝玉最后的顿悟也和甄宝玉送玉有关。小说中宝玉出家也有人牵引，甄宝玉送玉，真假会合，最后悬崖撒手，由此可见，曹雪芹通过插入运用《邯郸梦》，在《红楼梦》这部小说中还寄寓着关于人如何超越有限和苦难的哲理思考，这是《邯郸梦》和《红楼梦》互文的深层意义。

《红楼梦》和《邯郸梦》都刻画了一种死生无常、富贵有时、悲喜交加的人生实相。清初宋琬有《满江红》词，其序云："铁崖、顾庵、西樵、雪洲小集寓中，看演《邯郸梦》传奇，殆为馀五人写照也。"宋琬和朋友们看了《邯郸梦》，感觉是对自己人生和心境的一种真实的写照，词中写道："古陌邯郸，轮蹄路，红尘飞涨。恰半晌，卢生醒矣，龟兹无恙。三岛神仙游戏外，百年卿相蓬庐上。叹人间、难熟是黄粱，谁能饷。沧海曲，桃花漾。茅店内，黄鸡唱。阅今来古往，一杯新酿。蒲类海边征伐碣，云阳市上修罗杖。笑吾侪、半本未收场，如斯状。"[①]一边是游魂梦境的荒唐，一边是现实人生的苦楚，看后令人心生"可笑亦可涕"之感，足见《邯郸梦》的思想内涵和动人心魄的艺术魅力。《邯郸梦》第二十三出《织恨》崔氏悲叹命运多舛，人生无常时，作者写有一个［渔家傲］：

［渔家傲］：机房静，织妇思夫痛子身。海南路，叹孔雀南飞海图难认。［贴］到宫谱宜男双鸳处，怕钿愁晕。昔日个锦簇花围，今日傍宫坊布裙。［合］问天天，怎旧日今朝，今朝来是两人。

---

① 宋琬.二乡亭词[M]//宋琬全集.济南：齐鲁书社，2003.

《红楼梦》同样如此,"满纸荒唐言,一把辛酸泪。都云作者痴,谁解其中味",这其中滋味就是苦乐参半,悲喜交加的人生体验。

最后,《红楼梦》与《邯郸梦》一样写出了人生幻梦中的真情和意义,这种真情和意义来自作者真实的人生经历。汤显祖和曹雪芹,各自有着不同的生活经历,一个经历了宦海风波,一个经历了家庭变故。他们既在作品中投射了自己所熟悉的生活和感受,又有着各自不同的创作意图,一个力图通过《邯郸梦》来谴责腐朽荒诞的封建政治,一个力图通过《红楼梦》来揭示封建家族的兴衰悲剧,二者的共同之处是实录人生经历,撷取事体情理。汤显祖的"四梦",大多照应了真实生活的经历,并不是随意捏造的故事,借助梦境,寄托理想和真情。正如徐扶明所指出的那样:"《邯郸梦》,乃是汤显祖力图用夸张的怪诞的梦境,尖锐地揭露封建政治的丑态,辛辣地对丑类人物投以讥讽和嘲笑,只有如此奚落一番,才觉得痛快,否则,就不足以倾泄出作者和观众郁结的愤慨。"[①]而曹雪芹写《红楼梦》也是力求根据自己半世亲见亲闻的事情作艺术的描绘,正如书中作者自云,"今日一技无成,半生潦倒之罪,编述一集,以告天下人";"取其事体情理",并不"拘于朝代年纪";较之"历来野史"更为"新奇别致";他写自己"半世亲睹亲闻的这几个女子","不敢稍加穿凿,徒为供人之目而反失其真传者";"不愿世人称奇道妙,也不定要世人喜悦检读,只愿他们当那醉淫饱卧之时,或避事去愁之际,把此一玩",兴许可以"令世人换新眼目";"虽其中大旨谈情,亦不过实录其事"。由此可见,《红楼梦》与《邯郸梦》一样在看似虚无缥缈的梦境的外壳之下,写出了真情实

---

① 徐扶明.《邯郸梦》与《红楼梦》[J].红楼梦学刊,1981(4):195-212.

事的诗性感怀,强化了"情"的价值意义和生命追求。这是《红楼梦》对于汤显祖"情"的思想的继承和发展。

当然,我们不能把《红楼梦》与历史完全对应起来,《红楼梦》是作者的"心灵史",既为心灵之史,就不能忽略对曹雪芹人生历程的研究和考察。《红楼梦》通过"石头之思",思考了人从永恒坠入有限的、短暂的存在,并追问这个有限的、短暂的存在的根本意义,这是《红楼梦》不同于其他小说的最具形而上层面的思考。"天尽头何处有香丘",《红楼梦》刻画了一个理想中的女儿国,唱出一曲对天下女儿的挽歌,发出救救女儿的呼声。大观园这个有情世界的毁灭,寄寓了《红楼梦》永恒的悲剧之美。蒋和森说:"林黛玉是中国文学上最深印人心、最富有艺术成就的女性形象之一。人们熟悉她,甚于熟悉自己的亲人。只要一提起她的名字,就仿佛嗅到一股芳香,并立刻在心里引起琴弦一般的回响。林黛玉像高悬在艺术天空里的一轮明月,跟随着每一个《红楼梦》的读者走过了他们的一生。人们永远在它的清辉里低回沉思,升起感情的旋律。"[1]太虚幻境,也是世外桃源,是惨淡的人生中对于一个永恒的春天的向往,永恒的心灵追求和心灵寄托。

四、《牡丹亭·离魂》:"恨西风,一霎无端碎绿摧红"

再看元妃所点第四出戏《牡丹亭·离魂》。汤显祖的《牡丹亭》全本五十五出,第二十出《闹殇》,舞台本称为《离魂》。南安太守杜

---

[1] 蒋和森.红楼梦论稿[M].北京:人民文学出版社,1981:88.

宝之女名丽娘，才貌端庄美丽，跟从师傅陈最良读书。她因读了《诗经·关雎》一章而顿生伤春之情，于是丫鬟春香引逗她去后花园游赏。丽娘在昏昏睡梦中，梦见一书生持半枝垂柳前来求爱，二人在牡丹亭畔幽会。杜丽娘从此相思愁闷，一病不起。她在弥留之际要求母亲把她葬在花园的梅树下，嘱咐丫鬟春香将她的自画像藏在太湖石底。其父升任淮阳安抚使，委托陈最良葬女并修建"梅花庵观"。三年后，柳梦梅赴京应试，借宿梅花观中，在太湖石下拾得杜丽娘画像，发现此画像就是梦中所见佳人。丽娘魂游后花园，和柳梦梅再度幽会。最终柳梦梅在丽娘魂魄的指引下掘墓开棺，丽娘起死回生，两人结为夫妻。我们不禁疑惑，大喜之日，省亲之时，为什么偏偏点这一个最富悲剧性的戏？关于这一出戏，脂批"伏黛玉之死"，原因何在？如果说伏笔，这里伏元妃之死岂不是更为直接？为什么脂砚斋偏偏注明《离魂》伏"黛玉之死"呢，如何来理解？

我们看一看《离魂》中最重要的一支曲子就明白了。《离魂》有曲文［金珑璁］一支：

［金珑璁］：［贴上］连宵风雨重，多娇多病愁中。仙少效，药无功。"颦有为颦，笑有为笑。不颦不笑，哀哉年少。"春香侍奉小姐，伤春病到深秋。今夕中秋佳节，风雨萧条。小姐病转沉吟，待我扶她消遣。正是："从来雨打中秋月，更值风摇长命灯。"［下］

黛玉有诗"连宵脉脉复飕飕，灯前似伴离人泣"。也许和"连宵风雨重，多娇多病愁中"的曲文不无关系。特别是"多娇多病愁中"正是黛玉的写照，而"颦有为颦，笑有为笑。不颦不笑，哀哉年少"这一句包含了黛玉的字"颦儿",《红楼梦》的作者在塑造林黛玉的时候,想必是受到了《牡丹亭·离魂》的直接影响,并且在塑造黛玉之死时,心中应该有着杜丽娘的影子。而《牡丹亭·离魂》中的[鹊侨仙]一支与黛玉的《秋窗风雨夕》也有着天然的相近和神似。

[鹊侨仙]:[贴扶病旦上]拜月堂空,行云径拥,骨冷怕成秋梦。世间何物似情浓?整一片断魂心痛。[旦]枕函敲破漏声残,似醉如呆死不难。一段暗香迷夜雨,十分清瘦怯秋寒。春香,病境沉沉,不知今夕何夕?[贴]八月半了。[旦]哎也,是中秋佳节哩。

黛玉为情泪尽,死于深寂的夜晚,冷月葬花魂,悲悼寂寞骨。杜丽娘死在中秋之夜,所不同的是,黛玉死在春末。"一朝春尽红颜老,花落人亡两不知",这是青春和爱情的一曲挽歌,黛玉之死的意境照应着杜丽娘之死的意境。此外,《离魂》还有一个极为动听感人的曲牌[集贤宾]。这个曲牌写杜丽娘中秋之夜即将离世时的一段唱,和黛玉之死、元妃之死皆有关联。

[集贤宾]:海天悠,问冰蟾何处涌?玉杵秋空,凭谁窃药把嫦娥奉?甚西风吹梦无踪!人去难逢,须不是神挑鬼弄。在眉峰,心坎里别是一般疼痛。

大致意思是,今晚正值中秋之夜,本是团圆的日子。而此时,孤零零一轮明月悬挂于寂寞浩渺的海天,我丽娘想起了月中的嫦娥,想当日她也是这样孤独地飞升而去，如今在广寒宫中，该是多么寂寥清冷！恰逢西风吹入梦中，心上人思而不得，此生难见。令人怎能不愁上眉头，再上心头。《红楼梦》小说中关于黛玉的形象常以"嫦娥"的意象比喻，作者曹雪芹在此也以"嫦娥"的意象哀叹黛玉的寂寞和死亡。

对元妃而言，在这个骨肉离别的情境中，她不避讳借用最后所点的这一折戏暗示家人自己的真实处境。天下无不散的筵席，点完最后一个戏，就要离家了，这一别很有可能是生离死别。她想到自己置身皇宫，其实和广寒宫中的嫦娥一样，有家不能回，没有人间的真情可以依托，其清冷无依的情形是一样的。正如杜丽娘的这段唱："轮时盼节想中秋，人到中秋不自由。奴命不中孤月照，残生今夜雨中休。"元春喟叹自己的命运正像孤月残照，无休无止。她既没有杜丽娘勇敢追求自己真爱和幸福的勇气，也没有柳梦梅这样可以生死相依的灵魂伴侣。《离魂》中杜丽娘自知不久于人世，嘱咐春香"你生小事依从，我情中你意中。春香，你小心奉事老爷奶奶"。元妃来去之间，三次落泪，不舍之情尽显。然而，戏中的杜丽娘等来了"月落重生灯再红"，而元妃注定"魂归冥漠魄归泉"。曹雪芹的这一处"戏谶"同时也勾连了黛玉和元妃的关联，显示了一语双关的笔力。金玉良缘的促成首先不是贾母、凤姐等人，而是与元春、贾政、王夫人等人有很大的关系（元春赏赐时对钗黛厚薄有别）。现实中的元妃渴望人间真情，却下意识地导致了宝黛的离散，这不能不说是悲剧之悲，也是曹雪芹的深刻之处。

"省亲四曲"全面而又深刻地展现出了元妃这个人物的悲剧性。正如元春的判词所写："二十三年辨是非，榴花开处照宫闱。三春争及初春景，虎兔相逢大梦归。"关于元妃的"榴花意象"，有学者认为元妃

意象之美

有着作者曹雪芹创作《红楼梦》祭奠曹氏家族的内在隐衷，这是不无道理的。我们可以从曹寅本人与"榴花"① 有关的两首诗② 中进一步体会曹雪芹塑造元春这个人物的依据和启示：

    触热愁惊眼，偏多烂漫舒。

    乱烟栽细柳，新火照丛书。

    未了红裙妒，空将绿鬓疏。

    风前浑艳尽，过雨更何如。

          ——《榴花》

    繁花迷赤日，结子待清露。

    凉燠知生苦，枯荣动客伤。

    势低余鸟啄，叶瘦乱虫藏。

    眼见秋风劲，累累压墙短。

          ——《残榴》

---

① 对于"榴花"的理解，历来学界也有争论。有人认为"榴花"出自曹寅的两首写石榴花的诗，也有学者认为出自《北齐书·魏收传》，认为北齐高延宗皇帝与李妃到李宅摆宴，纪母献一对石榴，取榴开百子之意祝贺，丁广惠《〈红楼梦〉诗词评注》和蔡义江《〈红楼梦〉诗词曲赋评注》都采此说。有学者认为《北齐书·魏收传》所说的赠石榴并非此意，这段话主要是祝安德王"子孙众多"，历史情节和元妃的身世很难比附。还有的认为是从韩愈诗《榴花》"五月榴花照眼明"化出。

② 这两首写榴花的诗并没有出现在《楝亭集》中，是曹寅有意在《楝亭诗抄》中删去的，曹寅死后才由其门下文士整理收集在《楝亭诗别集》卷二中，排在"图版咸收异姓王"（平定三藩之乱）一诗的前面。有学者认为是写女子的失意寥落，笔者认为这样的解读并不完整，借物咏怀，曹寅借自然极盛繁花之物表达的更是对家族命运的一种忧思。

第一首《榴花》诗中的"触热愁惊眼""过雨更何如",这里的感触包含的其实是家族意义上的担忧,树大招风,登高必跌重,木秀于林风必摧之,榴花过于热烈耀眼,潜伏着许多现实和未来的隐患。作者曹雪芹应该对祖父的诗文非常熟悉,曹寅的这两首诗正是表达了盛极而衰的担忧,对于风雨飘摇中的家族命运的预见。而小说中"榴花开处照宫闱"不能不说有内在的意指,"烈火烹油、鲜花着锦"的危险就隐含其中。第二首《残榴》显然写了炎夏过去,榴花凋谢准备结子的艰辛,而这个果实是否可以结成,在"势低余鸟啄,叶瘦乱虫藏"的处境下令人堪忧,这显然是对无法真正把握现在命运和未来的哀叹和忧思。"榴花意象"照应了元妃的命运,也照应了贾府的命运,也许正是这一意象触发了作者曹雪芹对于家中女性"枯荣动客伤""势低余鸟啄"的悲剧性命运的感怀,也触发了整部小说"眼见秋风劲,累累压墙短"的世态冷暖、荣辱枯荣的诗性想象。

大观园中的女儿尽管最终一个个陨落,但是毕竟在短暂的生命中还有一大观园内那一段"有情"的时光,但是对于元春而言,她比大观园的任何一个女儿都要寂寞和凄楚,甚至比李纨这个年轻寡母还要不幸。因为身为贵妃的她非但没有自由可言,甚至完全不具备改变个人命运的可能;她非但没有得到皇帝的恩宠,甚至只能日复一日在后宫斗争的阴霾中,在那个"不得见人"的地方担惊受怕。然而,为了整个家族的利益,她别无选择,只能扮演好贵妃这个角色。她对于龄官的欣赏,从某种程度而言,是对一个最底层的女伶的羡慕,因为她连最底层的女伶的自由都没有。女伶们一旦化身角色,是可以在角色的世界里体验自由的,对元妃而言,她个体生命的存在和贵妃的政治角色却是毫无自由可言的。如若说龄官迁怒于贾蔷买一只鸟给自己取乐，是因为"笼中之鸟"让她感到屈辱，感到在贾府不自由的命运和地位，那么较之龄官而言，元妃更是一只被囚禁在"黄金笼中的鸟"。

《红楼梦》多次刻画元宵节的场面，"元妃省亲"和"英莲被拐"相互照应，二者都发生在元宵节，英莲的丢失成为甄家败落的开始，而元妃省亲同样成为贾府败落的先声，元妃的出现总是作为小说重要的情节点和转折点而牵动叙事的大局，这不能不说是作者在情节设计上的"精心"和"神妙"。"团圆之日"被作者赋予了残缺和破碎的悲剧意涵，上元节的张灯结彩、歌舞升平、春回大地，越发照应出年轻生命凄然凋零的悲凄。虽然在省亲之后，元妃再也没有出宫，但是我们不能忽略这之后的元宵节庆典都与元妃这个不出场的人物有关。元妃不再出场，但是她的眼泪仿佛浸湿了每一个元宵节。因此除了书中前八十回所提到的三次元宵节之外还有"元宵节猜灯谜"和"中秋赏月"的情节，每逢此时都预示着重要的事件即将发生，都以"谶语"的形式勾连着贾府未来的命运，灯谜所呈现的那种"悲凉之雾，遍背华林"的气氛，赏月时"闻笛落泪"的预感，都照应着"树倒猢狲散"的终局。

因此，传奇曲文和演出在《红楼梦》中所起到的作用是多个层面的，或暗伏人物命运以及全书的走向；或增加人物对白的机锋，刻画人物性格，增加文本的内涵和趣味；或烘托荣宁二府的富贵奢华，为贾府日后败落埋下伏笔；或反映了康雍乾盛世贵族戏班的生存和演出的基本状况；或通过小说人物的剧目选择显示作者本人对戏文的审美旨趣；甚至可以帮助我们了解昆曲衰落的某些历史原因。《红楼梦》中的戏曲，既可在恰当的情境中借戏剧人物的抒怀，呼应人物的心理，也可以借戏剧的内容和主旨展现人物的性格和人物关系，曹雪芹用戏曲和小说相互交织的方式设置伏笔与隐喻，使得戏剧情境和家族命运的相互照应，形成情境的烘托和渲染，外部演戏的喜庆气氛，和内在家族、个人命运的深层悲剧，相互间形成了戏剧性的张力，推升了《红楼梦》深层的美学意蕴。

戏剧是梦，曹雪芹在《红楼梦》中，巧设戏剧，梦中之梦，以梦破梦。"大观园"中，人们观照戏台上的历史沧桑；在更虚无缥缈、神秘莫测的太虚幻境中，时间和命运在观照世间的悲欢离合。曹雪芹在宇宙的角度，俯瞰人生历史的周而复始，在永恒的角度，回眸世间百态的瞬息万变。曹雪芹以小说和戏剧观人间百态，观历史禁锢，观人性善恶，观时世之变，观宇宙万物，以小技而证圣，入大乘智慧。

宁国府"寿宴三戏"的命运意象

《红楼梦》的叙事艺术显示了刻画人物微妙心理的高超笔法，对人物心理的揭示既有显现于文字的描写，也有蕴含在曲文、诗文中隐蔽的描写。在小说"大旨谈情"的基调中，对人物心理的传神刻画，构成了《红楼梦》小说突出的艺术特色。《文心雕龙·隐秀》曰："夫隐之为体，义生文外，秘响旁通，伏采潜发，譬爻象之变互体，川渎之韫珠玉也。"[1]戏曲在《红楼梦》中的出现，就有"深文隐蔚，余味曲包"[2]的妙用。《红楼梦》第十一回出现的四出戏就蕴含着许多并未显现于文字的深意，这便是中国艺术中"言有尽而意无穷"的笔法。

《红楼梦》第十一回"庆寿辰宁府排家宴　见熙凤贾瑞起淫心"，剧情描写贾敬寿辰之日宁国府大摆酒戏、筵宴宾客。南安郡王、东平郡王、西宁郡王、北静郡王四家王爷，并镇国公牛府等六家、忠靖侯史府等八家，都差人持名帖送寿礼。在满园菊花盛开的时节，荣国府一行人来到宁国府参加寿宴，邢夫人、王夫人、凤姐儿、宝玉都来了，

---

[1]　刘勰.文心雕龙注[M]北京：人民文学出版社，1962：632.
[2]　刘勰.文心雕龙注[M]北京：人民文学出版社，1962：632.

贾珍并尤氏出门迎接荣国府一行人。贾敬本人沉迷于炼丹求道，他宁可躲在道观里也不参加自己的寿宴。然而这丝毫没有减弱贾府子弟借机找乐子的兴致，小说写道："奴才们找了一班小戏儿并一档子打十番①的，都在园子里戏台上预备着呢。"②贾母没有参加贾敬的寿宴，原因是昨日吃桃儿伤了肠胃。大家坐定之后，王夫人即提起贾蓉之妻秦可卿病重的事，尤氏回话说："他这个病得的也奇。上月中秋还跟着老太太、太太们顽了半夜，回家来好好的。到了二十日以后，一日比一日觉懒，也懒待吃东西，这将近有半个多月了。经期又有两个月没来。"③书中写秦可卿病得急，一个月的时间就瘦得不成人样了。王熙凤对秦可卿的病万分挂心，她提出要去看望秦氏，戚戌本回前有批曰："幻境无端换境生，玉楼春暖述乖情。闹中寻静浑闲事，运得灵机属凤卿。"④此处评的是小说在一片闹哄哄的贺寿氛围之中，插入了凤姐探病的凄凉景致。

秦可卿性格温婉、处事圆融、聪慧能干，深得王熙凤的尊重和赏识，两人格外投缘。王熙凤是个有能耐的，霸王式的人物，特别是她后来弄权铁槛寺、害死尤二姐的种种手段，给人以一种刁钻、冷酷、报复心理极强的印象，但是"探病"这一回写出了她侠骨柔肠的一面。

---

① 关于"打十番"，钱泳在《履园丛话》中也有描述："十番用紧膜双笛，其声最高，吹入云际。而佐以箫管三弦，缓急与云锣相应，又佐以提琴（不是西式提琴）、龟鼓，其缓急又与檀板相应。再佐之以阳锣，众乐既齐，乃用羯鼓，声如裂竹，所谓'头似青山峰，手如白雨点'，方称能事。其中又间以木鱼、檀板，以成节奏。有'花信风''双鸳鸯''风摆荷叶''雨打梧桐'诸名色。"
② 曹雪芹，高鹗.红楼梦[M].北京：人民文学出版社，2008：150.
③ 曹雪芹，高鹗.红楼梦[M].北京：人民文学出版社，2008：151.
④ 朱一玄.红楼梦资料汇编[M].天津：南开大学出版社，1985：219.

曹雪芹用了细腻的动作描写,突出王熙凤对秦可卿的好,突出王熙凤的真情和真意,避免了这一人物形象的扁平单一。她刚一听说秦可卿病了,眼圈立刻就红了,马上叫来贾蓉细细询问,匆匆用完饭就撇下众人,带着宝玉去看望秦可卿。见到病榻上的秦氏,凤姐紧走两步,赶紧握住她的手,然后感叹道"几日不见,就瘦的这么着了"①。蒙府本在此有侧批:"知心每每如此。"②凤姐见秦氏形容枯槁,内心十分伤感。宝玉看到"嫩寒锁梦因春冷,芳气笼人是酒香"的对联,回想起当初在此小睡梦入太虚幻境一事,也不禁暗自伤神。为了进一步刻画凤姐的真情,外面寿宴和酒戏已经开始,秦可卿的婆婆尤氏前后来催了三回,凤姐还是不愿意走,还要同秦可卿再说一番话,临走时又不觉眼圈一红……这一回,凤姐流露出对秦可卿非同一般的情谊。等王熙凤再入席的时候,宁国府的宴会快结束了,戏也看得差不多了。这说明王熙凤在秦可卿的病室内待了很长时间。小说写当王熙凤赶到筵宴现场的时候,众人恰好在看最后一出戏——《双官诰》。尤氏叫人拿戏单来,让凤姐点戏,凤姐点了一出《牡丹亭·还魂》,一出《长生殿·弹词》。小说写道:

> 尤氏叫拿戏单来,让凤姐儿点戏,凤姐儿说道:"亲家太太和太太们在这里,我如何敢点。"邢夫人、王夫人说道:"我们和亲家太太都点了好几出了,你点两出好的我们听。"凤姐儿立起身来答应了一声,方接过戏单,从头一看,点了一出《还魂》,一出

---

① 曹雪芹,高鹗.红楼梦[M].北京:人民文学出版社,2008:153.
② 曹雪芹.红楼梦脂评汇校本[M].沈阳:北方联合出版传媒(集团)股份有限公司,万卷出版公司,2013:142.

《弹词》,递过戏单去说:"现在唱的这《双官诰》,唱完了,再唱这两出,也就是时候了。"①

"也就是时候了",这是一语双关的笔法。此刻,秦可卿的大限已到,秦可卿所预言的那一桩"烈火烹油、鲜花着锦"的事也即将要发生,贾府也差不多到了"树倒猢狲散"的时候了。第十一回出现的三出戏文《双官诰》以及后来凤姐所点《牡丹亭》和《长生殿》并不是可有可无的点缀,曹雪芹特意安排"寿宴三戏"可谓匠心独具。《双官诰》这出戏并非凤姐所点,而是她回到宴席后正在上演的最后一出寿宴的吉庆戏文。按照惯例,演完这出吉庆戏文,寿宴就结束了,但作者特意安排凤姐在吉庆圆满的戏文之后续上了两个悲剧性特别强的折子戏《还魂》和《弹词》,这两出戏和寿宴喜庆的氛围并不契合,以王熙凤这等世事洞明、人情练达之人,难道不懂得生日宴会上点戏的规矩吗?她为何偏偏点了"情殇"和"国破"这样不吉利的戏,这其中自有一番深意。

一、《双官诰》:怎当得起诰封荣显贞烈牌坊

《双官诰》这出戏的作者是清代剧作家陈二白,主要写冯碧莲立志守节,教子成名的故事,可见于《古本戏曲丛刊》。②《双官诰》剧演冯瑞以医术闻名,他与山西提学副使林翘有世仇,林翘欲加害冯瑞,冯

---

① 曹雪芹,高鹗.红楼梦[M].北京:人民文学出版社,2008:155.
② 该剧目有《古本戏曲丛刊》三集影印梅兰芳缀玉轩藏梨园旧抄本,上卷十五出,出目不全,下卷是残本,缺抄甚多,上下卷约计共为27出。

瑞避祸远走，不料一个与他长相酷似的朋友假冒其名行医，被林翘错杀。家人以为死者是冯瑞本人，他的妻子罗氏和妾室莫氏大恸之后皆不能自守，先后改嫁他人。唯有婢女碧莲日夜纺织，抚养莫氏所生幼子冯雄，每日陪伴左右读书。冯瑞避难途中因治愈了于谦之疾，受于谦信任留任府上。后来在于谦的举荐下，随驾北征，立功而返，授兵部尚书。衣锦荣归的冯瑞，立婢女碧莲为夫人。与此同时，他的儿子冯雄也因碧莲勤督课读，高中探花，碧莲因此得到了双诰封。[1]清代舞台上常常以折子戏的形式演出《双官诰》，最常演的有《蒲鞋》《课子》《借债》《见鬼》《荣归》《诰圆》几出，以《荣归》《诰圆》最为吉利，所以广受欢迎，凡有喜庆之事必要上演。《双官诰》后来被改编成京剧《三娘教子》。

　　凤姐还席时正好上演的这个戏有何深意呢？首先，这显然是一种反讽的写法。作者以剧中冯碧莲教子有方讽刺贾府一般贵妇人的教子无方。小说第二回冷子兴演说荣国府时，对贾府子弟的评价是，"如今的儿孙竟一代不如一代了，安富尊荣者居多，运筹谋划者无一；其日用排场费用，又不能将就省俭，如今外面的架子虽未甚倒，内囊却也尽上来了。更有一件大事：谁知这样的钟鸣鼎食之家，翰墨诗书之族，如今的儿孙，竟一代不如一代了！"[2]连贾雨村都纳闷"这样诗礼之家，岂有不善教育之理？别门不知，只说这宁、荣二宅，是最教子有方的"[3]。如此钟鸣鼎食之家居然培养不出一个人才，还不如戏里面的婢女，一个地位卑下之人倒能教子有方，堂堂诗书簪缨之家"儿孙

---

[1] 吴新雷.中国昆剧大辞典[M].南京：南京大学出版社，2002：125.
[2] 曹雪芹，高鹗.红楼梦[M].北京：人民文学出版社，2008：26.
[3] 曹雪芹，高鹗.红楼梦[M].北京：人民文学出版社，2008：26.

竟一代不如一代",这不能不说是一种莫大的讽刺。

其次,《双官诰》也是对贾府和整个官场的黑暗腐败的讽刺。戏中的"双官诰"是皇帝给冯瑞和他的儿子冯雄的封赏,而贾府子弟相较之下实在太过不肖。为了给宁国府的长房长孙媳妇一个体面的封号,贾珍花一千二百两银子托大太监戴权给儿子贾蓉先捐了个五品龙禁尉的官,戴权会意笑道,"想是为丧礼上风光些",他说,"还剩了一个缺,谁知永兴节度使冯胖子来求,要与他孩子捐,我没工夫应他。既是咱们的孩子要捐,快写个履历来"[①]。戴权接了履历之后便去拜户部堂官,起了一张五品龙禁尉的票,再发给贾蓉一个执照,如此一来,秦可卿的灵牌才可以写上那么一个"天朝诰授贾门秦氏恭人之灵位"的封号。

余英时先生的《红楼梦的两个世界》提到《红楼梦》中理想世界和现实世界的比照,认为,"《红楼梦》这部小说主要是描写一个理想世界的兴起,发展及最后的幻灭。但这个理想世界自始就和现实世界是分不开的:大观园的干净本来就是建筑在会芳园的肮脏的基础之上。并且在大观园的整个发展和破败的过程之中,它也无时不在承受着园外一切肮脏力量的冲击。干净既从肮脏而来,最后又无可奈何地要回到肮脏去"[②]。买官捐官就集中反映了当时社会的腐朽和肮脏。凤姐的丈夫贾琏也没有正式的功名,他捐了个同知的官,是个闲职,没有正儿八经的差事。就连贾府的家奴也买官,第四十五回,管家赖大的母亲赖妈妈来请王熙凤吃酒席,因为她那个孙子蒙主子的恩典捐了一个

---

① 曹雪芹,高鹗.红楼梦[M].北京:人民文学出版社,2008:174.
② 余英时.红楼梦的两个世界[M].上海:上海社会科学院出版社,2002:33.

县官，为了这件事情，赖家要在自家后花园摆三天酒席。

通过写贾府买官捐官这件事，曹雪芹揭露讽刺了整个清代买官捐官的风气。"贾雨村夤缘复旧职"写的是贾雨村利用他给林黛玉当老师的机会，让其父林如海写了一封推荐信给贾政，贾政"最喜读书人，礼贤下士，济弱扶贫，大有祖风；况又系妹丈致意，因此优待雨村，更又不同，便竭力内中协助。题奏之日，轻轻谋了一个复职候缺"①。不到两个月的时间，贾政就帮助贾雨村补了金陵应天府之缺。什么是补缺？就是等着买官捐官的人太多了，但是腾出来的官位又比较有限，所以必须通过特殊关系走捷径方能得到实职。

清代昭梿撰写的《啸亭杂录》记载："滋弊者尽若辈也。签押皆自用印。州县候补署篆者，皆以弥补亏空之多寡，为补缺先后，故人皆踊跃从事。嫁女日不用鼓乐，暗送出城，曰：'恐有司闻之，馈送嫁资也。'"②《官场现形记》中也描述了众多等待补缺的官员为了考官而上演的令人啼笑皆非的闹剧："如今抚台要考官，他想考试都是一样，夹带总要预备的。他的意思很想仿照款式照编一部，就提个名字叫做'官学分类大成'。将来刻了出来，不但便己，并可便人。通天下十八省，大大小小候补官员总有好几万人。既然上头要考官，这种类书，每人总得买一部。一十八省一齐销通，就有好几万部的销场，不惟得名，而又获利。看来此事大可做得。"③ 官场如市场，官职的买卖和索贿、受贿纠缠在一起，或公开交易、明码标价、露骨地进行；或偷偷摸摸，装儒扮雅，暗地里成交。捐官靠的是钱，钱能通神，大量有钱

---

① 曹雪芹，高鹗.红楼梦[M].北京：人民文学出版社，2008：37.
② 昭梿.啸亭杂录[M].上海：上海古籍出版社，2012：611.
③ 李伯元.官场现形记[M].长沙：岳麓书社，2014：656-657.

而不学无术的财主少爷、纨绔子弟、酒囊饭袋都可以通过这个途径捐个官，过过官瘾。因此，在此处安排演出《双官诰》，作者的用意也是对买官捐官的腐败的讽刺。

最后，《双官诰》还是对女性贤良贞淑的反讽。能当得起诰命夫人的女性各方面都要堪为典范。但贾府的诰命夫人是些什么人呢？先看贾赦之妻邢夫人，她为了满足贾赦的淫欲居然主动去说媒，让鸳鸯嫁予贾赦为妾。连贾母都说"你倒是一个三从四德的典范，不过做得也太过头了"，可她却说"我没有办法，他要这么做我也没有办法，所以不如顺水推舟就讨了他的好"。这就是邢夫人做出那件臭名昭著的事情的理由。还有王夫人的冷酷，逼死金钏是前奏，第七十四回"抄检大观园"，王夫人性格中让人感到可怕的一面就暴露出来了。晴雯的死和她直接有关，宝玉屋里的几个丫头被驱逐也跟她有关。芳官出家，四儿也成了牺牲品。特别是王夫人对晴雯的态度令人不寒而栗，她说凡是相貌好的人心里难免都不安分，她对凤姐说："上次我们跟了老太太进园逛去，有一个水蛇腰，削肩膀，眉眼又有些像你林妹妹的，正在那里骂小丫头。我心里很看不上那个轻狂样子，因同老太太走，我不曾说得。后来要问是谁，偏又忘了。今日对了坎儿，这丫头想必就是她了？"[1]她断定晴雯"削肩水蛇腰"，心里一定是不安分的。她一见晴雯便说："好个美人！真像个病西施了。你天天作这轻狂样儿给谁看？你干的事，打量我不知道呢！我且放着你，自然明儿揭你的皮！"见晴雯忍不住掉泪，她还不依不饶地对凤姐说："这几年我越发精神短了，照顾不到。这样妖精似的东西竟没看见。只怕这样的还有，明日

---

[1] 曹雪芹，高鹗.红楼梦[M].北京：人民文学出版社，2008：1026.

倒得查查。"①

大观园那些可爱的女孩子的悲剧性命运和这些掌握实权的诰命夫人是有直接关系的。如此心胸，如何当得起诰命夫人的封号，作者在此巧设《双官诰》这出戏的弦外之音就不难听出了。

二、《牡丹亭》：只盼那月落重生灯再红

《红楼梦》小说在第十一回、第十八回、第二十三回、第三十六回、第四十回、第五十一回、第五十四回都出现了汤显祖的《牡丹亭》，故事写柳梦梅和杜丽娘的爱情故事，杜丽娘因梦生爱，因爱成病，因病而亡，亡而不死，写真留情，人鬼幽媾，最终还魂，有情人终成眷属。

第十一回为什么要安排凤姐点《牡丹亭·还魂》？汤显祖的《牡丹亭》全本五十五出，第三十五出《回生》，舞台本叫作《还魂》，这一出讲柳梦梅根据杜丽娘魂灵的指引，带了几个帮工来到梅花观起坟。观主受柳梦梅之托，在太湖石下，当年拾画之处，点香焚纸。等到起坟开棺之后，见杜丽娘"异香袭人，幽姿如故"。剧本这样写道：

> ［啄木鹂］：开山纸草面上铺。烟罩山前红地炉。［丑］敢太岁头上动土？向小姐脚跟挖窟。［生］土地公公，今日开山，专为请起杜丽娘。不要你死的，要个活的。你为神正直应无妒，俺阳神触煞俱无虑。要他风神笑语都无二，便做着你土地公公女嫁吾。呀，春在小梅株。好破土哩。

---

① 曹雪芹，高鹗.红楼梦［M］.北京：人民文学出版社，2008：1027.

［前腔］：［生］咳，小姐端然在此。异香袭人，幽姿如故。天也，你看正面上那些儿尘渍，斜空处没半米蚍蜉。则他暖幽香四片斑斓木，润芳姿半榻黄泉路，养花身五色燕支土。［扶旦软躯介］［生］俺为你款款偎将睡脸扶，休损了口中珠。［旦作呕出水银介］

首先，凤姐点戏出现《还魂》的戏文，照应了凤姐对秦可卿的"还魂之心念，还魂之祈望"。在凤姐独自走回宴席的路上，小说有一段非常精彩的描写，凤姐猛然间看到眼前的秋景，感慨万千：

黄花满地，白柳横坡。小桥通若耶之溪，曲径接天台之路。石中清流激湍，篱落飘香，树头红叶翩翻，疏林如画。西风乍紧，初罢莺啼，暖日当暄，又添蛩语。遥望东南，建几处依山之榭，纵观西北，结三间临水之轩。笙簧盈耳。别有幽情，罗绮穿林，倍添韵致。①

情景交融是《红楼梦》的笔法，这种笔法正是中国美学精神在小说笔法中的体现。览物兴感、写景抒怀是中国诗歌的一种独特的气质，《红楼梦》融入了这种诗歌的气质，它的写景艺术，呈现出中国艺术的美学精神。此处借景抒情，写出了王熙凤的真情和真意。这段感秋的诗文充满对人生无常的忧心，就在这绝美的时刻，有一个年轻的生命行将离去。王熙凤不是诗人，她甚至不会作诗，曹雪芹用诗文抒发王熙凤内心的感怀，以情景交融的秋之意象，写人生无常之感，这种人

---

① 曹雪芹，高鹗.红楼梦［M］.北京：人民文学出版社，2008：155.

生无常之感,既是王熙凤的,也是曹雪芹的。曹雪芹写景,不是单纯写景,而是为了寄情抒怀,写出王熙凤的惆怅和莫名的伤感。

秦可卿是品貌出众的,第五回宝玉跟凤姐来宁国府还曾在秦可卿的卧室里休息,宝玉醉心于可卿房里"嫩寒锁梦因春冷,芳气笼人是酒香"的氛围。他在秦可卿卧室睡着后梦游了太虚幻境。在太虚幻境中,秦可卿是警幻仙子的妹妹,而这位兼有林黛玉和薛宝钗二者之美的"兼美",正是警幻仙子安排在梦中和宝玉行云雨之事的那位集众美于一身的女子。现实中的秦可卿也是大度、得体、慈悲、善良,她死后贾府上下无一不悲伤。秦可卿的暴病令人惋惜,回到席间的凤姐,依然牵挂着秦可卿的病,不知她是否可以活过冬天。可以想见,《还魂》的字眼一定触动了她的隐情,这是王熙凤对秦可卿下意识的祈祷和祝愿,希望她转危为安,端然无恙,依然能够像杜丽娘一样"异香袭人,幽姿如故"。所以凤姐点《还魂》,是一种强烈的希望,希望秦可卿可以如杜丽娘一样从鬼门关还魂回生。

其次,表现了戏里戏外的"还魂的照应,心魂的感通"。为了照应王熙凤和秦可卿之间的灵魂感通,秦可卿虽然没有还魂成人,但是她死后果然还魂,去了王熙凤的梦里,和她嘱咐了一番话,交代了几件格外重要的事情。特别对凤姐说:"婶婶,你是个脂粉队里的英雄,连那些束带顶冠的男子也不能过你,你如何连两句俗语也不晓得?常言:'月满则亏,水满则溢';又道是'登高必跌重'。如今我们家赫赫扬扬,已将百载,一日倘或乐极生悲,若应了那句'树倒猢狲散'的俗语,岂不虚称了一世的诗书旧族了?"[1]

---

[1] 曹雪芹,高鹗.红楼梦[M].北京:人民文学出版社,2008:169.

这一情节和《牡丹亭》中杜丽娘的精魂幽会柳梦梅有几分相似。秦可卿托的这个梦非比寻常，她一一嘱咐王熙凤居安思危的筹措事项，主要是希望她能未雨绸缪，在荣华富贵时提前筹划好万一将来衰落时的世业。凤姐梦醒后吓出一身冷汗，随即听到云板接连敲了四下。云板敲四下是丧音，表示有人死了。这个声音即是秦可卿之死的信号，也是贾府衰亡的丧钟。只可惜梦过则忘，王熙凤并没有太当真。

《牡丹亭》突出的艺术成就是它关于情之理想的神妙构造，无论是情节的设置、形象的想象、意境的熔铸，都体现着这一特色。汤显祖《牡丹亭·题词》曰"情不知所起，一往而深，生可以死，死可以生"，梦是杜丽娘"情"的投影，秦可卿的托梦也是"情"的投影。只可惜秦可卿在人间没有一位和她心心相印的伴侣，她只能在脂粉队里寻找人间知己。小说在这一回结尾特地以贾敬的无情来反衬秦可卿的有情，秦可卿离世之际还不忘托梦王熙凤，关切贾府日后的衰微和命运，但是贾敬听说秦可卿病故之后，却担心自己染了红尘，影响日后飞升成仙而对她的死不闻不问。一个修道之人的道心，其高低真伪由此可见。

杜丽娘死于对爱情的渴望，在封建礼教统治下，她想寻找自由爱情的幸福是不可能的；秦可卿死于对爱情的绝望，如此美好的一个人却注定找不到人间的幸福，还要被迫承受生命的屈辱。戏中的杜丽娘等来了"月落重生灯再红"，一切都呈现出对一个新的生命和新的时代的期盼和憧憬，而秦可卿就此香消玉殒，托予王熙凤这最后的一个梦，她和人间的情缘就彻底了结了。

汤显祖写《牡丹亭》为的是突出"有情之天下"的理想，曹雪芹要表现的大观园仍然是"情"的世界，"情"在林黛玉和贾宝玉的身上得到了最纯粹的体现，曹雪芹还写了大观园其他女儿们的情，即便是王熙凤的内心也有着这样一番深情。在曹雪芹的心中，人生至乐是相知。能够得遇知己最为幸运，最为难得，所以他通过王熙凤和秦可卿的闺中情，写人生无常中最为动人和珍贵的真情。曹雪芹"情至"的思想显然受到了汤显祖的影响，从宋明理学以来一直有否定情的思想，然而从《牡丹亭》到《红楼梦》，突出的正是情的意义和价值。

三、《长生殿》：今古情场，问谁个真心到底

至于凤姐点的《长生殿》，写唐玄宗和杨贵妃的爱情故事，全本共五十出。《长生殿》舞台本比较著名的折子有《鹊桥》《密誓》，凤姐所点《弹词》是原著的第三十八出，写乐工李龟年弹唱天宝遗事。他回顾当年国家太平、富贵安乐的生活，对照安史之乱后的生灵涂炭，抒发了沉痛的故国之思和兴亡之感，全曲的风格慷慨悲凉、如泣如诉。最著名的是［南吕·一枝花］。昆曲盛行时期有一句话："家家收拾起，户户不提防"，指的就是李玉《千忠戮·惨睹》和洪昇《长生殿·弹词》的首句。

［南吕·一枝花］：不提防余年值乱离，逼拶得岐路遭穷败。受奔波风尘颜面黑，叹衰残霜雪鬓须白。今日个流落天涯，只留得琵琶在。揣羞脸上长街，又过短街。那里是高渐离击筑悲歌，倒做了伍子胥吹箫也那乞丐。[①]

《长生殿·弹词》唱的是家国离散之痛，山河破碎之殇，凤姐点

---

① 洪昇.长生殿[M].上海：上海古籍出版社，2016：120.

《长生殿·弹词》有何深意?

首先,《长生殿》离散意象的出现,是历史与现实的重合,深化了一种无限惆怅的人生感。在盛极一时的时候,谁会警惕如此悲凉的结局,谁又会念及盛极必衰的道理?集三千宠爱于一身的杨贵妃怎能预料安史之乱迅速改变了国家的面貌,更不会想到自己身死马嵬的结局。而此刻贾府上下正处于盛极必衰的转折点,曹雪芹是怀着忧患之心书写书中的人物及其命运,但是书中人物对"大厦将倾"毫无察觉,他们认为这样风光的日子是永恒的,这是当局者迷旁观者清。

凤姐点《长生殿》恰逢贾府处于盛极而衰的转折处。这是一处伏笔,预言贾府日后必将遭遇《弹词》所唱的"余年值乱离,岐路遭穷败"的结局。凤姐下意识所点的这出戏,应验了贾府和她本人最后的终局。凤姐这个"脂粉队里的英雄",穷途末路,旧疾复发,血枯而亡,女儿巧姐又差点被卖,风光无限的凤姐绝没有想到自己的悲凄的结局。因此,《弹词》是曹雪芹使用的一处精致的伏笔,照应日后贾府"乱离穷败"的终局。

其次,此处出现《长生殿》或许还有纵然家族败落离乱不可挽回,而希望子孙可以延续的祈愿。曹雪芹在此伏下一笔,也有着和秦可卿后来托梦相照应的警示。秦可卿托梦凤姐,她说"婶子,我舍不得你,故来一别",但是"还有一件心愿未了",告诫王熙凤要提防乐极生悲,树倒猢狲散,天下没有不散的筵席。繁盛昌荣绝不是永久的,必须要未雨绸缪,提前筹划将来万一败落后的生计。秦可卿建议王熙凤趁今日富贵,在祖茔处多置田庄房舍地亩,并且将家塾也设于祖地,因为按照清朝制度规定,如果家财充公,祭奠的家银是不充公的,所以应该把钱转移到祖地祭祀的事业中,那么即使将来家道中落,子孙们还有一个退路,不仅有一个耕读务农的去处,还能确保祭祀得以永继。这是她嘱咐王熙凤的第一件事。

而秦氏说的第二件事是她泄露了一个天机,就是指出了马上要有一件"烈火烹油、鲜花着锦"的事。秦可卿借托梦之际,把贾府的危机和最终的命运透露给了凤姐。天机就在临别的两句话中:"三春过后诸芳尽,各自须寻各自门。"①

最后,此处出现《长生殿》,也有为秦可卿洗秽之意。秦可卿之死疑窦丛生,一方面因为甲戌本眉批指出:"此回只十页,因删去天香楼一节,少却四五页也。"甲戌回后批语曰:"秦可卿淫丧天香楼,作者用史笔也。老朽因有魂托凤姐贾家后事二件,嫡是安富尊荣坐享人能想得到处。其事虽未漏,其言其意则令人悲切感服。姑赦之,因命芹溪删去。"②加之焦大的漫骂,坐实了秦可卿与贾珍乱伦的关系。另一方面秦可卿死后家中仆从莫不悲号痛苦,交口称赞秦氏素日之行,可见她又是一个人品极好之人。杨贵妃的前身是蓬莱玉妃,仙界嫦娥召她如梦,重听"霓裳羽衣"仙乐一部,使其醒来记忆,谱入管弦。秦可卿也有太虚幻境的仙人身份,她是警幻仙子的妹妹。落入尘网陷入泥淖终不能自拔,这是秦可卿和杨贵妃共同的遭际,前者陷入家庭乱伦的泥淖,后者陷入权力斗争的旋涡。

自李白《清平调词三首》作杨贵妃传以来,先后有白居易的《长恨歌》,陈鸿的《长恨传》,乐史《杨太真外传》等;金元杂剧中也多有杨太真的故事,如白仁甫的《幸月宫》《梧桐雨》,庚吉甫的《华清宫》《霓裳怨》,关汉卿的《哭香囊》,李直夫的《念奴教乐》等。洪昇

---

① 曹雪芹,高鹗.红楼梦[M].北京:人民文学出版社,2008:170.
② 朱一玄.红楼梦资料汇编[M].天津:南开大学出版社,1985:235.

之所以创作《长生殿》，原因如他本人所言：

> 余览白乐天《长恨歌》及"秋雨梧桐"，辄作数日恶。南曲《惊鸿》一记，未免涉秽。从来传奇家，非言情之文，不能擅场。而近乃子虚乌有，动写情词赠答，数见不鲜，兼乖典则。因断章取义，借天宝遗事，缀成此剧。凡史家秽语，概削不书，非曰匿瑕，亦要诸诗人忠厚之旨云尔。然而乐极哀来，垂戒来世，意即寓焉。且古今来逞侈心而穷人欲，祸败随之，未有不悔者也。玉环倾国，卒至殒身。死而有知，情悔何极！苟非怨艾之深，尚何证仙之与有。孔子删《书》而录《秦誓》，嘉其败而能悔，殆若是欤？第曲终难于奏雅，稍借月宫足成之。要之广寒听曲之时，即游仙上升之日。双星作合，生忉利天，情缘总归虚幻。清夜闻钟，夫亦可以蘧然梦觉矣。

由此可见洪昇作《长生殿》就是不满过去史家和文人对于杨贵妃的一味谴责，洪昇塑造杨贵妃这个人物，方法是"凡史家秽语，概削不书"，他写杨玉环的真实想法是与唐明皇做人间夫妻，求生死相依的男女真情。这种真情在帝王之家是极其危险的，杨贵妃为此背负了千古骂名。但是洪昇又表现了杨贵妃"死而有知，情悔何极"。《长生殿》第三十出"情悔"写黄泉路上，杨玉环目击安史之乱后的生灵涂炭，幡然悔悟，帝王和妃子确实不同于人间夫妻，爱情之外还负有江山社稷的责任。但她不是认为爱情本身有罪，而是托生在不合适的土壤，杨玉环依然坚持着那一腔痴情，这使《长生殿》的深刻性超越了一般传奇，杨贵妃也被赋予了前所未有的现代意义。

秦可卿和杨玉环一样，也是托生在不合适的土壤，纵使她想持守贞烈，现实的环境不容她按照自己的意志选择人生，她被逼进泥潭不能自拔。她有一个无能的、无力保护自己的丈夫，有一个极端好色且强势的公公，她天生貌美，又端方圆融，必然委曲求全。①她的猝死虽在于心病，只不过这心病在笔者看来不在于恐惧，而在于对情的绝望。杨太真之死，余恨未了；秦可卿之死，也是余恨未了。曹雪芹表现的是人生难以两全的处境，表现现实的不自由和意志的自由之间的冲突，也有有限人生的终极意义的追求，为了体现这种终极追求，曹雪芹把情的价值推上了形而上的意义和高度。正如戚戌回后批语曰："所感之象，所动之萌，深浅诚伪，随种必报，所谓幻者此也，情者亦此也。何非幻，何非情？情即是幻，幻即是情，明眼者自见。"②

结语

我们通过《红楼梦》第十一回出现的这三出戏可以阐释出许多没有显现在语言文字中的深意和情思，宁国府"寿宴三戏"也呈现了《红楼梦》的命运意象，这便是中国艺术精神中的"言有尽而意无穷"的笔法。第十一回出现《双官诰》《牡丹亭》《长生殿》的戏文和典故照应了小说的情旨。"情"是人的本性和良知所在。人，生而有真情，天性与真情本来就不离天道。

---

① 俞平伯先生认为秦可卿既是"钗黛合一"，宝玉之意中人是黛，二其配为钗，至可卿则兼之。所以"秦氏房中是宝玉初试云雨，与袭人偷试是重演，读者勿被瞒过。"参见：俞平伯.红楼梦研究［M］.北京：人民文学出版社，1973：122.

② 朱一玄.红楼梦资料汇编［M］.天津：南开大学出版社，1985：236.

曹雪芹"情至"的思想显然受到了汤显祖的影响。汤显祖继承罗近溪的思想，倡导"赤子之心，天机泠如"，就是复归到人初生时没有被污染过的心灵状态，那是最纯洁、完善的心灵状态，也就是"赤子之心，不学不虑"，情的生发不需要任何理性的考虑而发乎天然。林黛玉的"情情"和贾宝玉的"情不情"是这种"情"的纯粹体现。王熙凤尽管有性格的缺点，但是她之所以不失可爱，就在于这种天性没有被完全毁灭和扭曲。秦可卿之所以值得同情，也在于身虽不自由，但内心的真情和良知却没有被现实的肮脏污染和同化。《红楼梦》中写了许多在无以名状的强力压迫之下，依然本能地抵御着庸俗和罪恶，依然保有着微弱的高尚、无害的软弱、稀缺的美德，他们虽然弱小但是努力远离邪恶。

《红楼梦》继承发展了《牡丹亭》《长生殿》的美学精神，是对传统意义上的"情"的思想的升华，全书闪耀肯定神圣人性、自由爱情、自由意志的人文主义精神。正是有了对"情"的意义的认识，才能支撑汤显祖、洪昇、曹雪芹在萎落凋敝的世道做积极审美的创造。正是天性和良知的自我发现，让弱者成为道德的强大载体，让有限的个体在卑微的人生中找到生命的情趣和意义，曹雪芹也因此在小说中构筑起他自己的理想世界——有情的世界和审美的世界。

中国电影与中国美学精神

　　电影作为一种思想和文化传播的艺术媒介，是一个民族、一个国家的综合国力、精神面貌、整体修养、艺术审美、文化品位，乃至生命力、想象力、创造力的总体性呈现。这种生命力、想象力、创造力的总体性呈现与电影自身所承载的核心价值观和美学精神的关系尤为紧密。在探讨这一问题的时候，中国电影已经进入一个新的历史语境，主流和商业化电影制作交相辉映，小成本制作电影异军突起，各种类型电影的制作更是以成倍的速度在递增，如何让中国电影拥有中国以外的更多的市场，如何传播中国人的核心文化观念，成为电影界关注的话题。然而中国电影究竟可以筛选出哪些足以超越时空的隔阂、超越历史的隔阂、超越地域疆界的隔阂、超越民族和种族的隔阂、超越语言的差异、超越文化的差异、超越现实与未来的界限，而具有永恒的艺术生命力和历史穿透感的作品呢？

　　中国电影和中国美学有无关系？中国美学对中国电影创作究竟有没有价值？有多大的价值？可以产生多大的影响？在商业化背景下谈论中国电影应有的艺术精神有没有现实意义？哪些电影自觉地体现出

较为纯粹的中国美学和艺术精神？哪些电影导演在其艺术创造过程中对中国美学有着自觉的体认、充分的感知和整体性的表达？中国美学观念和理论又是以怎样的方式渗透并体现在具体的电影作品中？依这样的尺度去丈量心目中的中国电影，为的是寻找那些可以体现和契合中国美学精神的电影艺术，更是为了在纷纷扰扰的电影史和电影现象中厘清观念，构想出一种能够代表中国艺术精神和美感特征的美学坐标。

电影和戏剧一样是舶来品，是西方文化现代传播中的一种重要媒介，它最初的植入与中国的艺术传统并没有任何直接的血缘关系。[①]20世纪的中国电影，基本上全面效仿西方，欧洲电影、美国电影、苏联电影甚至日韩电影在不同历史时期，都曾成为中国电影效仿的对象。迄今为止，几乎所有电影技术上的重大发明，绝大部分电影语言上的突破和革新，都深刻地影响着中国电影的历史和现在。从这一点来说，中国电影在世界电影史上的形象仍然是一个"学习者和模仿者的形象"。在电影叙事和影像语言的探索中，能够真正代表中国美学精神的电影寥若晨星，能够引领世界电影美学潮流的时代更是没有出现。这就是中国电影创作一直以来的常态，此外电影理论、电影美学方面，也并没有形成自己的"话语"。正如学界所指出的那样，中国人谈论电影，在很大程度上要借助"他者"的语言。关于这一点，电影理论家罗艺军指出：

---

① 有的电影史学家将中国古老的灯影戏视为电影的远祖，有史可据。诚然，灯影戏运用光影生成影像作为一种演出形式，在中国至少有一千多年历史。不过灯影戏留下的可资继承的文化资源很有限，与建立在近代科学技术基础上的电影有本质上的区别。电影乃摄影术向运动的发展延伸，并以逼真整体再现现实生活为基本艺术特征。

相对于电影创作，20世纪中国电影理论成果更为贫乏。有一些电影先行者如夏衍等在理论建设上进行过辛勤的耕耘，中国影坛曾对一些重大理论问题展开过热烈争论，但我们还没有一种足以称为中国电影理论的学说。[①]

20世纪中国电影理论的建设基本上呈现了引进、译介、选择、吸收西方电影理论的取向，在这个过程中，也有不少中国电影人试图从理论到实践自觉地探索中国电影和中国美学、中国艺术精神之间的关系，产生了一些具有建设性和启示性的理论和实践成果。相对于电影创作，20世纪初期中国电影理论成果虽然较为贫乏，但还是先后产生了诸如：费穆提出的"空气"、蔡楚生追求的"意境"、郑君里倡导的"诗意"、吴贻弓主张的"淡墨素雅的写意观"等电影观念，这些电影观念是中国电影向着民族诗学的自觉体认和皈依，它不仅赋予了中国电影独特的美学品格，并且从文化属性上而言，也使得史东山、但杜宇、孙瑜、费穆、蔡楚生、吴贻弓等电影导演在中国电影诗性表达的历史延续中有着内在的传承关系。20世纪五六十年代后，虽然出现了以社会主义现实主义风格为主的电影潮流，传统美学作为一种精神潜流影影绰绰地渗透在一些影片的风格之中，《祝福》《柳堡的故事》《林则徐》《林家铺子》《早春二月》《舞台姐妹》《伤逝》等，不同程度地体现着诸如"中和之美""美善合一""情理交融""诗画合一""悲美情怀"的文艺美学传统，同时也体现着"虚实相生""气韵生动""不涉理路，不落言筌""外师造化、中得心源"的中国美学的审美要求。

---

① 罗艺军. 致力电影民族化研究建立中国电影理论体系[J]. 当代电影，2008（8）：85-87.

20世纪80年代中期,一批有关中国文化与电影理论的文集和专著,从不同视角、不同观念进行了理论上的拓荒,这也是中国电影美学品格和文化自觉的一种彰显。所有这些构成了今天研究中国电影和中国美学之间内在关系的重要基础。

中国当代电影在反传统和创新的理念之下,虽然张扬主体和个性意识,追求新的电影范式,探索新的电影语言,仍然有为数不少的电影作者有着对中国美学精神的自觉体悟和坚守。吴贻弓说:"中国的电影,包括理论和实践,只有真正属于中国,然后才有可能属于世界。"滕进贤认为:"中国电影只要把握着'中国向来的灵魂',无论在哪里借鉴、吸收、怎样地创造、出新,都不会失掉中国的色彩。"[1]谢飞说:"一部作品的关键还在于文化品位以及表现民族性所选取的文化角度。"[2]陈凯歌在面对民族文化和美学在电影中的传承问题时意识到:"在中国经过三十年的改革开放之后,在文化上我们还有什么样的承传,电影作为一个媒介,可以有什么东西向下传递这样比较重大的问题。"[3]张艺谋在《〈黄土地〉摄影阐述》中引用六朝时画家宗炳《画山水序》中的名言:"竖画三寸,当千仞之高,横墨数尺,体百里之迥。"力图运用焦点透视的电影摄影机营造出散点透视的国画那种广阔视野和宏大气势,这些问题的思考和提出呈现了电影人在电影美学观念上的文化自觉。

从中国美学的视野来探讨中国电影意义何在?关于这一点,笔者

---

[1] 滕进贤.对电影创新的思考[J].电影艺术,1986(2):48-50.
[2] 吴冠平.眺望在精神家园的窗前[J].电影艺术,1995(5):38-46.
[3] 陈凯歌.《梅兰芳》的创作与我的艺术经历:在电影《梅兰芳》学术研讨会上的发言[J].艺术评论,2009(1):5-8.

较为赞同电影学者金丹元的一段话,他认为如果一部电影一点不受中国美学影响,那么严格说来,它就不是一部真正意义上的中国电影。他是这样讲的:

> 传统不是一个呼之即来挥之即去的家奴。也不是可要可不要的一顶帽子或一种装饰,它的优根劣根都是我们民族长期历史发展的必然结果。也正因为如此,它才在漫长的进化过程中逐渐地塑造了中华民族的历史、中华民族的个性。①

一、中国电影的美学源流

中国电影是中国文化的一个组成部分,它无法摆脱中国人的思维方法、人生经验、哲理思考,它也必然要反映中国人的文化、生活、思想、情趣,因此它总是要受到民族文化的深刻影响。而对中国艺术影响最为久远和深刻的中国哲学美学思想,主要有儒家美学和道禅美学,电影艺术也深受这两股美学源流的影响。

从孔子肇端,孟子绍绪,经历代美学家的补充、改造、辉扬,儒家美学成为一个庞大的美学系统。它对中国知识分子、艺术家们的最大滋养,一方面是"文以载道""经世致用""仁的皈依"的价值趋赴;另一方面,则是其原始人道主义、忧患意识、救世情怀以及救天下之溺的道义承担所撑起的积极入世精神。在近百年的历史中,儒家美学所体现的"民胞物与""忧患意识""人本精神"一直是中国电影思想

---

① 金丹元.论中国当代电影与中国美学之关系[J].上海社会科学院学术季刊,2000(3):135-143.

的主流，虽然在不同的历史条件下，它的具体内容和表达方式会有所不同，然而儒家"仁"的思想始终是中国电影精神的稳定内核之一。中国电影史中，《孤儿救祖记》《姐妹花》《渔光曲》《一江春水向东流》《乌鸦与麻雀》《舞台姐妹》《红色娘子军》《天云山传奇》《牧马人》《高山下的花环》《芙蓉镇》《人生》等一系列影片，其核心意义就在于对儒家"仁"的精神的自觉捍卫和追求。主人公那种克己奉公、任劳任怨、朴实无华、谦恭礼让、仁者爱人、乐善好施、自强不息的传统美德，一方面借助了戏剧化的叙事方式，弘扬了中华美德的普遍规定性；另一方面也符合国人普遍性的审美心理。一部电影，如果缺失了人的伦理属性和人际关系的民族性定位，那么即使是大制作、大场面，也不可能拍出震撼人心的影片，那种脱离民族土壤和群体文化心理结构的作品不但不能引起共鸣，更不能引发时代对历史、民族和自我的重视和自信。

儒家美学在中国电影中的风格主要体现为"沉郁之美"。"沉郁"的美学内涵大约有三个方面。一为情真悒郁，哀怨悲凉；二为思力深厚，著意深远；三为意犹未尽，蕴藉含蓄。"沉郁之美"的最为集中的体现就是杜甫的诗歌，杜甫诗歌中悲天悯人、忧国忧民以及人道关怀的诗学传统，在电影中体现为"悲美"和"抒情"的传统。这种传统和中国诗歌的美学传统关系密切，从《诗经》的风雅，到《楚辞》中的政治怨愤和悲愁基调，到汉乐府中的悲凉的战乱诗章，从《古诗十九首》中对人生倏忽无常的悲吟，到北朝乐府的苍凉咏叹，此后中晚唐新乐府和李商隐、杜荀鹤等人的诗歌，以及整个五代两宋词坛的"幽婉"思潮，并由此引申到元明清戏曲小说中的悲怨情调。"沉郁感伤"风格的影片，诸如《渔光曲》《神女》《一江春水向东流》《天云山传奇》等，无论是艺术形象的刻画，还是社会矛盾的揭示，都是现实主义的美学精神和民族的诗学传统所体现出的中国艺术精神在电影创作中的自觉体现和自然流露。"沉郁感伤"的美学精神中流露的深刻的悲怨情致，渗透在电影中则呈现了由"情"的温度而发展成的"情贯镜中，理在情深处"的风格，这种风格同样成为新时期以来优秀影片的共同特征。谢晋的影片所选取的题材，大多数是跟老百姓的悲欢离合，忧患疾苦紧密相关的。他坚信："只有对社会生活真诚的感情和切实的反省才能打动观众的心弦。"①吴贻弓的《城南旧事》散发着超越世俗的纯真之美，在"淡淡的哀愁、沉沉的相思"中，呈现出了永恒而又纯真的"心灵童年"。《青春祭》《人·鬼·情》《黑骏马》《女人这辈子》《九香》《凤凰琴》《安居》《喜莲》《哦，香雪》《遥望查里拉》《我的父亲母亲》等影片均重现了中国人审美中对于纯净情感的追求和对具有普遍意义的美德的呼唤。

因而，在儒家美学的精神浸染下，"美善合一"构成了中国电影的内在品格。《巴山夜雨》含蓄蕴藉地透散着阴霾重重的历史境遇中，良知和道义在急流旋涡中挣扎和秉持，它以良知与温情抚慰着千疮百痍的现实人心，以平和乐观的积极心态直面时代的苦难；《城南旧事》细腻柔情地追忆动荡人生中的人性真纯，在对无奈的离别伤感的描述之中，呈现出对人生无常的一种终极性感悟。"美善合一"的内在品格显现了儒家仁爱精神的温度和导引。艺术家以儒家美学所倡导的仁爱精神觉悟自己的人生和精神归宿，这既可看作对传统儒家美学的体认和呼应，又可以看作艺术家人格的自我实现。在儒家美学的范畴中，艺

---

① 谢晋.对电影创作几个问题的思考［J］.文艺研究，1984（2）：82-88.

术所能达到的最高的美就是理想人格的美，最高的美感就是对这种理想人格的体验和实现，最美的艺术就是这种美的精神内涵和人格境界的外化。假若对于承续数千年的文化艺术史加以梳理，就会发现这条贯穿在所有中国艺术家人格中的精神脉络，它已经成为文人和艺术家心驰神往和亲躬履践的人格美和艺术美的范式。中国电影的创作群体历来在价值取向上选择儒家文化所倡导的大义和操守，这是重要的审美主体内涵，也是重要的审美价值标准，这种价值标准在中国电影的群体创作中有着深刻的附丽。不同时代的电影人在艺术实践中也呈现出了这样一脉相承的价值取向和精神皈依。

中国电影美学的另一个重要源流是道禅美学。道禅美学更多地指向人生和宇宙的深层，追索生命"形而上"的意义。因而受道禅美学影响的中国艺术，更多地给人一种玄妙的、超越性的体悟，面对具体现实、有形物象和社会问题采取的是疏离超脱的心态，带着某种飘逸和淡泊的风骨，呈现出从"有我之境"向"无我之境"提升的精神追求。在作品中更关注的是个体生命的妙悟，生命本真的呈现，更善于表现心灵的幽秘和指向精神意义的超越。受此影响，中国艺术和电影又呈现出另一派气象：尚含蓄、喜冲淡、追求气韵及意境，追求艺术创造的"象外之象""味外之旨""言外之意"。然而综观中国电影，能够整体性传达道家美学或者洋溢着冲淡之美和禅悟精神的作品，并不多见，更多的时候呈现出的是"儒道互补"的精神风貌。

在道禅美学的视野中，我们把目光投向了侯孝贤的电影创作，他的艺术观念和影像风格呈现出主体较为自觉的"禅"的体验，流露着"淡"的言说和"寂"的追求。侯孝贤绝大部分的电影是一种在安静缓慢的心理节奏中的生命沉思，也是在众生喧哗中的静观，他力图在沉默中触摸灵魂地提问，接近真实地洞察，回归本真的"自性"。于凝神寂照中关怀台湾历史现实的各个角落，于不动声色中寄寓历史的悲悯。这种艺术境界的形成和中国古代"天人合一"的思想源流，老庄的"同于道"和"无所待"，以及禅宗思想的影响都有内在的关系，有着"道禅美学"的自觉体认、思慕和濡染。侯氏电影中常常出现的远景空镜，远山碧海的景观，呈现着主体的无悲无喜、不住不滞、超然独立的姿态，不加修饰，素面相对的个性。"素面相对"的个性，在美感的呈现方式上接近了"无我之境"，令其镜语风格闪耀出了东方式的佛光禅影。此外许鞍华的《桃姐》也透散着类似"道禅美学"的精神超越和心灵体验。镜头画面几乎不带个人主观情绪地定格了一生为佣的桃姐生命的最后瞬间，当这个孤独的女性完成了自我人生的"胜业"，最终豁然地面对死亡，而影片依旧报以淡然的凝视和宁静的微笑时，我们可以发现，许鞍华的平民关怀从通常意义的同情悲悯上升到了启悟众生定慧静守、仁爱慈悲的哲理高度。这既是导演对桃姐生命的最后瞬间的真实超脱的观照，也是导演自身生命在挣扎沉浮后的形而上的觉悟和超越。她用这样超越的眼光审视人间和众生，她所看到的不再是生命碎片上的悲惨或是喜悦，而是生命归宿和现实存在间的短暂关系，她要看见的是一个尘世的短暂栖居之外的那个无声的静默的永恒生命的归程。

二、"意象"和"意境"的审美追求

在中国古典美学中，"意象""意境"是关于"美"的核心概念，历代美学家、艺术家对意象的问题进行过深入的研究，逐渐形成了中国传统美学的"意象说"和"意境说"。因由美学精神的取向，对"意象"的把握和对"意境"的追求成为中国电影美学的自觉要求，因此，"电影意象和意境"也是电影美学的重要理论问题。在传统的审美心理中，万事万物的"象"都是有限的，怎样通过有限的"象"来揭示出无限的宇宙生命——"道"的无限，这样的艺术审美活动，从一开始就启示个体生命不断向意义的本源趋近。在有限的影像画面内追寻无限的"意义"，是中国传统文人画的精深追求，也是现代电影艺术的最高意义的追寻。宗白华先生在《中国艺术意境之诞生》中说：

> 中国哲学就是"生命本身"体悟"道"的节奏，"道"具象于生活、礼乐、制度，"道"尤表象于"艺"，灿烂的"艺"赋予"道"以形象和生命，"道"给予"艺"以深度和灵魂。[①]

电影大师费穆拍摄《小城之春》时，常以一种"作中国画的创作心情"来拍电影，"屡想在电影构图上，构成中国画之风格"，寻找电影的"象外之象""味外之旨"。《小城之春》中，费穆要借由"颓墙"和"废园"的意象触发了"风化"和"速朽"的历史悲怆，其影像所要创构的"意象世界"与中国古典诗词和绘画的审美境界是相通相融的。费穆作为中国现代电影的前驱，因其深厚的中国文化和艺术修养，在中国电影发展的初期，就有意识地思考并探索了能够将中国艺术的本质精神融入电影的手法。关于这一点，费穆曾说：

---

① 宗白华.美学散步［M］.上海：上海人民出版社，1981：81.

中国画是意中之画,所谓"迁想妙得,旨微于言象之外"——画不是写生之画,而印象却是真实,用主观融洽与客体。[①]

在中国美学中,意象世界是一个不同于外在物理世界的感性世界,是带有情感性质的有意蕴的世界,是一个注重生命体验的世界,不是一个逻辑的、概念的理念世界。电影意象的创造不纯粹停留于知性概念的思考,更是在情感体验中的感悟。它刻画出一种深刻的生命观照和洞察,这种观照和洞察来自一个自由的心灵对世界的映照。正如王好为在《哦,香雪》中呈现的整体意象,世外桃源的描绘,如香雪般无染的性灵的存在,于一切注视她们的"眼睛"都是一种"净化"。用这个"人类的理想家园"来比照现代都市文明中人性堕落、物欲横流的现状,借由对一种即将失落的自然生活的留恋,呈现了文明进程中人类自我"净化"的自觉。审美意象所产生的美感,呈现"动人无际"的审美境界,它催生了一种不同于西方艺术的"真实"的观念,因为驱除了知识功利和逻辑判断的遮蔽,继而照亮一个生命体验的"真实世界"。正如张世英在《哲学导论》中所说:"一般人主要是按主客关系看待周围事物,唯有少数人能独具慧眼和慧心,超越主客关系,创造性地见到和领略到审美的意境。"电影的"意象之美"也可以充分体现这种纯然的、非功利的艺术体验和生命洞察,这样的体验和表现方式是完全中国式的,是区别于西方电影的艺术特征和审美心理的。

就"意境"而言,更是中国古代艺术家创造性想象的最高产物,意境在中国美学中是作为宇宙本体和生命的"道"的艺术化体现,

---

① 费穆.关于旧剧电影化的问题[N].北京电影报,1942-04-04(10).

"境"所创发和实现的是"象"和"象外虚空"的统一。所谓意境,就是超越具体、有限的物象、时间、场景进入无限的时空,这种"象外之象"所蕴含的人生感、历史感、宇宙感的意蕴,就是"意境"的特殊规定性。[①]主体已经淡出,剩下的是心灵的境界,那是一种不关知识和功利的体验与觉悟,这就是中国艺术精神所倡导的纯然的艺术体验。

意境的内涵比意象丰富,意象的外延大于意境。不是一切审美意象都能产生意境,只有取之象外,才能创造意境。意境是意象中最富有形而上意味的一个范畴。六朝以来,中国的艺术理想境界就是"澄怀观道",在拈花微笑的禅意中领略艺术创造和生命感悟最深的境地。意境是心境的折射,它精深微妙的哲理源自一个自由和充沛的心灵世界,体现着艺术家对整个人生、历史、宇宙的终极性体验。《小城之春》之意境寄寓的正是电影诗人的政治思考、人生惆怅和生命追问,他的悲悯意识和诗人情怀在瞬间被点燃,这是历史的偶然,却是费穆的必然。导演深邃的思想是影片真正的光,它照亮了那个"风化速朽时代",又深入地诊断着"历史的病"。费穆借用了一个"多情却被无情恼"的故事诱导和维持着观众的惊讶和好奇,言说的却是"没落和风化的历史宿命",让未来的眼睛能够透过那堵风化的残墙,拨开历史的迷雾,看困顿在历史境遇中的人怎样地活着、怎样地没落、怎样地无望、怎样地矛盾,又是怎样地行将风化与速朽。《小城之春》是一生孜孜不倦地思考着社会和人性的费穆的一次大彻大悟,是政治的、人

---

① 意境说早在唐代就已经诞生,其思想根源可以追溯到老子美学和庄子美学。唐代"意象"作为表示艺术本体的范畴,已经比较广泛地使用了,唐代诗歌的高度艺术成就和丰富的艺术经验,推动唐代美学家从理论上对诗歌的审美形象做进一步的分析和研究。提出了"境"这个新的美学范畴。后来在禅宗思想的推动下,"意境"的理论正式出现。

生的，也是艺术的。它是一次解剖、一次透视、一次哲思，透过风化的颓墙，把自己的思想推向一个新的高度，用历史的眼光，怀着深刻的同情，对即将风化和速朽的时代、文化和浸淫其中的生命的最后一次回眸、检视和告别。这个回眸和告别不是消极的、无为的，而是对自我作为知识分子的心理坐标和时代位置的深刻反思，这就是意象背后所要传达的精神能量，这种依托于古典诗学的表达，令其影像的语言获得了一种含蓄隽永之美。

与费穆同时的桑弧、黄佐临、沈浮、曹禺，较后的谢铁骊、水华，直到吴贻弓、陈凯歌等人，都有意识地追求着这样的艺术境界。《伤逝》《巴山夜雨》《归心似箭》《城南旧事》等影片，对中国"诗意电影"的意象和意境构成都有着整体性的体现。《一江春水向东流》中的"云中月的意象"体现了中国诗歌中的浓郁的美感气息；《巴山夜雨》中那个异化的小社会，折射了整个大社会，江轮航行在三峡雄伟瑰丽的自然环境之中的意象，寓意着奇绝的自然景观与扭曲的人文情态形成尖锐对比；《城南旧事》中井窝子在隆冬清晨或者是初春夕照、盛夏午后或者是雨中夜色中的反复出现，默然见证沧桑岁月在不经意中的怅然流逝；《那山那人那狗》虽淡化情节，但却在如诗如画的镜头中强化了"意"的深层内涵，朦胧的山村景色，孤寂的独白和闪回，使清新的空灵中抒放出一种隽永的人生意蕴和典型的东方格调。

意象和意境的体验与创造体现了中国艺术对世界的整体性、本质性的把握，是对现实世界的一种超越，从而实现了从有限到无限，从个体生命到永恒存在的超越。美的意象和意境照亮一个本然的生活世界，一个万物一体的世界，一个充满意味和情趣的世界，也创造了审美的最高境界。所以，电影作为艺术，理应具有一切真正的艺术都应具有的最深的本质：不管是以"人性"的方式观照人的存在，还是以哲学的方式对宇宙人生做深入的思考，其归根结底都是一种人的觉悟的进程、境界的提升，指向心灵世界的澄澈和畅达，那是一种不关知识和功利的体验与觉悟，从而通过艺术的手段来完成对于不可言说的"道"的言说。所以，深入挖掘"意象"和"意境"等范畴对中国电影的影响，将是意义深远的事情。

三、传统叙事的借鉴和突破

系于真实，倚重平民，也是中国电影最具民族传统的因素。首先是中国电影注重现实主义基础，注重"人情物理"基础之上的叙事，叙事的现实主义历来是中国传统叙事艺术的主要特性。中国传统的叙事作品，如小说、戏曲都把真实性放在首位。强调小说、戏曲要真实地再现社会生活、摹写人情世态，并把"逼真""传神"等概念，作为评价小说、戏曲最基本的美学范畴。金圣叹在评点《水浒传》和张竹坡评点《金瓶梅》时，都认为"艺术的真实性"就是要写出"真情"，写出"人情物理"。但是，这里所强调的真实性，并非要求"实有其事""实有其人"的那种真实性，而是要求"合情合理"，即合乎社会生活、社会关系的情理。冯梦龙讲："人不必有其事，事不必丽其人""事真而理不赝，即事赝而理亦真"。金圣叹讲："未必然之文，又必定然之事。"脂砚斋在评点《红楼梦》时，进一步发挥了金圣叹、张竹坡等人的看法，提出"形容一事，一事必真"。强调"必真"就是"事之所无，理之必有"。"合情合理"就是"近情近理""至情至理"，就是要写"天下必有之情事"。由此我们可以看出，中国传统美学所强调的真实性的含义，就是要合乎社会情理，写出社会生活、人情世态的真实面目和内在的必然规律。这是我国古典叙事艺术的一个优秀传统。

艺术上的新奇寓于普通生活和广大群众的日常习见习闻之中，在习见习闻的生活中发现新意，创造成艺术形象，便会使人感到真实、自然并富有艺术情趣。《狂流》《春蚕》《渔光曲》《神女》《马路天使》《十字街头》《八千里路云和月》《一江春水向东流》《万家灯火》《乌鸦与麻雀》等影片之所以深得人心就在于这种习见习闻中的真实和情趣。蔡楚生作为社会派电影的代表人物，其作品从《南国之春》、《粉红色的梦》到《渔光曲》、《一江春水向东流》等，均显示了一个不断生成与开敞"真实性"追求的表达过程。蔡楚生直面现代的态度，习见习闻中的意趣追求，电影中深沉的心灵表达，影像自身的艺术自主性呈现了他与众不同的电影叙事策略。这种叙事策略主要倚重于真实，倚重平民叙事，在编织故事、开启真实的尽处，献身投入公共空间中的观念和价值，赢得广泛的社会影响。2010—2011年，《人在囧途》《钢的琴》《失恋33天》等几部异常卖座的小成本电影，虽然在价值观念、意义旨趣方面尚存不足，但这些影片之所以受到观众的热捧和喜爱，根本原因还在于真实，倚重平民的内容把握，以及带有传奇性的通俗小说叙事策略的选择。

另则，注重对历史真实的反刍和记录，民俗性真实的问题也是中国电影倚重真实的重要方面。在此意义上，历史片、战争片就不仅仅作为一种文献而存在，其本质是一种对本民族和自我存在之根的认同或反思。因此，它的涵盖面理应大于一种"主义"的宣扬。没有真实的民族心理、理性品格贯注其间，即使画面上不断出现血肉横飞、刀光剑影、天崩地裂、排山倒海、惊涛拍岸、人仰马翻等视觉效果，也照样会显得虚假、做作和苍白，其结果就是导致一种拼凑的或卡通式的历史游戏，一旦历史的游戏泛化，必然会形成对历史原貌的故意歪曲。因此有学者指出——如果历史片都成了似是而非的伪历史，那么电影就有可能成为一种反历史、反美学、反艺术的工具。而电影为了自身场面和情节的需要，假想出一些民俗场面，这也需要格外谨慎。如何在历史片、艺术片中，把握好民俗内涵，将民俗自然地融化于历史中，不一味迎合"猎奇"的扭曲心态，又让历史在不夸饰、不做作的民风习俗里得以展示，也是"中正真实"的电影美学观念中重要的方面，它暗合了电影作者的历史态度和文化人格。

四、确立中国电影的美学坐标

中国电影比任何时候都需要确立其应该坚守的文化和美学坐标。中国电影不只是使用华语的电影，也不是使用华语的人拍的电影，而是指不管在何种历史情境和时代土壤中，它自身都能够体现一种稳定的中华文化的美学坐标。在中国美学寻找其现代美学体系构建的文化背景之下，作为美学的分支学科，笔者以为，电影美学也应当有自己所坚守的美学坐标。

中国电影要走向真正的现代化，未来的中国电影史，或者是电影美学的书写，必须要有自己的电影理论和美学的立足点。这个立足点就是，我们应当坚守并提升源于我们这个民族的文化和美学传统的电影美学，从思想到观念，从观念到形式，从形式到内容，从内容到手法。关于这一点，李安在《站在好莱坞与中国电影之间》这篇文章中的观点很有启示意义，他指出：

你要注意你的特色，你不能把自己的本色去掉。因为你不可能比好莱坞拍摄的美国片更像他们。

在电影文化和美学的立足点上，中国电影人首先需要有高度的文化自信和自觉，要做到"很自豪地拿出来"。不能一味地照搬、照抄西方电影的创作观念和理论模式，在全盘西方的美学框架和话语模式中研究归纳中国的电影作品和电影现象。"全盘西化"对于发展、完善和创造中国现代电影的美学和理论体系，并谋求它在世界电影文化中的价值和地位是极其不利的。塔可夫斯基是公认的电影大师，当我们品读他的《雕刻时光》的时候，我们不难发现，这位西方导演对东方艺术和美学的认同，他研究日本的俳句、中国的诗词和禅宗，他的思想中充满了东方式的禅悟和智慧。他写过这样一段话，很值得我们体会：

影像作为一种生命的准确观察，使我们直接联想起日本的俳句。俳句最吸引我的，便是它完全不去暗示影像的最终意义，它们可以像字谜一样的被折解。[①]

塔可夫斯基作为一代西方电影大师，他系统地研究了西方电影，并将其寻找电影本体的视角转向东方，在那里全身心地体悟东方美学的妙境，并融化到自己的艺术创作中，给我们深刻的启示。然而全球化的今天，中国电影人对中国美学的自觉体认以及由此呈现出的民族文化的自信却显得狭窄和有限。当然，坚持中国文化的立足点也要防

---

① 塔可夫斯基.雕刻时光[M].陈丽贵，李泳泉，译.北京：人民文学出版社，2003：114.

止"民粹主义"或者"复古主义"的极端。好莱坞的电影值得学习，但我们要知道它最值得我们学习的是什么，李安认为好莱坞电影最值得我们学习的是类型片拍摄制作的规则，他认为中国电影应当学习和真正弄清楚的是这些规则。这也是不无道理的，这个时候没有必要让民族自尊心挡在前面。①

其次，民族文化的传承。中国艺术精神的坚守是一种天长日久的体悟，不是一种一时一刻的装点。不是给自己的电影画上中国式的脸谱，那些缺乏中国文化真正滋养的心灵拿捏出来的东西难免流于一种庸俗和矫情。所以，坚持文化的立足点不是滥用几个文化的符号给毫无思想的平庸的作品添加些装饰。不是光画上一个京剧的脸谱，要有"唱、念、做、打"的真功夫；也不是胡乱地戏说祖宗，解构几个经典的传统文本，更不是拿我们的文化遗产搞笑。中国传统艺术和美学最重视人格境界和艺术境界的内外兼修。

对于20世纪三四十年代以费穆为代表的那一辈电影家，我们心怀感佩。费穆、黄佐临、孙瑜等人都是既有西学智识又有深厚的中国艺术和文化底蕴，并且充分认识到中国美学的生命力和价值的艺术大家。他们自觉地钻研中国艺术和中国美学，并将其体悟自然地运化在具有西方技术特征的电影之中。其电影作品流露出的风格是其美学修养、人格境界的自然彰显，是传统艺术精神的成竹在胸和游刃有余。但他们从不会言必称西方，言必称美国，他们的电影观念都是在深厚的中国文化艺术精神的学养基础上提出的。既自信于民族文化的根基，又怀想着民族文化的现代生命。可见，民族美学的继承，一定要由深谙

---

① 李安. 站在好莱坞与中国电影之间[J]. 上海大学学报（社会科学版），2006（6）：8-11.

中国艺术精神的心灵来肩负，电影教育正是要培养这样有独立思想、有道德境界、有文化责任感和艺术创造力的人才。如何真诚地补课，寻找文化之根，同时将新的科技成果和产业模式同真正具有"文化之根"的中国电影创作融为一体，笔者以为是中国电影在当代所要解决的难点。

最后，美学的立足点还在于坚守电影的现代品格。电影现代化并不只是意味着表现手段的"现代化"，这是电影现代化进程中物质层面的革新和探索。真正的现代品格还是应该在作品中体现知识分子的独立思想、文化人格，以及对于社会、历史严肃的沉思品格和批判理性。艺术形式和表现手段固然重要，但一部作品的关键还在于文化品位以及表现民族性所选取的文化角度。《本命年》最可贵的地方就在于独特深刻的社会分析和人物分析，那种人物的状态与背景，社会生活的世态炎凉都是中国式的，它所反映出的也是中国人对自己的生活，对自己周围的人的思考。今天的中国电影，是否依然沉淀着知识分子对于社会和历史的严肃的艺术精神，为学界所广泛争议。一个电影艺术家，不论是编剧，还是导演，应该具有独立的、完整的哲学思想，应该对社会、对时代、对人生持有通达的、深刻的思考与认识，才有可能创造出代表着一个时代的电影艺术作品。电影艺术能否贯穿善恶美丑的理性思辨、道德良知的自觉拷问以及信仰体系的坚决捍卫，能否在电影创作中呈现出知识分子关于文化和道德的自主意识和启蒙作用，是我们这个时代的电影艺术家该自省和反思的问题。

将中国艺术精神和美学传统导入电影艺术，赋电影以民族的诗情，自19世纪以来几代电影人为之曾做出过不懈的努力，不仅有艺术实践也有具体的理论概括。20世纪80年代以来也有不少电影家为这样一个理想而孜孜不倦地追寻和探索，表现出了艺术家对民族文化的一种自觉自律的认识和皈依。小到名著改编，大到文化传承，美学原则是艺术创造的最高原则，没有美学原则，其他原则都没有意义与价值。美学的精神就是要以人的心灵、人的尊严、人的最高的自由为旨归，中国电影无论是原创还是改编，都要归结到符合并提升当代的人文精神上来，通过艺术之美，给人启示，催人思考，给人力量，给人希望，并提升人的心灵境界。

21世纪赋予中国电影人的使命是传承和弘扬中华传统优秀文化和美学精神，是中国电影广泛学习西方电影的同时，立足于从中国民族文化和艺术中汲取养分，以形成自己独特的创作体系美学话语。中国电影要走向真正的现代化，未来的中国电影史或者是电影美学的书写，越是在全球化的语境中，越是在跨文化的交流中，越要明确电影创作的理论和美学的立足点。

诗性电影的意象生成

意象是中国美学的重要范畴。对"电影意象"的理解、研究和运用是中国电影美学理论当代建构的自觉。诗性电影的"意象生成"是贯穿于中国电影史的一个美学命题，它关乎中国电影的艺术基因、美学精神和文化品格。百年中国电影史在实践和理论两方面的探索，其持之以恒的目标是确立中国电影的文化身份和美学品格，从而确证中国电影在世界电影史上不可替代的意义和价值。"意象生成"对于中国电影学派的美学理论建构，具有重要的意义。

在中国古典美学中，"意象"是关于"美"的核心概念。中国传统美学认为，审美活动就是要超越物理世界的诸多现象进而创造一个审美的意象世界。在中国美学的视野中，艺术的审美活动可以通过有限的"象"来揭示无限的"道"，即无限的宇宙生命。因此，中国美学精神将人生和艺术视为一个整体，它可以引领个体生命通过审美活动不断趋近意义的本源。因此"意象"既是美的本体，也是生命境界的显现。正如宗白华先生在《中国艺术意境之诞生》中说：

诗性电影的意象生成

中国哲学就是"生命本身"体悟"道"的节奏,"道"具象于生活、礼乐、制度,"道"尤表象于"艺",灿烂的"艺"赋予"道"以形象和生命,"道"给予"艺"以深度和灵魂。[①]

在中国美学的视野中,审美意象的体验和创造不重逻辑推论,而注重涵泳悟理,它所追求的是对世界的整体性和本质性的把握。这种把握是一种不关乎知识和功利的体验与觉照,这一过程既是审美层面的,也是人生层面的。因此,"意象生成"浸润着中国艺术精神所倡导的纯然的艺术体验和审美超越。

在有限的影像画面内借由"电影意象"阐释和呈现无限的"意义",是中国电影的美学追求,也是中国电影艺术家们的生命自觉。蔡楚生、费穆、桑弧、沈浮、谢铁骊、水华、吴贻弓等导演的作品中都传达着这样一脉相承的中国艺术精神。电影意象,可以让影像从写实传统和叙事逻辑中超越出来,超越故事性的叙述从而成为诗,从而让纪实性的画面拥有诗性特质,呈现出"动人无际"的审美境界,继而照亮一个充盈着生命体验的"真实世界",催生一种不同于西方电影的叙事观念和影像语言。这既是"电影意象"的美学意义,也是中国电影的精神追求。中国电影的"意象之美",体现了纯然的心灵体验和生命洞察,其体验和洞察的方式体现了诗与思的融合,从本质上区别于西方传统电影叙事的美感形态。

以费穆的电影为例,他坚持以"中国画的创作心情"来拍电影,屡想在电影构图上,构成中国画之风格,寻找电影的象外之象和味外

---

① 宗白华.美学散步[M].上海:上海人民出版社,1981:80.

之旨。他的《小城之春》以"颓城"与"废园"的整体意象取代了写实空间，用以表现具体"小城"的符号简单到了极点，唯有一处绵延的断壁残垣，似宋元山水用线条勾画的山峦叠嶂，寥寥数笔而已。这是费穆表意的手段，意在刻画心灵世界的"颓城"与"废园"，费穆要借由这心灵的"颓城"与"废园"完成一种不可言说的言说。"颓城"和"废园"的意象包含着作者诸多的历史感悟和人生苦痛，它触发了"风化"和"速朽"的历史悲怆。于是《小城之春》的"城"不再是一座具体的城，而是一座心灵之城，一座编织进影像诗句的永恒的城。费穆在电影中创造的"意象世界"与中国古典诗词和绘画的意象生成是相通的。以费穆为代表的电影艺术家，作为中国电影美学品格的探索者和先驱者，将中国艺术的诗性精神和美学品格自觉地融入了中国电影的理论和创造。

一、意象作为影像之美的本体

"意象"作为中国美学的一个核心概念，其源头可追溯至《易传》，东汉王充承继《易传》，发展了庄子的"象罔"思想，在其《论衡》一书中率先运用了"意象"这个词。而真正赋予"意象"这个词重要的美学价值，并赋予其方法论意义的是南北朝的刘勰。[①] 在《文心雕龙·神思》篇中，他说："是以陶钧文思，贵在虚静，疏瀹五藏，澡雪精神。积学以储宝，酌理以富才，研阅以穷照，驯致以怿辞。然后使玄解之宰，寻声律而定墨；独照之匠，窥意象而运斤。此盖驭文之首术，谋

---

① 叶朗. 中国美学史大纲 [M]. 上海：上海人民出版社，1985：70-72.

篇之大端。"① 这段话指出了"意象"在创作构思中的重要作用，刘勰把"意象"看成"驭文之首术，谋篇之大端"，指出它处于才学阅历，妙义和文字汇聚的关键位置。此后，魏晋时期的王弼、唐代司空图、明代陆时雍、清代叶燮等人或以"意象"来思考"意"和"象"的关系，或以"意象"来品定诗歌的格调与层级，提炼完善了"意象"的内涵，促进了"意象"的理解和阐释。刘勰之后，很多思想家、艺术家对"意象"的问题先后进行了深入研究，逐渐形成了中国传统美学的意象理论。作为审美的本体范畴，这一理论对中国艺术和美学的影响一直延续到现当代，并成为融通中西美学的一个重要概念。

美学家朱光潜在《谈美》这本书的"开场白"里指出，"美感的世界纯粹是意象世界"。② 他强调审美对象不应当是"物"，而是"物的形象"，这个"物的形象"不同于物的"感觉形象"和"表象"，而是"意象"。朱光潜明确指出，"意象就是美的本体"，它是主客观的高度融合，它只存在于审美活动之中，它是人精神活动的产物。

首先，中国传统美学否定实体化的，外在于人的"美"。唐代柳宗元在《邕州柳中丞作马退山茅亭记》③ 中有言："美不自美，因人而彰。"意思是说事物之所以成为审美的对象，成为"美"，不是它固有的属性，美不能脱离人的审美活动，必须要用人的意识和心灵去唤醒

---

① 刘勰. 文心雕龙［M］. 上海：上海古籍出版社，1982：229-230.
② 中国现代美学史上贡献最大的朱光潜和宗白华两位美学家的美学思想，都在不同程度上反映了西方美学从"主客二分"走向"天人合一"的思维模式，反映了中国近代以来寻求中西美学融合的趋势。另外，戏剧美学的研究也应该立足于中国文化，要有自己的立足点，这个立足点就是自己民族的文化和传统的美学。
③ 柳宗元. 柳宗元集：卷27［M］. 北京：中华书局，1979：729.

和照亮它。这个唤醒和照亮的过程就是意象生成，即超越具体的物和象，生成一个完整的、有意蕴的美感世界和意义世界。其次，中国美学认为不存在一个主观的实体化"美"。中国传统美学认为"美"在意象，是说审美意象既非外在于人的"实体化存在"，也不是纯粹主观的"抽象性存在"或"理念性存在"，美是在审美过程中心物相合而不断生成的。因此，意象生成是一个从混沌到明朗，从散乱到整全，从有限到无限，从无意义到有意义的动态的审美过程。

中国传统美学给予"意象"的一般的规定是"情景交融"。"情"与"景"的统一乃是审美意象最具本质性的内在结构。但我们不能把"情"与"景"理解为互为外在的两个实体化的东西，也不能把意象理解为思维的产物，"情"与"景"一气流通，才能生成意象。正如王夫之所说："情景名为二，而实不可离。神于诗者，妙合无垠。巧者则有情中景，景中情。"① "意"是客体化了的主体情思，它不脱离实相；"景"是主体化了的客体物像，它不脱离情思。实相不是情思，但实相触发情思；情思不是实相，但情思不离实相，故曰"美在意象"。如果"情""景"二分，就不可能生成审美意象。唯有"情""景"统一，才能生成审美意象，才能"情不虚情，情皆可景；景非虚景，景总含情。神理流于两间，天地供其一目"②。因此，美的艺术应该是情和景的交融，意和象的统一。

意象不同于影像，也不同于形象。影像和形象作为具体的动态图像，具有"现成性"的特点，是电影影像的结果性呈现，而意象是在审美活动中产生的，具有"非现成性"的特点。影像和形象是结果性

---

① 王夫之. 姜斋诗话笺注[M]. 北京：人民文学出版社，1981：72.
② 王夫之. 古诗评选[M]. 北京：文化艺术出版社，1997：217.

的视觉呈现，而意象是象外之象，是内在心象，是具有形而上色彩的美学范畴，是决定影像和形象的意义和深度的美的本体。由意象驱动而生成的动态影像，可以突破有限的"象"，超越现实生活的"实"，从而揭示出事物的本然。因此，对电影而言，完美的影像呈现并非镜头和画面在技术蒙太奇层面上的拼接和凑合，也不是场面与场面的机械组接，更不是科技和技术手段的复杂堆砌，而是电影的核心意象在诗性直觉中的灿然呈现。因此，我们谈电影的写实和写意，谈电影的风格和手法，不如谈"意象"，前者触及的是电影的"面目"，而"意象"是电影之美的根本，有意象，前四者随之具备。

以"春"作为意象的电影，有许多不同的题材和叙事。《早春二月》作为一部描写知识分子彷徨的心路历程的影片。表现了"乍暖还寒"的历史情境和个体心境。肖涧秋回到了芙蓉镇这个世外桃源，却最终发现世上并没有一个绝对的世外桃源，芙蓉镇这样的原乡僻壤也是"质朴里面含着尖刀，平安下面浮着纷扰"，最终他意识到偏安于桃花源的生命太过狭隘，人生的意义应该为这寒冷的世界寻找春天，"春天喷薄欲出"的核心意象呈现的既是春的希望和温暖，也是严冬尚未消散的寂寥和萧瑟。这是导演谢铁骊借物写心的诗情和诗思，他说：

> 要写"真景物真感情"，要使创作者的情感自然而然地流露出来，从而达到借物写心，心与物游，心物融合的境界。这是一种体现创作主体的人格美和作品意蕴美的最高艺术境界，需要我们在长期的创作实践中进行不懈的探索和追求。[①]

---

① 谢铁骊.中国电影同中国传统文化[J].电影艺术，1998（6）：6.

在中国美学的视野中，万事万物的"象"都是有限的，怎样透过"象"的有限来揭示"道"的无限，从瞬间的表象来触摸永恒的存在，通过对稍纵即逝的"象"的把握去领悟充满生机的"道"，这是中国哲学和美学的自觉追求。电影意象是超影像、超形象和超形态的，电影的审美意象特性有四：其一，它既不是一种物理的实体性存在，也不是一个抽象的理念世界；其二，意象世界是一个充满意蕴的情景交融的世界，它是在审美过程中不断生成的；其三，意象世界显现一个真实的世界，是无蔽的真理的现身方式；其四，审美意象产生美感，呈现"动人无际"（王夫之语）的审美境界，也是杜夫海纳所说的"灿烂的感性"。

在笔者看来，电影艺术创造的核心是意象生成的问题。在审美活动中，美和美感是同一的，美感是体验而不是认识，它的核心就是意象生成。

美学家叶朗在《美学原理》中援引郑板桥的画论时说：

> 意象生成统摄着一切：统摄着作为动机的心理意绪（"胸中勃勃，遂有画意"），统摄着作为题材的经验世界（"烟光、日影、露气""疏枝密叶"），统摄着作为媒介的物质载体（"磨墨展纸"），也统摄着艺术家和欣赏者的美感。离开意象生成来讨论艺术创造问题，就会不得要领。[1]

郑君里是早期中国电影导演中较为自觉地运用"意象"思考中国电影美学的艺术家，他在谈论导演构思的时候曾说，"方薰在《山静居

---

[1] 叶朗.美学原理[M].北京：北京大学出版社，2009：248.

画论》中所说：'作画必先立意，以定位置。意奇则奇，意高则高，意远则远，意深则深，意古则古，庸则庸，俗则俗矣！'他之所谓意，我以为就是艺术构思，与我们的导演构思相通。他又说：'古人作画，意在笔先。……在画时经营意象，先具胸中丘壑，落墨自然神速。'他以为下笔之先，就该有构思，创作才会顺利。这个'意'从什么地方来的呢？他又说：'画法可学而得之，画意非学而有之者，惟多书卷以发之，广闻见以廓之。'这是个多读书，多深入生活，多积累的问题"[1]。他的意思是说意象决定创作的成败，而意象来源于学识和见地。

意象生成体现了艺术对世界的整体性、本真性的把握。《一江春水向东流》以"云中月"的意象体现了中国诗歌中的浓郁的悲美气息；《巴山夜雨》中"驶出黑暗的航程"的核心意象通过江轮航行在三峡雄伟瑰丽的自然环境中得以呈现，美好的自然与扭曲的人性形成了深刻的对比；《城南旧事》中井窝子在不同季节中的反复出现，渲染了"无可奈何花落去"的历史感和宇宙感。审美意象是"浮游于形态和意义之间的姿态"[2]，这些影片因其对诗性电影的审美意象的把握和呈现，而成为中国电影史中的动人诗篇。电影意象是"真"和"美"的统一，它照亮了一个本然的生活世界，一个活泼泼的感性世界，一个充满意味和情趣的诗性世界，也创造了审美的最高境界。

---

[1] 李镇.郑君里全集：第1卷[M].上海：上海世纪出版集团，上海文化出版社，2016：419.

[2] 今道友信.东方的美学[M].蒋寅，李心峰，刘海东，等译.北京：生活·读书·新知三联书店，1991：278.

二、源于诗性直觉的审美意象

艺术是感性形式的"真理的呈现",美学和艺术学是建立在阐释基础上的"意义的敞开"。"意象"不是认识和逻辑分析的结果,而是审美过程中当下生成的结果。艺术创造不是一种逻辑的推理和研判,而是一种诗意的生命感悟和体验。

中国艺术对世界的认识早就突破了逻辑和分析的层面,主张审美和诗意的领悟。宋代王希孟的《千里江山图》就是一个囊括四季的永恒的山水意象。中国哲学重在生命体验,是一种生命哲学,它将宇宙和人生视为一大生命,一流动欢畅之大全体。在审美活动中,人超越外在的物质世界,融入宇宙生命世界之中,从而伸展自己的性灵。因此,生命超越始终是中国哲学和中国美学的格调和追求。

在中国美学看来,审美活动就是人与世界的相遇和交融,是"天人合一"和"万有相通"。如王阳明所说,"无人心则无天地万物,无天地万物则无人心,人心与天地万物'一气流通',融为一体,不可'间隔'"。中国美学根本不存在预设的主体和客体,人不是主体,世界也不是客体,因此也就不探讨主体对客体的认识。中国美学认为,用主客二分的思维考察事物,力求达到逻辑和概念的"真",但不能真正体悟我与世界彼此交融的审美至境。

电影意象是如何生成的呢?我们认为,意象生成源于诗性直觉,指向诗性意义。意象世界是一个注重生命体验的世界,不是一个逻辑的、概念的、说教的理念世界。诗性直觉是一种审美意识,它经过对原始直觉的超越,又经过对思维和认识的超越,最终达到审美意识。

意象的瞬间生成，就像苹果砸中牛顿，这一瞬间生成的过程是不可重复的，具有瞬间性、唯一性、真理性、情感性和超越性的特点。诗性直觉端赖电影作者透过事物的表象摄取本真的智识和想象，它体现了电影作者的思想深度、艺术才能与胸襟气象。

诗性直觉不是逻辑思维的结果，诗性直觉作为一种审美意识，它离不开情，渗透着诗，又包含着思，是思和诗的结合，是审美体验的结果。体验和思维不同，张世英在《哲学导论》中指出："审美意识的天人合一不是思想概念的活动，不是知识和认识，这已毋庸赘述。要说的是审美意识与思想、知识的联系。完全没有思想和认识的审美意识，就像克罗齐那样把审美意识放在思想概念之下而毫不依存于思想概念，其结果只能是无思的诗，无思想性的美，只能是：人人都有直觉，故人人都是艺术家。我不赞同这种美学观点。其实，克罗齐也不否认艺术作品包含思想概念，只不过他认为在艺术作品中的思想概念已转化为具体的'意象'。"[1]张世英指出"主客二分"的思维模式是认识论的本质，它与美感的体验具有本质上的不同。审美体验是一种与生命、存在、精神密切相关的经验，这种经验使艺术家拥有了整体性把握对象的能力和智慧。只有具备这种能力和智慧的人才能够发现、捕获并创造出接近最高真实的审美意象。关于这一点，宗白华说：

> 在这种心境中完成的艺术境界自然能空灵动荡而又深沉幽渺。南唐董源说："写江南山，用笔甚草草，近视之几不类物象，远视之则景物灿然，幽情远思，如睹异境。"艺术家凭借他深静的心

---

[1] 张世英.哲学导论[M].北京：北京大学出版社，2002：24.

襟,发现宇宙间深沉的境地;他们在大自然里"偶遇枯槎顽石,勺水疏林,都能以深情冷眼,求其幽意所在"。黄子久每教人作深潭,以杂树濬之,其造境可想。①

谢晋的《芙蓉镇》中"独扫长街"是电影的一处妙笔。在飘雪寂寥的长街,秦书田被捕后,即将分娩的胡玉音一个人在扫街。导演采用的是全景,镜头远远地凝视着寒风中胡玉音孤独无依的身影。先后有人从她的身边默默走过,欲言又止,但这些路人的神情是悲悯和善意的。这无言的暖意和肃杀的外部环境构成了强烈的反差和对比。导演仅仅通过这一个镜头就揭示出了电影内在的理性和无限的诗情。善意和良知是绝对不会被完全扫进历史的角落的,美和人性也不会被尽数毁灭在漫长的寒夜。"人心的春天"作为谢晋呈现的核心意象,让无言的"独扫长街"迸发出强大的思想和情感力量,它让观众从"弱者之德"中看到了一个民族的希望,从而也看到了微弱的个体在历史中的力量和意义。如果用画外音来佐以对画面的解读,结果会怎样?一定会有损"言有尽而意无穷"的力度。谢晋的处理没有说教,没有批判,却达到了"此时无声胜有声"的效果,激起了一种"于无声处听惊雷"的情感共鸣,包含着深刻的理性和灿烂的感性。意象唤醒了人们的理智,同时又激起了情感的共鸣。历史的车轮虽然缓慢,但它必将是公正的,因为人心的春天不会被全然扫去,希望就像黑夜中的晨星,长夜终将过去,黎明必将到来。所谓"不著一字,尽得风流"正是这样一番艺术境界。

---

① 宗白华.美学散步[M].上海:上海人民出版社,1981:74.

电影的意象生成凝聚了电影作者对于现象的本质性把握。郑君里在谈到意象时曾说：

> 当我心里有一个意象在生长，我觉得有点像一个孕妇。在静静的时候，我会感到他的呼吸，他的小小的手足在肚里伸动。我不仅在心里感觉着他，而且在形体上也知觉了他。我带着他一起去生活、工作、散步、思索。他会影响我的心情、气调和梦想。在白天和晚上，这个人会无缘无故地闯进我心里来，排开了当时一切思虑，整个地占据了我，像个初次怀孕的母亲在梦里迎接她的未来的婴儿一样。①

意象世界可以显现最高的"真实"，这个"真"，就是存在的本来面貌，这个"真实"和西方现当代哲学关于"生活世界"的思想有相通之处。它不是抽象的概念世界，而是原初的经验世界，是与我们的生命活动直接相关的本原世界，是万物一体的世界。如胡塞尔提出的"生活世界"，意象世界是一个充满了意义和情感的世界，一个诗意的世界。如海德格尔所认为的那样，在意象世界中，"美是作为无蔽的真理的一种现身方式"②。这是司空图所说的"妙造自然"，也是荆浩所说的"搜妙创真"，中西方的哲学和艺术思想都指出了意象对于本真的把握和呈现。因此，审美创造重涵泳悟理，不尚逻辑推论，电影意象的

---

① 李镇.郑君里全集：第1卷[M].上海：上海世纪出版集团，上海文化出版社，2016：150.

② 海德格尔.海德格尔选集：上[M].孙周兴，选编.上海：生活·读书·新知上海三联书店，1996：276.

获得，不能采用逻辑推理的方式，其最终的意义不只是说明一个道理或表明一种哲理，还为了创造性地阐释和呈现美的真理性。

美的真理性的抵达在于"妙悟"，这是一种对意义的直觉领悟，是意象生成的形式。诗性直觉源于自由的心灵对世界的映照。它在瞬间的直觉中生成并创造出一个意象世界，从而显现一个本然的生活世界。审美意象的锤炼到了最妙处，没有主客的分别，没有个体的执着，当在可言不可言之间，可解不可解之间，言在此而意在彼，绝议论而穷思维，引人于冥漠恍惚之境，继而达到最高意义的真实。妙悟不涉及任何概念、判断和推理的逻辑思维形式。严羽提出"别材"和"别趣"说，在中国美学史上有力地标举出了"妙悟"的意义及其非逻辑性的特征。他在《沧浪诗话·诗辨》中说"大抵禅道惟在妙悟，诗道亦在妙悟。且孟襄阳学力下韩退之远甚，而其诗独出退之之上者，一味妙悟而已。惟悟乃为当行，乃为本色"[1]。他说孟浩然较之韩愈，虽然学力无法相提并论，但是他的诗写得更胜一筹，原因在于妙悟。严羽又说："然悟有深浅，有分限；有透彻之悟，有但得一知半解之悟。"[2] 西方哲学所说的"直觉"与中国哲学所说的"妙悟"有相通之处。塔可夫斯基在他的《雕刻时光》中谈到日本俳句时写过这样一段话，值得我们深思，他说：

> 俳句以这样一种方式来经营其影像：完全不影射超越自身之外的任何事物，而同时又表达了那么丰富的意涵，以至于我们无法捉摸其最终意义，影像越是贴切地呼应其功能，越是无法将它局限于一个清楚的知识公式里面。俳句的作者必须让自己完全融

---

[1] 严羽.沧浪诗话笺注［M］.胡才甫，笺注.杭州：浙江古籍出版社，2015：4.
[2] 严羽.沧浪诗话笺注［M］.胡才甫，笺注.杭州：浙江古籍出版社，2015：6.

入其中，有如融入大自然，让自己投身并迷失于其深邃之中，仿佛漫游于广袤无际的宇宙。①

塔可夫斯基所感悟到的正是陶渊明所说"此中有真意，欲辨已忘言"的境界所在。正是诗性直觉决定了塔可夫斯基本人的独创性。突破表象的幻光，挣脱规则的制约，透过形式的网幕，摆脱功利的诱惑，于混沌中照见光明，于有限中体验无限，于樊笼中获得自由，这真是逍遥自得的至乐之乐。所有伟大的艺术，促成其伟大的都是它独创性的意象世界。因为它代表着人类最高的精神活动，张扬了人类最自由、最愉悦、最丰富的心灵世界。

那么，美是不是诗性直觉的唯一对象呢？并不是如此。美是诗性意义的"目的之外的目的"。就电影而言，诗性意义以直觉的方式开始起作用，直觉的创造是自由的创造。自由的创造不受制于对它履行指挥权和控制权的美的既定范式，而倾向于在当下的直觉中生成诗性意象。电影作者以蒙太奇构建的影像的语言系统，其真正的价值除了外在形式，更在于其影像画面是否真正触及并整体性地把握到足以呈现本质真实的核心意象。唯有指向本真的意象才能唤醒美感，与此相反，有的电影被"表象的美"绑架，错把美的符号、美的表象当成了美本身，其结果产生的不是"美"而是"媚"，不是高贵，而是功利、庸俗和谄媚。

因此，一切外在形式的组织和把握，为的是创造出一个有着恒久的精神体验和生命体验的意象世界，正是这种追求令电影如愿以偿地抵达了美。伟大的作品总是诞生于艺术家表达其道德理想的挣扎、有限生命

---

① 塔可夫斯基.雕刻时光[M].陈丽贵，李泳泉，译.北京：人民文学出版社，2003：114.

的顿悟，它是电影生命的起点和终点。后人的作品之所以不同于前人，电影艺术之所以不再沦为表象真实的摹本，不再成为展示技巧和堆砌符号的场所，它的神圣和高贵皆源于这种可贵的自由的创造力。电影艺术的革新和拯救唯有出自创造性的诗性直觉，正如朱良志所说：

> 真正的艺术不是陈述这个世界出现了什么，而是超越世界之表象，揭示世界背后隐藏的生命真实。艺术的关键在揭示。诗是艺术家唯一的语言。①

三、电影意象的美感特性

意象世界是带有情感性质的世界，是一个不同于外在物理世界的感性世界，是带有情感性质的有意蕴的世界，是以情感的形式去揭示本真的世界。叶朗说："当意象世界在人的审美观照中涌现出来时，必然含有人的情感（情趣）。也就是说，意象世界是带有情感性质的世界。"② 写画要有诗人之笔，拍电影也需要有诗心、诗意和诗人之笔。

首先，电影意象具有情景交融的美感特性。

苏东坡品味摩诘画《蓝田烟雨图》，诗中有画，画中有诗，诗歌和绘画的意象呈现着情景交融的特点。诗画互为印证，历来是中国文学艺术的传统。在电影中如何表现诗境，寓情于景、传情于景、情理交融，达到诗画合一的境界，是电影艺术家的美学追求。

---

① 朱良志.中国美学十五讲［M］.北京：北京大学出版社，2006：189.
② 叶朗.美学原理［M］.北京：北京大学出版社，2009：63.

审美意象体现的是心（身心存在）—艺（艺术创造）—道（精神境界）的统一。在艺术的审美和创造活动中，意象生成就是核心意象在诗性直觉中的灿然呈现。作为诗性电影的典范，费穆的《小城之春》，一个"多情却被无情恼"的故事，其弦外之音是关于"没落和风化的历史宿命"的感喟。小城之外是复苏的春天，时年的中国却在经历着"国破山河在，城春草木深"的历史阵痛！对于经受"五四"新文化运动洗礼的知识分子而言，启蒙时代未竟的事业，一如断壁残垣中需要重建的家园。作为"废墟"的"颓城"与"废园"是一种深刻的历史隐喻和心灵写照。美术史家巫鸿在《废墟的故事：中国美术和视觉文化中的"在场"与"缺失"》一书中特别提到了《小城之春》的空间，他说："这些图像中包括的建筑废墟象征着尚未愈合的伤口……但这些图像并不指代当下正在发生的事件，而是象征着通往未来的历史条件……这些作品俘获了一种悬置的时间性，把过去、现在和将来统统并置于复杂的相互作用的形式中。"①

电影作为费穆对自我命运和精神归宿终极意义上的一次思考，电影核心意象的生成源于电影作者诗思合一的艺术创造。费穆是电影诗人，他开启了生命的眼，要借助象征的景物和人物，将之导引到诗的意象世界里发自我生命的感喟。他坚信"中国电影要追求美国电影的风格是不可以的；即使模仿任何国家的风格，也是不可以的。中国电影只能表现自己的民族风格"②。所以他在黑白的影像中，以中国美学的观念和尺度经营着电影这一现代媒介的叙事。电影叙事的技法、手

---

① WU H. A story of ruins: presence and absence in Chinese art and visual culture [M]. Princeton and Oxford: Princeton University Press, 2012: 172.
② 黄爱玲. 诗人导演费穆 [M]. 上海：复旦大学出版社，2015：88-89.

段是可以模仿的，但融入了独特生命体验的艺术境界是无法模仿的。

其次，电影意象应当体现整体性的美感特性。

艺术的全部奥秘和难度就在于把握和呈现"艺术意象的完整性"。中国艺术追求"浑然"和"气韵生动"的境界，罗丹说雕塑就是把多余的东西去掉，伟大的艺术都呈现出独一无二的完整性和统一性。在笔者看来，意象正是实现电影艺术的完整性，使之具备一以贯之的生命力和创造力的内在引力。塔可夫斯基说过这样一段话：

> 导演工作的本质是什么？我们可以将它定义为雕刻时光。如果一位雕刻家面对一块大理石，内心中成品的形象栩栩如生，他一片片凿除不属于它的部分……电影创作者，也正是如此。从庞大、坚实的生活事件所组成的"大块时光"中，将他不需要的部分切除、抛弃，只留下成品的组成元素，确保影像完整性之元素。①

电影意象的完整性体现在影像内在一气呵成、一气贯通的"气韵"之中。南朝谢赫在其《古画品录》中用"六法"概括绘画所能企及的最高境界，他将"气韵生动"置于绘画六法中的首位，足见"气韵"的问题在中国绘画美学中的重要性。谢赫提出的"气韵生动"的要求，指出绘画的意象必须通向作为宇宙本体和生命的"道"，电影也应当具备一种内在贯穿的"气韵"，"气韵生动"方能实现电影艺术的完整性。

电影作者依靠其艺术直觉对于审美对象的感悟，综合所有的艺术构成，形象的，画面的，声音的，从总体上把握意象的创造和呈现，

---

① 塔可夫斯基.雕刻时光［M］.陈丽贵，李泳泉，译.北京：人民文学出版社，2003：64.

使"胸中之竹"转变成"手中之竹"。但是"手中之竹"的完成是以"胸中之竹"为基础的，没有胸中意象的完整性就不能创造出笔下意象的完整性，就没有圆满的审美意象和完满的艺术形式。

侯孝贤的电影中那些带有明显的主观美学追求的长镜头运用，其美学追求就是中国画论中"气韵生动"的艺术境界。150分钟的《戏梦人生》仅有大约100个镜头，除了1个特写，5个摇动镜头，其余采用静止的全景和中景的长镜头。极少运动的固定机位拍摄的长镜头，如少年李天禄在老槐树下的布袋戏演出、青山绿水间的吊桥和空阔的堂屋……空间静止不变或极少变化，在平实地静观日常中呈现出时间的流逝，一种"无可奈何花落去"的忧伤如水墨一样氤氲开来，呈现出中国美学的气质和韵味。侯孝贤的长镜头刻画的时间展现了"真实"，这种"真实"的体验，和西方外来电影的影响无关，而是受中国哲学、宗教和中国诗词影响的潜移默化的流露。在对影像画面"气韵生动"的终极追求下，侯孝贤还提出了他的"气韵剪辑法"。

因此，电影意象的完整性体现在一气呵成、一气贯通的"气韵"之中，体现在对最高的真实世界和意义世界的把握之中。比如体现绘画大法的"一画说"，石涛所谓的这个大法不是一笔一画，不是技法手段，乃是"众有之本，万象之根"，他说："一画之法立，而万物著矣。我故曰：'吾道一以贯之'。"[①]人不见其画之成，画不违其心之用。一幅画在不知不觉间完成，好像根本不是人工完成的。石涛的一画是心法，一画之理贯通宇宙自然和绘画艺术，艺术表达的是我所体悟到

---

① 王宏印.《画语录》注译与石涛画论研究[M].北京：北京图书馆出版社，2007：5.

的那个独特的意象世界。宗白华在比较中西方绘画运笔时说,"董迫在《广川画跋》里说得好:'且观天地生物,特一气运化尔,其功用秘移,与物有宜,莫知为之者,故能成于自然。'他这话可以和罗丹所说的:'一个规定的线通贯着大宇宙而赋予了一切被创造物,他们在它里面运行着,而自觉着自由自在'相印证。所以千笔万笔,统于一笔,正是这一笔运化尔"[1]。电影意象也应当具备一种生生不息的"气韵"。当统一的、一以贯之的生命力和创造力充溢于整个作品的时候,我们就感受到了作品的完整和圆融。

电影能使静止的景物转为动势的、不断变化着的情境。银幕上的情境让单纯的"景"和"象"获得了电影的空间特性和宇宙特性。于是,空间不再只是展开情节的背景,而成为一种整体性的、审美的意象世界的载体。如陈凯歌的黄土地,是一种悲怆和厚重的历史体验的象征意象;如张艺谋的高粱地,是他展现豪放狂野诗行的基底……自然风景在电影中绝不是树木、湖泊和山峰的简单图像,空间与环境是艺术情感得以释放,理性哲思得以阐释的种种可能性的复杂载体。空间之于意象生成,常以精神性的象征而存在,统摄着一切被分切组合的画面,并主导着它们的意义和美感。

从这个意义上讲,电影的创摄固然有技法层面的要求,更重要的是电影作者的修养、智识和见地的差异。然而,"气韵不可学",气韵的核心是生命意义的感悟和生命境界的呈现。艺术境界的表达虽有赖于具体的形式,但更重要的是内在生命的通达和参悟,这种通达和参悟源乎艺术家胸襟、气象和智慧,它主导并决定着艺术家的风格和高下。

---

[1] 宗白华. 美学散步 [M]. 上海:上海人民出版社,1981:167.

诗性电影的意象生成

最后，电影意象具有真理性的美感特性。

意象世界是开启"真实空间"的钥匙，它使不可言说的真实获得了表达。王夫之把这种"显现真实"称为"现量"。王夫之的"现量"关于"如所存而显之"的思想非常具有现代意味，"现"就是"显现"，也就是王阳明所说的"一时明白起来"，也就是海德格尔所说的"美属于真理的自行发生"[①]。"现量"显现真实的意义在于，既显示客观事物的外表情状也显示事物的内在本质，是情与理的高度融合。电影思想的深刻性，根本在于电影意象如何抵达并呈现本源性的真实。意象世界是"如所存在而显之，超越与复归的统一，真善美的统一，体现了艺术家自由的心灵对世界的映照，体现了艺术家对于世界的整体性、本质性的把握"[②]。

张世英先生指出审美意识可以触及真理，但审美意识不同于哲学思维，它不是理性思维活动，他指出审美意识中的思并非概念思维之思，他说："真理、真实性在艺术品中才得以发生，是艺术品使事物显现其真实面貌，显现其真理，是艺术品提供了真理得以显现、照耀的场所。就像前面所说的，是石庙艺术品第一次使天空、白昼、黑夜最真实地、最生动具体地显现出来，第一次使之'成为可见的'。陶渊明的诗：'采菊东篱下，悠然见南山。山气日夕佳，飞鸟相与还。'这里似乎都不过是说的一些自然景象，但实际上陶渊明不是为了简单地描写自然美，这幅景象是诗人与自然合一的整体，它已化成显现'真意'（'真理'）的艺术品。'此中有真意，欲辨已忘言。'这里的'真意'

---

① 海德格尔.海德格尔选集：上[M].孙周兴，选编.上海：生活·读书·新知上海三联书店，1996：302.
② 叶朗.美学原理[M].北京：北京大学出版社，2009：73-80.

不是通常所说的同美（和善）相对峙的科学认识或理论活动意义下的真理，而是类似海德格尔所说的'显现'或'去蔽'状态。'此中有真意'，就是说秋菊、东篱、南山、飞鸟之类所敞开的世界，是一个美的、有诗意的世界，是一个艺术品，而此美、此艺术品又显现着最真实，最本然的东西。"[①]这就是意象世界所要开启的真实之门，以及意象世界所要达到的真实之境。正如电影《至暗时刻》，"至暗时刻"的核心意象即是历史的真实，是英国的真实处境，也是主人公丘吉尔人生的真实处境，其中包含着难以突围的存在和历史的双重困境。

吴贻弓《城南旧事》抽取了"无法挽留的时光"作为核心意象加以表现。影片的前半部，反复出现七次的"井窝子"，固定的空间和景物，出现的时间和季节却发生了变化，隆冬拂晓、初春夕照、盛夏午后、夜雨时分……渲染了物是人非的意境。"井窝子"仿佛是一位历史变迁的见证者，默默见证着岁月在不经意中的悄然流逝。固定空间的变化雕刻了时间的无情和世事的沧桑。最终，懂事可爱的妞子，温情善良的秀贞都从小英子的童年时光中无可奈何地消逝了，从而显现了形而上的关于人与时间的深刻冲突。由此，"无法挽留的时光"的电影意象体现了吴贻弓"情贯镜中，理在情深处"的艺术追求。艺术是心灵世界的显现，艺术意象呈现的是心灵化的时间和空间。艺术创造不是一种逻辑的推理和研判，而是一种诗意的生命感悟和体验。

电影意象的真理性表现在意象生成的独一性。面对同一事物，因审美体验的不同，意象世界也会呈现差异，这就是以"父亲""母亲""复仇""爱情"为同类题材的电影之所以呈现千差万别的原因。外师造化，

[①] 张世英.哲学导论[M].北京：北京大学出版社，2008：145.

中得心源，对艺术家而言，全然呈现其意义世界的意象是独有的、不可重复的，不存在两个完全一样的审美体验，所谓"天籁之发，因于俄顷"就是这个道理。形式和符号是可以模仿的，但审美意象是不能模仿和复制的。一个文本对一个电影作者而言，只能产生一种最恰当适宜的整体意象，它是独一的，很难为他人所模仿，即便被模仿，也只能模仿其"形"，而无法模仿其"神"。雷诺阿认为，电影导演一生拍再多的电影，终究也只是在拍一部电影，讲的就是这种"独一性"的贯穿。① "独一性"是对电影作者生命体悟、历史思考、美学境界的全面的考量。

中国艺术向来不重视对现实世界的简单复制，对表象的简单记录和模仿，它不用逻辑科学之眼，而是以诗性生命之眼观察世界。所谓"妙合神解"就是透过世界的表象，呈现对宇宙精神的领悟。唯有审美的心胸，方能有超越性的发现，方能化现活泼泼的意象世界，方能企及艺术的妙境。中国美学所强调的艺术精神其终极的目标是生命的感悟和超越，不是在"经验"的现实中认识美，剖析美，而是在"超验"的世界里体会美，把握真。这是中国人的生命思慕，也是中国美学的美感特征，更是中国艺术的精神追求。

结语

电影作为一种现代媒介，在全球化时代如何传承本民族的文化，在影像的美学体系上对话西方，是一个比较重大的问题。怎样在深厚的民族美学和传统文化的基础上，创造出拥有自我美学根基的电影艺术？百

---

① 汤普森，波德维尔.世界电影史［M］.陈旭光，何一薇，译.北京：北京大学出版社，2004：393.

年中国电影的实践和理论如何走出"他者"的语言体系，走向真正的现代化，未来的中国电影史或者是电影美学的书写，必须要有自己的电影理论和美学立足点。因此，从中国美学的视角研究中国电影极为必要。

目前，中国电影的美学建构日益成为学界共同关注的问题。在这一时代背景下，我以为把中国美学的研究方法和价值意义引入电影美学的研究，在理论上有助于产生一种和中国传统艺术精神紧密相关的理论话语，在实践上也有助于推动有民族品格和美学特色的电影艺术的发展。

从中国美学的角度，整体性考察中国电影的美学特质，可以帮助我们发现中国电影从影像语言到艺术精神在世界电影中的独特意义，有助于进一步认识中国电影的艺术高度和理论深度。21世纪赋予中国电影人的使命是传承和弘扬中华优秀传统文化和美学精神，中国电影在广泛学习西方电影的同时，立足于从中国民族文化和艺术中汲取养分，以形成自己独特的创作体系和美学话语。

理在情深处

——戏曲电影《白蛇传·情》的美学意义

戏曲电影是中国独有的一种电影类型,它天然地携带着中国美学的内在要求。中国电影史上的费穆、崔嵬等大导演都曾拍摄过优秀的戏曲电影,思考过戏曲电影美学的根本问题,并留下过富有见地的艺术思想。电影如何以恰到好处的叙事和形式提升舞台所不能达到的审美境界,如何在记录优秀的表演艺术的同时弥补影像转译后舞台光韵的损失,让戏曲的意境和韵味得到最大程度的体现,这是戏曲电影所要突破的难点,也是拍摄一部优秀戏曲影片的关键。

粤剧《白蛇传·情》从舞台到电影的转换是一个极大的挑战,也是一次富有意义的突破。在笔者看来,这部电影的重要意义不仅在"情"和"法"的理念冲突结构中肯定了"情"作为本源性存在的现代阐释,更重要的是,影片解决了以往戏曲电影难以解决的,或者解决不好的一些关键问题。为戏曲电影的理论和美学研究提供了原创性佳作,并贡献了当代电影人的智慧和才情。《白蛇传·情》对于当代戏曲电影的意义在于以下几个方面。

一、电影遵循了"虚实相生"的戏曲叙事特色

影片的叙事并没有解构戏曲文本的叙事框架，而是充分尊重舞台呈现的叙事框架，甚至在电影文本中以"第一折""第二折"等场次分隔来呈现叙事结构。电影叙事没有篡改和重构舞台文本，也没有无端加入另外的情节和场面，传奇神话的叙事没有落入追求奇幻的影像窠臼，而是呈现了动态的水墨画卷上虚实相生、情理交融、简洁洗练的整体叙事。比如"水漫金山"并没有对灾难性的场面做过度渲染，电影制作了"大水意象"，以及白素贞和法海飞波逐浪、水上斗法的场面，把握了戏曲电影表达的虚实法度，同时又恰到好处地表现了"人人心中有"而舞台无法实现的真实情境。

《白蛇传·情》的成功还在于遵循了戏曲艺术的基本特性，影片的时空处理体现着"境由心生""意与境浑"的美学观念，实现了"实景清而空景现，真境逼而神境生"的境界。影片的时空处理体现着极大的自由性和假定性，如果拘泥于实物实景，就不可能做到气韵生动，唯有虚实结合，才能实现这有限之中的无限，才能突破有限的形象，揭示事物的本质，造就气韵生动，达到神妙艺境。《白蛇传·情》以完全电影化的思维呈现了舞台艺术的完整性，在戏曲电影的美学观念和制作方法上突破了以往的一些难题，满足了观众对于戏曲电影的当代想象。

二、电影把握了"真实呈现"的美学尺度

齐白石说"太似则媚俗，不似则欺世"，艺术的真实不在于表面的

模仿，而在于内在精神的传达。如何做到似与不似之间的传神，是艺术最难企及的境地，这种境界也是中国艺术的审美追求。中国传统美学所强调的真实性的含义，就是要合乎社会情理，写出社会生活、人情世态的真实面目和内在的必然规律，这是我国古典叙事艺术的一个优秀传统。戏曲电影的真实性就是要写出"真情"，写出"人情物理"，这是一个"真实观"的问题，真实与深刻应当互为表里。对此，谢晋曾讲过这样一段话：

> 为什么一个艺术家要有"童心"呢？所谓童心，也就是一颗赤诚的心。有了这种心，就能对真、善、美和假、恶、丑有一个公正的判断。艺术家的"童心"，关系到艺术作品的生命。
>
> 没有切身感受，没有真情实感，没有对角色的深刻理解，任凭导演资格再老，蒙太奇手段再高超，镜头分得再顺，也不可能拍出充满激情的影片。这不是技巧问题、手段问题，它是任何手段和技巧所代替不了的。[①]

由于电影和戏剧的美学本质不同，当两种艺术相遇之际必定会出现美学上的排斥反应。因此，戏曲电影之难在于如何把握写实与虚拟之间的矛盾和尺度。戏曲电影所要呈现的真实与趣味，和其他类型的电影不同，它不能单纯依靠电影的再现特性去追求全然写实，而是需要在一定的尺度内消除不真实的"无实物的虚拟动作"，并增加有限度的"有实物的真实动作和场景"，让本来只是存在于戏剧想象中的虚境，成为承载

---

① 谢晋.我对导演艺术的追求[M].北京：中国电影出版社，1998：115.

人物情感流动和变化的实境。然而,"有实物的真实动作和场景"的营造,以不破坏戏曲基本的美学特性为原则。古苍梧的这段话颇有见地:

> 诚如梅兰芳所言,戏曲美学的核心,即在演员的表演。戏曲的"景",也是由演员的形体动作来勾勒的。所谓"景随人生",戏曲中的"景"主要不依附于实物而依附于演员的表演。戏曲舞台上的造型价值,主要是由演员形体动作的变化来创造,因此不需要有写实的"景",更不需要有"立体之布景形式",因为这一类的"景"构成了演员表演上的障碍,景物的形象、色彩,也会跟演员的形象争夺观众的注意力(卓别林说的"抢戏",是很准确的观察)。更重要的是,演员在舞台上所进行的是一种"动态的造型"。"人移景迁",演员形体的每一亮相、每一身段、每一调度,都在舞台上形成不同的形象,不同的构图,不同的视觉效果,加上风格化的化妆、面谱、服饰和道具,更丰富了整个画面的线条和色彩。转化成电影之后,这些动态造型的视觉效果,应该是不会消失的。而且用演员舞蹈化动作所带引的摄影机运动,还会平添一种流丽的韵律。①

媒介的转换,使戏曲从舞台到银幕发生了美学特性的变化,戏曲电影所要表现的对象,是具有舞台假定性的艺术样态,要想在两种艺术的冲突中实现融合,就必须寻找出戏曲电影自身的美学特性,并在此基础上力求创构出戏曲电影的影像语言。

---

① 黄爱玲.诗人导演费穆[M].上海:复旦大学出版社,2015:299.

理在情深处

三、"镜头结构"是心灵世界的直接显现

中国美学格外强调艺术与心灵的关系。"笔墨之道，本乎性情"[①]，这本就是中国美学的追求。对绘画艺术而言，画面、形式和内容，都是心灵世界的显现，对电影艺术也是如此。电影以影像为载体，体现的是艺术家活泼泼的生命状态和内在灵性。艺术家的修养、情思和心境通过叙事、画面、节奏和语言，展现给观众内在深致的精神性存在。谢晋曾说："导演处理排演的关键要抓规定情境、抓人物关系，要符合生活，也就是夏衍同志经常讲的'分寸、情理'。有的戏把人物谈话放在火车站。火车站人来人往，但演员却站着不动，旁若无人地在那里讲话。这种人物调度完全不符合规定情境。导演要抓人物关系，抓潜台词，抓内心世界的揭示，导演要研究角色的行动逻辑。赵丹、金山创造一个角色可以写一本书。如金山扮演《万尼亚舅舅》时所写的一本书，半边印对白，半边印设想。"[②]

费穆曾经就京剧电影的美学道路说："我觉得，京戏电影化有一条路可走。第一，制作者认清戏是一种乐剧，而决定用歌舞片的拍法处理剧本。第二，尽量吸收京戏的表现方法而加以巧妙的运用，使电影艺术也有一些新的格调。第三，拍戏时，导演心中常存一种写中国画的创作心情——这是最难的一点。"[③]他所说的歌舞片的拍法，新的格

[①] 沈宗骞.芥舟学画编[M].济南：山东画报出版社，2013：64.
[②] 谢晋.我对导演艺术的追求[M].北京：中国电影出版社，1998：124.
[③] 费穆.中国旧剧的电影化问题[J].《青春电影》号外，《古中国之歌》特刊，1941.

调以及中国画的韵味在《白蛇传·情》中不同程度地得到了实践。《白蛇传·情》的镜头语言取法了中国艺术的精神性追求，将中国艺术中笔法和功法的美学追求融入镜头结构，镜头和画面不仅仅是影像记录的手段和形式，而是人物情感变化和心灵世界的直接显现，每一个镜头犹如中国画中充满韵味的线条，呈现着中国艺术的内在意蕴和精神性追求。淡雅的水墨色调呈现出内在的诗境，心境如水，情思如墨，运动如线条，点化勾勒，浩浩荡荡，一气呵成。要达到这种境界，必须具备中国文化和中国艺术的修养。

《白蛇传·情》启示我们，中国历代绘画和画论中包含着戏曲可以借鉴的形式与意蕴的资源，戏曲电影应该了解并体察"笔法"和"功法"内在精神的相通。这一中国美学的意义体系不能丢失，唯有对中国文化存有敬畏之心，才能在戏曲电影的创作中更自觉地探索其内在的规律，并自觉地加以传承。

四、以"长镜头 + 慢动作"实现"气韵生动"

影片的美学特色还在于导演充分尊重了戏曲艺术的规律，没有把成熟的表演艺术和舞台演出作为导演个人的实验素材，更没有把传统戏曲作为电影化表达的实验场。电影没有肢解戏曲，技术的运用恰到好处。

最能体现《白蛇传·情》"气韵生动"的段落就是白素贞的水袖表演。白素贞的水袖展现了她柔中带刚的柔情和坚贞，兼具文武之道。白素贞这个形象，过去很多演员都在"妖"态上做过了头。曾小敏则较好地把握了人物的真纯和坚贞，在强调"情之追求"的热烈中，体现了恰到好处的分寸。特别是金山寺与罗汉斗法，长长的水袖既是白素贞失去天地揭谛剑之后的"武器"，又是她义无反顾的"情的追求"，更是演员技艺的整体展现。镜头通过两条水袖把白素贞的内在情感和心灵世界生动地展现了出来，将她推向了人格美的高度。唯有气韵生动，才能传神写照。戏曲以"音韵"和"身段"为核心的基本功法，注重在音乐中，戏曲程式化表演的内在气韵的连贯。

对于戏曲而言，演员的表演无疑是其艺术的核心。戏曲界历来都有"重技轻戏"的传统，观众看"戏"的审美快感更多来自对"手法身段""唱腔程式"本身的欣赏。舞台上的形象、氛围和环境，端赖演员的表演，精彩的表演创造了情景交融的审美境界。戏曲电影首先要忠实于戏曲的审美核心，忠实于演员的表演、唱腔、对白、身段，包括演员的功法，既不能损害它，又要忠实地呈现表演艺术。拍摄戏曲电影还有一项重要的意义就是中华优秀文化的传承。长镜头可以较为完整地把演员不可再现的表演艺术体现在电影当中，为这个剧种本身，为未来艺术的传承留一份非常珍贵的、有价值的、可供观赏和研究的范本和资料。这是戏曲电影独一无二的特性，这一特性决定了戏曲电影不可以对所拍摄的戏曲艺术随意抑扬弃取，对有极高传承意义和价值的艺术就更不能草率地把完整的表演艺术用简单的分镜头搞得支离破碎，甚至把它完全解构了，而应该通过镜头内外部运动、后期剪辑、特技合成等手段既创造出有别于"日常生活"的视觉体验，又展现出戏曲的舞台调度特有的美学内涵。

戏曲电影是中国传统文化的一个重要的媒介和载体，戏曲电影的创作应该包含着中国人自觉的、自信的文化追求，也包含着代表时代精神的审美诉求。笔者认为，只要保持对传统艺术和文化的一种敬畏，秉持着中国美学的精神追求，戏曲电影作为中国独有的电影类型将会越来越呈现它的艺术价值和美学价值。

中国戏曲电影的美学特性与影像创构

20世纪中国电影理论的建设基本上呈现了引进、译介、选择、吸收西方电影理论的取向这一过程,但是电影学界也意识到,戏曲电影有其自身独特的美学要求和美学特性,这一美学特性不是单纯依靠电影的再现特性而实现的,我们应当更加自觉地探索中国电影和中国美学、中国艺术精神之间的关系,从而推动产生一些具有建设性和启示性的理论和实践成果。

戏曲电影是中国独有的一种电影类型。作为中国文化的一个重要组成部分,戏曲艺术承载着中国人的思维方法、人生经验、哲理思考,也反映着中国人的文化、生活、思想、情趣,它天然地携带着中国美学的精神追求。中国电影史上先后有费穆、崔嵬等大导演都拍摄过优秀的戏曲电影,也思考过戏曲电影美学的根本问题,并且留下了许多富有见地的艺术思想。中华人民共和国成立之后,戏曲电影的生产总量日益增大,戏曲电影的拍摄几乎囊括了昆曲、京剧、秦腔、越剧、豫剧、川剧、评剧、晋剧、粤剧、吕剧、蒲剧、黄梅戏、婺剧、沪剧等最有代表性的剧种。京剧样板戏无疑是戏曲电影史上最重要的篇章，解决和弥合了很多戏曲片拍摄悬而未决的问题。《梁山伯与祝英台》《追鱼》《碧玉簪》《红楼梦》《祝福》等戏曲电影使越剧这样一个地方剧种一跃而起成为享誉全国的剧种。1980年摄制的《白蛇传》更是戏曲电影史上的一个里程碑式的作品，全国约3亿观众竞相观赏这部影片。21世纪以来，伴随着戏曲艺术作为文化遗产的传承与发展的迫切性，戏曲影像工程成为非遗保护的一项重要举措并推动了中国戏曲电影的发展和繁荣，其中涌现出不少颇具票房号召力的戏曲电影佳作，如《牡丹亭》（昆曲）、《曹操与杨修》（京剧）、《西厢记》（越剧）、《苏武牧羊》（豫剧）、《白蛇传·情》（粤剧）、《挑山女人》、《雷雨》（沪剧）等。然而，在戏曲电影蓬勃发展的背后，如何让戏曲电影不仅仅成为非遗保护的手段，或是舞台艺术的记录工具，是一个亟待从美学角度予以思考的问题。

戏曲抗拒被电影篡改美学特性，电影又不甘心仅仅成为戏曲的记录工具。怎么保留戏曲的特质又发挥电影的特性？电影如何以恰到好处的叙事和形式提升戏曲舞台艺术所不能企及的审美境界？如何处理戏曲舞台艺术的虚拟性和电影的写实性之间的矛盾？如何保存优秀的表演艺术，寻找并确立戏曲电影的美学特性，这是拍摄一部优秀的戏曲影片所要思考的关键。正是在"媒介转换""虚实关系""镜头结构"这三个问题上，中国戏曲电影的实践始终未能完全突破费穆时代的美学观念和实验成果。田汉在谈到戏曲和电影的关系时，主张"这种工作必须是电影艺术对于旧戏的一种新的解释，站在这一认识上来统一它们中间的矛盾"[①]。媒介转换带来的艺术特性的转变，如何从本体论

---

① 田汉.斩经堂评［J］.联华画报，1937，9（5）.

的层面去理解戏曲电影,构建戏曲电影自身独有的假定性和美学品格是当代戏曲电影理论和创作的重要命题。

一、媒介转换:消融两个世界的对立和冲突

由于电影和戏剧的美学特性根本不同,当两种艺术相遇之际必定会出现美学上的排斥反应。戏曲电影中戏剧性和电影性二者内在抵牾的根源在于两种艺术的媒介属性的差异。电影叙事的基本媒介是影像的呈现,影像是通过科技手段采集的物质世界的摹本;戏剧叙事的基本媒介是演员的表演,是身体在假定性时空中展现的程式与技巧。因此,戏曲表演是生命情致的在场呈现,它所呈现的是心灵世界的摹本。消融二者的冲突,突破物质世界和心灵世界的隔阂,最重要的就是确立戏曲电影中"心灵世界"和"物质世界"的呈现谁为第一性的问题,即电影的媒介表达选择改造或者顺应戏曲的媒介表达问题。

拍摄戏曲电影和其他的电影类型不同,镜头面对的不是社会真实生活,或者依照生活的规律进行表演,以最大的真实度模仿或接近现实生活的场景,戏曲电影所要表现的特定对象,是经过独特的艺术提炼后高度程式化、虚拟性、假定性的戏曲表演,是经由改造、超越和变形的具有舞台假定性的心灵世界,以及高度概括的、抽象的、象征的审美空间。这使得摄影机对于对象的捕捉不再呈现为直接反映的特点,而是呈现为爱因汉姆(Rudolf Arnheim,1904—2007)在研究卓别林无声电影时所提出的"间接表现"的特征。[①]因此,在戏曲电影

---

① 布朗.电影理论史评[M].徐建生,译.北京:中国电影出版社,1994:17.

中，巴赞所谓的客观性失去了前提，写实主义美学在戏曲电影中是无法实现的。这一点与默片时代的影像呈现有类似的地方，默片时代的电影，镜头面对的是演员完全不同于现实生活的夸张的戏剧动作系统，而不是复制生活摹本的动作系统。同样的情形在好莱坞的一些音乐电影、舞蹈电影中也有着类似的体现。戏曲电影还原和再现的并非客观现实时空，而是一种具有超现实特性的审美空间。

戏曲电影只有熟悉、尊重和顺应戏曲剧种的美学特性，才能确立戏曲电影自身的美学品格，发现并构建戏曲电影自身的叙事形式，并在此基础上以影像语言创构出新的时空美学。但是"影—戏""虚—实"的二元对立是戏曲电影自诞生以来最难解决的问题。1937年，费穆拍摄《斩经堂》直接遭遇的难题就是如何拍摄戏曲电影的战争场面？他和周信芳产生了完全抵牾的设想，最终呈现的就是我们现在看到的周信芳在摄影棚里的程式化表演（费穆的写意追求），以及真实的骑兵穿越荒野的战争场面（周信芳的场面追求）。结果在一部电影中出现了美学风格的分裂，戏曲中战争场面本来通过演员的"靠旗"以及虚拟程式化的动作就可以达成，而聚焦真实场面的摄影机捕捉到的就不再是"间接表现"的审美空间了。费穆后来也曾表示对于当时没能说服周信芳而深感遗憾。尽管如此，费穆始终没有放弃探索戏曲的抽象和电影的写实这一二元对立的解决之道，在梅兰芳主演的《生死恨》（1948）中，他充分尊重戏曲的传统叙事形式，镜头语言力求顺应戏曲表演的写意性、假定性与虚拟性，留下了戏曲电影化媒介转换的可资借鉴的实践。梅兰芳曾说："中国的观众除去要看剧中的故事内容外，更着重看表演。""群众的爱好程度，往往决定于演员的技术。"

2009年郑大圣执导的《廉吏于成龙》特别尊重京剧自身的艺术特

性，导演以一个旁观者的角度，借助演员的表演去审视、解读镜头下的历史人物正在进行的故事，使观众沉浸在程式化的唱腔、念白及身段、表情、手势之中。镜头在真实的剧情和假定的看戏两种状态中切换，以妙用虚实的方式，强化了观众在看戏的心理感觉，既尊重了戏曲表演的夸张性、假定性与虚拟性，又实现了戏曲表演与电影技巧的融合，探索了戏曲电影独特的影像叙事的语汇。

与一般电影所要展现的动作体系不同，歌唱和念白是戏曲艺术的重要技艺，它构成了戏曲电影的动作体系，歌唱和念白所体现的舞台假定性的特质在电影中不能被消解，因为戏曲表演和人物塑造如果缺失了歌唱和念白，或者以其他形式替代歌唱和念白，那么其抒情和写意的美学品格就将不复存在。比如拍摄关云长单刀赴会，按照一般电影的思维，叙事的重点应该在单刀赴会过程中发生的险象环生的情节，但在戏曲的表现中，主要通过"大江东去浪千叠"的意象性画面和"二十年流不尽的英雄血"的情感抒发来刻画关云长的形象。再如越剧《碧玉簪》，李秀英盖衣一场有大段的唱，盖一件衣服没有什么稀奇，但观众正是在这段唱腔与表演中与角色共情，获得审美的享受。《白蛇传·情》中白素贞为了要不要喝下三杯雄黄酒，也有大段的唱，这段表演充分展现了她对许仙的一往情深和不顾一切。

对于戏曲而言，演员的表演无疑是其艺术的核心。戏曲界历来都有"重技轻戏"的传统，观众看"戏"的审美快感更多来自对"手法身段""唱腔程式"本身的欣赏。舞台上的形象、氛围和环境，端赖演员的表演，精彩的表演创造了情景交融的审美境界。戏曲表演体系的特殊性就在于它的一整套程式化的美学体系，戏曲电影的根本美学价值也在于程式化的演员表演与镜头结构的关系呈现，从而实现戏曲电影的诗性品格。

《白蛇传·情》塑造人物的方式也牢牢地抓住了音乐性和动作性，但是镜头淡化了戏曲表演夸张的面部表情，更多地通过眼睛来传情达意。舞台上演员表现惊恐时，用水袖、退步跟跄，但在电影中可用惊恐的面部特写镜头，辅之以生活化的动作，对呈现戏曲之美无伤大雅。在面部表情和嘴形塑造方面，为了配合电影的近景和特写而有意收敛，以达到更加自然的影像要求。

总而言之，拍摄戏曲电影，必须了解中国戏曲的美学特性，熟悉多种多样的戏曲艺术的板式、声腔、做功、念白等艺术的规律和要求。了解戏曲艺术唱有唱的形式，念有念的韵味，做有做的道理，有的戏重在唱（如《二进宫》），有的戏重在念（如《四进士》），这样才能明确如何展示演员的高超技艺。豫剧电影《苏武牧羊》，用中国艺术的刻画人物、表情达意的方式成功地塑造了苏武这个中国人耳熟能详的历史人物，用精彩纷呈的唱段刻画展现了这个形象的心理、性格、命运的发展过程。尤其是"十九年"这个高潮唱段，把苏武在汉匈和好，归汉的旨意下达之后去留的矛盾、痛苦的抉择表现得酣畅淋漓。在刻画苏武这个艺术形象上，达到了沥血以书辞，丹心映汗青的审美境地。完整地呈现了舞台上苏武的艺术形象，完整地呈现了豫剧演员李树建的声腔、语言和功法，给豫剧艺术的传承和发展提供了一个范本。

电影作品的真实是每个电影作者的自觉要求，意大利新现实主义电影家"把摄影机扛到街上去"为的是寻找真实；巴赞认为长镜头"能让人明白一切，而不必把世界劈成一堆碎片"为的是表现真实；爱森斯坦拍摄的"跳动的石狮""敖德萨台阶"也是为了真实，其他诸如照明、道具、表演、音乐等方面要围绕真实的要求。对于"真实"的理解和定义，因作者的观念体悟不同存在着诸多差异。"何以为真，何以为似"这是一个涉及"真实观"的美学问题。戏曲电影对于真实的要求自然不同于一般意义上的电影。费穆对戏曲时空的写实或写意有着深刻的认知。他说：

> 中国剧的生、旦、净、丑之动作、装扮，皆非现实之人。客观地说，可以说像傀儡、像鬼怪；主观些，可以说是像古人，像画中人；然而最终的目的，仍是要求观众认识他们是真人，是现实的人，而在假人假戏中获得真实之感觉。这种境界，十分微妙，必须演员的艺术与观众的心理互相融会、共鸣，才能了解，倘使演员全无艺术上的修养，观众又缺乏理解力，那就是一群傻子看疯子演傀儡戏，也就等于一幅幼稚的中国画，水墨淋漓，一塌糊涂，既不写实，又不写意，完全要不得了。①

费穆的这段话指出了真与假、虚与实在戏曲中的辩证关系。如何做到似与不似之间的传神，是一切艺术最难企及的境界，这种境界也是中国艺术的审美追求。故而，戏曲电影的审美追求和审美表达一定要融通、借鉴和化用戏曲艺术的美学精神。

戏曲电影也有必要借鉴戏曲的真实观。我国传统小说、戏曲强调真实地再现人情世态，要写出最普通、最常见的社会生活和社会关系的"真情"，写出"人情物理"，所以在传奇性的要求下总是把真实性置于更为重要的位置。小说和戏曲中搜罗海内外的奇闻怪事，素来遭

---

① 费穆.关于旧剧电影化的问题［N］.北京电影报，1942-04-04（10）.

到历代理论家的反对,金圣叹曾提出,即使是"极骇人之事",也要用"极近人之笔"写出来。李渔指出:"凡说人情物理者,千古相传;凡涉荒唐怪异者,当日即朽。"①冯梦龙曾经说过:"天下之文心少而里耳多,则小说之资于选言者少,而资于通俗者多。"②所谓"里耳",就是指民间的、普通老百姓的审美要求和艺术欣赏习惯。无论是小说,还是戏曲,都强调要面向广大群众,中国电影要真正做到"谐于里耳",就应该从真实性出发,写出感通人心的"人情物理",在叙事结构和情节安排等方面做到既要出人意料,又要契乎人心。

中国传统美学所强调的真实性,首先就是要合乎情理,这是我国古典叙事艺术的一个优秀传统。戏曲电影的真实性也应该写出"人情物理",写出"合情合理"的真实,即合乎社会生活、社会关系的情理。冯梦龙讲:"人不必有其事,事不必丽其人""事真而理不赝,即事赝而理亦真。"③戏曲电影应该继承古典戏曲在真实性方面的要求,戏曲电影的真实与深刻应当互为表里,此即为"情贯镜中,理在情深处"。对此,谢晋讲过一段重要的话:

> 我们的影片到底靠什么打动观众?是靠离奇的故事和曲折的情节吗?不是。是靠那些技巧和蒙太奇手段吗?更不是。影片真正打动观众,最主要的在于它的真实性和思想深度。看世界第一流的片子,有两个字使我深切地感到正是我们所缺少的,即真与深。不真,会使人感到虚假,自然要削弱作品的艺术感染力。不

---

① 李渔.闲情偶寄[M].北京:作家出版社,1995:22.
② 高洪钧.冯梦龙集笺注[M].天津:天津古籍出版社,2006:80.
③ 郑振铎.世界文库[M].上海:生活书店,1935:217.

深，作品也不可能有较强的生命力。深，可以理解为表现的事物、思想、人的性格、人物关系、处境以及人的感情等，比较复杂，不是那么单一。

戏曲电影所要表现的对象，不是真实生活的动作系统，而是具有高度舞台假定性的动作表意系统，要想实现两种媒介形式的完美融合，就必须寻找出戏曲电影自身的美学特性，并在此基础上力求创构出戏曲电影独特的影像语言。

二、虚实相生：戏曲电影的意境生成

戏曲电影之难在于把握写实与虚拟之间的矛盾和尺度。戏曲电影所要呈现的真实与趣味，和其他类型的电影也有着本质的不同，它不能单纯依靠电影的再现特性去追求全然写实，而是需要在一定的尺度内消除不真实的"无实物的虚拟动作"，并增加有限度的"有实物的真实动作和场景"。让本来只是存在于戏剧想象中的虚境，成为承载人物情感流动和变化的实境。然而，"有实物的真实动作和场景"的营造，应当以不破坏戏曲基本的美学特性为原则。正如梅兰芳所强调的那样，戏曲电影必须以突出主题和人物为主，一切装饰的东西，都应服从这个原则。如果拘泥于实物实景，就不可能做到气韵生动，唯有虚实结合，才能实现有限之中的无限，才能突破有限的形象，揭示事物的本质，造就气韵生动，达到神妙艺境。此外，镜头在表现程式动作上，也要把握分寸，特写过于突出就改用近景，正面拍摄太逼仄就选择侧面。费穆曾说：

神而明之，可有万变，有时满纸烟云，有时轻轻几笔，传出山水花鸟的神韵，却不斤斤于逼真，那便是中国画。①

"景"是电影的内在空间构成，电影的空间构成直接影响电影画面的构成，这即是"景有所选，意有所中"。因为戏曲表演的虚拟特征，戏曲电影处理景的方法是手绘布景，或者在摄影棚搭景拍摄。费穆拍摄《斩经堂》的时候，也曾有过采用实景实物的尝试，结果与戏曲表演及服饰、化妆产生了不协调。梅兰芳也曾在拍摄《生死恨》时提醒过费穆，他说："您在设计布景时，要注意到京戏的特殊表演方法。所谓特殊，就是从服装、化妆到全部表演都是夸张的、写意的、歌舞合一的。歌唱道白都有音乐，一举一动都是舞蹈化，还有些虚拟的身段，例如上马、下轿、开门、登舟……都是用手势脚步来代替实物，而电影却是偏重写实的，这两种艺术合在一起时会有矛盾……"对此，费穆也做出了回应，他表示电影在尊重京剧的规律和表演艺术的技巧的前提下进行创作，"避免无实物的动作""遵循京剧的象征和表情形式""布景设计在写实和写意之间"，或许正如古苍梧所指出的那样："费穆之所以还未能完全摆脱写实的观念，得心应手地去拍他中国画式的写意电影，我想是基于他对电影表现方式的了解……他认为电影的主要表现方式，是'绝对的写实'的。他也知道这和戏曲主要表现的方式是矛盾的。在《生死恨》中，他想采取折衷之法，但结果是戏曲、电影各有舍弃，而未达到理想效果。"②后来他调整了布景设计的思路，采用写意的布景以协调表演与空间的风格。刘书亮指出："景是创造电

---

① 费穆.关于旧剧电影化的问题[N].北京电影报，1942-04-04（10）.
② 黄爱玲.诗人导演费穆[M].上海：复旦大学出版社，2015：295.

影意境的母体。没有景，事就会失去其意义的依托，就会变味，在景与事的结合中，景是起着决定性意义的要素；事，只有在景的基础上与景形成互动关系，才具有作为电影意境要素的资格。"[1] 戏曲电影的空间思维，应当尊重戏曲艺术的基本特性，顺应戏曲的时空美学。中国戏曲的空间思维追求"实景清而空景现，真境逼而神境生"的境界，体现着"境由心生""意与境浑"的美学观念。

梅兰芳认为："舞台上是通过演员的表演来勾勒环境气氛的，电影里虽然用了写实的布景道具，但其目的仍以衬托人物活动——表演为主，因此出现在画面上的陈设，如果影响表演，再好也是枉费心机、劳而无功的。"戏曲艺术轻实景而重意境，意境是中国艺术创造性想象力的最高产物。所谓"意境"，是指艺术作品中呈现的那种情景交融，氤氲着本体生命和诗意空间之美的"境"。

艺术境界并非一个简单层面的自然的再现，而是一个境界深层的创构。意境的境，并非实境，而是象外之象，景外之景。王国维说："文学之事，其内足以摅己，而外足以感人者，意与境二者而已。上焉者，意与境浑。其次，或以境胜，或以意胜。"[2] 意境包括"实境"与"虚境"。"实境"是构成画面的可视的形象或纯粹的形色；"虚境"是超以象外的迁想妙得。以虚为虚，就是完全的虚无；以实为实，景物就陷入僵死。中国传统美学认为艺术境界，绝不在于客观而又机械地描摹自然事物，而以"心匠自得为高"，也就是"丘壑成于胸中，既瘥发于笔墨"。戏曲电影的叙事应充分尊重和顺应戏曲的时空特性。得益于中国古典艺术美学的费穆，其电影时空观念有着极大的自由性和

---

[1] 刘书亮.中国电影意境论［M］.北京：中国传媒大学出版社，2008：99.

[2] 王振铎.《人间词话》与《人间词》［M］.郑州：河南人民出版社，1996：6.

假定性。"境由心生",意境的创构一定与情感世界紧密相关,是情感与意象的高度的圆融和契合。通过一系列意象的并置,费穆的电影创造出一种人生和社会图景的整体性的真实,突破了有限的"象",达到了韵味悠长的"象"外之"境"。费穆提到的"空气",有学者认为是"氛围",也有学者认为就是"意境"。

中国艺术讲究化实为虚,以虚传实。中国画重视"画中之白",把画中的空白当作绘画六彩之一,书法讲究"计白当黑",甚至把书法中字的结构就称为"布白"。园林建筑也有借景、分景、隔景等,把实景和虚景结合起来。戏曲艺术更是重视虚实结合、化实为虚、以虚写实。意境的实现就在于"虚实相生"的手法。空荡荡的舞台并不是空无一物,空才能创造出无限的意蕴,空故纳万境。梅兰芳说:"出现在画面上的陈设,如果影响表演,再好也是枉费心机、劳而无功的。"唯有虚实结合才能在戏曲影像中营造出中国画特有的美感和意境。王国维认为诗人所吟咏的"象"不是世人眼中的物质对象,它所呈现的"境"也不是常人眼中的"物境",而是"夫境界之呈于吾心而见于外物者,皆须臾之物",是诗人审美的心灵所照亮的一个有情趣的、充满生命的审美境界、生命境界。①

怎么才能实现虚实结合呢?如何在影像空间中破除"真—假""虚—实""影—戏"的二元对立,实现戏曲电影的意境生成呢?"真—假""虚—实""影—戏"的二元对立,以及这一对立如何破除取决于我们怎么来看。如果我们仅以生活中人的动作系统和景物系统作为参照,并且通过摄影机的要求来拣择和修饰入镜的画面,那么真实

---

① 王振铎.《人间词话》与《人间词》[M].郑州:河南人民出版社,1996:27.

其实已经遭遇了篡改。但如果我们转换视角，拉开视距，以更远的视距来观察一个拍摄对象的整体生态，那么很多原本被屏蔽的事物就会得以真实的显影。也就是说，戏剧的舞台演出是一个整体的系统，在这个系统中不只有演员的表演，还有乐队的表现，以及砌末道具的展现。把拍摄的视野从演员扩展到整个演出空间和舞台生态，既很好地保留了戏剧的假定性本质，也实现了电影的真实性的要求。这即是郑大圣的《廉吏于成龙》的影像风格，摄影机拉开视距把整个摄影棚都拍摄下来，包括这一假定空间中的整个动作系统，把一般认为"穿帮"的舞台构架也一并拍摄下来，把乐队和乐师也拍摄下来，强化电影对于"审美空间"的拍摄和展现，追求比真实还要真实的影像空间处理方法，这样一来，原本无法兼容的"物理空间"和"审美空间"得以同构，而"穿帮"恰恰成为破除二元对立和虚实矛盾的一剂解药。这一导演观念是对布莱希特的"间离"方法的化用，以"静观"的方法破除了影像追求的幻觉，以貌似"无为"的方法巧妙地解决了"物理空间"和"审美空间"的矛盾。

与"静观"不同，《白蛇传·情》以另一种"想象"的方式实现了"虚实相生"的影像要求。导演以完全电影化的思维和形式呈现了舞台艺术的完整性，在戏曲电影的美学观念和制作方法上遵循"虚实相生"的戏曲叙事特色，融合了两种不同的媒介表达，满足了观众对于戏曲电影的当代想象。电影的空间构作采用虚实结合的方式，大景中有小景，大景从虚，小景从实。景分前景、中景和后景，三个由近及远的空间层次，演员的妆容扮相略微调整，前景的道具物品追求写实但是尽量简化，远景尽可能以光影突出纵深感和空灵感。比如西湖的景色、湖中的莲花和鲤鱼、天上飘落的雨丝、采用数字技术合成，断桥则采用真实的舞台布景；昆仑山及皑皑白雪采用数字技术合成，仙草和山岩则采用真实的舞台布景，《白蛇传·情》的空间虚中有实，实中有虚，虚实结合。这种手法让人想到中国绘画中工笔写意的结合，与中国画的艺术观念和表现手法有着异曲同工之妙。王夫之在《姜斋诗话》中说："有大景，有小景，有大景中小景"，他总结创造意境的方法是"以小景传大景之神"。真意境，不必求大，恰当地撷取小的景象却能够传达出整体宽广的意境，从有限到无限，由"象"通达"道"。

"意境"体现着虚实相映之美，意境包含着实境与虚境。"实境"是构成画面的可视的形象或纯粹的形色。"虚境"是超以象外的迁想妙得。八大山人画一条生动的鱼在纸上，别无一物，令人感到满幅是水。一幅枯枝横出的画，只画就站立的小鸟，就能渲染出一个广阔无垠、充满生机的大千世界，这即是以虚传实的"妙境"。戏曲艺术非常重视虚实结合，从舞台布景到表演艺术，无不讲究化实为虚、以虚写实，川剧《秋江》中，舞台上没有任何布景，仅仅凭着老艄公手上的一把船桨和演员的形体动作，就使人们仿佛看到了波涛汹涌的大江中一叶扁舟的颠簸。在《白蛇传·情》中，"无实物的虚拟动作"被"有实物的真实动作和场景"代替，在"水漫金山"的场面中呈现得最为充分，水是真水，寺是真寺，但是真实的景物并没有冲淡或消解戏曲基本的美学特性。其画面的构图效法中国古典绘画的构图法，以中国诗画所追求的"情景交融"的形式，创造出意境悠远的水墨山水图卷。从断桥初遇到洞房花烛，从风花雪月到雷峰塔下，本来只是存在于戏剧想象中的虚境，成为承载人物情感流动和变化的实境。选择电影的空间，犹如选择绘画的"底色"，最终关乎风格样式，美感韵味，在这个底色中，影像所雕琢的风雨雪霜无不是其中的色调。

要把戏曲表演的妙意通过镜头和画面传达出来，非要有意境的创构不可。费穆曾经提出的迷离的"气氛"或"空气"，可以将观众和演员的表演打成一片。他指出，导演通过四种方式可以创造这样的"空气"，一是由于摄影机本身的性能而获得；二是由于摄影目的物本身而获得；三是由于旁敲侧击的方式而获得；四是由于音响而获得。[①] 也即是通过摄像机的角度、用光、运动、蒙太奇以及场景、音乐、节奏等重构戏曲电影空间诗学。郑君里有一段话精要地阐明了电影中虚实关系的处理，他说：

> 导演在设计画面时，既要从诗的意境出发，又不能把诗句图解化，同时还得考虑如何使剧情的发展同诗句的内容相呼应，不能太实，也不能太虚。太虚在影像里看不见，太实又传不了画外之意。因此诗的词组单位与电影蒙太奇的翻译，要经过一个"引虚为实，化实为虚"的艺术构思。要符合"实以形见，虚以思进"这个古典美学的思想。[②]

意境充盈着意蕴无穷之美。意境创造的魅力所在就是要让作品产生耐人回味的余地。艺术作品的所谓"韵味"，就是"超越具体物景的形而上的难以言说的美"。也即是司空图所谓"近而不浮，远而不尽，然后可以言韵外之致耳"。[③] 这里指的好的诗歌使人感到有练达的形象，

[①] 黄爱玲.诗人导演费穆[M].上海：复旦大学出版社，2015：7.
[②] 郑君里.将历史先进人物搬上银幕[M]//林则徐：从剧本到影片.北京：中国电影出版社，1962：268-269.
[③] 陆元炽.诗的哲学 哲学的诗：司空图诗论简介及《二十四诗品》浅释[M].北京：北京出版社，1989：49.

但是不浮于表面的描摹，而是能够产生言有尽而意无穷的境地。司空图提出"韵外之致"，需做到"近而不浮，远而不尽"，才能创造出无穷的涵泳和深意，真正地实现如宗白华所说的"艺术的境界（意境），既使心灵和宇宙净化，又使心灵和宇宙深化，使人在超脱的胸襟里体味到宇宙的深境"。[①]

三、镜头结构：心灵世界的直接显现

石涛在《大涤子题画诗跋》中说："书画非小道，世人形似耳。出笔混沌开，入拙聪明死。理尽法无尽，法尽理生矣。理法本无传，古人不得已。吾写此纸时，心入春江水。江花随我开，江水随我起。"[②]中国美学格外强调艺术与心灵的关系。中国美学的思想认为，画面、形式和内容，都是心灵世界的显现。借由艺术的创造，以艺术作品为载体，艺术家活泼泼的生命状态和内在灵性从有限的肉身中超越出来，向世人展现一种更为永恒的精神性存在。在中国美学的视野中，中国画的"笔墨"以及戏曲表演中的"功法"既是形式也是内容，有着精神性的内在构成，是可以被不同艺术家赋予精神内涵的意义结构，正所谓"笔墨之道，本乎性情"[③]。

无论是"笔法"还是"功法"，对中国艺术而言，都源于一种内在的精神性追求。《白蛇传·情》的镜头语言将中国艺术中笔法和功法的

[①] 宗白华.美学散步[M].上海：上海人民出版社，1981：86.
[②] 汪绎辰.大涤子题画诗跋[M].上海：上海人民美术出版社，1987：19-20.
[③] 沈宗骞.芥舟学画编[M].济南：山东画报出版社，2013：64.

美学追求融入镜头结构，镜头和画面不仅仅是影像记录的物理意义上的手段，更是作者的心迹与精神世界的直接显现。镜头的运动犹如中国画中充满韵味的线条，其运动的节奏和韵味通于中国绘画的内在意蕴和精神性追求。由镜头画面创构的淡雅的水墨色调呈现出影像的空灵邈远、和雅冲淡之美。《白蛇传·情》以简练的镜头结构渲染了内在的诗境，在有无之间创造出了中国画的意境之美。心境如水，情思如墨，运动如线条，点化勾勒，浩浩荡荡，一气呵成。要达到这种境界，必须具备中国文化和中国艺术的修养。

费穆根据戏曲舞台艺术的特殊性，总结提炼出了"长镜头、慢动作"的表现技巧，奠定了戏曲电影表现的诗学观念。他认为"导演心中要长存一种写作中国画的创作心情"，从而创造一种令人产生"迷离状态"的氛围，凭借"艺术上的升华作用，而求得其真实与趣味"[①]。他的影片所表现出来的真实与趣味，不是单纯依靠电影的再现特性而实现的，而是更富有中国民族传统叙事的美学特色。在他看来，中国电影唯有能表现自己的民族风格才能确立其在世界电影的位置。为了这样的理想，费穆始终如一地对电影艺术如何实践并体现中国传统美学和艺术精神进行着自觉的探索，而戏曲电影无疑是费穆探索中国电影美学精神的重要载体。

一般而言，长镜头加定镜拍摄是表现戏曲唱念最基本的选择，但针对大段的演唱，单一的镜头形式显然是不够的，镜头作为观众的眼睛，要为观众去寻找那些最精彩也最值得欣赏的细节和重点，跟随角色的情绪变化而变化并为角色情感的传达起到应有的作用。"断桥相

---

① 黄爱玲.诗人导演费穆[M].上海：复旦大学出版社，2015：60.

遇"一场，在舞台上完全依靠演员表演，但在电影中，景随心动，人物可以辗转竹林、西湖、断桥等多个场景，通过移动摄影，拉伸影片的纵深感，充分展现影像空间造型和表现力，营造穿越时空的心灵交流。此外，几个简单的镜头就可以把戏曲唱段中的文学叙事交代清楚，同时删去那些不适于屏幕表现的唱词和拖沓的情节。比如电影使用闪回、叠化等手法表现白素贞回忆当年自己被放生的情节，在时空的交织中完成故事的讲述，将角色某些心理活动如回忆、幻觉、联想等造型化，影片叙事的节奏由此变得简洁和紧凑。

长镜头还可以完美呈现"做打"的行云流水和一气呵成的畅快感。很多只有在戏曲里才能看到的绝技，通过镜头可以得到真实记录并作为档案保存和传播。有时镜头中的绝技，要比在舞台上，看得更真切、更整体。比如戏曲电影《李慧娘》中的秦腔绝技"喷火"前后出现了六次，充分展现了李慧娘被贾似道杀害后其魂魄的疾恶如仇、对爱情的忠贞，酣畅淋漓地展现了这种绝技的表现形式和情感意蕴。正是这些源于戏曲本身的精彩纷呈的表演，使戏曲电影拥有了不可替代的美学内涵。

费穆总结出的长镜头和慢动作的美学主张，属于典型的镜头内部蒙太奇效果。长镜头依赖于演员的调度、镜头的运动和镜头焦点的变化等手段，适合拍摄有着连贯性特点的大段唱腔和完整程式的戏曲艺术。慢动作包括人物动作、心理活动进而包括叙事节奏的从容缓慢、充分细腻等，这些动作必须在足够长的镜头里充分展现和刻画，才能让观众充分体会和领悟角色的情感。慢镜头可以展现戏曲艺术的视觉美感以及角色元气淋漓的内在生命力和创造力。戏曲以"音韵"和"身段"为核心的基本功法，注重在音乐中，戏曲程式化表演的内在气韵的连贯。唯有气韵生动，才能传神写照。

　　作为世界文化史和艺术史上独特的一种艺术形态，戏曲表演体系的精深不仅在于功法和形式，更在于功法和形式之中所蕴含的美学的、精神性的意义结构。电影影像可以显现真实的物质世界，但是这个再现的物质世界再逼真也是幻影，而戏曲表演虽然是程式化的，但是在假定情境中的情感的逼真和热情的真实，是演员灵性的真实呈现，是生命情致的在场呈现。梅兰芳曾指出，戏曲演员自幼苦练"四法五功"，怀揣着几十种身段技术，身体的表演由技术性走向精神性，"所有程式化动作都充满了潜台词"[1]。只有深刻地理解这点，方能意识到我们应如何去处理戏曲电影中的程式动作。就绘画的笔墨或者京剧表演的功法而言，其精神性内涵的意义结构不可被消解，不可被漠视，不可被浅薄化。中国历代绘画和画论中包含着戏曲可以借鉴的形式与意蕴的资源，更不能被淡忘和丢弃，这个意义体系不能丢失，必须要传承下去。

结语

　　戏曲是中华优秀传统文化的一个重要的媒介和载体，戏曲电影也应该成为集中体现中国美学精神的一种电影类型，并为古典艺术的当代传承和传播起到了重要的作用。唯有对中国文化存有敬畏之心，才能在戏曲电影的拍摄中更自觉地探索其内在的规律，并自觉地加以传承。戏曲电影的创作有其特殊的美学规定性，对戏曲的拍摄和记录，

---

[1] 傅谨.京剧学前沿[M].北京：文化艺术出版社，2007：40.

其主要目的是实现戏曲艺术中演员的身体和生命情致的在场呈现，寻求超现实的艺术境界达成的形式，以呈现活泼泼的心灵世界，恰到好处地表现融歌舞诗于一体的戏曲表演体系。电影民族化的本质在于中国美学精神的呈现，戏曲电影的创作应该包含着中国人自觉的、自信的文化追求，也包含着代表时代精神的审美诉求。

素面相对的镜语和澄怀观道的意象

　　欣赏侯孝贤的《刺客聂隐娘》，观者大约需要一种欣赏山水画和昆曲的心态，才能品味其源自中国艺术和美学的精神与意趣。电影取材唐人传奇，叙事遵循主人公隐娘的意识、情感和心理的发展，影像风格则取法中国画"工写结合"（工笔和写意）的笔法，一方面由胶片拍摄所呈现的影像构图和色彩基调类似敦煌艺术中《张议潮夫妇出行图》一类的壁画风格，精致地呈现唐人画卷中的错彩镂金之美；另一方面对风景的把握又充满宋元水墨山水画的韵味，呈现自然造化的"出水芙蓉"之美。从影像风格、美感方式到情理表达，《刺客聂隐娘》显现出对中国美学的自觉追求。

　　电影通过刺客聂隐娘从"剑道无情"到"剑道有情"的觉解，从"杀一独夫贼子救千百人"到"慈悲仁恕"的良知发现，再由磨镜顿悟而"涤除心尘"的三次心灵的转变，呈现出一种来自生命深处的惆怅和孤独，这种惆怅和孤独是侯孝贤电影中一贯的内在气质和生命情调。就像影片所提及的"青鸾孤飞，绝无同类，鸾见影悲鸣，终宵奋舞而绝……"电影一开始就给出隐娘的宿命——"不鸣"或"奋舞而绝"，也给出了侯孝贤的宿命——"不鸣"或"奋舞而绝"。从影像风格、美感方式到情理表达,影片注定要借一个孤独刺客的故事,追问生之意义,追问心灵的归程。

唐人传奇最富奇幻与想象,武侠电影经由西方电影观念的淘洗,渐已形成一种融英雄、想象、武打、商业和奇观于一体的影像范式。传奇和武侠的相遇,大大发酵了观众对这部电影的审美期待。然而侯孝贤却端出了一个"武侠电影"的另类,甚至可以说《刺客聂隐娘》根本不是一部武侠电影,它借武侠电影的躯壳,顽强地表达了导演一贯的人文诉求。侯孝贤在作品中关注的是个体价值观的瓦解和再建,生命意义的顿悟,以及精神对于存在的超越。影片提炼了两个格外重要的意象——"剑"与"镜",这两个意象也许正是解开这部颇具幽玄意味的作品的关要。

"剑"的意象贯穿电影的前半部分。影片从聂隐娘被道姑送回魏博的一刻作为开端,道姑盗走年幼的隐娘为的是训练出一个可以"刺其人于都市,人莫能见"的刺客。技成而归的隐娘,一边是师父灌输的"剑道无情",要她斩杀魏博主公田季安;一边是嘉诚公主(已故)和聂田氏(隐娘母亲)不忍见寇死贼生,天下大乱而以"剑道有情"教化她,要她维护京师与魏博的和平。"剑道无情"与"剑道有情"的对峙是师徒间较量和冲突的重心,构成了全剧最具张力的内在矛盾,这一对峙所引发的内在冲突和张力,超越了隐娘与田季安、田元氏、空空儿等人恩怨情仇层面的冲突。导演对源于价值和精神层面冲突的倚重和凸显,使《刺客聂隐娘》越过了一般传奇故事的层面而上升到了心灵和精神的层面,从而使这部电影从美学意义上突破了一般武侠电影的内涵和价值。

刺客的寻找和解脱，也是侯孝贤在既定的历史境遇中的寻找和解脱，他在帮助主人公的同时也是帮助自己找到精神的超越之路，在此意义上他说：聂隐娘就是他自己。隐娘身世曲折，先失姻缘，再失家园，从怀疑"剑道无情"到遵循"剑道有情"，这是价值观的突围，也是电影深层矛盾结构的核心。在行刺怀抱孩子的大僚时她呈现出"情根未断"的一面；在面对田季安这个自小被嘉诚公主许婚于自己的男人时，更是一再地不忍和拖延；当她面对有夺夫之痛的田元氏之时，纵然有足够的理由复仇，但是她选择让历史谜案大白于天下；她选择保护被田元氏暗杀的瑚姬，选择可以杀田季安而不杀，选择识破凶手精精儿而不杀。能杀而不杀，师父认为她离刺客的最高境界只一步之遥，而她最终对剑道至境的领悟，也是她最终超越师父的地方，便是在不忍和慈悲中，在对人世间恩怨情仇的静观中，在对生命本身的悲悯中，悟出了剑道至深是有情，是不杀，是生、是仁、是恕。然而，侯孝贤并不在意做任何儒者层面的探讨，也没有停留于一般的家国情怀的言说，《刺客聂隐娘》也并非寻常意义上的武侠电影，影片的力量不是向外扩散的而是向内聚敛的。导演无意与任何人在武侠电影的类型中较量一番，他所要表达的只和自我的生命体验有关，只和自我对于历史境遇、家国情怀、价值信仰的思考有关，他所要表达的是人如何实现对既定命运和精神困境的自我超越。

"镜"的意象贯穿了影片的后半部分。随磨镜人与老者去深山疗治的段落令人忆起陶渊明笔下的桃花源，观磨镜人磨镜的瞬间，聂隐娘得以涤除心尘，顿悟见性。虽然，此处所呈现的道家"涤除玄鉴"以及禅宗"应无所住，而生其心"的思想稍显理性和直露，但仍然可以感到导演有意将中国哲学的思致注入刺客的精神世界中去，以期完成对其精神境界的提升，并实现对电影"象外之旨"和"味外之韵"的言说。影片结尾聂、田二人的对照更是深化了生命层面的思考：一边是身处政乱和煎熬的田季安，一边是心如止水归隐桃源的聂隐娘；一边是放不下，一边是彻底放下，而放下放不下只在一念之间，从放不下到放下，是一个刺客所能达到的最高境界。领会这一点我们也就领会了侯氏贯穿始终的"风的意象"，以及无声静默的湖泊山林的内在意蕴，也就领会了天地有大美而不言，万物有成理而不说，四时有明法而不议的美感境界，实际上是一片澄明的心灵的境界，是一个从有碍到无碍的境界。识破这一点，就是秋水长天，水汽凌空，就是苍茫烟波，津渡在前，也就是找到了真正的心灵归程。从怀疑、追问、反抗、自赎到涤除心尘，作为刺客的聂隐娘完成了她对既定命运的超越，完成了她对心灵安顿和生命归途的完全意义上的确证。侯孝贤把最富传奇性的故事拍成了人的心灵世界不断澄澈的过程，他所要创造的是中国艺术的含蓄蕴藉、无言之美，可以说《刺客聂隐娘》回到了纯粹的中国艺术的美感世界。

  侯孝贤的电影因其冷静的视角、淡化主观情绪的融入、安静缓慢的节奏、恒定不变的长镜头的镜语风格，辅之以他自称为"气韵剪辑法"的电影观念，显露出一种"素面相对"的生命姿态。《刺客聂隐娘》依旧延续着长镜头和深焦距的运用，大量的"中景"和"远观"，水平固定机位的拍摄，显示出一种气定神闲、凝神寂照的影像美感。不同的是侯孝贤以往的电影很少运用主观镜头，而这一次却使用聂隐娘的主观视角来雕刻画面。他通过摄影机镜头，借刺客的眼睛来做各个角度的"看"，他要将刺客的"看"作为景别和镜头变化的依据，造成刺客始终在场而无人察觉的氛围，他以俯视镜头来"看",以远观的"长镜头"来看,以"移动镜头"来看,刺客随光影出没的"隐身静观"与侯氏在电影中的"冷眼静观"构成了巧妙的重合,摄影机的"看"—刺客的"看"—作者的"看"三位一体,消融了主客观的界限。在美感的呈现方式上呈现出"无我之境"的自在感和超脱感。

"禅"的表达和"淡"的追求以及安静缓慢的心理节奏与生命沉思也是侯氏电影一贯的内在气质。深焦距的使用,由空镜头造成疏林寂立,静水平和,远岫淡岚的意境,不仅是影像化的比兴手法,更渲染出"发纤秾于简古,寄至味于淡泊"的中国艺术的妙处。苏东坡说中国画之妙在"孤鸿灭没于荒天之外",闻一多形容孟浩然的诗,是淡到看不见诗,孤鸿灭没,月影浮动,似有若无,这是中国人独有的美感方式,这种方式截然不同于西方人的美感表达。《刺客聂隐娘》淡化了一切可以淡化的冲突,时空的转换没有过渡镜头;搏杀的场面点到为止;刺客潜入屋内只需表现轻风掠过;轻功的刻画绝不做过分渲染;聂隐娘和田季安的交手也只是蜻蜓点水;以远处群鸟惊散暗示人在坡林中的疾驰;不创造任何奇观以娱人耳目;与精精儿的交手,不见形影,只见群鸟惊飞,叶散枝断,簧片凄绝声摄人魂魄,纷扬的细尘微物不断飘下来,唤起一种天昏地暗的激烈感……中国艺术表现手法中的虚实结合,以一当十,逸笔草草,真性乍露,于此可见。关于这一点,侯孝贤自己说:

在我看来,冲突没有什么好描写的,几下就可以拍完,但不直接就可以拍出一种韵味。这一点,小津安二郎的电影与我的想法非常接近。换句话说,我们对电影都秉持相似的态度。这大抵也可以看成东方人看事情的角度与习惯、表达情感的方式。①

在数码时代，侯孝贤依然我行我素，追求电影艺术三分人工七分造化的浑然天成，不为拍出真实的"景"，只为看出那生命的"影"。正如他对自己的期许："……我希望我能拍出自然法则下人们的活动，我希望我能拍出天意。"为了拍出天意，他要用一次成像的胶片；为了拍出天意，他要慢慢等待风起云散，等待四时万物的相合；为了拍出天意，他要越发拉远镜头，拍摄远方浩渺迷蒙的湖水和葱郁的层岭，以及层叠淡逸的山影，用胶片把自然拍成具有灵性的水墨画，让影像夹裹着中国传统的美学和哲学，从而创造出一派中国美学的气象来。他依然偏爱镜头中的风，偏爱自然造化对艺术的参与。风使他的影像充溢着生意和空灵的气氛，就像墨滴落在水，任由造化自然氤氲成人工所不及的图像。风在《刺客聂隐娘》的镜语里是侯孝贤绘画的"水"，是影像中透出的"空气"，也是无所不在的"玄妙的道"，更是刺客的来无踪去无影、轻盈若猫、无声似影的绝妙暗示。人与自然共同创造出一种幽玄、一种神秘、一种气韵，也创造出有限的画面之外无限的那个宇宙。不过导演对刺客的侧面表现固然高明，倘若能更加重视刺客的行走，角色在步态上的职业特点，就能令人更加信服于眼前的行者是轻功了得的刺客。

侯孝贤的电影之美源于心灵世界的直接呈现。他的电影不是好莱坞式戏剧性冲突的思维，不是欧洲电影追求理念和形而上的思维，也不同于日本电影的影像特点，他意在呈现中国人的心灵世界，呈现中

---

① 侯孝贤.真实与现实[J].电影艺术，2008（2）：42-44.

国人的美感体验，他是用中国人传统的水墨书画的心态在进行电影创作。"一片风景就是一个心灵世界的呈现"[1]，侯孝贤追求的正是电影的心灵化的呈现。电影的故事、画面、形式和内容对他而言，都是一种心灵境界的显现。这部电影比较彻底地体现了这种中国美学精神的追求。

艺术是心灵世界的显现。宗白华先生在《论文艺的空灵与充实》一文中指出：

> 艺术家要模仿自然，并不是去刻画那自然的表面形式，乃是直接去体会自然的精神，感觉那自然凭借物质以表现万相的过程，然后以自己的精神、理想情绪、感觉意志，贯注到物质里面制作万形，使物质而精神化。[2]

他认为："宇宙的图画是个大优美的表现。……大自然中有一种不可思议的活力，推动无生界以入有机界，从有机界以至于最高的生命、理性、情绪、感觉。这个活力是一切生命的源泉，也是一切'美'的源泉。"[3] 宗白华先生认为"心物一致的艺术品"，才属于成功的创造，才达到了主观与客观的统一。

中国美学格外注重心灵层面的表达，而电影作为一种新的艺术媒介，是否可以像中国的诗画一样有效地传达中国美学精神是一个非常关键的美学问题，也是一个至关重要的理论问题。影片《刺客聂隐

---

[1] 宗白华.美学散步［M］.上海：上海人民出版社，1981：59.
[2] 宗白华.宗白华全集：第1卷［M］.合肥：安徽教育出版社，1994：309.
[3] 宗白华.宗白华全集：第1卷［M］.合肥：安徽教育出版社，1994：309.

娘》显示了侯孝贤难能可贵的创作心态，他不为票房所动，不为高科技所动，不为西方话语所动，更不放低精神的姿态来迎合某些观众低俗的追求，自信地呈现源于中国美学的电影观念，在全球化语境下怀着对中国艺术精神的自信和坚守，也彰显出他自身卓尔不群的"侠客精神"。

中国电影和中国美学究竟有何关系，影像如何表达中国美学精神。中国电影是中国文化的一个组成部分，它无法摆脱中国人的思维方法、人生经验、哲理思考，它总是要受到民族文化和传统美学的深刻影响。如果说中国人都不爱看或看不懂自己的艺术，这是一种悲哀。中国电影比任何时候都需要确立其应该坚守的文化和美学坐标。中国电影不只是使用中文的电影，也不是使用中文的人拍的电影，而是指不管在何种历史情境和时代土壤中，它自身都能够体现一种稳定的中国美学的精神坐标。中国电影要在全球确立其应有的地位和价值，呈现其特有的气格和精神，也必须在美学层面重塑和实现自己的品格。一个国家的科技发明不能全部指向日用，更要指向高度、指向未来，正像一个国家的艺术不能全部指向世俗娱乐，更要指向人类更高的审美追求。从某种意义上说，创作《刺客聂隐娘》这样的电影就是艺术世界的一次"揽月"，不是人人可为，侯孝贤在历史中看到了自己的位置，也看到了中国人文电影的方向，相信这部电影的意义会随着时光的流逝而越发呈现出来。

《小城之春》的意象与蕴藉

古老坍塌的城墙，一座败落的旧园。几处早春的花丛暖柳，遥远的乡间竹林小径，似浅墨，点缀在一片混沌而又寂寥的画面中。时间是春天，空间是废园，时空在这里率先形成对位。真实的废园被置于不真实的象征背景中，仿佛是永恒的混沌中的一座孤岛。电影《小城之春》从一开始便呈现了影片的总体意象。作为诗性电影的典范，《小城之春》兼具散文之叙事性和诗歌之抒情性，体现在"意象"和"叙事"中的中国传统美学精神的深刻意蕴，是《小城之春》的审美意义所在。

关于"意象"，美学家朱光潜在《谈美》这本书的"开场白"里指出："美感的世界纯粹是意象世界，超乎利害关系而独立。"[①] 他强调艺术的活动是无所为而为的，朱光潜明确指出，"意象就是美的本体"，它是主客观的高度融合，它只存在于审美活动之中，它是人精神活动的产物。他说："什么叫做想象呢？它就是在心里唤起意象。"[②] 艺术的

---

① 朱光潜.谈美［M］.桂林：漓江出版社，2011：2.
② 朱光潜.谈美［M］.桂林：漓江出版社，2011：66.

任务就是创造意象,他说:"情感是生生不息的,意象也是生生不息的。换一种情感就是换一种意象,换一种意象就是换一种境界。即景可以生情,因情也可以生景。所以诗是做不尽的。"①

"意象"是中国传统美学的一个核心概念。这个词最早的源头可以追溯到《易传》,而第一次铸成这个词的是魏晋南北朝的刘勰。② 刘勰之后,很多思想家、艺术家对意象进行研究,逐渐形成了中国传统美学的意象说。在中国传统美学看来,意象是美的本体,也是艺术的本体。中国传统美学给予"意象"的最一般的规定,是"情景交融"。"情"与"景"的统一乃是审美意象的基本结构。但是这里说的"情"与"景"不能理解为互相外在的两个实体化的东西,而是"情"与"景"的一气流通。王夫之在《姜斋诗话》中说:"情景名为二,而实不可离。"如果"情""景"二分,互相外在,互相隔离,那就不可能产生审美意象。

《周易》中,"子曰:'书不尽言,言不尽意。'然则,圣人之意,其不可见乎?子曰:'圣人立象以尽意……'"。"象"是帮助人们感悟"意"的方法和手段,是指月之指,登岸之筏,帮助人们通向那个最高的"意",也就是"道"。从"象"到"意"的过程,是一个从有限到无限、从表象到本质的过程。通达真理,感悟大道是非常困难的,但是中国艺术的最高境界就是借由"象"来通达这个玄妙的"道"。音乐、书法、诗歌、绘画无一不试图达到"象外之意""韵外之致""味外之旨"。艺术家的境界不同,高度不同,智慧不同,他所感悟的

---

① 朱光潜.谈美[M].桂林:漓江出版社,2011:73.
② 叶朗.中国美学史大纲[M].上海:上海人民出版社,1985:70-72,226-230.

"道",用以论"道"的"象"自然不同。电影的意象同样如此,表现同一题材和内容,不同的眼光、头脑、境界就会有不同的"意"的感悟和"象"的注塑。同样的小城故事,常人的表达可能仅止于爱情感怀,诗人的表达就可通达于生命感悟。境界不同,视角不同,高度自然不同,意象的创造也必定高妙不同。

一、"颓城"与"废园"的整体意象

费穆的《小城之春》中,具体而写实的小城被"颓城"与"废园"的整体意象取代,用以表现"小城"的符号简单到了极点,影片开头玉纹行走在绵延的断壁残垣,似宋元山水用线条勾画的山峦叠嶂,寥寥数笔而已。这断壁残垣勾画了在时光中风化、在战火中毁损的小城。这是费穆表意的手段,意在揭示"颓城"与"废园"背后的意蕴,费穆要借由这"颓城"与"废园"完成一种不可言说的言说。那么这"象外之旨""味外之韵"究竟是什么?

城外是世界的春天,时年的中国却在经历着一场死而复生的阵痛!在新文化运动摧枯拉朽的风潮下,旧的文化体系和制度观念迅速瓦解,现代西方思想的启蒙和教育还来不及深度注入社会的肌体,知识分子启蒙的历史使命很快被军阀混战的局面摧毁,随即又被民族救亡的时代主题取代,知识分子在不长的时间里从启蒙教育的历史前台被推至幕后。对于经受"五四"新文化运动洗礼的知识分子而言,启蒙时代未竟的事业,一如断壁残垣,只有努力的痕迹而无努力的成果。所以在费穆这样富有思想深度的知识分子心中,圈囿于小城之中的几个青年人的焦灼和彷徨刻画了一种时代的肖像,催化了"颓城"

和"废园"的审美意象的发生。"颓城"和"废园"的意象潜寓着作者费穆诸多的历史感悟和人生苦痛，它触发了"风化"和"速朽"的历史悲怆。正如朱光潜所说："在别种艺术之中玩索得一种意象，让它沉在潜意识里去酝酿一番，然后再用他的本行艺术的媒介把它翻译出来。"①这种表意手段，达到了形式与内容的高度统一和和谐。这种高度统一的形式和内容，我们可以归结为影片对于一种审美的情景交融的"意象世界"的追求。

《小城之春》中的"意象世界"与中国古典诗词和绘画的审美境界是相通相融的。费穆作为中国现代电影的前驱，在中国电影发展的初期，就有意识地思考并探索了能够将中国艺术的本质精神融入电影的手法。关于这一点，费穆曾说：

> 中国画是意中之画，所谓"迁想妙得，旨微于言象之外"——画不是写生之画，而印象却是真实，用主观融洽于客体。神而明之，可有万变，有时满纸烟云，有时轻轻几笔，传出山水花鸟的神韵，却不斤斤于逼真，那便是中国画。②

《小城之春》的影像对实景的刻画只是轻轻几笔，不斤斤于写实的空间，所要呈现的是意中之象，所要达到的是象外之境。断墙、颓垣、小园、香径、花厅、兰室，景几乎都可入诗，整体意象氤氲着一种虚幻的人生感与宇宙感，达到了"还从静中起，却向静中消"的艺术境界。费穆所追求的是超越了现实生活之"实"的电影之"真"和艺术

---

① 朱光潜.谈美［M］.桂林：漓江出版社，2011：96.
② 费穆.关于旧剧电影化的问题［N］.北京电影报，1942-04-04（10）.

《小城之春》的意象与蕴藉

之"美",如果费穆的影片空间处理追求所谓的典型环境的"实",他所创造的"象",还会那样的富有意蕴吗?凭借着艺术的直觉与想象,费穆在影像的世界里实现了"实景清而空景现,真境逼而神境生"的境界。如果拘泥于实物实景,就不可能做到气韵生动,唯有虚实结合,才能实现这有限之中的无限,才能突破有限的形象,揭示事物的本质,造就气韵生动,达到神妙艺境。王夫之在《姜斋诗话》中说:

> 一情一景,一法也。"云霞出海曙,梅柳渡江春。淑气催黄鸟,晴光转绿蘋","云飞北阙清阴散,雨歇南山积翠来。御柳已争梅信发,林花不待晓风开",皆景也,何者为情?若四句俱情,而无景语者,尤不可胜数。其得谓之非法乎?夫景以情合,情以景生,初不相离,唯意所适。①

由此可见,意象生成始于情景交融,心物相合,情与景,心与物浑然一气。有学者说,费穆的"小城"虽小,其中有着一个"国家",真是一语中的。这正是对"不着一字,尽得风流"的中国艺术精神的领悟和妙用。在中国早期电影导演中,有意识地寻找"迁想妙得,旨微于言象之外"的影像之美的并不多见。在费穆看来,言写实、写意,言风格、手法,不如言"意象",前者皆言其"面目","意象"为探其本,有意象,此四者随之具备。决定意象的是艺术家的审美直觉,他所服从的是最高的真和最永恒的美。对于直觉和意象的关系,朱光潜说:"这种挣脱了意志和抽象思考的心理活动叫做'直觉',直觉所见

---

① 王夫之.姜斋诗话笺注[M].戴鸿森,笺注.上海:上海古籍出版社,2012:76.

到的孤立绝缘的意象叫做'形象'。美感经验就是形象的直觉,美就是事物呈现形象于直觉时的特质。"①

意象世界是一个不同于外在物理世界的感性世界,它是带有情感性质的感性的有意蕴的世界,它是以情感性质的形式去揭示真实的、审美的、有意蕴的意义的世界,叶朗说:"意象世界显现的是人与万物一体的生活世界,在这个世界中,世界万物与人的生存和命运是不可分离的。这是最本原的世界,是原初的经验世界。因此当意象世界在人的审美观照中涌现出来时,必然含有人的情感(情趣)。也就是说,意象世界是带有情感性质的世界。"②《小城之春》的整体意象也寄寓着费穆的情感,是一种情景交融的诗境的创构。

身处国破家亡、战火连天时期的费穆,知识分子启蒙的理想和事业遭到搁浅,政治上左右彷徨。断垣残壁、废园寥落,不是简单的景象和环境,而是人的心境的一种外化。十四年抗战,以费穆为代表的这一群有思想、有境界的知识分子本以为可以等来一个没有战火的春天,可是等来的却是国共战火的重开。1948年,正是国共交战最为激烈的时候,又一个历史的十字路口,选择这样一个波澜不惊,从起点回到原点的故事,费穆所要表达的彳亍和彷徨不正是从"五四"到抗战,中国知识分子群体多次在历史和文化的岔路口的彳亍和彷徨吗?所以说,意象世界是开启"真实空间"的钥匙,意象世界开启了被遮蔽的真实的心理和思想空间,它所完成的,是对不可言说的深远的真实的一种言说。它一方面能够显示客观事物的外表情状,另一方面也能够显示事物的内在本质,其中既包含着理,也洋溢着情。

---

① 朱光潜.谈美[M].桂林:漓江出版社,2011:8.
② 叶朗.美学原理[M].北京:北京大学出版社,2009:63.

《小城之春》的意象与蕴藉

通过一系列意象的并置，费穆创造出一种人生和社会图景的整体性的真实，突破了有限的"象"，达到了韵味悠长的"象"外之"境"。王国维讲："文学之事，其内足以摅己，而外足以感人者，意与境二者而已。上焉者，意与境浑。其次，或以境胜，或以意胜。"[①] 他表示，有意境自成高格。意境[②] 的问题，素来是中国艺术的最高追求。所谓"意境"，是指艺术作品中呈现的那种情景交融，氤氲着本体生命和诗意空间之美的"境"，是精神境界最高灵境的创构。宗白华先生认为："艺术家以心灵映射万象，代山川而立言，他所表现的是主观的生命情调与客观的自然景象交融互渗，成就一个鸢飞鱼跃，活泼玲珑，渊然而深的灵境；这灵境就是构成艺术之所以为艺术的'意境'……意境是'情'与'景'的结晶。"[③]

费穆提到的"空气"，有学者认为是"氛围"，也有学者认为是"意境"。费穆自己说：

> 外景方面，从大自然中寻找美丽的对象，其效果是要由角度、时间、阳光而取决的。内景方面，以人工的构图，当然布景师很重要，线条的组织和光线的配合，是创造"空气"的要素，布景师因此必须了解剧的主题，以及每一场戏的环境，避免一切不必

---

① 王振铎.《人间词话》与《人间词》[M].郑州：河南人民出版社，1996：6.
② "意境"和"意象"并非同一概念，意境的内涵比意象丰富，意象的外延大于意境。并不是一切审美意象都是意境，只有取之象外，才能创造意境。意境说早在唐代就已经诞生，其思想根源可以追溯到老子美学和庄子美学。唐代"意象"作为表示艺术本体的范畴，已经比较多地被使用了，唐代诗歌的高度艺术成就和丰富的艺术经验，推动唐代美学家从理论上对诗歌的审美形象做进一步的分析和研究，提出了"境"这个新的美学范畴。
③ 宗白华.美学散步[M].上海：上海人民出版社，1981：70.

要的物件，而加重其必要的部分；这样，与摄影合作起来，其效果必大。

我觉得，用旁敲侧击的方式，也足以强调其空气的。所谓旁敲侧击，即是利用周遭的事物，以衬托其主题。我以为剧中的环境表现出来，也足以使观众的精神贯注在银幕上的。①

费穆强调内外景的构造，强调构图，自然风景和人工图景的结合、线条组织和光线配合，这些均是创造"空气"的要素。他指出了"空气"产生所需要的一些必要的条件：其一，自然和人工结合造就的"景"和"境"；其二，线条的组织和光影创构的"画面"和"影调"；其三，在注意虚实结合，把握强调和削弱的原则，营造出具有透气感的环境和影像。总而言之，费穆所说的"空气"，便是以有限的空间抵达无限的意境的取景与造境。

"境由心生"，意境的创构一定与情感世界紧密相关，是情感与意象的高度的圆融和契合。艺术意境的创构，在宗白华看来是使客观景物作为主观情思的媒介，借景抒怀，通过自然物像来抒发内心蓬勃无尽的情致和意趣。叶燮在《原诗》中曾说："原夫作诗者之肇端而有事乎此也，必先有所触以兴起其意，而后措诸辞，属为句，敷之而成章。当其有所触而兴起也，其意、其辞、其句，劈空而起，皆自无而有，随在取之于心；出而为情、为景、为事。人未尝言之，而自我始言之，故言者与闻其言者，诚可悦而永也。"②遭遇《小城之春》的费穆，应该是踌躇和犹豫的，他对于国民党当局已然不抱希望，对于社会的诉

---

① 黄爱玲．诗人导演费穆［M］．上海：复旦大学出版社，2015：216-217．
② 叶燮．原诗笺注［M］．蒋寅，笺注．上海：上海古籍出版社，2014：39．

病，他也异常明了。罗艺军说："宣传文化传统，国民党是一种政治战略，费穆则是一种文化归宿。"①他不太关注电影的政治和社会功能，他的"民族化"追求也和"民族主义"的热情不同，因此，他游离在左翼与国民党当局意识形态之外。他是那种不左不右，力图坚守知识分子的文化品格，超越或淡化政治斗争，总是想探索、改造、延续和发展五千年优秀文化传统的途径，却苦于找不到同道的、孤独的踽踽独行者，一如"谁见幽人独往来？缥缈孤鸿影。惊起却回头，有恨无人省。拣尽寒枝不肯栖，寂寞沙洲冷"般的孤独。人似飞鸿，飞鸿似人，具有诗人情怀的费穆，总是会有一种中国古代文人贤达的惆怅感和孤独感。罗艺军说："费穆的重新发现，很大程度上由于重新发现了《小城之春》……人们的审美观念和艺术趣味往往随着时代的发展而变化，在我们生活的这一个急剧动荡的时代，在审美走向与政治风云联系得如此紧密的时代，这种变化往往是急骤的。只有到20世纪80年代，突破长期的思想桎梏，中国才重新发现费穆。"②

《小城之春》之意境寄寓的正是电影诗人的政治思考、人生惆怅和生命追问，他的悲悯意识和诗人情怀在瞬间被点燃，这是历史的偶然，却是费穆的必然。导演深邃的思想是影片真正的光，它照亮了那个"风化速朽时代"，又深入地诊断着"历史的病"。醉翁之意不在酒，费穆要借用这个"多情却被无情恼"的故事诱导和维持着观众的惊讶和好奇，言说的却是关于没落和风化的历史宿命，让未来的眼睛能够透过那堵风化的残墙，拨开历史的迷雾看他们怎样地活着，怎样地没

---

① 罗艺军.费穆新论［J］.当代电影，1997（5）：4-15.
② 中国电影艺术研究中心，中国电影资料馆.费穆电影新论［M］.北京：中国广播电视出版社，2006：5-6.

落、怎样地无望、怎样地矛盾，又是怎样地行将风化与速朽。《小城之春》是一生孜孜不倦地思考着社会和人性的费穆的一次大彻大悟，是政治的、人生的，也是艺术的。它是一次解剖、一次透视、一次哲思，透过风化的颓墙，把自己的思想推向一个新的高度，用历史的眼光，怀着深刻的同情，对即将风化和速朽的时代、文化和浸淫其中的生命的最后一次回眸、检视和告别。这个回眸和告别不是消极的、无为的，而是对自我作为知识分子的心理坐标和时代位置的深刻反思，这就是意象背后所要传达的精神能量，这种依托于古典诗学的表达，令其影像的语言获得了一种含蓄隽永之美。

二、情景交融的时空美学

除了诗词和绘画的美感修养对于费穆的影响，费穆电影中虚实相生的时空美学还与戏曲艺术有着直接的亲缘关系。古苍梧指出："费穆是中国戏曲电影的奠基人。他是第一位思考如何把戏曲这项中国独有的表演艺术转化为电影、如何运用戏曲这一项古典文化资源来丰富电影艺术的导演；他也是第一位把这方面的思考付诸艺术实践的电影导演。"[①] 费穆与戏曲有着不解之缘，对于中国戏曲的喜好和浸淫，最终衍化和生成了费穆不同于西方的时空观念和电影手法。费穆对中国戏曲美学的时空观念有着深刻的认知。他说："中国剧的歌唱、说白、动作，其戏剧的表现方法，完全包括在程式化的歌舞范畴之中。演员也绝非'现实'之人，观众必须在一片迷离状态中，认识旧剧在艺术上

---

① 黄爱玲.诗人导演费穆[M].上海：复旦大学出版社，2015：288-293.

的'升化'作用,而求得其真实与趣味……中国剧的生、旦、净、丑之动作、装扮,皆非现实之人。客观地说,可以说像傀儡、像鬼怪;主观些,可以说是像古人,像画中人;然而最终的目的,仍是要求观众认识他们是真人,是现实的人,而在假人假戏中获得真实之感觉。这种境界十分微妙,必须演员的艺术与观众的心理互相融会、共鸣,才能了解,倘使演员全无艺术上的修养,观众又缺乏理解力,那就是一群傻子看疯子演傀儡戏,也就等于一幅幼稚的中国画,水墨淋漓,一塌糊涂,既不写实,又不写意,完全要不得了。"①

陶潜诗云:"人生似幻化,终当归空无。"中国古典艺术的追求和体现中,一种"似则不是,是则不似""像兮非真,真兮非像"的美学观念常常用以阐释由幻及真,由真及幻的思想。模仿外部世界,纵然与外部世界接近一致,其实也是假的,所以艺术家所要追求的是"外师造化,中得心源"(张璪)的最高的美和真实。受这一美学传统的影响,中国艺术创造出具有特别的形式美感的艺术样式。饱览上千部电影的费穆,意在探索出真正意义上代表中国艺术精神的电影风格,他在诸多的中国传统艺术中获得滋养和启示。身处旧文化遭受荡涤和冲击的时代,有这样冷静的艺术判断力,是异常难能可贵的。在"五四"那场关于旧剧的历史争论中,陈独秀、傅斯年、钱玄同这样的大儒也对以京剧为代表的戏曲进行无情的批判。受"五四"洗礼的费穆,如果不是对于中西方文化艺术的各自特征和传统有着真知灼见,如果不是对中国优秀传统的艺术和文化有着深入的体悟和自信,是不可能有这样一份勇气和信心的。

---

① 费穆.关于旧剧电影化的问题[N].北京电影报,1942-04-04(10).

只有审美的心胸，才能发现审美的自然，才能创造审美的意象与意境。中国美学所强调的艺术精神的终极目标不是在"经验的"现实中认识美，而是在"超验"的世界里体会美，所以，艺术的创造不是逻辑的、概念的，应该是直觉的、感性的，不是用逻辑科学之眼，而是以诗性生命之眼观察世界。这正是庄子"天地与我并生，而万物与我为一"的艺术精神。此外，《小城之春》的叙事风格中既体现着中国传统叙事艺术的美学特征，又照应着现代电影的叙事特点。

叙事是文学艺术的重要美学构成。在法国符号学家罗兰·巴特看来，叙事是人类最古老的文化活动之一，它"存在于一切时代、一切地方、一切社会，有了人类社会，就有了叙事"[①]。叙事是电影学重要的问题。影像所携带的意识形态、美学观念、个体情怀等多方面的质素，其复杂性和多重意味均可在"叙事"中得以体现。

《小城之春》不仅是对于废园中等待风化的人们，也是对作为知识分子的自我的清醒的历史审视。他怀着同情和怜悯注视着即将没落了的，无可挽回的一种旧文化、旧制度和旧生活，注视着这种终将被历史淘汰的旧文化和旧制度的无可挽回的衰落和死亡，也注视着深深浸淫这种文化和生活的那些即将速朽的、善良的人。所以，电影是费穆对自我命运和精神归宿终极意义上的一次思考。也因此，它的叙事方式总体上呈现出冷静和理性的气质，这种总体冷静和理性的气质体现了《小城之春》的整体意象和艺术风格的完整性。

费穆的电影美学不追求共鸣和卷入，他不要观众因共鸣和卷入而产生同情和怜悯。影片中三个人的情感纠葛点到为止，绝不赘述，甚

---

① 王泰来，等.叙事美学[M].重庆：重庆出版社，1987：60.

至连正面的冲突也没有。只要你稍稍被人物的处境感染，他马上让人物进行冷静的自我剖析。让你从感性的情绪投入中冷静下来，做理性的思考。《小城之春》的旁白一会儿从玉纹的视角，一会儿又从导演的视角，一会儿是现在时，一会儿又是过去时，她叙述的内容有时候是自己的感受，有时候是别人的感受，有的是此刻感同身受的，有的是后来得知的，更有甚者，有些事情完全跳出了她本人的可知范围，却由她自己来说出。比如寻找安眠药一场戏，玉纹的旁白详细说出礼言因为失眠而服用安眠药，而志忱因为害怕自己会自杀，于是去礼言房里借用安眠药以便把安眠药换成维他命，然后又送回礼言的房间。旁白与志忱去礼言处借药，并替换成维他命的整个动作过程同时进行。但这些事情恐怕都是礼言自杀之后，玉纹才会知道的，但是影片在当事人明了事实之前，让玉纹先知先觉地叙述出来，这种叙述和传统的叙述方式截然不同。传统的叙述，总是刻意保留那个意外的结果，为的是制造悬念，但是费穆不去保留或制造这样一种悬念，他从一开始就让观众完全知道正在发生的事件的结果，再让观众来看事件发生的过程。玉纹对整个故事叙述的时间和角度不是固定的，是多变的，是开放和自由的。以至于不少研究者想探寻其叙事方法中高深的逻辑、道理和法则。其实在笔者看来，这本就是一种中国艺术中"时空虚幻"的生命思考方式。

《庄子·逍遥游》中提到一条叫鲲的大鱼，化而名叫鹏的大鸟，彼之谓鱼，鱼之变鸟，宇宙万物皆处于大化流转之中，世界的本质是虚幻的，时空皆是不真实的。在流转虚幻的时空中，鱼和鸟也没有什么本质的差异，秋毫与泰山也没有了大小的差异，在道家哲学中，泰山不独大其大，秋毫不独小其小，人与对象之间没有什么界限和差异。

意象之美

如果站在电影和现实世界分离的角度，那么电影是电影，现实是现实，过去是过去，现在是现在，玉纹是玉纹，费穆是费穆；倘若站在诗意的立场看，"过去"和"现在"的界限，"电影"与"现实"的界限，"小城"与"世界"的界限是没有的，"作者"与"玉纹"的界限也不必有，所有的一切皆融于一个本源的世界。"感时花溅泪，恨别鸟惊心"，这飞溅的"泪"不只是花的，更是杜甫的，"伤春"的不只是小城，更是费穆，诗人的眼光通常会从生命的角度去看世界。在影片的叙事中，玉纹的叙述也是费穆的叙述，玉纹既是代表自己言说，也可以代替费穆言说，没有什么第一人称、第二人称的区别，也没有什么禁忌和法则。

　　费穆是导演，如果他用看过的上千部影片的技术和知识去规范自己的艺术，结果会是怎样？所幸的是，费穆更是诗人，他开启了生命的眼，要借助象征的景物和人物，将之导引到诗的意象世界里发自我生命的感喟。他知道并且坚信"中国电影要追求美国电影的风格是不可以的……中国电影只能表现自己的民族风格"。"以中国人的动作、中国式的表情去表现他们的内心活动……其次，剪辑手法和情节进展的速度，也必须按照中国人的习惯和趣味。"[①]所以他不只懂得站在摄影机前面，忠实地描摹复制外在的表象世界，他不仅站在摄影机前，他也在黑白的影像中，在人物的轻颦浅笑、静默沉思里。正如应雄所指出的："在《小城之春》那种相对零散化的、一步三叹的叙事中，在它隽永的镜头语言运作中，我们可以找到一种能让人们激动的人文内涵和艺术情思。而且这种性灵情思，对我们来说，似乎并不太陌生。在五绝七律、长哥短行、隶篆行草、色色琴弦之中，我们似曾辨闻其

---

①　费穆.风格漫谈[M]//丁亚平.百年中国电影理论文选.北京：文化艺术出版社，2002.

音。这种似曾相识,使我们倍感亲切,领略到了人文、艺术精神的历史连续性。"[1]这种情景交融、主客相融的叙事艺术,"章法绝妙,且语语有境界,此能品而几于神者。然非有意为之,故后人不能学也"。[2]技法、手段是可以模仿的,但这种"游刃有余"的自由的艺术境界是无法模仿的。

深谙传统美学,又精通京剧这一时空高度假定性的艺术的费穆,对于情景交融的时空美学的认识自然不言自喻。已经先后为周信芳和梅兰芳两位戏曲大师拍摄过《斩经堂》和《生死恨》两部戏曲故事片的费穆对于京剧中的人物通常会有几种言说的方式最熟悉不过。言你、言他、言自己、言历史人生,无所不言;此在、彼在、自我在、万事万物在,无所不在。所以《小城之春》的叙事方式其实也并不高深莫测,它是中国传统戏剧美学和艺术手法的一种自自然然的化用,玉纹的叙述和费穆的叙述本就是一个人的叙述,这个时空和那个时空的叙述都被包含在了费穆凌驾于人生高度上俯瞰历史的一种时空境界之中。所以,匠人的境界中唯有一部电影,甚至几段画面;艺术家的境界中是一个浩渺的大千世界,一个变化流转的宇宙,胸罗宇宙,思接千古,所谓"仰观宇宙之大,俯察品类之盛"的境界皆由此出。如陈墨所说:"……不管出于政治宣传,或是出自商业考虑;也不论是出于环境制约,或是个人爱好与兴趣,费穆一次又一次地拍摄京剧艺术片,在客观上形成了影、戏的再度联姻,这自然不能不促使他考虑京剧与电影

---

[1] 中国电影艺术研究中心,中国电影资料馆.费穆电影新论[M].北京:中国广播电视出版社,2006:6.

[2] 王振铎.《人间词话》与《人间词》[M].郑州:河南人民出版社,1996:5-6.

艺术之间的联结点、差异与共通性。"①

得益于中国古典艺术美学的费穆，其电影时空观念有着极大的自由性和假定性。如果站在中国美学的角度，懂得一些戏曲的时空艺术就很容易理解，如果站在西方的叙事理论角度，主体客体泾渭分明的角度，逻辑思辨的角度，就很费解。费穆用短短两个月时间就完成了全部的拍摄，"外师造化，中得心源"，这造化本就是他的心源，这心源与造化是相互贯通的，他站在人生历史的高度之上，借由胶片作水墨之画。什么是他的水，何又为他的墨？心境如水，情思如墨，运动如线条，点化勾勒，浩浩荡荡，一气呵成。在他的艺术里，心境化为了意境，心象化为了意象。《小城之春》是一个诗人的内心诗境，经由一个不期然的剧本，剧本中那些对自我生命有着特殊意味的意象的催化和激荡，使关于生命体悟和宇宙感怀的诗句汩汩涌出。正如费穆所言："我为了传达古老中国的灰色情绪，用'长镜头'和'慢动作'构造我的戏。做了一个大胆和狂妄的尝试。"②

此外，费穆的电影观念中有许多戏剧美学的烙印。比如章志忱到来后全家人挤在戴礼言的房间中，所有演员都面对镜头表演，有着鲜明的戏剧场面特征。香港著名影评家石琪在其评论《小城之春》的文章中指出：

> 本片的纯电影风格，其实贯通了中国传统戏曲的精华，就是写情细腻婉转，一动一静富于韵律感，独白对白和眼神关目都简

---

① 陈墨.中国电影十导演：浪漫与忧患［M］.北京：人民出版社，2005：336.
② 费穆.导演·剧作者：写给杨纪［N］.大公报，1948-10-09（24/25/26）.

洁生动，又合为一体。况且此片平写三角恋情，而远托家国感怀，全片不谈时政，却暗传了当时知识分子的苦闷心境，深具时代意味，这就是"平远"和"赋比兴"的一个典范……①

在电影和戏剧的关系上，费穆是先戏剧后电影。他当导演之前，做过侯曜的助理，侯曜是"影戏"时代重要的理论者和实践者，是"五四"时期易卜生戏剧的推崇者，且是一位"为人生而戏剧"的践行者。此外，费穆与作为戏剧家的黄佐临、吴仞之等皆为好友。《小城之春》的电影叙事不追求观众共鸣和卷入的叙事方式在20世纪40年代的电影语言中极为少见，这与后来布莱希特的叙事方法非常接近。

"叙述体戏剧"突破"三一律"的编剧技法，采用更加自由舒展的戏剧结构形式，追求自由朴实、舒展大度以及叙述性的表现手法。破除了"幻觉"的表现方式，更着力使观众参与思考而非止于共鸣。它旨在更广泛而深入地表现人类所面临的新的现实生活和矛盾困惑，强调应该让观众对看到的事物做出冷静的思索和理性的辨析，令其以严肃的态度进行艺术欣赏。"叙述体戏剧"浸染了理性的品格。对"叙述体戏剧"而言，舞台上演的一切都是已经过去了的人和事，演员需要和角色保持一定的距离。这就是后来被称为"间离方法"，又称"陌生化方法"的戏剧美学概念。《小城之春》中玉纹的旁白就起到了这样一种陌生化的效果。

费穆也曾谈及电影思维应该从戏剧思维中解放出来，但是他所指的解放，主要是摒除文明戏时代留下的戏剧性故事情节的架构模式，

---

① 刘成汉.电影赋比兴集［M］.香港：香港天地图书公司，1992：56.

而并非指完全脱离和否定戏剧艺术中有益的美学思想和艺术手段。夏衍（化名黄子布）在评论费穆的《城市之夜》时说："《城市之夜》，明白地把这种传统观念（指影戏观念）打破了。全部电影中，没有波澜重叠的曲折，没有拍案惊奇的布局；在银幕上，我们只看见一些人生的片断用对比的方法很有力地表现出来。其中，人和人的纠葛也没有戏剧式的夸张。"[1] 可见，费穆摒弃的，是"三一律"等传统的叙事和结构方式。在费穆看来，电影不必太像戏剧，或者只是注重情节性的戏剧的影像呈现，它可以遵循着自己的艺术本体和技术特征朝着一种新的叙事方向发展，朝着中国古典散文和诗歌的美学品格做深入探索。用诗歌的思维来创作电影的美学观念直至塔尔科夫斯基等人的电影思想中才大量出现。《小城之春》呈现了许多戏剧美学意义上的形式和手段，比如，场景不多、人物有限、场面完整、有着起承转合的内在逻辑和层次。所以陈墨先生认为"《小城之春》可以说是一种'新影戏美学'的产物，即是对原有的影戏理论的否定之否定"[2]，这样的发现和论述是极其深入和准确的。

费穆的《小城之春》在中国早期电影中寻找并确立了电影美学的中国艺术和美学精神，我以为，其对中国电影美学思想的贡献主要来自两个方面。一为电影民族风格的探索和追求；二为现代思想、现代观念和现代技巧的体现。在他看来，中国电影唯有能表现自己的民族风格才能确立其在世界电影的位置。中国电影的现代化不仅仅是使用

---

[1] 罗艺军.中国电影理论文选（1920—1989）：上［M］.北京：文化艺术出版社，1992：153.
[2] 陈墨.中国电影十导演：浪漫与忧患［M］.北京：人民出版社，2005：340.

现代工具，而是一种创作思想和观念的现代化。为了这样的理想，费穆始终如一地对电影艺术如何实践并体现中国传统美学和艺术精神进行着自觉的探索。电影是一种文化，在电影美学中有意识地传承中国艺术精神，不仅有益于今天的电影创作，也有利于建立中国文化的立足点，对于中国电影在当代确立其世界范围内的价值和地位至关重要。

溢出洞窟的妙音

以往对敦煌艺术的美学研究，多集中于其可视的造型与技法，而研究敦煌艺术之美还有一个重要的维度，那便是其总体艺术思维中的音声和情境。

敦煌壁画中有大量音乐性的图像，如手持乐器的飞天、天上的那些天宫伎乐，《阿弥陀经变》《观无量寿经变》《弥勒经变》《药师经变》《报恩经变》《金刚经变》《金光明最胜王经变》中随处可见的大型乐舞和演奏。还有一些佛传故事画（如《乘象入胎》《夜半逾城》等）里出现的乐伎，以及文殊菩萨、普贤菩萨两旁的乐队等。这些图像充满了音乐和节奏感，让观看者从洞窟有限的物理空间，进入一个无限的佛国世界，从定格于墙上的静止画面，进入一个永恒的灵境。

当我们步出敦煌石窟，当视觉的景象消失之际，耳畔总会萦绕着那美丽的迦陵频伽的妙音，杖击羯鼓传出的雨点般的节奏，还有那遥远天籁般的排箫，幽怨清凄的筚篥，悦耳动听的方响，庄严浑厚的海螺，余音缭绕的琵琶和阮咸，以及那神奇的、充满想象力的、不鼓自鸣的、飞翔的乐器，流淌出摄人心魄的妙音，令人魂牵梦绕。

正是那些溢出洞窟的妙音，让止于瞬间和静止的图像在活泼泼的情境中灵动起来，从而创造出一个个生意盎然的净土世界。特别是盛唐时期的大型乐舞，诗歌、音乐、舞蹈相融合而臻于圆熟精妙的境界，展现了盛唐气象，展现了如宗白华先生所说的伟大的"艺术热情时代"！

一、有形空间中时间性想象的呈现

敦煌，位于中国甘肃省河西走廊西端，北有北山（马鬃山），南有南山（祁连山），是一个冲积而成的绿洲，由南山流来的古名氏置水（今党河）泛滥所造成。敦煌是个盆地，党河冲积扇带和疏勒河冲积平原，靠积雪融水和地下水的滋润，在这里形成了一块宝贵的沙漠绿洲，绿洲周围多戈壁和沙丘。它的地理位置十分重要，东接中原，西邻新疆，自汉代以来，一直是著名的丝绸之路上的重镇。

十六国时期的洞窟中，早已出现了伎乐演奏的图像，如北凉时期272窟藻井和洞窟上部的《伎乐图》。到了北魏、西魏时期，图像显示的乐队的编制也逐渐扩大，乐器的种类也渐次增多。经过汉代百戏以及南北朝中外乐舞的融合，唐代乐舞的演出形式臻于完善。伴随着中西文化的交流，中原音乐和西域音乐的融合，乐队的规模和编制也日益扩大，许多经变画中出现了规模非常宏大的乐舞场面。最典型的如莫高窟第220窟（初唐）北壁《药师经变》的舞乐图，28人的大乐队呈八字形两组摆开，场面盛大、气势恢宏。乐队中有腰鼓、横笛、竽篥、排箫、阮咸、琵琶、箜篌、弹筝、方响、拍板和笙，表演胡旋舞的舞伎踩着音乐的节奏翩然起舞。

据统计，仅莫高窟就有描绘乐舞的洞窟 200 余个，绘有各种乐器 4000 余件，有各种乐伎 3000 余身，有不同类型的乐队 500 余组，乐器 44 种。就乐器的类别来说，第一类是打击乐器，第二类是吹奏乐器，第三类是弹拨乐器，敦煌壁画上弓弦类的乐器并不多见，但在榆林窟第 10 窟西壁的飞天乐伎中，发现有一件演奏的胡琴，由于这件乐器的发现，敦煌壁画就囊括了中国乐器"吹、弹、拉、打"四大类。另有东千佛洞第 7 窟《药师经变》中也有四类乐器俱全的十人组合。

当古代敦煌的音乐随着历史消失在遥远的时空时，却以空间的形态沉淀下来，有的存现于壁画的图像中，有的存现于藏经洞的文献资料中。藏经洞的敦煌卷子中留下的敦煌歌词也向我们透露这中古时期河西地区的音乐生态和文化。如藏经洞发现的敦煌乐谱有编号 P.3539、P.3719 及 P.3080 三种。P 字开头表示乐谱当年是由伯希和编的号。伯希和是法国语言学家，他 1908 年到敦煌藏经洞，在王道士手里以很少的银子买走过大量文献，伯希和编号的 P.3539 乐谱，在《佛本行集经·优婆离品次》经卷的背面，经过学者考证，这个乐谱是个琵琶演奏的谱子，因为琵琶有四根弦，还有四个相，乐谱当中有"散打四声""次指四声""中指四声""名指四声""小指四声"，共二十个左右的谱字。还有一卷是伯希和编号为 P.3719 的敦煌乐谱，曲名是《浣溪沙》，不过这件乐谱是个残谱，只有一个曲名。最主要的敦煌乐谱（也是大家研究最多的）是伯希和编号的 P.3080 的文书，上面总共抄写了大约 25 首乐曲，这是目前研究敦煌乐谱最为重要的一个文献。此外，敦煌写卷中留下的敦煌歌词，也向我们透露出中古时期河西地区的音乐生态和文化。

敦煌艺术最为突出的是壁画和雕塑，作为定格于墙上的壁画或是固定在佛龛内的雕塑,是诉诸视觉的,是空间艺术的呈现。但在笔者看来,敦煌艺术最突出的美学特点是在有形的空间中的无限的时间性的想象和呈现。这种时间性想象和呈现的载体,就是音乐性的图像。敦煌的艺术空间通过音乐性的图像,赋予了有限的空间流动的时间感,让遥远的乐舞图景成为永远的现在时。

二、信仰世界和世俗愿景的融合

敦煌壁画的音乐性图像中呈现出的另一大特点,就是信仰世界和世俗愿景的融合。信仰世界的终极图景是世俗人生所追求的终极愿景,在追求人类终极的理想和幸福的愿景中,在中原礼乐文化和西域艺术的融合中,宗教和世俗相遇了。

敦煌艺术中存在着非常鲜明的两个世界,即信仰的世界和世俗的世界。信仰世界的终极图景是以世俗的人生追求的终极愿景作为基础的,在追求人类终极理想和幸福中,宗教和世俗相遇了。这两个世界在音乐性图像中各以天乐和俗乐为其表征。信仰世界的音乐形态主要体现在天宫、飞天、化生、药叉,还有经变类图像中;世俗世界的音乐形态主要体现在供养人、宴饮、歌舞,还有出行、百戏等展现中古时期老百姓生活的图像中。

敦煌壁画的音乐性图像呈现出信仰世界的胜景,是以世俗世界的终极愿景作为基础和参照的。经变画中大量出现的伎乐所表现的是极乐世界和西方净土,但图像中的伎乐形式实则来源于现实生活,艺术家摄取现实人生的图景并做了大胆的想象,别开生面地展现了古代乐舞的活色生香的场面。如莫高窟第225窟,这是盛唐时代的洞窟,在南壁正中佛龛龛顶绘有《阿弥陀经变》。观世音菩萨、大势至菩萨相对合掌对坐，周围环绕着听法的菩萨，法相庄严、娴静美好。空中彩云遍布，有飞舞的箜篌、古琴、排箫、琵琶、鸡娄鼓等乐器的合鸣，还有白鹤、孔雀、鹦鹉、迦陵频伽展翅飞翔，呈现了"广净明土"的令人向往的境界。

此外，莫高窟第329窟南壁也绘有《阿弥陀经变》。这一铺壁画大约修建于唐贞观年间，最突出的是表现了绿水环绕、碧波荡漾的水域，还有两进结构的水上建筑，第一进为三座平台并列，主尊及胁侍菩萨、供养菩萨居中间平台，左右两座平台为观世音菩萨、大势至菩萨及诸菩萨，三座平台之间有桥相连；第二进也有三座平台，中间平台之上为巍峨的大殿和两座楼阁以及"七重行树"，营造了风吹宝树、法音遍布的佛国世界。

描绘人间世俗的音乐活动的奏乐歌舞者，都是伎乐人，也称为"供养乐伎"。如莫高窟第275窟和第248窟，呈现了北魏时期的菩萨乐伎和供养乐伎；第390窟呈现的是隋代的飞天乐伎和供养乐伎。前有3人组的舞伎，后有8人组的女性表演者，身形修长、腰带高束、衣袂飘飘、潇洒自如。供养乐伎最为著名的是莫高窟第156窟《张议潮出行图》中的乐舞仪仗队。

我们知道，张议潮是唐代河西地区非常重要的一个人物。天宝十四年（公元755年），安禄山叛乱，西北边防削弱，吐蕃乘机攻唐，贞元二年（公元786年）控制了整个敦煌，切断了河西与中原的联系，自此敦煌进入吐蕃统治时期。沙洲大族张议潮率军在咸通二年，也就是公元861年攻克了吐蕃控制的凉州。张议潮东征西讨，收复了大量唐朝的失地，驱逐了吐蕃统治者，结束了吐蕃长达60年的统治。张议潮的侄子张淮深后来修建的156号功德窟,在主室南北两壁分别绘制了《河西节度使检校司空兼御史大夫节度使张议潮统军除吐蕃收复河西一道行图》(简称《张议潮出行图》)、《司空夫人宋氏行李车马》(简称《宋国夫人出行图》),这两幅出行图合称《张议潮夫妇出行图》。洞窟下方的长卷画幅上旌旗舞动,鼓角齐鸣,在号角和大鼓开道的军乐声中,表现的是张议潮获得唐王朝嘉奖后意气风发、浩浩荡荡返回故乡的场景。走在队伍前方的壁画残留部分可见手握旌幡的骑兵,画幅中部是服饰统一、舞姿一致的八人舞队分成两排翩翩起舞,壁画还展现了庄严整肃的骑兵乐队和仪仗队。《张议潮出行图》反映了唐代张氏归义军最具历史纪念意义的一个时刻,音乐性的壁画增加了这一庆典时刻的庄严感和仪式感。

在《张议潮出行图》中,我们也可以发现信仰世界和世俗愿景在音乐图像中的融合,与敦煌地区佛教和政治本身的密切关系相关。就学者考证,张议潮的父亲张谦逸是虔诚的佛教徒,斯坦因编号 S.3303《大乘无量寿经》的背题"张谦逸书",编号 S.5956 的《般若心经》尾题有"弟子张谦□(逸)为亡妣皇甫氏写观音经一卷、多心经一卷",这些文献都透露了这个家族的信仰。张氏家族的佛教信仰迎合了吐蕃时期统治者推崇佛教的政治形式。张议潮本人自小在寺院接受寺学的教育,藏经洞文献中也发现了他亲自抄写的许多佛经写本。他担任归义军节度使期间与敦煌的僧团关系密切,与洪辩、悟真、法成等高僧交游甚密。因此第156窟张议潮出行的整体意象中,体现的是政治和宗教的互渗结构,透露了现实的政治追求和信仰体系相互合作的内在关系。

众所周知,佛学是教人去除眼耳鼻舌身意的妄念的,但是在敦煌壁画中却力求通过空间艺术。超越单纯的视觉，并尽力传达听觉、嗅觉、味觉和肉身的感觉。为什么作为佛教禁戒的声色歌舞，在敦煌壁画中却作为极乐世界的象征图像？佛家弟子的修行，首先就是要破除美色淫声的诱惑，如在《大比丘三千威仪》中就有"不得歌咏作唱伎。若有音乐不得观听"的戒律。为了消除这样的二律背反，音声供养被冠以净土世界的法音，法音就不同于凡音，法音是指超越世间一切音声的最美的声音形态，它具有清、唱、哀、亮、微、妙、和、雅等美的特质。众生闻到法音，闻之而悟道解脱。至于净土变中出现的佛国世界的自然、植物和动物的声音，也和现实生活中我们所听到的声音不同，它同样要符合妙音的最高要求。如鸟鸣声要声震九皋，树音声要随风演妙，水流声要尽显妙意。于是作为禁忌的声色歌舞，转变为佛教明听和妙悟的非常重要的精神介质。《弥勒经变》中的设乐供养，反映了人间对于兜率天宫的向往之心，他们希冀用人间最好的供养——音乐来供养三宝，以表明自己的虔诚。莫高窟盛唐第445窟南壁的《阿弥陀经变》，中唐第159窟南壁的《观无量寿经变》中都是以音声供养的典型神圣图像。

音声供养是当时的一种世俗乐户职责，这一类人也被称为"寺属音声人"，他们的职能与寺庙和佛教的仪式密切相关，但又离不开世俗生活和风俗文化的色彩。因此，这些乐户本身是连接和沟通两个世界的桥梁，是将世俗愿景植入宗教图像的中介。如斯坦因编号为S.0318号的《龙兴寺毗沙门天王灵验记》中有关于民间寒食节设乐的记载，伯希和编号为P.2638号的《后唐清泰三年（936）六月沙州儭司教授福集等状》关于寺院举行的设乐活动，都表明"寺属音声人"既参与寺院的宗教活动，也参与民间的节庆活动。边远地区如此，权力中心也是一样。唐代长安宫中的太常寺音声九部乐，不仅是皇帝御用的艺术形式，也时常参与皇室的礼佛活动。世俗的声乐便作为帝王的音声供养出现在佛教的仪典中，并逐步成为宗教文化的一部分。

世俗的音乐性图像渗入佛国世界，便从美学的意义上建构了美的不同层次和境界，被创造的佛国世界的妙音溢出了物理空间意义上的洞窟，成为绝对精神性空间的感召，并成为美的最高形态，这正是世俗和神圣在艺术中相互转化的一种内在张力。

那些天宫伎乐中的伎乐菩萨的欢歌，弥勒兜率天宫的乐舞活动、礼赞、供奉、歌舞和花雨纷飞的图景无不是对于极乐世界的美好想象。而这极乐世界的美好想象，也无不是以人间所追求的富足安乐作为参照的。本来现身于帝王之家的至高享乐，由此逾越了严格的宗教戒律，展现于经变画的乐舞体制中，创构出净土世界的理想之境。在世俗的、物质的、现世的土壤里，生长出了神圣的、超越的、精神性的果实，由此我们也在敦煌艺术中看到了世俗与宗教并存的图像模式，现实与超越并存的思想和文化形态。

三、时空交融的总体艺术观念

通过敦煌艺术中音乐性图像的研究，我们可以发现敦煌艺术中包含着总体艺术的观念和思维。时空交融是敦煌艺术想努力实现的审美超越。首先是诗歌舞的综合，正如《毛诗序》所描述的："诗者，志之所之也，在心为志，发言为诗，情动于中而形于言。言之不足，故嗟叹之，嗟叹之不足，故咏歌之，咏歌之不足，不知手之舞之，足之蹈之也。"敦煌壁画中的伎乐表演，融诗歌、音乐和舞蹈于一体。其总体艺术的理想和追求,体现在艺术家对于空间和时间的双重感悟和追求中。正是时空的综合特性,让敦煌壁画不仅作为瞬间性的画面而是成为活动的画面,成为在时间中不断展开的动态的画面。

莫高窟第112窟的《反弹琵琶》,淋漓尽致地展现了敦煌壁画中时空交融的总体艺术观念。作为敦煌壁画万千美妙的凝结,成为大唐文化一个永恒的符号。历经几个世纪,唐代宫廷的绝美的乐舞,舞蹈中的动感和韵律凝固在这一瞬间,凝固在了壁画上。莫高窟第112窟的《伎乐图》,是该窟《观无量寿经变》的一部分,表现的是伎乐天神态悠闲雍容、落落大方,一举足一顿地,一个出胯旋身凌空跃起,使出了"反弹琵琶"的绝技,好像项饰臂钏在飞动中叮当作响的声音都能听到……这一刻被天才的画工永远定格在墙壁上,整个大唐盛世也好像被定格在这一刻,时间和空间也仿佛被色彩和线条凝固起来,成为永恒的瞬间。《反弹琵琶》之所以具有永恒的审美价值,还在于它的构图和造型具有"有意味的形式",我们能够在有限的空间中体验无限的时间的流动感。

古代的歌舞具有"全民性"特点,参加歌舞演出的通常是所有氏族成员,这是整个氏族群体的最重要的公共仪式。《尚书·尧典》记载的"予击石拊石,百兽率舞"和《吕氏春秋·古乐篇》所记"帝尧立,乃命质为乐。质乃效山林溪谷之音以歌,乃以麋各置缶而鼓之,乃拊石击石,以象上帝,玉磬之音,以舞百兽"的传说,反映的正是这样一种展现族群狩猎生活的仪式。还有"昔葛天氏之乐,三人操牛尾,投足以歌八阕"的传说同样展现了古老的仪式。古代先民的歌舞艺术,已经具备了对生活的再现性,诗、乐、舞的综合性,祭祀娱神的仪式性和审美娱人的观赏性等特点,是后来戏剧形成的初始基因。

溢出洞窟的妙音

莫高窟第220窟是空前绝后的壁画杰作，其南壁的通壁大画《无量寿经变》，是"敦煌无量寿经变"的代表作，画面呈现了极乐世界的种种令人向往的美妙图景。《无量寿经》被誉为净土群经之首，是公认的净土教的根本佛典。敦煌莫高窟的《无量寿经变》，始于初唐而终于西夏。第220窟《无量寿经变》勾画了安乐国的种种庄严，飞舞着的乐器代表十方世界的妙音，琴瑟、箜篌乐器诸伎乐，不鼓皆自作五音。极乐世界的精舍、宫殿、楼宇、树木、池水皆为七宝庄严自然化成，所谓七宝，即金、银、琉璃、珊瑚、琥珀、砗磲、玛瑙。在最重要的无量寿佛说法的场景中，所有天人都置身于碧波荡漾的象征八功德水的七宝池中。无量寿佛居中，左右两尊胁侍菩萨坐于莲台，周围还有33位菩萨。极乐世界的八功德水可以顺应人的心意自然调和冷暖，如想吃饭，七宝钵器自然现前，百味饮食自然盈满，一切欲念皆可应念而至。特别是七宝池九朵含苞待放的莲花，能看见里面的化生童子，活泼可爱。莫高窟第321窟北壁也绘有通壁《无量寿经变》，以十身飞天、35件系着飘带的飞动的乐器，散花飞天洒下漫天花雨，万种伎乐勾画了十方佛国飞来听法的妙不可言的盛景。

总体艺术的观念极尽了艺术的想象力，不仅让观者无法从梦幻泡影般的幻象中走出，更使观者沉醉于这无限美好的佛国世界的盛景。艺术好像是为宗教服务的，但是艺术又超越了宗教。随着时间的推移，艺术从宗教的内容中越来越确证了自己的意义和价值。

榆林窟中唐第25窟不仅在敦煌石窟群中，而且是中国石窟寺唐后期壁画的杰作，也是世所罕见的珍品。这一窟的《弥勒经变》和《观无量寿经变》是敦煌石窟经变中最精美的作品之一。北壁的《弥勒经变》根据《佛说弥勒下生成佛经》绘画，是一幅构思精密的大幅画。

画面中部结跏趺坐的弥勒居中正在说法，宝盖高悬，弥勒为天龙八部和圣众围绕，众多的人物姿态、性格和神情迥然不同，佛的庄严肃穆，菩萨的恬静美丽，天王、力士的勇武有力，都表现得淋漓尽致，显示出画家非凡的技艺。前有儴佉王献镇国七宝台给弥勒。弥勒接受宝台之后又转施给婆罗门，婆罗门得此宝台立即拆毁，弥勒见此七宝妙台顷刻化为乌有，深悟人生无常，于是坐龙华树下修道，当天就得成佛。儴佉王与八万四千大臣亦出家学道。儴佉王的宝女与八万四千彩女也一起出家。画面的正中下部表现的正是这个情节，国王于是率领大臣剃度为僧，公主嫔妃削发为尼。经变两侧表现了弥勒下生世界——翅头末城的种种美景，此城风调雨顺、一种七收，用功甚少，所收甚多，树上生衣，随意取用，人们视金钱如粪土、夜不闭户、路不拾遗，大小便利，地即裂开，便后即合，还有青庐婚礼、女子五百岁出嫁、人寿八万四千岁等。这些画面充分反映了现实生活场景。经变的上部，描绘了弥勒世界的妙花园，空旷辽阔的自然境界，画有山川花木、蓝天云霞，给人们带来精神寄托和安慰。

  南壁的《观无量寿经变》保存最完美。中部的佛国建筑，继承了盛唐的宫廷结构布局，表现豪华壮丽、歌舞升平的宫廷景象，七宝池中的化生童子在绿波中嬉戏，天真活泼，七宝池上建曲栏平台，平台中央无量寿佛结跏趺坐于莲花宝座上，观世音菩萨、大势至菩萨分列左右，周围罗汉、菩萨、天人作向心结构，统一和谐。又表现了超越现实的极乐境界，平台前有乐舞，正中舞伎挥臂击鼓，踏脚而舞，巾带旋飞，节奏激扬，两侧的海螺、竖笛、笙、琵琶、横笛、排箫和拍板等乐器分别演奏着，甚至迦陵频伽也拨弄着琵琶，载歌载舞。时空交融，表现了人间帝王宫廷豪华壮丽和歌舞升平的景象，通过唐代的歌舞演出形式想象并构画了佛国世界的辉煌壮丽。

四、浪漫而富有情趣的精神性意象

在敦煌的音乐性壁画中，最动人和传神的形象就是飞天。飞天是石窟里最优美的艺术形象，这些飞天翱翔于洞窟顶部的藻井平棋的岔角里，翱翔于经变画、佛像的背光里以及说法图的周围。飞天作为中国人自由想象的一个极致，它展现了丰富的和佛教艺术内容有关的形象，改变了过去对佛教艺术过于严肃的印象。

飞天的出现，为佛教艺术创造了一种非常灵动有趣的精神性背景。这些飞天在天空中或是散花或是歌舞、演奏，无忧无虑，飞来飞去，自由自在地往来于极乐世界，赋予了吉祥美好的祝福和希望。

敦煌石窟出现的飞天，据学者统计大概有4500余身，最大的达到了2.5米，最小的不足5厘米。他们用飞动的身形、婀娜的舞姿、缥缈的仙乐以及芬芳的香花，生动形象地向世人和众生展示了如来佛国世界的盛景，展示了五音繁会世界以及鲜花盛开的阆苑仙境。

伎乐天中最主要的形象就是飞天伎乐、天宫伎乐等。飞天伎乐这个词，最早可以从《洛阳伽蓝记》的卷二里读到，上面记载："石桥南道，有景兴尼寺，亦阉官等所共立也，有金像辇，去地三尺，施宝盖，四面垂金铃七宝珠，飞天伎乐，望之云表。"佛经里也有记载，当佛说法的时候，常常有天人、天女做散花，或者歌舞供养，如《大庄严论经》里讲到，"虚空诸天女，散花满地中"。在天龙八部中，乾达婆和紧那罗是主管音乐舞蹈的天人神，大多表现为飞天的形象。

佛教从印度传来，敦煌的飞天和古代印度的佛教艺术有没有关

477

系？这是一个非常重要的话题，也是很多学者探讨过的话题。古印度的神话传说、壁画和雕塑里确实有不少天人和天女的传说，如印度最古老的史诗《罗摩衍那》里就塑造了天女阿卜沙罗的形象，表现了她的爱情故事。印度的桑奇大塔和阿旃陀石窟中也有雕刻或绘画飞天形象。

但是敦煌的飞天和印度飞天的裸体形象是截然不同的。敦煌飞天大多呈现的是中原风格，符合的是中国人的审美。所以敦煌艺术里出现的飞天，体态上非常自然，姿态上含蓄娴静，很少有像印度飞天出现的裸体性征。在形式上，敦煌的飞天奏乐或者是散花供养，姿态富有音乐韵律，体现中国画所追求的流动和飘逸之美。这种流动和飘逸之美很显然不是印度飞天的美感形态，而是符合中国美学精神的形态。

在中国古代的许多文学作品里，都有关于神仙的传说，如《楚辞》《山海经》《淮南子》等，神仙的典型特征，就是会飞；在中国古代神话中，天上、山里、水中都住着仙人，神仙的思想是深入人心的，人死后最好的归宿就是升天，最好的生活也就是神仙的生活；在《太平御览》中有"飞行云中，神化轻举，以为天仙，亦云飞仙"的记载，表现了对神仙生活的向往；《庄子·逍遥游》中提到，列子可以御风而行；屈原在《离骚》中也写了大量关于驾龙驭凤、载云逾水的自由想象，像神仙一样在空中自由翱翔。还有如长沙出土的战国《人物龙凤帛画》和《人物御龙帛画》，都描绘了神仙羽人在彩云中自由飞翔。在洛阳出土的卜千秋墓中还有《升仙图》，表现的是太阳、月亮、伏羲、女娲、东王公以及西王母等形象。汉画像石中也有大量人与动物飞翔的图像。这些既成的美学观念，对于敦煌飞天的美感形成，产生了一定的影响。

特别是魏晋南北朝时期的文学和艺术，也常常表现神仙，如在曹植最著名的《洛神赋》中，描绘了"翩若惊鸿，婉若游龙"的洛神，那样的美好。还有南朝画像石中，也有许多飞翔着的仙人和灵兽。在唐代诗人李白的《梦游天姥吟留别》中，有"霓为衣兮风为马，云之君兮纷纷而来下"这样的诗句，最为充分地体现了天人自由自在的姿态。

这种自由自在在唐代的《霓裳羽衣曲》中也得到了全然的体现。白居易在《霓裳羽衣舞歌》中对唐代乐舞进行了最为细致的描写，他写道："案前舞者颜如玉，不著人间俗衣服。虹裳霞帔步摇冠，钿璎纍纍佩珊珊。"还有描写曼妙舞姿的诗句："飘然转旋回雪轻，嫣然纵送游龙惊。小垂手后柳无力，斜曳裾时云欲生。螾蛾敛略不胜态，风袖低昂如有情。"

在《霓裳羽衣舞歌》中，白居易描绘了霓裳羽衣舞的舞姿轻柔，旋转的时候犹如风吹动白雪，在空中回旋，地上的裙裾也是旋转、摇曳着，就像飞动的流云一样。白居易把杨贵妃想象成了天仙，刻画了她飘然若仙的轻盈的美，赞美了她不同凡响的美好舞姿。

段文杰先生认为敦煌壁画线描上的艺术成就，最为突出地体现在飞天的造型上。在西魏第249窟的窟顶，出现了中国传统的神仙东王公和西王母，以及相关的朱雀玄武、雷公电母的形象。画在南披的西王母在凤辇前后各有一身飞天，一身乘鸾的仙人，画面上仙人、神兽，还有祥云和飞花，充满了飞动的气氛和神韵，以此烘托出了仙境的场面。

佛教的飞天，也具有和中国神仙思想的飞仙同样的美学特质，它们一起飞翔在敦煌艺术的奇妙天国世界里。如在莫高窟第249窟南北壁的《说法图》中，佛的两侧画了四身飞天，下部的飞天身体比较强壮，上面半裸，下着长裙，身体弯曲成了圆弧形，这样的飞天很显然还带有西域风格，而上部的飞天则穿着宽大的长袍，身材非常清瘦，显示了中原"秀骨清像"的特征。在同一个洞窟里，呈现了在风格上略有差异的飞天形象，也是西域和中原的风格在这里交融并存的明证。

类似这样的表现，在莫高窟西魏第285窟的窟顶也可以看到。第285窟是目前最早有确切纪年体系的非常重要的洞窟，在这一窟北壁的两幅《说法图》的发愿文中，有明确的"大代大魏大统四年岁次戊午八月中旬造""大代大魏大统五年五月廿一日造讫"纪年，这表明第285窟建造于公元538年、公元539年前后，是距今1400多年前北魏王族东阳王元荣任瓜州（敦煌）刺史期间的洞窟。因为历史记载，东阳王元荣曾在莫高窟造窟，所以有的专家也认为，可能第285窟就是东阳王建造的洞窟。

在昏暗的洞窟里发现的这两方题记是很令人兴奋的，当年是由段文杰先生和当时负责清理洞窟黄沙的研究所工作人员发现的。由于这个发现，我们可以准确地知道第285窟建造的时间。

第285窟的内容非常丰富，壁画的内容主要有尊像画、释迦牟尼本生、因缘故事画，有中国的传统神仙，有早期的无量寿佛信仰，有供养人的发愿文题记、纪年，图案画，还有小禅室的龛楣图案画。

第285窟除了内容极其丰富外，最大的特点就是不同文化和信仰同处一室，无论哪一个区域都不是根据某一部经典画成的，它有印度教的神像，有道教的神像，也有佛教的造像，主题和思想也不是单一的，呈现出了多种思想和多种文化的交融。有佛禅和道学的结合，有西域菩萨和中原神仙的结合，有佛教飞天和道教飞仙的共处，也有印度的诸天和中国的神怪。可以说，第285窟就好像是不同信仰的众神，在此相遇，超越了信仰和地域的阻隔。

第285窟从洞窟的形制、壁画的内容和信仰的思想、艺术风格等方面，都体现了中原汉文化和西方文化的并存和交融，最直观地呈现了当时世界最重要的文明和文化的一种交汇，也证明了敦煌在1000多年前早已包容、吸纳着不同的文化。

这一窟的覆斗顶形窟顶是道家神像和佛教天人图像相融合的核心区域，中心方井画华盖式的藻井，四披壁画象征的是天地宇宙。上端四周的四个角，有华美的垂帐悬铃装饰，类似于古代帝王出行的华盖，华盖的绘制也非常有特点，还画出了风吹动华盖的情形。在洞窟上部粉白底色上，画的是传统神话的诸神，如伏羲、女娲、雷神，以及朱雀、三皇、乌获、开明等，也绘有佛教的飞天。众神仙、飞天或是腾跃翱翔在空中，或是昂首奔驰于飘浮的天花和流云中，空中也是天花飞旋、流云飘动，画工以非常神奇的想象和精湛的手法，刻画出了满壁风动的艺术效果。所以第285窟的南壁是非常精美的图像，它的南壁也有着非常突出的十二身飞天，梳着双髻，柔美清秀、矜持娴雅，有的弹奏着箜篌，有的吹着横笛，在绘画风格上也呈现了魏晋"秀骨清像"的特征。

从莫高窟第249窟、第285窟窟顶的壁画中，我们可以看出佛教的飞天和中国传统神仙完美地结合在了一起，共同表现出了对天国的向往。也可以看出，敦煌壁画中的飞天早期为西域式，上身半裸、宝冠长裙，到了晚期出现了中原式的"秀骨清像""褒衣博带"。我们也可以从中明显发现，佛教艺术中的飞天形象，一步步逐渐被改造为符合中国人审美的飞天形象。

西方绘画也有天使和天人，我们印象很深刻的是西方宗教壁画中出现的许多天使和天人，通常是长有翅膀的。隋唐以前的敦煌壁画中，也有一部分天人是有羽翼的，我们称之为"羽人"。羽人的形象早在汉代画像石上就已经大量出现，这是中国古代神仙信仰中诸多神仙中带领人羽化升天的那一类仙人。在隋唐以后，就很少出现带有翅膀的飞天。敦煌最有代表性的飞天是"无羽而飞"的飞天，飞天的飞翔并不依靠翅膀，而是依靠迎风招展的几根彩带，是用线条表现出来的飞舞，是通过缠绕在手臂上的轻盈的飘带，来呈现出飞翔的姿态，呈现中国人特殊的一种想象力。

隋代飞天多以群体的形式出现。在隋代一些洞窟中，飞天不是单个的，而是一群一群的，而且它的画法是呈现西域式画法和中原式画法的融合。既有中国画的线描特征，又把色彩晕染的技法发挥到了极致。隋代的工匠非常喜欢表现飞天，在佛龛、藻井和四壁，画满了成群结队的飞天。如莫高窟开凿于隋代开皇五年（公元585年）的第305窟，窟顶西披有一群飞天，她们簇拥在东王公和西王母前后，有的是侧身飞翔，有的是左顾右盼，神情非常生动，她们身后的飘带在云气中飞舞、流光溢彩。

隋代的飞天，画工们有意地突出了飞天身后长长的飘带，增强了凌空飞翔的动感和韵律。飞天动态的飞翔，在唐代音乐性壁画中，得到了更为成熟和极致的表达。在莫高窟第39窟西壁龛顶，一共有五身非常可爱、传神的飞天，她们手托鲜花、从天而降，身姿的动态、动势体现出飞速而下的动感，特别是在龛顶中央的一身飞天，在一团祥云中呈四十五度直落下来，她的长长的飘带拖曳在身后，与下坠的身体形成了巨大的张力，展现了快速直落下来的速度。画工为了突出急速下落的速度，在空中描绘了差不多两倍于飞天长度的飘带，并且让飘带突破了画框的边界，来描绘飞天直落的动势，非常生动，妙不可言。

莫高窟初唐第329窟西壁佛龛龛顶两侧，分别画了佛传故事里的《乘象入胎》和《夜半逾城》。太子一心要出家，太子的前面有仙人引导，还有四身飞天欢快地歌舞着，姿态各异，有的横握琵琶，有的举着箜篌，有的手托香花，身后也是飘着青、绿、蓝、黄、红五色的飘带。在她们后面还有风神和雷神，以及两身持花供养、体态轻盈的飞天跟随着太子。

在莫高窟第321窟西壁佛龛顶部，深蓝色的苍穹中，特别有意思的是，沿着天宫栏杆，绘有一群体态婀娜的天人，她们的表情非常有意思，有的是悠闲逍遥的，有的在播撒香花，有的好奇地望着下面的人间世界。这种情形体现出了唐诗所写的"飘飘九霄外，下视望仙宫"的意境。靠近佛头光的地方，也有两身非常可爱的飞天，飘带舞动在晴空，右侧的飞天手托着花蕾，左侧的飞天轻柔地做散花状。在莫高窟第172窟西壁佛龛顶部，也画有两身飞天，右侧的这一身头枕着双手，身体非常舒展，浮游在高空，另一身则手托香花悠悠而下。所有飞天的形象，给我们营造了一种自由自在的印象，以及无比美好的佛国世界的境界。

敦煌飞天是一个非常重要的研究专题，很多学者都从各个方面去研究。过去也有日本学者长广敏雄等人，认为敦煌飞天的形象里有印度神话乾达婆、紧那罗的影子。乾达婆和紧那罗是帝释天的乐神。也有学者认为，敦煌飞天里有中国神话中西王母、女娲、瑶姬、姑获鸟的影子，所以飞天图像产生的历史原因很复杂，但是最重要的一点，敦煌的飞天艺术承载的是中国人对于精神自由的一种追求。"飞"的欲望作为一种精神性的冲动和世俗的羁绊，形成了巨大的张力。飞天中最突出的，就是以音乐、歌舞供养佛和天神的那一类，自由自在飞行在天空里的伎乐。不过敦煌壁画中的飞天，其实并不只是音乐性图像这一类，也包括了敦煌壁画中的一切天人不拿乐器而飞舞的形象。

从美学角度来说，飞天漫天飘舞的飘带，吹奏的天乐，给人一种浪漫的天国想象。唐君毅先生曾经指出飞天蕴含的"飘带精神"，并认为"飘带精神"是中国艺术的精髓，是中国艺术最为典型的呈现，是中国艺术最高意境的生动展现。由夸张飘带而带来的飞天飞动的韵律之美，使人感到亲切而圣洁。飘带之美，在其能游、能飘，似虚似实而回旋自在。

飞天形象的民族风格，也主要体现在绘画的线描艺术上。飞天，尤其是敦煌飞天的舞姿，是理想和现实、浪漫和想象的产物。飞天艺术的灵魂在飞，飞动感的创造和表现是飞天艺术的关键。佛国世界的离尘拔俗主要通过自由的飞翔来体现。所以宗白华先生就认为，"敦煌艺术在中国整个艺术史上的特点和价值是在它的对象以人物为中心，而敦煌人像全是在飞腾的舞姿中，就连它的立像、坐像的躯体也是在扭曲的舞姿当中的"。宗白华先生说，"人像的着重点不在体积，而在那克服了地心引力的飞动旋律，而敦煌人像确系融化在线纹的旋律里。"

所以宗白华先生在《美学散步》里说，飞天所体现的"舞"的精神是最高度的韵律、节奏、秩序、理性，同时是最高度的生命、旋动、力、热情。它不仅是一切艺术表现的究竟状态，且是宇宙创化过程的象征。艺术家在这时失落自己于造化的核心，沉冥入神，"穷元妙于意表，合神变乎天机"①。"是有真宰，与之浮沉"②，从深不可测的玄冥的体验中升化而出，行神如空，行气如虹。在这时只有"舞"，这最紧密的律法和最热烈的旋动，能使这深不可测的玄冥的境界具象化、肉身化。

这段话是宗白华先生从中国美学角度论述敦煌飞天艺术非常精彩的一段阐释。在飞天的舞动中，天国的庄重和世俗的污浊被消解了，佛说法的严肃持重被中和了，佛教宣传人生苦难的内容被淡化了，神秘的来世变得生动和轻快了。飞天作为人的飞舞，灵动了佛国世界的严肃和庄重，使中国人追求自由的精神，得到了形象化的体现。

线条所刻画的艺术是一个方面，我认为飞天艺术的特点还在于从听觉和嗅觉两个方面，创造了极乐净土最有感召力的美妙氛围，他们就好像是古希腊戏剧中的合唱队，通过音乐创造了一种精神性的背景。

最早运用敦煌飞天形象进行艺术创造的，是京剧表演大师梅兰芳。梅兰芳的《嫦娥奔月》《黛玉葬花》《天女散花》都是脱胎于绘画中的艺术形象。尤其是《天女散花》，为了表现天女飞翔的轻灵和超越，梅兰芳创制出了表演难度极高的绸带舞，绸带舞就是参考了敦煌飞天的形象姿态。由于这样一个天女形象，对他的启发，成就了一出非常经典的京剧剧目。

敦煌壁画艺术中的音乐性图像为我们提供了研究中古时期的音乐史、乐器史和佛教音乐史的珍贵的信息。从艺术和美学的角度来看，敦煌壁画中的音乐性图像让定格在壁画上的图像有了时间性的生命动感，有了超越静默的音声的流转和生命的活力，从而使存在于各种故事情节和宗教场景中的信仰和世俗的图像，获得了神韵和姿色。

---

① 出自唐代大批评家张彦远的《论画》。
② 出自司空图的《诗品》。

后　记

艺术是感性形式的"真理的呈现",美学和艺术学是建立在语言基础上的"意义的敞开"。真理和美在艺术中无须言说,便可通过意象世界得以呈现。美和艺术敞开真理的方式,不同于追求唯一答案的数理的真,它呈现的是意义和智慧的真。探索艺术和美的真理,其意义不亚于探索明确答案的数理之真。本书提出"意象阐释学"的观念,并从方法论层面探讨作为美学范畴的"意象"对于艺术阐释并构建"真理历史"的重要意义。

从《意象生成》、《呈现与阐释》到《意象之美》,围绕"意象理论"的思考,我尝试建构"意象阐释学"的观念和方法,依托经典艺术文本,进入艺术创造的深层,从理论和方法上提升和完善对人类历史中的一切经典文本的理解方式,进而贯通"艺术理论—艺术实践—艺术欣赏"三者的隔阂,阐释照亮意义。在美和艺术被漠视的今天,"意象阐释学"是从中国美学的角度照亮和确证艺术意义的理论和方法,也是我们识别和判断真正的艺术和伪艺术之间差别的标尺。在价值观和美学观分崩离析的今天,相信"意象阐释学"对于重新确证美

后 记

的意义具有重要的作用。

"意象阐释学"试图恢复被知识和概念所遮蔽的感性学和诗学的体验，不仅用知识之眼和概念之眼，还要用意象去心通妙悟，继而揭示美的在场，并确证美对于生命的意义。"意象阐释学"的观念和方法有助于美学和艺术学回归感性和诗学的道路。伟大的艺术可以照见美、确证美、表现美，让本来没有实相的美在可感的艺术中得以存现。然而，意象世界是带有情感性质的意蕴世界，对意象的理解和阐释不能仅仅停留于知性概念的思考，还需有"情的体悟"和"美的亲证"。这要求理论研究超越主客二分的思维，祛除知识和概念的遮蔽，体验并照亮充满生命情致的文本的"意象世界"。对于"人类的历史"和"整全的宇宙"的认识和把握，不能单单依靠思维，也需要运用想象，以现在视域和过去视域有机结合在一起的"大视域"来面对艺术和历史。唯有体验和想象才能把握整全。"意象阐释学"希望借由充分人性化的审美体验，阐释和敞开意象生成的过程，阐释和敞开美的历史性、真理性和充满意趣的生发机制，从而将艺术的创造和欣赏引导到更高的审美境界和精神境界。因此，建构"意象阐释学"的根本意义在于：探索艺术史上最伟大作品的奥秘，研究美的意义生发机制，继承和发展具有中国美学色彩的概念和范畴，体现中国艺术的文化根基，赓续中国美学的精神传统，呈现中国美学的现代生命，在电子媒介层出不穷的时代确证艺术存在的根本意义。

"意象三书"以潜移默化的形式，把我关于对戏剧、电影、文学、图像的研究聚合成为一个整体。"意象"的引力如此不可思议，关于它的研究始于我的本科论文《舞台意象及其诗性蕴藉》（1997），它像一块磁石吸引并牵动我25年的光阴。在这25年中，由"意象"的思索而进入中国美学，在中国美学的视野中体察有无之间的智慧，领略万物一体的视野，体悟天人之际的心境……而这漫长的归程俨然成为我人生的意象。

2022 年 10 月于燕南园